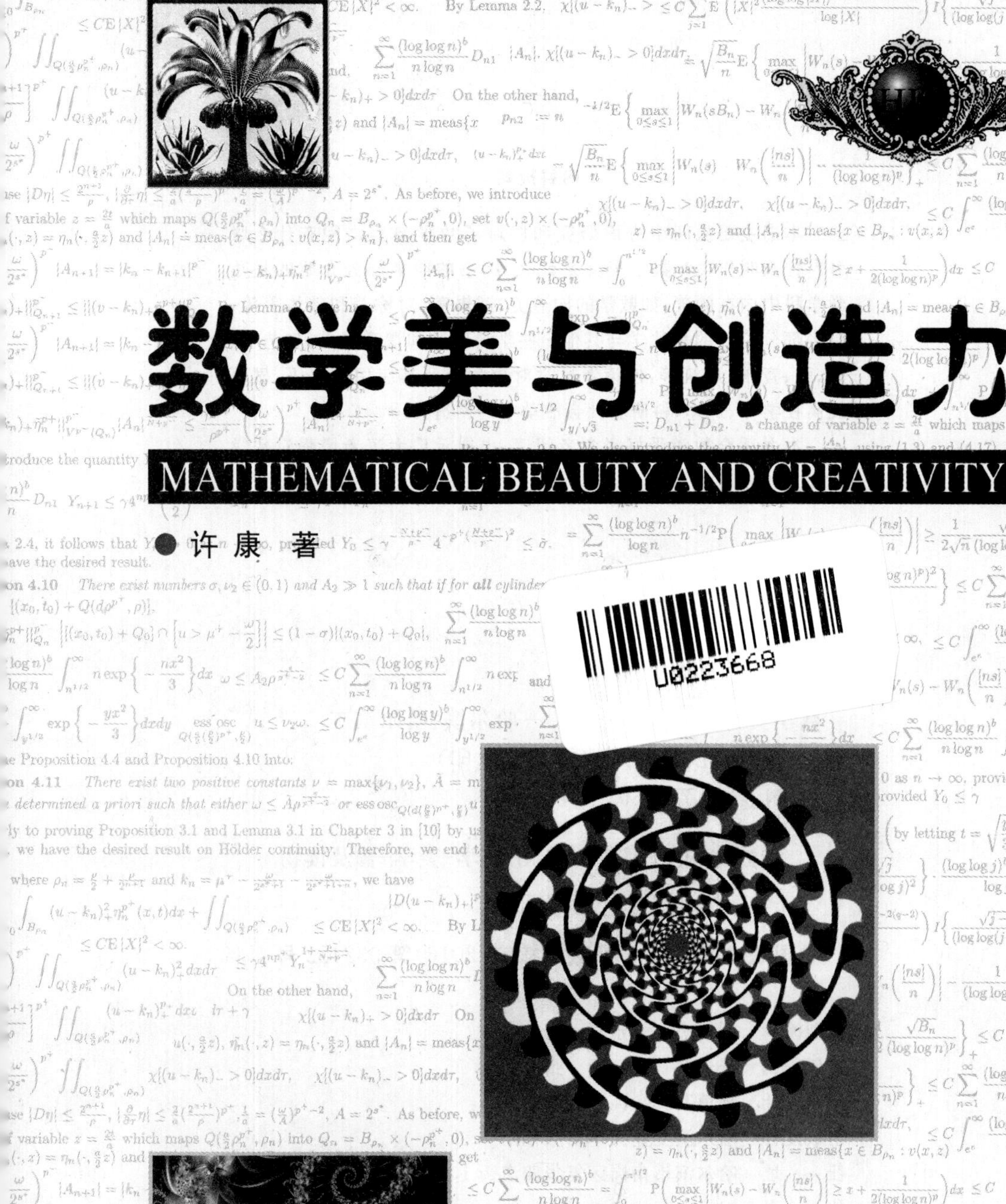

数学美与创造力

MATHEMATICAL BEAUTY AND CREATIVITY

许康 著

哈爾濱工業大學出版社
HARBIN INSTITUTE OF TECHNOLOGY PRESS

内容提要

本书主要从两个方面研究和探讨了数学与美之间有什么联系？什么叫作美？数学美又是什么等.书的前半部分介绍的是数学学科中内在的美，如数学的构造美、逻辑美、对称美和整体美等；后半部分论述的是数学与其他一些学科联结和渗透的美，如艺术、诗、画、音乐、建筑等，使读者通过对数学美及其应用的感悟，显著提高在学习、工作、科研和社会活动中的创造力.

本书适合数学爱好者参考阅读，也启示广大读者增强对数学美和它的妙用之了解.

图书在版编目(CIP)数据

数学美与创造力/许康著.—哈尔滨：哈尔滨工业大学出版社，2015.12(2017.1重印)

ISBN 978-7-5603-5857-4

Ⅰ.①数… Ⅱ.①许… Ⅲ.①数学-美学-普及读物 Ⅳ.①O1-05

中国版本图书馆 CIP 数据核字(2016)第 032482 号

策划编辑　刘培杰　张永芹
责任编辑　张永芹　穆　青　张永文
封面设计　孙茵艾
出版发行　哈尔滨工业大学出版社
社　　址　哈尔滨市南岗区复华四道街 10 号　邮编 150006
传　　真　0451-86414749
网　　址　http://hitpress.hit.edu.cn
印　　刷　哈尔滨市工大节能印刷厂
开　　本　787mm×1092mm　1/16　印张 21.75　字数 379 千字
版　　次　2015 年 12 月第 1 版　2017 年 1 月第 2 次印刷
书　　号　ISBN 978-7-5603-5857-4
定　　价　48.00 元

◎ 目录

第1章 “数学与美”导言

1.1 什么是美?

爱美之心,人皆有之.近年来,“美学热”在社会生活中持续不衰.青少年首先要做到心灵美、行为美,培养美的情操,在社会主义精神文明建设中,不断追求真、善、美.

这本小书本着上述宗旨,力图帮助青少年读者学会揭示数学中的美,分析数学在美的事物中的作用.显然,这是两个不同的概念,希望读者在阅读过程中注意加以区分.但是,两者又是相互关联的,加之书中涉及到较广阔的知识领域,各种学科往往相互交叉、渗透,这体现了当代科学的整体性发展,所以我们关于数学与美的论述,经常分中有合,合中有分.

美是什么?可以意会,难于言传.庄子说,“各美其美”,认为没有客观、公认的美的绝对标准.东汉许慎《说文解字》和清代段玉裁注“羊大为美”,这反映远古人类造字时,正处于游牧生活年代,一饱羊肉口福时味美难忘,“民以食为天”,所以把味觉上的美感作为美的典型.孔子闻韶乐,也说“三月不知肉味”,然而,这正表明孔子把音乐听觉上的美感摆到了更高的位置,体现了对美的认识的深化.

现代关于美的问题，包括美的本质(究竟什么是美?)，美的内容(指自然美、社会美以及在此基础上的艺术美、科学美)，美的形式(指能够引起我们美感的事物的存在形式)等，至今各派观点仍在争执不休，促使人们作更深入的研究.

我们认为，美是引起人的愉悦情绪的一种客观属性，依赖于人们对事物的认识和所要达到的功利目的.美是符合社会和自然规律而存在的，又是人的能动创造的精神成果.它是具有多层次、多方面联系的概念，它是主客观相互作用的产物.

通常人们把美粗略分为两个层次：

1.事物以其外在的感性形式所呈现的美.

2.事物以其内在结构的和谐、秩序而具有的理性美，即事物蕴含的这些美的信息被人的感觉器官察知，并经过同构变换而被理性加工之后，形成的美的映象，这已上升为意识和观念.

因为所谓美感，即人在审美活动中，对于美的主观反映、感受、欣赏和评价，其基本特点之一是形象的直接性和可感性.但人的思想意识、知识水平等，也无不以形象思维的方式，渗入到美感的形象里面，构成美感的具体内容.因此，美感是形象性、思想性和社会性的统一.进而，只有理解了的东西才能更好地感受它.所以，两个层次是互相联系，互相沟通的.

本书要谈的数学美，正是处在这第二层次的东西.按照法国数学全才庞加莱(J. H. Poincaré，1854—1912)(图1)的说法，“我的意思是说那种深奥的美，这种美在于各个部分的和谐秩序，并且纯理智能够把握它.正是这种美使物体，也可以说使结构具有让我们感官满意的彩虹一般的外表.没有这种支持，这些倏忽即逝的梦幻之美结果就是不完美的，因为它是模糊的、总是短暂的”.他把那些“潜藏在感性美之后的理性美”如雅致、和谐、对称、平衡、秩序、统一、方法的简单性等，列为科学美的主要内容.

图1

事实上，如前面提到的，人类最初有关美的认识来源于自然界.生产技术和自然科学的发展，一步一步揭示出自然界丰富多彩的运动形式及其规律性.马克思说，人能“在他所创造的世界中直观自身”，意识到自身的力量，并产生愉悦和欣赏的情绪，这就是审美需要和审美活动产生的根源.这样看来，美的创造首先来自科学技术的创造，审美活动和美学的发展也依赖于科学技术的发展.在人类理性思维能力和科学素养空前提高的现代，人们已能透视到科学技术中所显示的人的本质力量是何等伟大,对科学美怎样熔优美与壮美于一炉,是毫无怀疑的余地了.

1.2 科学美的准则

那么,关于科学美的主要内容或标准应当怎样确定呢? 大家知道,文艺界对于艺术美的标准分歧甚大,莫衷一是.而在科技界,对于科学美的评价却相当一致或近似.庞加莱曾经用"雅致"这个词来笼统地表述它,顾名思义,优雅别致.这里的优雅,"是不同的各部分的和谐,是其对称,是其巧妙的协调,一句话,是所有那种导致秩序,给出统一,使我们立刻对整体和细节有清楚的审视和了解的东西."而别致,还是按庞加莱的说法,是"出乎意料",或者说,新奇、奇异.

下面就三条主要的内容谈谈.

1. 和谐　指理论体系内部的自洽性.首先是逻辑的正确性和结构的严密性.自然界本身的和谐必然科学地反映为各学科中的井然有序,学科自身的发展又整理得更为协调.

其次,任何一门科学分支的这种逻辑结构和体系只是科学大树的某一层枝叶(子系统),因此它还应当具有外在的和谐功能,应与众多的相关系统表现出有机联系.

这内在和外在两种和谐,通常也可用统一这个词来形容.

同时,如上所述,既然它的逻辑结构如此严谨,必然反映着深广的内涵,而表现形式(由于广泛采用数学工具)却相当洗练,所以又给人以简洁之感.

2. 对称　广义地说,指事物具有的匀称和均衡的特征,它同样使人有一种安排妥帖、寓整齐于变化之中的美感.科学理论的对称性和对称方法不单纯有其形式美,还表现为预见性和类比手法,这些都来源于自然界物质形态及其运动图景所具有的广泛的对称性.

数学理论中的对称性俯拾皆是.很多数学演算都是一串恒等变形,解方程更是时时保持等号两端平衡的关系,即使是不等式的求证或求解,也常常要经恒等变换化简.这些基本特征不变性,是依靠对称均衡性所保证的.

数学中还发展了群论这门分支,特别适用于对物质世界的对称性的研究.例如受其启发,物理学和化学中的守恒量或不变性都可以用某种对称性来表示.如质量守恒、能量守恒、电荷守恒、动量守恒是迄今广知的守恒原理.

对称方法是科学家追求理论美的一个工具.

3. 新奇指新颖奇异，不同凡响，出人意表. 新奇导源于科学理论所述某些事实本身的奇异性，以及创建者思维的发散性和方法的独创性. 奇异与和谐是对立的统一. 它们从正反两面展示了某种科学理论系统标新立异、卓然特立的风采.

新奇是向更高层次的和谐发展的突破口. 重大的奇异导致科学理论的“危机”和革命.

新奇和对称一样，还体现了科学理论中的艺术因素. 思想呆板、创造力贫弱的人缺乏这类“艺术细胞”，就无法达到这种境界.

显然，以上几点在数学中都反映得特别强烈和突出. 马克思认为，一门科学只有成功地运用了数学的时候，才标志着它的成熟. 因此，某种科学理论一旦实现了“数学化”，即主要定律和定理、法则都可用数学语言(主要是符号、算式)表达时，就使人们感到它是和谐、简洁和对称的，只有新奇该由它本身的特点和机遇所决定.

1.3 数学美引论

关于数学美，我们先看看一些权威数学家有何高见.

怀特海(A. N. Whitehead. 1861—1947)说：“作为人类精神最原始的创造，只有音乐堪与数学媲美. 只有取得过数学财富的少数人才能尝到数学的‘特殊乐趣’”. 按照他的说法，似乎数学是阳春白雪，和者盖寡.

哈代(G. Hardy，1877—1947)(图 2)比他的看法要实在一些：“现在也许难以找到一个受过教育的人对数学美的魅力全然无动于衷”，“实际上，没有什么比数学更为‘普及’的学科了. 大多数人都能欣赏一点数学，正如多数人能欣赏一支令人愉快的曲调一样”. 就是说，数学有它下里巴人的一面.

图 2

近年美国数学界两部综合调查报告《今日数学》和《明日数学》以非常肯定的口吻声称：

“有创造力的数学家……共享惊人相似的一组审美标准”.

“……数学具有一种美学价值，正如音乐或诗歌所清楚地确定的一样”.

我们普通人怎样发现和欣赏数学美呢？

数学家 A · 波莱尔(A. Borel)指出：“要能欣赏数学，就需要对一个很特殊的思维世界里的种种概念在精神上的雅与美有一种独特的感受力”，因为它“是用高度专门化的语言——数学语言写成的”. 所以,问题的关键是懂得这种语言. 事实上,“要欣赏音乐和绘画,也必须学会某种语言”. 数学语言是可以学会的,理论物理学家英费尔德说得好:“当你领悟一个出色公式时,你得到同听巴赫的乐曲一样的感情,在这两种感觉之间没有任何区别,除去如下一点:要从数学得到满足比起爱好音乐者欣赏来,必须受到更多的训练”.

高中学生在数学方面已经经历了十年寒窗的攻读,该是能够领略其中很多乐趣的时候了. 比方说,当你看到数学能以尽可能少的公理公设,运用明晰而严密的逻辑工具推演出具有普遍深远含义的结论,得出精炼、对称的方程、公式,在实践中获得广泛的应用,做出精彩的科学预言的时候,难道还不为之倾倒吗?

退一步说,即使我们不能时时、处处参与这些理论的创造和应用,也仍然可以从对理论美的欣赏中感受到快乐. 如费马大定理($x^n+y^n=z^n$,当 $n>2$ 时无正整数解),甚至对一些暂未彻底证明的猜想,如哥德巴赫猜想(大于 2 的偶数都是两个素数之和)、黎曼猜想(复变函数 $\zeta(z)=1+\frac{1}{2^z}+\frac{1}{3^z}+\cdots+\frac{1}{n^z}+\cdots$ 的零点,除有限个例外,全部位于 $\mathrm{Re}\,z=\frac{1}{2}$ 这条直线上),人们也为其简明、单纯、隽永、深远所吸引,感到真是妙不可言.

图 3

香港旅美数学家,菲尔兹奖获得者丘成桐(图 3),在微分几何、非线性偏微分方程、多复变函数论、理论物理等领域成绩卓著,他根据自己的切身体会谈到:“数学家找寻美的境界,讲求简单的定律,解决实际问题”,“这些因素都永远不会远离实际世界”,数学美有着取之不尽的源泉.

20 世纪初最伟大的数学家希尔伯特(D. Hilbert, 1862—1943)把数学比喻为“一座鲜花盛开的园林”,他鼓励我们寻幽探胜,他主张向别人介绍这些奇景秀色,“我们共同赞美它,真是其乐无穷”.

1.4 数学对艺术的渗透

在人类历史上,科学与艺术有着几次合与分的过程. 原始时代,这两者不加区别,被考古学家统称为“文化”,如仰韶文化、红山文化……两三千年前,在几个文明古国,它们已开始分化,出现各种学科,如柏拉图特别强调算术、几何、音乐、天文,孔子提倡礼、乐、射、御、书、数“六艺”. 到了中世纪,欧洲的学校分两个阶段，前段学习文法、修辞、逻辑，后段学习算术、音乐、几何、天文，并认为后段不过是较深的文艺而已. 后来的“文艺复兴”，实质上是指欧洲近代科学和艺术的诞生. 当然，随后两方面的迅猛发展使得它们在 300 年时间内越来越分道扬镳.

近年，一些未来学家指出，“第三次浪潮”正在猛扑过来，“信息时代”、“后工业化社会”已成为不可阻挡的“大趋势”，人类整个知识体系（包括自然科学、社会科学等）趋向整体化. 加拿大学者米克认为：“现在，有了一种新的创造精神，开始重建一个包括艺术、科学和技术都在内的完整而统一的世界”. 其客观背景是：各学科互相接近、交叉、渗透，形成多种样式的交融统一；科技方法与艺术手段互相结合，形成新奇的物质或精神产品；科技发明和艺术创作互相启示，激发灵感. 越来越多的人认识到科学美与艺术美的追求，在知识爆炸和更新周期日益缩短的压力下，对于开拓人的智能和创造精神有着重要价值. “科学家的灵巧，诗人的心扉，画家的慧眼”可以感受同样的和谐与优美. 数学和美学都是侧重研究形式规律的，各门学科的“数学化”实质上导致更加形式化，所以对于数学自身的美，以及数学在美的事物中的应用这两个课题的深入研究，应当提到相当紧迫的日程表上. 从理论上看，搞清楚其中一些问题，是对数学、美学、文学、艺术的共性和个性作更深入的了解. 有些问题还可以成为思维科学、发明学、创造学的具体研究对象，例如逻辑思维和形象思维与数学美的关系，科学家、发明家和艺术家素质的结合，美的直觉与科学发现和灵感思维的关系等. 从实际上看，文艺创作活动能否由电脑的人工智能来实现，独特的工艺造型设计如何定量化和批量生产等.

作为一本小书，我们不能全面接触这些问题，只能通过比较具体的例证和分析，扣住数学与美这个主题加以阐述. 柏拉图早就把审美能力的提高描述为沿着特设的梯子拾级而上，从“对一个美形体的直观转到两个，从两个到全部，然后再从美形体转到美风尚，又从美风尚转到美学问，这时你才能从这些学问向关于美本身的学问前进，你才能最终知道美究竟是什么”.

本书将遵循这样的途径，陪同青少年朋友进行这次壮游. 我们的旅游景点（书中各章节）基本上相对独立，但又有内在联系. 所以我们安排了由数（数字、符号、算式、比例）到形（曲线、对称），再深入到逻辑和统一性的内部路线；然后沿绘画、音乐、立体造型艺术、文学的外部路线作一番巡礼. 如果读者不顺这一次序，随便挑选浏览也是可以的.

$e^{i\pi}+1=0$，数字、符号、算式之美

第 2 章

2.1 从“五朵金花”说起

必须承认，由于本身的抽象性，以及从小所受教育不甚得法，有些人对于数字、数学符号和算式产生了偏见，条件反射式地一见到它们就觉得枯燥乏味、昏昏欲睡. 但少数人对数字却有特殊的敏感，例如高斯(C. F. Gauss，1777—1855)幼年能速算 $1+2+\cdots+100$；印度拉玛努扬(S. Ramanujan，1887—1920)也是一位奇才，能透视整数中的很多奇妙性质；欧拉(L. Euler，1707—1783)老年双目失明，仍能记住一切演算细节，十几年内写成的论文数以百计……这都是脍炙人口的故事了. 而对于我们大多数人来说，情况通常处于这两者之间，一般是了解的数学越多，就越觉得人类智力创造的数字、符号、算式是何等神奇. 为了避免空泛之论，本章围绕公式

$$e^{i\pi}+1=0$$

和其中的“五朵金花”作些剖析. 这五朵金花不是别的东西，恰好是 $0,1,i,\pi,e$，它们在数学中处处盛开，而每一朵都可以用专书来详细介绍.

2.2　0,1,i——乌有,一切,虚无

我们现在用到的10个数字,0是最后才呱呱坠地的.我国古代采用算筹(状如冰棍上的竹签或木签,也有骨制、金属制的),有先进的位置制思想,但没有0这个记号.一般认为印度人最先发明0,再西传阿拉伯.近年的数学史研究成果表明,我国在宋元时期开始出现〇,它与阿拉伯数字0略有区别,外形上一胖一瘦,书写时一顺(时针)一反(时针),所以〇是我国的独创.有了零,笔算记位就方便了.单个0虽然代表“无”,但在各种进制的数字里,只有它参与才能进位,例如从1到9都是一位数字,10便成了两位数字,1进到了十位.0还是正数与负数的分界点,坐标系的原点,很多数学物理过程的起点.

“1”也有丰富的内涵,它是整数的单位,数字的始祖,是真分数(纯小数)和整数的分水岭.远古人类能抽象出1这个概念的时候,便是数学的真正萌芽.1也可以代表事物的整体,或者各部分的总体,甚至整个宗宙,所谓“浑一”.

3 000年前我国有周易八卦的伟大发明.传说是伏羲画卦、周文王作辞、孔子作“传”,成为《易》经.“易有太极,是生两仪,两仪生四象,四象生八卦”.太极成了派生万物的本源,与古希腊毕达哥拉斯学派“万物皆数”相映成趣.图1画的“太极图”传自宋代华山方士陈希夷,源于后汉魏伯阳的《周易参同契》,由朱熹传播开来.

图1

图 2 是“八八六十四卦”，最右边一行按“乾、兑、离、震、巽、坎、艮、坤”顺序，是经过宋朝邵雍整理发表的. 1697～1702 年间，来华的法国教士白晋(F. J. Bouvet，1656—1730)向莱布尼兹(G. W. Leibniz，1646—1716)介绍了这个图(图 2)，终于使莱布尼兹领悟到这正是他所考虑的二进制表，用 0(即--)和 1(即-)表示一切数，这个表中含有从 0～63 共 64 个二进制数字. 这种二进制方案正是现代电子计算机运算的基础.

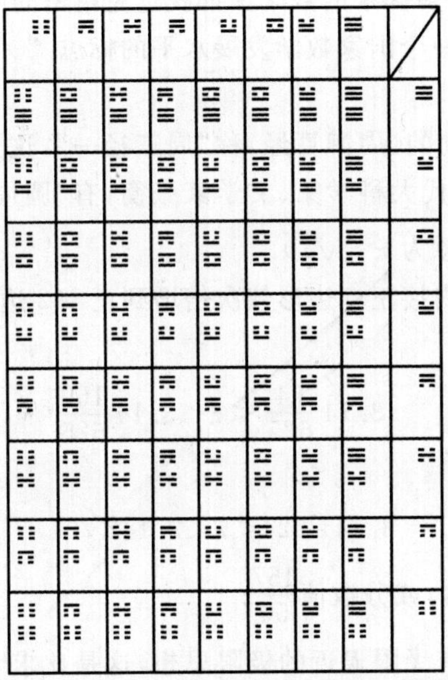

图 2

i 是 $\sqrt{-1}$，来源于解二次方程 $x^2+1=0$，长期被人们认为不可捉摸. 曾经有人这样来解释它：你欠人家 1 平方丈土地，其边长便是 $\sqrt{-1}$ 丈. 这种牵强附会的说法不可能使问题有更多进展.

韦塞尔(C. Wessel，1745—1818)、高斯、阿甘(J. R. Argand，1768—1822)等人不再死钻一维数轴这个牛角尖，发散性思维使他们想到用另一根数轴来表示 i，于是复数获得一块坚实的大地(复平面)，到今天已成为一门庞大数学分支——复变函数论——的基石. 尤有甚者，黎曼(G. F. B. Riemann，1826—1866)在复平面上还构造了“高层建筑”——黎曼面，很多现代数学最新成就有赖它的表示或对它的深入理解.

有位著名的现代数学家说过，从实数到实数的最短途径是通过复数. 这真是具有深刻辩证法的思想，单从字面上是无法理解的，没有丰富数学知识的人也无从领悟其奥妙.

2.3 π值——算法美的追求

1706年，琼斯(W.Jones，1675—1749)用π来表示圆周率.一位德国数学家指出：“在数学史上，许多国家的数学家都找过更精密的圆周率，因此，圆周率的精确度可以作为衡量一个国家数学发展水平的标志.”

1.割圆法

我国2 000多年前的《周髀算经》称“周三径一”，这是π的第一个近似值，叫作“古率”. 据说，汉代大科学家、文学家张衡，有“圆周率一十之面”的推算.清代李潢考证这句话意为$\pi\approx\sqrt{10}$.

魏晋间刘徽由圆内接正6边形依次倍增到正192边形，计算周长与直径之比，得

$$3.14\frac{64}{625}<\pi<3.14\frac{169}{625}$$

即

$$3.141\,024<\pi<3.142\,704$$

实际应用时取$\pi\approx3.14$，或分数值$\frac{157}{50}$.

他的割圆术已含有无限逼近的极限思想，这是比求π值更宝贵的.从方法上说，他得到了重要的“刘徽不等式”

$$S_{2n}<S<S_{2n}+(S_{2n}-S_n)$$

式中S是圆周长，S_n是圆内接正n边形周长.这样，不必再求圆外切正多边形周长，单靠圆内接正多边形周长，也可实现“两路夹逼”S的目的，真是天才创造.

南朝祖冲之在公元460年前后得到π的约率$\frac{22}{7}$，密率$\frac{355}{113}$.《隋书·历律志》清楚地载着他的结果

$$3.141\,592\,6<\pi<3.141\,592\,7$$

千年后西方才有人得到$\frac{355}{113}$.据估计，若按割圆术求出它，需作到内接正24 576边形等于6×2^{12}边形才可得到.即边数倍增共12次，每次要作四则运算和平

方、开平方 11 步运算.需要铁杵磨成针的功夫,当之无愧是超越时代的高峰.

西方在割圆术方面的开创者阿基米德的算法也是极优美的.他在《圆的度量》(公元前 250 年)中,用外切、内接“两路夹逼”的方法,割至正 96 边形,得出

$$3\frac{10}{71}<\pi<3\frac{1}{7}$$

即 $\pi\approx 3.141\ 8$.

他还得到了用循环数列表示的递推公式

$$T_{h+1}=\frac{2T_kS_k}{T_k+S_k},S_{k+1}=\sqrt{T_{k+1}S_k}$$

式中 T_{k+1} 是圆外切正 $6\cdot 2^{k+1}$ 边形周长,S_{k+1} 是圆内接正 $6\cdot 2^{k+1}$ 边形周长.这样,只要知道数列的首项就可算出一切项.由于

$$T_0=2\sqrt{2},S_0=3$$

可得出两列数列

$$3.464,3.215,3.160,3.146,3.142,\cdots$$
$$3.000,3.106,3.133,3.139,3.140,\cdots$$

所以只要算到第五项(即 $6\cdot 2^{4+1}=192$ 边形)即有

$$3.140<\pi<3.142$$

以上漂亮的递推公式的来由是,如图 3,有

$$\triangle BDE\backsim\triangle BMO$$
$$\triangle OCD\backsim\triangle OAB$$
$$\triangle MCD\backsim\triangle EMD$$

请读者利用比例关系继续推导.

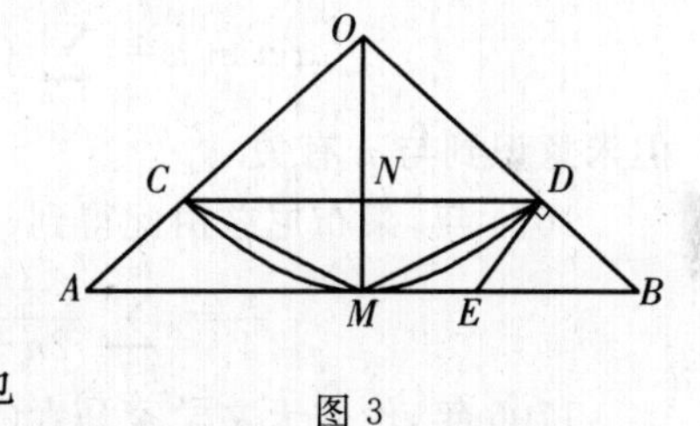

图 3

1579 年,韦达(F. Vieta,1540—1603)也由割圆术,结合三角函数表达式,得

$$\frac{2}{\pi}=\prod_{n=1}^{\infty}\cos\frac{90^\circ}{2^n}=\sqrt{\frac{1}{2}}\sqrt{\frac{1}{2}\left(1+\sqrt{\frac{1}{2}}\right)}\sqrt{\frac{1}{2}\left[1+\sqrt{\frac{1}{2}\left(1+\sqrt{\frac{1}{2}}\right)}\right]}\cdots$$

这是首次发现可用无穷乘积来求 π.他由内接正方形起算,到内接 6×2^{16} 边形,算出 9 位小数.这个公式给人以整齐有序、深奥无穷的美感.

荷兰鲁道夫(V. C. Ludolph,1540—1610)依韦达方法,作 2^{62} 边形,将 π 值算到 35 位小数,所以德语称 π 为鲁道夫数.

近年,我国俞文魮、陈开明用二次抛物线取代内接正多边形的边,这样逼近效果更好.他们还由祖暅原理得到不等式

$$\frac{4}{3}T_{2n}-\frac{1}{3}S_n<\pi<\frac{1}{3}S_{2n}+\frac{2}{3}T_{2n}$$

他们由 6 边形算至 384 边形，得 3.141 592 6；由 4 边形算至 256 边形，得

$$3.141\,592\,61<\pi<3.141\,592\,66$$

确实快多了.

2. **分析法**

这是随微积分学的发展而获得的一系列优雅别致的表达式.

1650 年，英国数学家约翰·沃利斯(John Wallis)得到下列奇妙的表达式

$$\frac{\pi}{2}=\frac{2\times2\times4\times4\times6\times6\times8\times\cdots}{1\times3\times3\times5\times5\times7\times7\times\cdots}$$

洛尔德·布龙克尔(Lord Brouncker)，皇家学会第一任主席，把沃利斯的结果变成连分数

$$\frac{4}{\pi}=1+\cfrac{1^2}{2+\cfrac{3^2}{2+\cfrac{5^2}{2+\cdots}}}$$

然而这两个表达式都没有广泛用于 π 值的计算.

1671 年，英国格里高里(J. Gregory)得到

$$\arctan x=\sum_{n=0}^{\infty}(-1)^n\frac{x^{2n+1}}{2n+1}\quad(-1\leqslant x\leqslant 1)$$

但未意识到与 π 有关.

1674 年，莱布尼兹由此得到(令上式中 $x=1$)

$$\frac{\pi}{4}=\sum_{n=0}^{\infty}\frac{(-1)^n}{2n+1}=1-\frac{1}{3}+\frac{1}{5}-\frac{1}{7}+\cdots$$

1706 年，伦敦天文学家马青(J. Machin)得

$$\pi=16\arctan\frac{1}{5}-4\arctan\frac{1}{239}$$

至今仍是计算 π 的最好公式之一，因为含 $\left(\frac{1}{239}\right)^n$ 的项收敛很快. 1948 年，美国雷恩奇(J. W. Wrench)利用这公式，与英国费格森(D. F. Ferguson)利用

$$\pi=12\arctan\frac{1}{4}+4\arctan\frac{1}{20}+4\arctan\frac{1}{1\,985}$$

计算 π 值到 808 位，这是不用电子计算机所算出的最高纪录.

在我国，清代蒙族数学家明安图证明了由传教士带来的公式

$$\pi=3\left(1+\frac{1}{4}\times\frac{1^2}{3!}+\frac{1}{4^2}\times\frac{1^2\times3^2}{5!}+\frac{1}{4^3}\times\frac{1^2\times3^2\times5^2}{7!}+\cdots\right)$$

(《明氏九术》,1774 年版)及其他几个级数式.

项明达在《象数一原》(1843 年版)得

$$\frac{1}{\pi}=\frac{1}{2}\left(1-\frac{1}{2^2}-\frac{1^2\times 3}{2^2\times 4^2}-\frac{1^2\times 3^2\times 5}{2^2\times 4^2\times 6^2}-\cdots\right)$$

他赞叹"此盖奇偶相从,乘除互易,殆有自然之象数寓乎其间".

李善兰《方圆阐幽》(1845 年版)得

$$\frac{\pi}{4}=1-\frac{1}{2}\times\frac{1}{3}-\frac{1}{2\times 4}\times\frac{1}{5}-\frac{3}{2\times 4\times 6}\times\frac{1}{7}-\cdots$$

徐有壬等人也有求 π 值的级数式.

1874 年,湖南数学家曾纪鸿用几何方法证明

$$\frac{\pi}{4}=\arctan\frac{1}{2}+\arctan\frac{1}{3}$$

与

$$\frac{\pi}{4}=\arctan\frac{1}{4}+\arctan\frac{1}{5}+\arctan\frac{5}{27}+\arctan\frac{1}{12}+\arctan\frac{1}{13}$$

后者是他自己发明的,据此他将 π 值算至 100 位,在《圆率考真图解》一书上,他列出了前 24 位的演算草式.如果他真正算至 100 位,该是我国近代计算 π 值的一次飞跃,而他对公式的几何证明,其构思也相当简洁美妙.

此外,人们还利用傅里叶级数,例如在[$-\pi,\pi$]上

$$f(x)=|x|=\frac{\pi}{2}-\frac{4}{\pi}\sum_{n=1}^{\infty}\frac{1}{(2n-1)^2}\cos(2n-1)x$$

可以推知

$$\frac{\pi^2}{8}=1+\frac{1}{3^2}+\cdots+\frac{1}{(2n-1)^2}+\cdots$$

这是欧拉的发现.稍加变化,可得

$$\frac{\pi^2}{6}=\sum_{n=1}^{\infty}\frac{1}{n^2}$$

又如,由著名的巴塞瓦(Parseval)恒等式

$$\frac{1}{l}\int_{-l}^{l}f^2(x)\mathrm{d}x=\frac{a_o^2}{2}+\sum_{n=1}^{\infty}(a_n^2+b_n^2)$$

式中 a_n,b_n 是傅里叶系数,我们在[$-\pi,\pi$]上考虑

$$f(x)=x^2$$

的傅里叶级数,利用这个恒等式,可得

$$\frac{\pi^4}{90}=\sum_{n=1}^{\infty}\frac{1}{n^4}=1+\frac{1}{2^4}+\frac{1}{3^4}+\frac{1}{4^4}+\cdots$$

从以上远不详尽的回顾中,我们看到数学分析是多么美妙的工具,它使得数学

家能展开想象的翅膀远举高翔，而每一个公式又是那样匀称、和谐、新奇，成为数学美的见证.

3. **另辟蹊径**

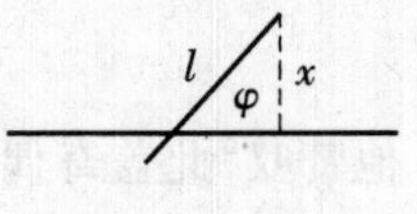

例 1　1774 年，法国蒲丰(C. de Buffon)发表了著名的投针实验法. 根据事件发生的频率，当实验次数越多时，可望与它的概率越接近(大数定律)，以及几何概率思想，取图 4 中条形区域宽度为 a，针长 $l<a$，φ 为针与边界的交角，则当 $x\leqslant l\sin\varphi$时投针才与边界相交，这种可能性(即几何概率)

$$P=\frac{1}{a\pi}\int_0^{\pi} l\sin\varphi \mathrm{d}\varphi=\frac{2l}{a\pi}\approx\frac{\text{针与边界相交 } m \text{ 次}}{\text{投针总计 } n \text{ 次}}$$

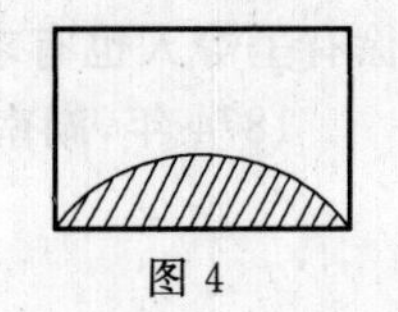

图 4

所以

$$\pi\approx\frac{2ln}{am}$$

这个方法用来求 π 值尽管并不方便，然而却启发了现代数理统计中广泛应用的抽样试验.

例 2　找一些人(例如 100 人)，叫他们每人随便写出两个小于 1 的正数 x，y，然后统计所收集的 $x,y,1$ 三数恰能构成钝角三角形(当然是以 1 为长边)的频率(例如有 28 人). 再按几何概率的思想，这里需满足

$$\begin{cases}x+y>1\text{(组成三角形)}\\ x^2+y^2<1\text{(由于 }\cos(x,y)<0\text{ 按余弦定理知)}\end{cases}$$

这个不等式组的角是图 5 阴影部分. 这个弓形的面积为

$$\frac{1}{4}\pi\cdot 1^2-\frac{1}{2}\cdot 1\cdot 1=\frac{\pi-2}{4}=\frac{m}{n}$$

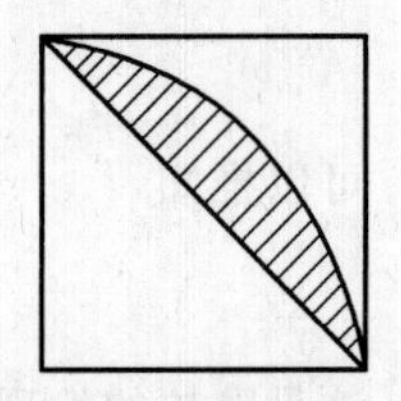

图 5

所以

$$\pi=4\times\frac{m}{n}+2$$

例如由上述数据

$$m=28, n=100$$

则

$$\pi\approx 4\times\frac{28}{100}+2=3.12$$

例 3　高斯的另一种实验方法. 他将半径为 r 的圆作在坐标方格纸上，圆心取在某一格点处，数出圆内格数 $f(r)$，注意那些与圆周相盖(交)的方格，一定位于半径为 $r+\sqrt{2}$，$r-\sqrt{2}$ 的圆环内，这圆环面积为 $4\sqrt{2}\pi r$，则

$$|f(r)-\pi r^2|<4\sqrt{2}\pi r$$
$$\left|\frac{f(r)}{r^2}-\pi\right|<4\sqrt{2}\frac{\pi}{r}$$
$$\pi=\lim_{r\to\infty}\frac{f(r)}{r^2}$$

他的部分实验结果见下表(表1)

表1

r	$f(r)$	$\frac{f(r)}{r^2}$
10	317	3.17
20	1 257	3.142 5
30	2 821	3.134
100	31 417	3.141 7

例 4 近年,由里查森(Richarlson)等人提出的外推极限法,用于加快 π 值的计算速度收到很好效果. 原理简介如下:单位圆内接正 n 边形周长 na_n 与 2π 近似相等,又由三角知识和泰勒级数知识,并记 π 的近似值为 π_n,则

$$\pi_n=\frac{na_n}{2}=\frac{1}{2}\cdot n\cdot 2\cdot \sin\frac{2\pi}{2n}=n\sin\frac{\pi}{n}=$$
$$n\left(\frac{\pi}{n}-\frac{1}{6}\cdot\frac{\pi^3}{n^3}+O\left(\frac{\pi}{n}\right)^5\right)$$
$$\pi_{2n}=2n\sin\frac{\pi}{2n}=2n\left(\frac{\pi}{2n}-\frac{1}{6}\cdot\frac{\pi^3}{(2n)^3}+O\left(\frac{\pi}{2n}\right)^5\right)$$

所以

$$\frac{4\pi_{2n}-\pi_n}{3}=\pi+O\left(\frac{1}{n^4}\right)$$

按此式算得的 π,其误差已不大于 $\frac{1}{n^4}$ 级. 我们以电子计算器试算

$$\pi_6=3,\pi_{12}=3.105\ 8,\pi_{24}=3.132\ 628\ 5,\pi_{48}=3.139\ 350\ 1$$
$$\pi_{96}=3.141\ 031\ 9,\pi_{192}=3.141\ 452\ 5$$

将 π_{192} 和 π_{96} 代入式中,得

$$\pi\approx 3.141\ 592\ 7$$

我们知道,过去用割圆术要重复 12 次边数加倍的过程才能得到这个结果,现在只要重复 5 次(即作 $6\times 2^5=192$ 边形)就可以 . 事实上,我们一步步还可得到更精密的公式

$$\pi \approx \frac{4^k \pi_{2n}^{k-1} - \pi_n^{k-1}}{4^k - 1}$$

这时误差不大于 $n^{-2(k+1)}$ 级.

4. 对电子计算机的考验

近几十年来,在电子计算机上计算 π 值,取得一次又一次的突破,简记如下表(表 2)

表 2

年份	地点	人名或机名	位数
1949	美国	ENIAC 机	2 037 位
1959	法国		16 167 位
1961	美国		100 265 位
1973	法国	让·纪劳德	100 万位
1981	日本		200 万位
1984	日本	金田康正	1 000 万位

其实,π 值只要算到 18 位,就能保证以地球到月亮距离为半径作的圆,按这种 π 值算出的圆周长的误差小于 10^{-4} 毫米(头发丝的百分之一). 所以,人们对 π 值的不懈努力、精益求精,完全出于一种美学和智力探索的激励,从 π 值计算的历史发展看到,在这种进程中不断淬砺出一些智慧的火花. 试问,又有哪一门艺术的历史发展能超过这样锲而不舍的追求呢? 可见数学美的吸引力是何等巨大.

同时,π 值计算也是对电子计算机的挑战. 因为受机器字长的限制,尽管有很多巧妙的级数展开式,如果没有新的计算方法和软件,没有超大型高速度的可靠性硬件,仍然是实现不了的.

5. π 值中的有趣现象

1946 年,费格森对向克斯(Shanks,1873 年算至 707 位)的结果发生怀疑,其原因是分析前 608 位中,各数字出现的频数为(表 3)

表 3

数字	0	1	2	3	4	5	6	7	8	94
频数	60	62	67	68	64	56	62	44	58	67

其中 7 出现的频数太少$\left(\text{相对偏差达}\frac{1}{4}\right)$.

而费格森的观点是,这 10 个数字在 π 值中出现的概率应当一样. 于是核查向克斯的结果,发现果然从第 528 位起出现了错误.

作为一个对比,人们核查电子计算机算出的前 100 万位 π 值,发现各个数字(理论上应分别出现 10 万次)的偏差中(表 4)

表 4

数字	0	1	2	3	4	5	6	7	8	9
偏差	−41	−242	26	229	230	359	−452	−200	−15	106

最大相对偏差(数字 6 所发生的)也不到$\frac{1}{200}$.

既然 π 值是一个无穷无尽的小数,那么其中应当可能发生各种可以想象的趣事.例如,小数点后第 710 100 位起,连续出现 7 个 3;第 3 204 765 位起,又发生这一现象.在 1 千万位内,同一数字连续 6 个排在一起的事发生了 87 起,例如早在第 762 位开始就出现 999 999. 314 159 这 6 个数字连在一起的现象出现 6 次.第 995 998 位起出现 23 456 789.第 52 638 位起出现 14 142 135(与$\sqrt{2}$的前 8 位数字相同).从头数起(不计小数点),素数只有 4 个,即 3,31,314 159,31 415 926 535 897 932 384 626 433 832 795 028 841.

对于这些现象隐藏着的规律性还值得进一步探究,这样,人们又开辟了研究 π 值的一个新战线.其中,上述现象有些是可以用概率统计的知识加以解释的.

由于 π 值的探索如此丰富多彩,简直使人欲罢不能.我们仅仅充当介绍人的角色,也受到巨大的感染,所以,最后还要向读者报道一件未听见下文的事情.据称,欧仁·萨拉明 1976 年发表论文"利用算术平均数与几何平均数计算 π 值的新方法",例如,当 $n=22$ 时,即可算到 11 445 209 有效位.这里要用到牛顿迭代法,把除法及开平方化为乘法计算,再用快速傅里叶变换实现.估计在 ILLIACIV 型巨型机上约 4 小时可以完成,但当时具体实施程序尚有困难.我们知道,后来金田康正算到 1 千万位是花了 24 小时的.我国的魏公毅等人在 1996 年报道了计算到千万位的并行算法.

2.4 e——高等数学的自然产儿

e 是自然对数的底,符号由欧拉在 1727 年引进,这正是 Euler 名字的第一个字母.

将 1 元钱存入银行，若存 1 年利率为$\frac{1}{1}$，存 2 年降为$\frac{1}{2}$……存 n 年降为$\frac{1}{n}$，那么，第 n 年末的本利和是$\left(1+\frac{1}{n}\right)^n$，见下表（表 1）

表 1

n	2	3	4	6	10
$\left(1+\frac{1}{n}\right)^n$	2.25	2.370 4	2.441 4	2.488 3	2.593 7
n	20	50	100	200	
$\left(1+\frac{1}{n}\right)^n$	2.653 2	2.691 6	2.704 8	2.711 5	

如果这个过程无限进行下去，极限值就是 e

$$e=\lim_{n\to\infty}\left(1+\frac{1}{n}\right)^n=$$

2.718 281 828 459 045 235 360 287 471 352 662 497 757 247 093 699 95…

它的级数展开式是

$$e=\sum_{n=0}^{\infty}\frac{1}{n!}=1+1+\frac{1}{2!}+\frac{1}{3!}+\frac{1}{4!}+\cdots$$

1737 年，欧拉在自己第一篇连分式论文中，给出

$$e-1=1+\frac{1}{1}+\frac{1}{2}+\frac{1}{1}+\frac{1}{1}+\frac{1}{4}+\frac{1}{1}+\frac{1}{1}+\frac{1}{6}+\cdots$$

实质上证明了 e 是无理数.

1748 年，欧拉证明了

$$e^{i\alpha}=\cos\alpha+i\sin\alpha$$

当 $\alpha=\pi$ 时，得

$$e^{i\pi}=-1+0$$

则

$$e^{i\pi}+1=0$$

大数学家克莱因（F. Klein）说这是数学中最卓越的公式之一. 对于它，谁不认为是人类智慧的一座丰碑呢？

1873 年，埃尔米特（Hermite）证明 e 是超越数.

1882 年，林德曼（Lindemann）在此基础上利用 $e^{i\pi}=-1$，证明了 π 是无理数. 这方面的深入探讨，以后还发展为超越数论.

注意，$e^{\pi}\approx 23.140\ 692\cdots$被证明是超越数. 它与 $e^{i\pi}=-1$ 仅仅缺了一个 i，而结局就如此不同，谁不叹息数学中的鬼斧神工！

确实,欧拉公式不但沟通了超越函数 e^x 和 $\cos x,\sin x$,还沟通了实数与虚数,无理数、超越数与整数,揭示了它们在内在美的深刻联系,确实令人拍案叫绝.

然而,在数学理论中,借助这些数字、符号、算式,能表达的妙事是无可胜数的.例如,在复变函数论中,$e^{\frac{1}{z}}$ 以 $z=0$ 作为它的奇点,当 z 沿正实轴趋于 0 时,$e^{\frac{1}{z}}\to\infty$;当 y 沿负实轴趋于 0 时,$e^{\frac{1}{z}}\to 0$;当 z 沿虚轴趋于 0 时,$e^{\frac{1}{z}}$ 没有极限,若取一列(无数个、离散地)无限接近 0 的点 z_n,只要 z_n 选得恰当,它可以趋于预先指定的任一数 A. 例如,取

$$z_n=\frac{1}{\ln\pi}=\frac{1}{\ln|\pi|+(\arg\pi+2n\pi\mathrm{i})}$$

则

$$e^{\frac{1}{z_n}}=\pi\to\pi$$

而

$$|z_n|=\frac{1}{\sqrt{(\ln\pi)^2+(0+2n\pi)^2}}\to 0$$

2.5 数字幻方之美

关于幻方,也是令人流连忘返的数字之美的领域,本书限于篇幅不作多的引述.

国际公认我国的 3 阶幻方"九宫"是组合数学的起源.这里图 6 是古西藏文的九宫,图 7 为纳西族文字"米瓦九座推算法"九宫.有一首诗赞曰

四海三山八洞仙,九龙五子一枝莲.

二七六郎赏月半,周围十五月团圆.

可见中华各民族都以不同方式热烈讴歌自己这一伟大发现.

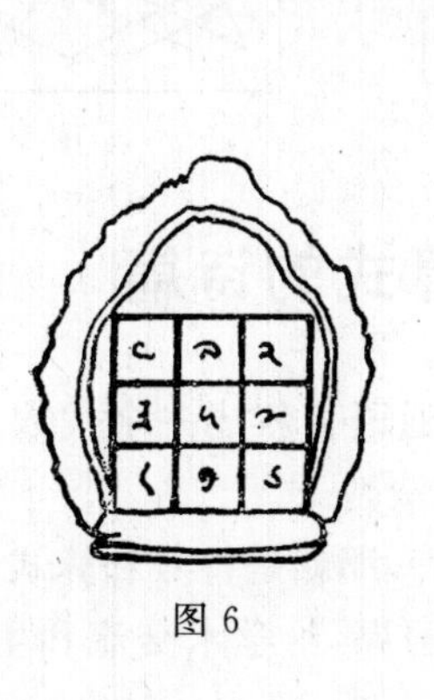

图 6

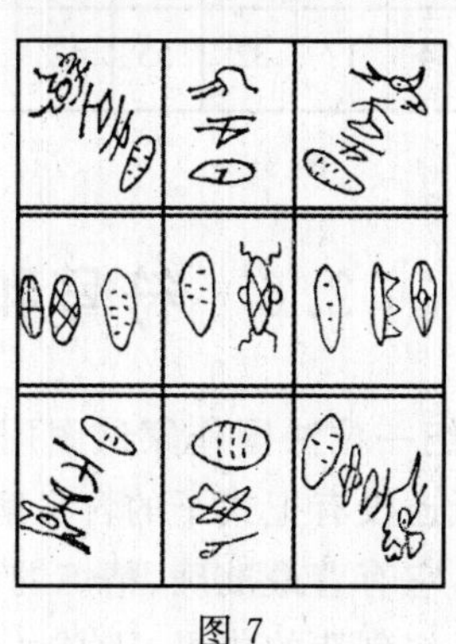

图 7

n 阶幻方的数目可达$\frac{1}{2}n(n^2+1)$种.

1514 年丢勒(A. Dürer,1471—1528)创作的版画《忧郁》(或译《苦闷》),将艺术美与数学美(例如图 8 中各种几何形体,壁上的 4 阶幻方中最下一排巧妙地嵌入 1514,表明创作年代)与主人公的苦闷形成尖锐戏剧冲突.

图 8

图 9 是一种 8 阶幻方,如果我们按 1,2,3,…的顺序用折线联结起来,就成为图 10 这样的中心对称图形.事实上,其他很多幻方也是这样,不但横、竖、斜线数字之和巧合,连成的折线也很奇妙.请卖者试以九宫为例,作为一联结折线进行欣赏(九宫的制法:“二四为肩,六八为足,左三右七,戴九履一,五居其中”).

47	10	23	64	49	2	59	6
22	63	48	9	61	5	50	3
11	46	61	24	1	52	7	58
62	21	12	45	8	57	4	51
19	36	25	40	13	44	53	30
26	39	20	33	56	29	14	43
35	18	37	28	41	16	31	54
38	27	34	17	32	55	42	15

图 9

图 10

2.6 符号和算式的诗篇

据说 18 世纪一位法国作家试图用普通语言叙述一个代数式子的意思,结果他费了两页纸还没有把式子的含义解释清楚.

确实,数学,它有着最准确、精炼的语言,那就是符号和算式,真实生动地记录着一切数学思想创造的成果,飞越一切国界,给学术交流和生产技术的应用提供了最方便的手段．每一本数学书籍都是它们大显神威的舞台．

我们举几个简单的典型例子．

开普勒(J. Kepler，1571—1630)花了十几年心血获得的行星运动第三定律：$T^2=R^3$(T 是公转周期，R 是椭圆轨道半长轴)．

牛顿第二运动定律　$F=ma$．

爱因斯坦质能关系式　$E=mC^2$．

简明、精确，千锤百炼，无懈可击．

高等数学发展到今天，数学内容和含义是那样的抽象深刻，符号也愈益丰富，下面我们举几个还不算特别深奥的例子，并作简单说明．

$\propto$　正比于

$\gg$　甚大于

$a\equiv b(\mathrm{mod}\ m)$ a 与 b 对模 m 同余(即 $a-b$ 被 m 整除)

$\alpha: x\rightleftarrows y$　一对一映象

$f(a+0)$　$f(x)$在点 a 的右极限

$\oint$　沿正方向闭路积分

$\forall$　一切的、所有的、任意的、对于每一个

$\exists$　存在、至少有一个

$M\supseteq N$　集 M 包含集 N

$\aleph$　自然数集的势(基数)、阿列夫零

$\prec$　序次符号

当你掌握了这些语言的时候，就会更了解数学美．

黄金分割及比例美揽胜

第3章

3.1 分线段为中外比

古希腊最早的关于美的本质的看法："美在事物的形式"，是一种很有影响的观点. 现在我们设想，对一条线段而言，由于它太简单，似乎在形式上没有什么花样可变了，其实不然. 如果将这线段分为两段，使

全段比大段＝大段比小段

这就是众所周知的分线段为中外比(或称中末比)，又叫黄金分割.

设这线段就是数轴上的$[0,1]$区间，分点的坐标为x，则

$$1:x=x:(1-x)$$

解得

$$x=\frac{1}{2}\times(-1\pm\sqrt{5})=0.618\ 033\ 9\cdots\text{或}-1.618\ 033\ 9\cdots$$

我们一般取前一个数值(内分点)，它的分数近似值可取$\frac{3}{5},\frac{5}{8},\frac{8}{13},\cdots$，一个比一个精确.

分这条线段为中外比的几何作图，只需利用一个直角三角形，它的两条直角边分别为1和$\frac{1}{2}$，则斜边就是$\frac{\sqrt{5}}{2}$，再将它减去$\frac{1}{2}$即可.

关于这一分割的发现，至少已有 2 500 年历史，历代的研究论述累计起来成千上万. 以致可以概括成一句话：它在艺术和技术中的重要性与它在数学中的重要性不分轩轾. 对于这样一件数学美与艺术美的珍品，我们来仔细分析一下当然是很有意义的.

3.2 争奇斗艳的“黄金比”工艺造型

人类在社会实践中对于黄金分割的直觉是大可惊异的. 远古，4 600 年前埃及建成了最大的胡夫金字塔，高 146 米，底部正方形每边长 232 米(经多年风蚀后，现在高 137 米，边长 227 米)，两者之比为 $0.629\approx\frac{5}{8}$. 2 400 年前，古希腊极盛时代，在雅典城邦南部卫城山冈上，修建了供奉庇护神雅典娜的巴特农神殿，建筑师为伊克提诺斯和卡利特拉特斯. 它的正立面，乃至柱檐上的细部，其长宽也都成黄金比. 读者不妨在这幅插图(图 1)外用一个矩形框住它，使各边与之相接触，再量一量该矩形的长和宽试试. 被誉为“当代建筑艺术一大杰作”的加拿大多伦多电视塔，1976 年竣工，塔高 553.3 米，工作厅有 7 层，建于高 340 米左右的半空. 计算 $\frac{340}{553}\approx0.615=\frac{8}{13}$. 由此可见，这三座堪称代表各自时代工艺水平的建筑美纪念碑，不约而同地用到了黄金比！

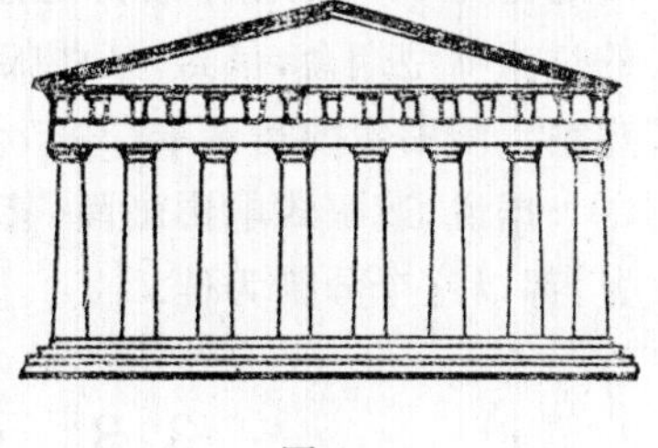

图 1

一些被视为艺术美典范的人体雕塑作品，如维纳斯、阿波罗、大卫……身高一般也被肚脐分为黄金比.

绘画作品方面，欧洲文艺复兴时期弗朗西斯卡(P. Francesca，1416—1492)的名作《耶稣受鞭笞》，从画幅到构图到细部，形成多重(分格)的黄金分割，表现了作者刻意求工的匠心. 他的学生路卡 · 巴巧利(L. Pacioli，1445—1514)，在理论上建树更大，写成《神圣的比例》(1509)一书，唤起了近代欧洲对比例美的进一步探索. 一度师从巴巧利的伟大学者和艺术家达 · 芬奇(L. da Vinci，1452—1519)(图 2)，在未完成的杰作《圣 · 哲罗姆》中，把人物的身躯刚好置于这样的黄金矩形(即邻边成中外比)之中. 他的人体比例思想见于《绘画论》这部集中，内有他手绘的各种网线分割图样，如图 3 就是一例. 据传“黄金分割”这一称呼就由他所首倡.

图 2

图 3

到了现代，黄金矩形造型更深入到家家户户.有些书本或刊物的版面，宽与高之比为 13∶21（由于装订时需切去纸张的毛边，所以实际上有些误差）.桌上的过滤嘴型烟盒，信封，某些邮票，单卡收录机，双门电冰箱（分别从上、下两门观察），图书室的目录卡（3×5 型），墙上的月份牌……似乎都偏爱黄金矩形.

据说，遮幅式电影画面，甚至小提琴各部位的尺寸，演出前报幕员所占的位置，都以这个分割为佳.

3.3 引历代智者竞折腰

人们会问，黄金比不过是一种特殊的比值罢了，为什么它的算式（比例）和结果都是美的？让我们回顾一下历史.柏拉图从哲学观点指出，如果没有第三项，比的两项就不可能很好地发生联系，所以用等式联结的这根纽带最为重要和出色，美妙之处就在这里.

我国对于比例的认识较之西方毫无逊色.2 000 年前的数学经典《九章算术》第二章"粟米"，由各种粮食间的换算关系（比），引出了当时称为"今有术"的比例运算

$$\text{所有率}(a):\text{所求率}(b)=\text{所有数}(c):\text{所求数}(x)$$

得

$$x=\frac{bc}{a}$$

很明显，这里的"率"字有"标准"之意，与后来称"比"为"比率"不同.至于"比例"这个术语，直到 1861 年才由湖南近代数学界的丁取忠（1810—1877，他编定的《白芙堂算学丛书》被李约瑟誉为"著名的古代数学著作集"）与吴嘉善

(江西人)商定. 他们指出:"所有率、所求率者,举以为例之两数也. ……唯此两率者,为例已定,故今所设之数可比照以求,所以亦名比例式也". 这真是神来之笔,为近代各种数学书籍广泛采用.

事实上,在四则运算中,除法最为困难,以"比"代之,是一进步. 再发展到"今有术"(比例),涉及四个数,互相依赖,已隐含"变数"和"函数"的道理,当然又是认识上一个飞跃,这大概就是比和比例美最初诱人萌生的神秘之处吧?

毕达哥拉斯学派在 2 500 年前已能用尺、规作出正五边形和正五角星形(后者成为他们这个学派的"会徽",以示珍贵和秘密).

柏拉图学派一直试图在艺术中发现一种几何律. 他们设想,如果艺术(与美)是和谐,和谐又是合乎比例的话,那么比例(特别是以中外比为"例")就是解开艺术(与美)的钥匙. 于是柏拉图的学生攸多克萨斯开创了建立在几何公理方法基础上的《比例论》. 欧几里得(Euclid)的《几何原本》第五卷基本取材于它. 欧几里得在这本号称古代具有最严谨逻辑的大作中两次(以不同方式)涉及它:第二卷第 11 题"分线段为二,使以全段和一个分段为邻边所作矩形面积等于以另一个分段为边构成的正方形的面积";第五卷第 30 题"把一条已知线段按中外比分为两部分".

这些数学成果,加上人们对大自然和人体的观察,发展为科学上的宇宙和谐论和艺术上(以人体比例为基础)的规范美学,这是古代科学与美结缘的一朵奇葩.

罗马帝国著名建筑师维特鲁卫(Vitruvius)提出的三个美学概念是:

比例——关于模数与整体在测量上的协调.

对称——部分与整体之间的和谐.

和谐——令人愉快的外观和适当的样子.

他认为比例应当按对称进行调整. 对于人体比例,他得到各部分与身长的比分别是:

面(发际到下颏)为$\frac{1}{10}$,手(腕到中指尖)为$\frac{1}{10}$,头(顶到下颏)为$\frac{1}{8}$,足(长)$\frac{1}{6}$,肘$\frac{1}{4}$,胸宽$\frac{1}{4}$,等等.

如果身体立正,双臂平伸,正好被正方形框住. 如果身体呈"大"字形伸展四肢,则刚好被以肚脐为圆心的圆周框住(图 4).

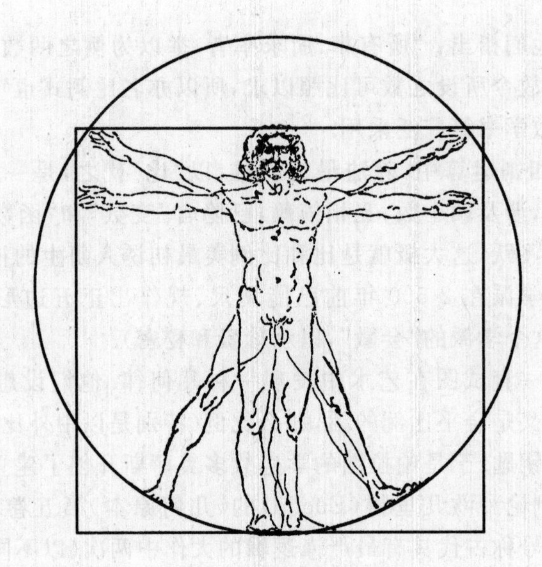

图 4

文艺复兴时期，这种理性精神又有了新的觉醒. 阿尔伯蒂(L. B. Alberti，1404—1472)率先提出人体比例的“新范型”，将人体细分为600个小单位，定出各部分之比. 巴巧利的《算术、几何、比与比例集成》(1494)是名副其实的数学集大成之作，他在书中由人体比例而热烈称颂中外比的妙用. 这些艺术家中最卓越的数学家丢勒的《四本关于比例测量的书》可以说是登峰造极之作，收集各型人体比例不下26种.

达·芬奇认为，“美感完全建立在各部分之间神圣的比例上”. 图4就是他根据维特鲁卫的理论和自己实践描绘出来的. 他的观察细致入微，这里举几个例子：

胸背最大厚度$=\frac{1}{8}$身高，肩宽$=\frac{1}{4}$身高，两腋间距$=$臀宽，大腿正面宽度$=$脸宽，脚背之长$=$下巴到发际$=$脸长$\times\frac{5}{6}$.

当天文学家开普勒重新研究《宇宙的和谐》时，虔诚地将中外比改称“神圣分割”.

17世纪法国建筑学家布隆台说：“建筑整体美来自绝对、简单的数字比例.”

大诗人哥德也对大自然的数学比例发生兴趣，1791年他曾致信友人迈耶尔，劝他参与研究.

近代实验美学奠基人费希纳(G. T. Fechner,1807—1887)把黄金比作为其主要研究对象之一.

这方面也有走到极端地步的,即是德国的蔡沁(A. Zeising),他的《人体比例的新理论》(1854)把黄金比绝对化,推崇为打开自然和艺术形态构造之谜的金钥匙,后来,这招致很多美学家的批评.

然而,近现代仍有不少黄金比崇奉者在他们的艺术实践中一意孤行. 法国点彩派(属后期印象派)画家舍拉特(G. Seurat)"用黄金分割原理来画出他的每一幅油画". 荷兰斯梯尔抽象画派,特别是其中的代表人物蒙德里安(P. Mondrian)声称"在我的画里看不到正方形",因为几乎全是黄金矩形,那些十字形网络,长、短、宽、窄都作有韵律的渐变,在本世纪为一些成功的自由设计建筑物提供了外形的蓝本.

现代美国大数学家伯克霍夫(G. D. Birkhoff,1884—1944)(图5),在拓扑、分析和应用数学领域硕果累累,对实验美学也作了深入研究,他的《审美的准绳》(又译《美学测量》)指出:总体和它的局部,主要尺寸之间都有相同的比时,好的比例就产生了.

图5

基卡的《自然与艺术中的比例美》,以丰富的资料为以上论断作了很好的注脚.

为什么数量关系在形式美中具有这样大的作用和魅力?

我们引用几位名家的话作为定性的解释.

柏拉图说:"美就是恰当". 笛卡儿说:"美是一种恰到好处的协调和适中".

屈原的学生宋玉在"登徒子好色赋"这篇讽刺性名作中,用"增之一分则太长,减之一分则太短"来形容东邻女子之美,词句以天然去雕饰,引入了数量关系,因而事实上点明了东西方学者一条公认的准则:美是恰到好处.

3.4 对黄金分割数学美的反思

前文我们主要结合造型艺术中黄金分割具体应用的历史发展,夹叙夹议,基本上谈的是"人体比例说"和形象思维的论点. 当代不少美学著作的结论也到此为止,即因为人体是自然进化塑造的最美形体,黄金分割恰合人体比例,所以黄金分割是美的. 这种"拟人说"确有道理,何况还有统计数字为证,例如,我国北方人躯干与身长之比，男子为$\frac{8}{13}$，女子为$\frac{5}{8}$，都是前面说过的黄金比近似分数值.

下面我们要从数学的角度，以逻辑思维来分析黄金分割数学美之所在.

1.几个奇妙几何图形的众美之源

很多国家的国旗、国徽、党徽、军徽都采用正五角星图案，说明这种图形之美在现代人眼中仍不稍减.然而自然界却很难找到正五角星形物体，因此，它是人类思维的创造.将圆周作3，4，5，6等分，可相应作出正三边形、正四边形、正五边形、正六边形，但其中只有正五边形才能依次隔一个顶点一笔绕成交叉轮回的正五角星封闭曲线来，无怪乎古人对此何等震惊了.巴巧利说得好，"没有这'神圣比例'，正五边形就无法构成，没有正五边形，所有正多面体中最高尚的正十二面体既不能构成，也无法想象".何况，在这基础上，还能拼出图6中的空间五角星体(这是拓扑学的研究对象)这种奇异的形状，谁不感到妙趣横生呢?

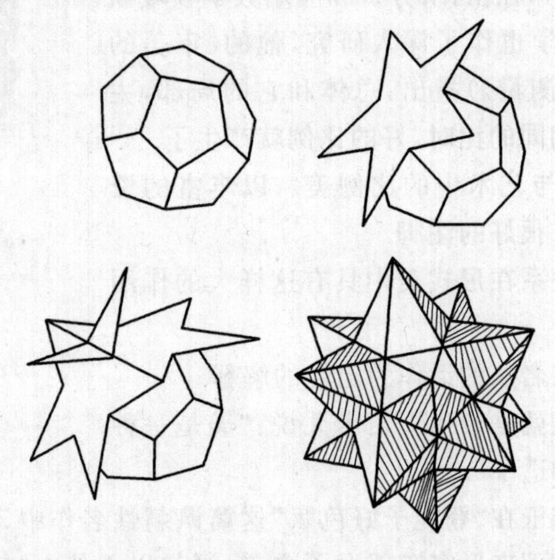

图6

2.作为不可公度(不可通约)量的震惊感

后文我们还将提到，传说毕达哥拉斯学派一位门徒发现了$\sqrt{2}$的不可公度性，动摇了该学派关于数的信念的基础，造成了经久不息的思想骚动.类似地，中外比被柏拉图作为一条线段可以分为两个不可通约量之例，相互以此截彼，去短留长，永无终止，令人心荡神摇.

3.表为最简单连分数的朴素美

事实上，设单位长线段被分为中外比，则由

$$1:x=x:(1-x)$$

又可解得

$$x=\frac{1}{1+x}$$

1634 年吉拉得(Girard)发现,等式右边的 x 既然与左边的 x 是同一样东西,则也可用右式重新代替它,得

$$x=\frac{1}{1+\frac{1}{1+x}}$$

依此类推,得连分数

$$x=\frac{1}{1+\frac{1}{1+\frac{1}{1+\frac{1}{1+\cdots}}}}$$

或简记为

$$x=\frac{1}{1}+\frac{1}{1}+\frac{1}{1}+\frac{1}{1}+\cdots$$

这是所有连分数中最简单的一个,因为处处是 1. 这个结果也可由欧几里得辗转相除法或我国古代的更相减损术得出,它的收敛性,100 年后由西摩松(Simson)证明. 像这样一个简单整洁的连分数给人以有序而无穷的印象,一环套一环,其美感是不言而喻的.

4. **斐波那契**(Fibonacci,1170—1230)**数列的变幻美**

我们取上述连分数的各步近似值,得数列

$$\frac{1}{1},\frac{1}{2},\frac{2}{3},\frac{3}{5},\frac{5}{8},\frac{8}{13},\frac{13}{21},\cdots$$

将这数列的分子、分母拆开,去掉重复数字,得斐波那契数列

$$1,1,2,3,5,8,13,\cdots$$

斐波那契(图 7)游学北非、中亚、南欧,1202 年写成《算盘书》,成为当时欧洲数学界中心人物. 1228 年的修订版增加了著名的兔子繁殖问题,这数列反映了兔子家族繁衍成员的数目. 斐波那契数列有很多美妙性质,例如满足递推公式

图 7

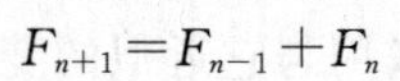

$$F_{n+1}=F_{n-1}+F_n$$

又如，比内证明了富于对称美的通项公式

$$F_n=\frac{1}{\sqrt{5}}\left[\left(\frac{1+\sqrt{5}}{2}\right)^n-\left(\frac{1-\sqrt{5}}{2}\right)^n\right]$$

我们可用数学归纳法验证.最奇怪的是虽然式中含有$\sqrt{5}$，而结果却是整数.还有，取相邻项之比的极限(为简便计算，我们记

$$g=\frac{1}{2}(\sqrt{5}-1)$$

并注意$\lim\limits_{n\to\infty} g^n=0$)

$$\lim_{n\to\infty}\frac{F_n}{F_{n+1}}=\lim_{n\to\infty}\frac{\left(\frac{1}{g}\right)^n-g^n}{\left(\frac{1}{g}\right)^{n+1}-g^{n+1}}=g=\frac{1}{2}(\sqrt{5}-1)$$

这从另一角度表明了连分数结果的可靠性.

本世纪一些数学家还发现，斐波那契数列与生物学关系密切.泽林斯基提出树枝生长数目，迦德纳指出树叶的分布(叶序)也服从斐波那契数列.斯泽姆凯维奇还探讨了与此有关的路德维格(Ludwig)定律在植物学上的应用.

近年，外国出版一本刊物《斐波那契数列》，专门发表有关这个数列的新发现、新用途，真是长盛不衰，生生不已.

5.不可穷尽黄金矩形序列的深邃美

如图8，对黄金矩形依次舍去所作的正方形，得到不断缩小的黄金矩形序列.这个图可用来证明一些奇妙的事实，例如，证明$\frac{1}{2}(\sqrt{5}-1)$为无理数.用反证法，设$\frac{1}{2}(\sqrt{5}-1)=m=\frac{b}{a}$(既约分数)，则图8中大矩形短边为$a$，长边为$a+b$，容易看出，图中正方形由大到小，边长依次为$a,b,a-b,2b-a,2a-3b,3a-5b,5a-8b,\cdots$.既然是边长，这些数都应是正整数，即组成一个无穷递减的正整数序列.但我们知道，递减的正整数序列决不能有无穷项，这就引出矛盾.

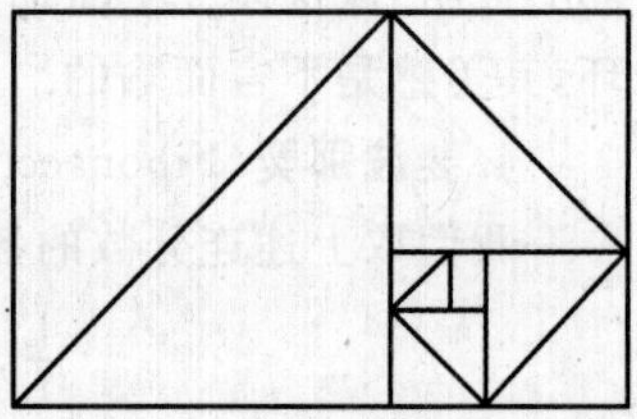

图8

6.艳冠群芳的神奇美

本世纪60年代产生的最优分批理论(序贯抽样)，即优选法，在众多的选优方法中，人们发现，对于区间上的单峰函数(即只有一个最优值的一元函数)，用黄金分割法——“0.618法”(或用与它近似的斐波那契数列组成分数——称分

数法)寻优,步骤最少,可节约大量人力、物力、财力.我国数学工作者在华罗庚的领导下证明了这一结论,比外国证法高明.从美学上看,这方法寻优,妙在恰到好处,因为每次保留的部分总是前次长的$\frac{1}{2}(\sqrt{5}-1)$倍.

人们还注意到,记$\frac{1}{2}(\sqrt{5}-1)$为g,用[ ]表示某数的整数部分,如[3.08]=3,则$ng-[ng]$还显示一种优美性质:这些数基本上分居于将[0,1]区间n等分后的各小区间内,到$n=52$止也只有3个例外,难怪用它作分割时,带给事物的“机遇”是那么公平.

3.5 比例美仍被继续开拓

19世纪末,学者朱里安·伽代认为,发现一些事物比例美的秘密,是纯理性而非直觉的产物.我们在上一节的分析就是对比例美作理性思考的结果.不过,我们也不否认作为社会美的造型艺术离不开人们的社会实践和主观感受.像人们对客观事物的认识一样,对比例美的探索也遵循实践——理论——实践的过程.

古埃及对比例的认识比较肤浅,他们对人体各部分的尺寸不是作相对的比较,而是作一种绝对的程式安排.那时的画匠先画出$22\frac{1}{4}\times 13$格的坐标网,然后按规定,从下至上第一横线穿过踝骨,第六横线穿过膝部……中世纪的拜占庭艺术也与此差不多.方法虽笨,却引申出“模度”(或称模数)的概念(例如一小格),作为放大、缩小适当倍数的依据.现代很多工程预制件也正是根据这一原理制作的.

1.柯布西埃(Le Corbusier)的“模度尺”

如图9是关于人体几个主要部分的相对比例,为简单起见,对轮廓没有作细致逼真的勾勒,仅起示意作用.

出生于瑞士的当代全才型造型艺术家柯布西埃在前人研究基础上,把比例和模度两个概念结合起来,于1948年在《空间的新世界》一书中,作出了一个“模度尺”(Modulor),取人高为6呎(1.829米),划分为3个基本尺寸体系,用黄金比数列作更细的分割,如图10所示(尚有一些细部未全部标出).当然,这尺的妙用远不止描绘人体,而是借用于其他造型艺术(例如建筑)成为获取一系列协调比例和有趣的空间间隔的基准.他坚信“数学使人们的生活变得舒适”.他将上述模度理论用到诸如设计马赛公寓(17层)里面,巴黎私人别墅框架等任务，都获得举世公认的成功.

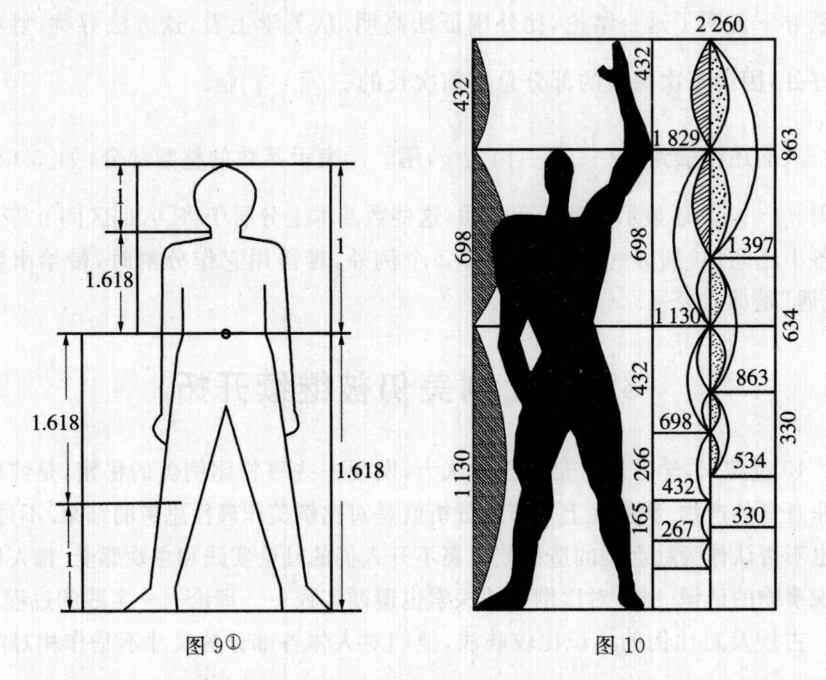

图 9①　　图 10

毫无疑问，柯布西埃的工作比前人更加科学，因而拓宽了比例美的应用.

当代造型艺术常用的比值，还有

2. 平方根比

这可以由一个单位正方形的对角线依次向外拓展，如图 11 所示的圆弧在边的延长线上就陆续截得$\sqrt{2}$，$\sqrt{3}$，…. 或者先作半径为 1 的圆弧，与对角线相交，交点的高度即$\frac{1}{\sqrt{2}}$，然后再联结第二条斜线，与圆弧交点的高度即$\frac{1}{\sqrt{3}}$……如图 12.

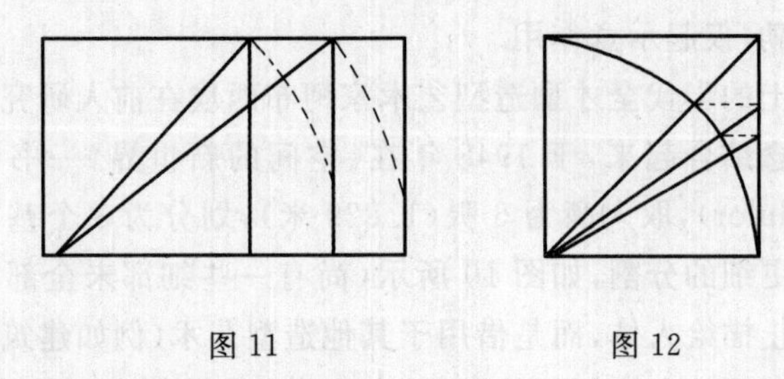

图 11　　图 12

① 图中的 1 与 1.618，指的是比例.

这类矩形可相应分成几个与原矩形相似的小矩形,如图 13,原高为 1,原宽为$\sqrt{2}$,分为两半,则宽度为$\frac{1}{\sqrt{2}}$. 图 14 的原宽为$\sqrt{3}$,三等分之后宽度为$\frac{1}{\sqrt{3}}$.

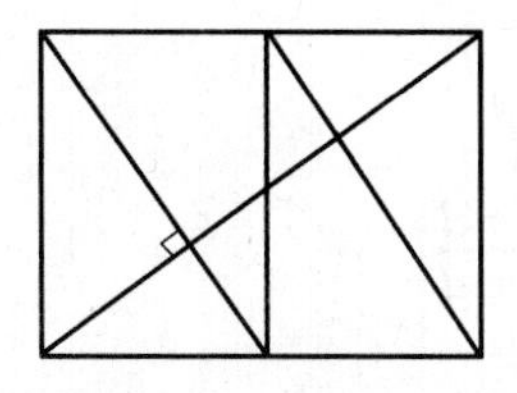

图 13

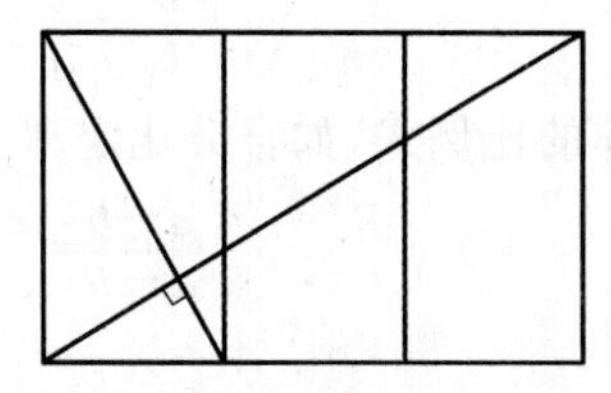

图 14

普通的报纸、杂志、书本、连环画册……,大多数是$\sqrt{2}$矩形对裁,因为,由整张(1 开)纸经多次对折(相应地得 2 开、4 开、8 开、16 开、32 开、64 开……)即得,剪切方便,没有浪费.

当代各种大规模生产,各部分构件尺寸将来要能总装匹配,也只需取某种模度系统即可,所以平方根矩形应用广泛. 从美学上说,$\sqrt{2}$,$\sqrt{3}$,$\sqrt{5}$,也都最符合日常视觉的习惯.

3. **整数比**

这同样以正方形为基础派生出来. 其中例如 1∶1给人公正之感,1∶2有文雅之感,1∶3有可靠之感……这些数据明快、匀整,工艺性好,便于大规模生产. 不过,这似乎是数学美以外的话题了.

4. **人体健美模式**

当前,健美运动和比赛在国内外都很受欢迎,本章早已讲到,健美人体集中体现了比例、对称、均衡、和谐之美.

下面举出两组数据,请读者研究其中有没有什么数学规律.

男性:(以身高 1.70 米为例)体重 70 千克,胸围 98 厘米,腰围 78 厘米,颈围 40 厘米,上臂围 33 厘米,大腿围 56 厘米.

女性:(以身高 1.60 米为例)体重 50 千克,肩宽 38 厘米,胸围 86 厘米,腰围 62 厘米,臀围 88 厘米.

问题是,对于其他身高的男女,怎样推算各项标准健美数据呢?

3.6 数学中关于比和比例美的再创造

前文提到的比和比例,基本上限于算术和初等几何的范围,本节我们将把数学视野再扩大一些. 例如，由常量的比到变量的比，由静态的比到动态的比，由简单的比到复杂的比.

1. 在初等数学中，由比例

$$\frac{a}{b}=\frac{c}{d}=\frac{e}{f}$$

可推出一些有趣的比例式，如合分比定理

$$\frac{a+b}{a-b}=\frac{c+d}{c-d}$$

等比定理

$$\frac{a+c+e}{b+d+f}=\frac{a}{b}$$

等. 平面几何相似形一章就需证明很多比例式.

又由不等式

$$\frac{a}{b}<\frac{c}{d}\ (b,d\text{ 同号})$$

得到

$$\frac{a}{b}<\frac{a+c}{b+d}<\frac{c}{d}$$

这个式子可用于证明“有理数的稠密性”(即任何两个有理数之间还有有理数).

平面三角中的 6 种基本三角函数都是用比来定义的.

2. 在解析几何中，平面上直线的斜率$\frac{y-y_1}{x-x_1}$. 空间直线的对称式方程

$$\frac{x-x_0}{l}=\frac{y-y_0}{m}=\frac{z-z_0}{n}$$

表示了点(x,y,z)在方向$\{l,m,n\}$上的移动. 在射影几何中，一点射出的 4 条射线与某直线分别交于点 A,B,C,D，我们将

$$\frac{C-A}{C-B}:\frac{D-A}{D-B}$$

叫作交比，记为(A,B,C,D)，这是一个极重要的基本概念，本书以后还将提到.

3. 在微积分学中，变量(往往是无穷小量或无穷大量)之比的极限，是这门学科的基石之一. 诸如

$$\frac{\mathrm{d}y}{\mathrm{d}x}=\lim_{\Delta x\to 0}\frac{\Delta y}{\Delta x}$$

重要极限

$$\lim_{x\to 0}\frac{\sin x}{x}=1$$

各阶无穷小(大)量之比,洛必达法则求$\frac{0}{0}$型,$\frac{\infty}{\infty}$型的极限,以及拉格朗日微分中值定理

$$\frac{f(b)-f(a)}{b-a}=f'(\xi)$$

李普希茨条件$\frac{|y_2-y_1|}{|x_2-x_1|}<L(y_1=f(x_1),y_2=f(x_2))$等,含义深刻,用途广泛,构思巧妙.

4.复变函数论中,分式线性映射

$$w=\frac{az+b}{cz+d}=\frac{a}{c}+\frac{bc-ad}{c^2}\cdot\frac{1}{z+\frac{d}{c}}$$

这相当于平移、倒数、旋转变换的合成,它能保持交比不变,即

$$(w_1,w_2,w,w_3)=(z_1,z_2,z,z_3)$$

建立了z平面(即(x,y))与w平面(即(u,v))间的共形(保角)映射.这在现代偏微分方程边值问题,以及电学、流体力学等问题中都是常用的.

总之,在数学各个分支中,你将找到无数种比和比例(狭义的和广义的)式子,它们都是合理的(真的)、适用的(好的、善的)和美妙的.你当然很想多多领略人类智慧创造的这些真善美的事物,那就得具备两个条件:学和思.如果你连它们的基本概念都不懂,就谈不上欣赏它们.要问美在哪里?从上面的分析可以感知到,美在你的慧眼中,美在你的睿智里.

由“大自然宠爱螺线”说曲线美

第4章

4.1 诗人歌德的赞词

曲线，以其活泼变化的外形惹人喜爱，从数学美的角度分析，它同样是耐人寻味的.

图1是我们已见过的黄金分割矩形序列. 现在我们由大到小或由小到大按各正方形边长依次收缩或伸长弧的半径. 若用 t 表示转 $\frac{1}{4}$ 周角的个数（这是离散变化，t 取 0，±1，±2，±3，…），则弧线到圆心的距离

$$\rho=1\cdot m^{t}=e^{t\ln m}$$

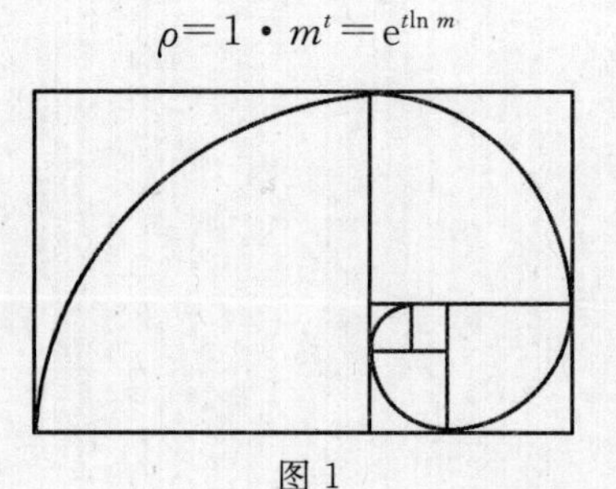

图1

当 t 连续变化，就会得到一条光滑的对数螺线（图2，也叫等角螺线），常记为

$$\rho=ae^{\theta}$$

当 $\theta\to+\infty$ 时无限扩展，当 $\theta\to-\infty$ 时无限收缩，全都永无终止.

还有一种阿基米德螺线

$$\rho=a^{\theta}$$

它由极点 O 出发开始从小到大的螺旋环绕过程可分为 $\theta\to\pm\infty$ 两支，只是方向彼此相反罢了. 日常生活中的蚊香是“两心渐伸螺线”，与它们又有不同.

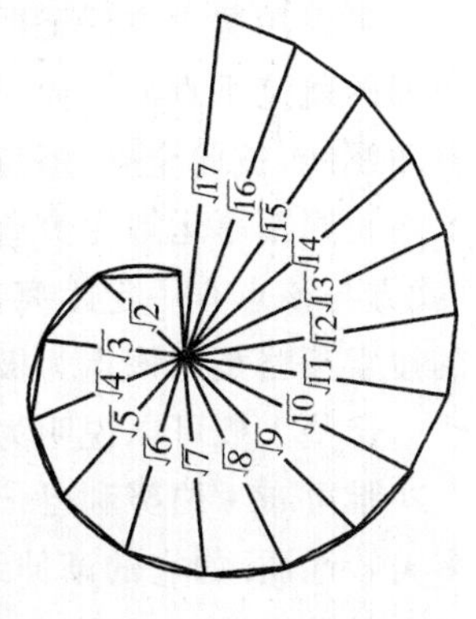

图 2

螺线具有曲率半径从小到大的有趣渐变，反复盘绕是最有韵律的形式之一. 在欧洲巴洛克建筑风格(17,18 世纪，把建筑、雕塑结合，豪华、夸张、神秘)时期，备受青睐，事实上，它的装饰风格的巨大活力也为那些艺术增添了光彩.

笛卡儿 1638 年给迈散内的信中提到对数螺线. 当一个生物在生长过程中总保持着与先前任一阶段的形状相似时，就会产生对数螺线. 1940 年汤普孙(W. Thompson)著《科学与经典》，作出了这种分析. 当代美国的戴维·劳普编制计算机程序，绘出了“生长过程曲线”，例如每个贝壳的外形要用四个参数(形状、横向扩张速度、曲线离主轴的距离、曲线的纵向延伸速度)刻画，这比平面螺线又更复杂了.

退潮时的沙滩上，星星点点的软体动物的贝壳，奇特多姿，明快艳丽，吸引着艺术家和科学家，早已是造型精湛的工艺品素材，如贝雕. 近年发现的仰韶文化遗址中“中华第一龙”也是贝壳叠砌成的.

在自然界，软体动物多达 8 万种，仅次于昆虫. 最著名的是鹦鹉螺壳，它的剖面图(图 3)，读者可能知道，著名科幻小说家儒勒·凡尔纳的《神秘岛》和《海底两万里》中尼摩船长的潜艇就叫“鹦鹉螺号”，美国第一艘核潜艇也沿用了这个名字.

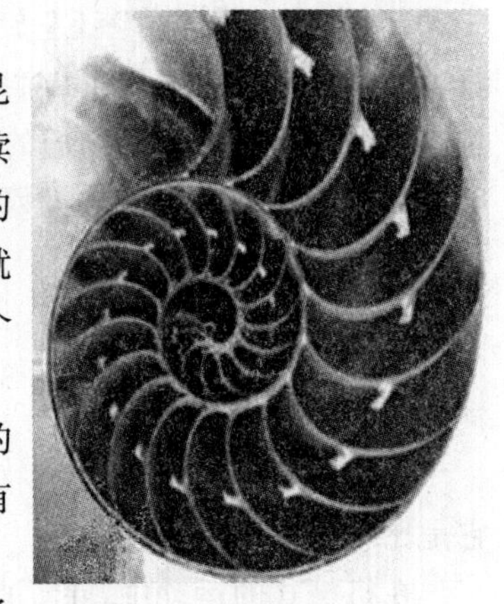

图 3

植物中延命菊的头状花序形成相当清晰的对数螺线，顺时针方向有 21 条，逆时针方向有 34 条.

据观察，飞蛾绕灯光飞行的路线也是等角螺线.

北国原野上被惊扰的鹿群，绕等角螺线奔跑.

德国大诗人歌德以其深刻的洞察力和高度概括力宣称:"大自然宠爱螺线".

可以用数学方法证明,若甲船对准乙船穷追,乙船为尽快摆脱对方,总取与甲船的航迹垂直的方向时时改变航向,甲船也相应变化,则两船的航线都形成等角螺线,彼此全同(但位置不同).

我国军事运筹专家曾经证明,在大海上若目标作匀速直线运动逃离某点(我方与该点有一定距离,因此目标朝哪个方向运动,我方并不知道),我方最优的搜索策略是以该点为极点、依对数螺线去追寻.

这些大概可以说明为何有些动物也习惯于依对数螺线路径运动.

雅可布·伯努利(Jacob Bernoulli,1654—1705)深入研究对数螺线,发现很多美妙性质.如它的渐伸线和渐屈线都是对数螺线,自极点至切线的垂足轨迹也是对数螺线,以极点为光源经对数螺线反射后得到直线族的包络线(即与这些直线都相切的曲线,特称回光线)仍是对数螺线……他的墓碑也饰以螺线图案,上面刻着他的语气双关的赞词:"虽然改变了,我还是和原来一样!"(Eadem mutata resurgo,或译"我将再变为我自己").这是数学史上的一段趣话,也是数学美的一个范例.

此外,还有双曲螺线(反螺线),连锁螺线 $\rho=\frac{a}{\sqrt{\theta}}$ 等,也是很有意思的.

现在我们看看空间的螺线.

动物的角、人的耳蜗、脐带、毛发、气管,植物的茎、梗,很多蔓生植物,如牵牛花茎(右旋)、蛇麻草茎(左旋)、何首乌(左、右均可),爬藤植物的卷须,还有籽、花、毛、果、叶、干,蝙蝠出洞的飞行轨迹,江河的旋流,台风和龙卷,水泄入洼地小洞时……都可看到它们的踪影.

圆锥上的对数螺线的参数方程如下

$$\begin{cases} x=\rho\sin\alpha\cos\theta \\ y=\rho\sin\alpha\sin\theta \\ z=\rho\cos\alpha \\ \rho=\rho_0\exp\left(\dfrac{\sin\alpha}{\tan\beta}\theta\right) \end{cases}$$

它是比较复杂的了.

在机械式的运动中,除了直线和圆以外,最常见的便是圆柱螺线,简称螺旋线,它的横向投影是正弦曲线.把一张练习纸沿对角线剪开,取一半,卷到一支圆形铅笔上(让纸的一个直角边与笔杆重合),就得到了它.它是理发店门口吸引顾客的红白标志,转动时令人产生回旋无尽的感觉.螺杆、螺栓、螺帽、螺旋桨……提供了无数实例.列宁还用它来形容事物的螺旋式发展.

一条和 z 轴相交且与 xOy 平面的交角为 α_0 的直线 T 作螺旋运动时,它的轨迹是阿基米德螺旋面

$$\begin{cases} x=-t\cos\alpha_0\cos\theta \\ y=-t\cos\alpha_0\sin\theta \\ z=t\sin\alpha_0+\dfrac{h}{2\pi}\theta \end{cases}$$

令 $z=0$,便得

$$p=\sqrt{x^2+y^2}=\frac{h\cot\alpha_0}{2\pi}\theta$$

正是平面上的阿基米德螺线.

圆的渐伸线(渐开线,如图 4)的一小段作类似的螺旋运动,可得渐开线螺旋面,常用于斜齿轮齿面的形状,以便有很好的啮合.可见只有数学才能这样深刻地揭示螺线之美妙.

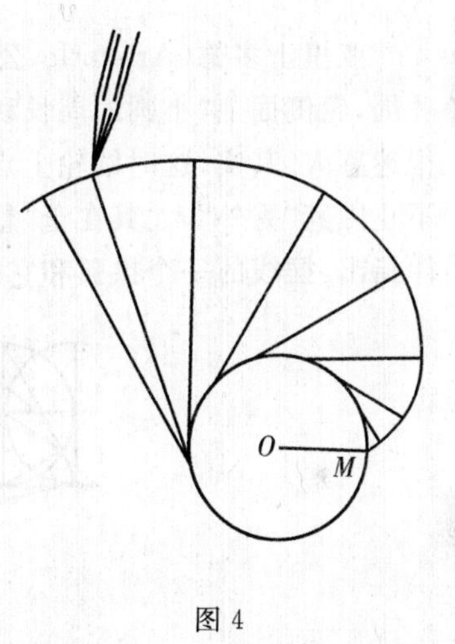

图 4

在现代常微分方程定性理论中,有著名的庞加莱一本狄克生定理.它断言微分方程组的解的轨迹是卷向于周期解封闭轨线的螺线.例如在极坐标系内,方程组

$$\begin{cases} \dfrac{dr}{dt}=r(1-r^2) \\ \dfrac{d\theta}{dt}=1 \end{cases}$$

有周期解(单位圆),而通解

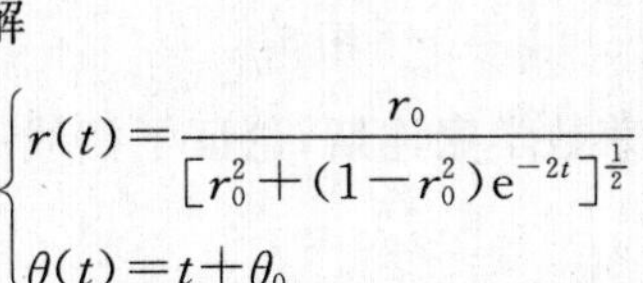

$$\begin{cases} r(t)=\dfrac{r_0}{[r_0^2+(1-r_0^2)e^{-2t}]^{\frac{1}{2}}} \\ \theta(t)=t+\theta_0 \end{cases}$$

当 $t\to\infty$ 时(且 $r_0\neq 0$ 时),就是螺线.真是无处不有,无时不在.

最后,螺旋线也进入了分子遗传学的微观世界.大家从中学生物课知道,1953 年沃森与克里克提出了遗传信息载体 DNA(脱氧核糖核酸)分子的任一片断都呈双螺旋结构,并用 X 光衍射技术和数学分析的方法得到证实.这种螺旋形楼梯式样,宛如某些空腹形的塔式建筑物内充当让游人盘旋逐级而上的阶梯.

20 世纪 60 年代以来,科学家(这里有数学家的分析功劳)进一步发现,DNA 双螺旋的整体又是更高一级的螺旋,好像几条小辫子又编成大辫子,并能

再行环绕扭曲，花样翻新，层出不穷，这叫超螺旋.

要研究这样复杂的环绕和扭结，同样有赖于数学家的帮助.包括运用高深的代数拓扑学才搞得清楚.例如有一个怀特(J. H. White)公式

$$T_k + w_k = L_k$$

式中 L_k 是超螺旋环绕数，T_k 是全绕率，w_k 是扭曲数.这类发现，不论就其几何形态还是数学工具，都是极为漂亮的.

华裔数学大师陈省身认为，DNA 中的几何问题，可能启示着一门新科学——随机几何学的产生.

4.2 微积分学的试金石

亚里士多德(Aristotle，公元前 384—322)曾提出过一个诡辩，当轮子滚动一周，轮侧面上“小圆的周长和大圆的周长相同”.这当然是错误的，但表面上却很迷惑人.其实，这时圆轮上点的轨迹是旋轮线(图 5)，或称摆线.我们欣赏它，不止因其“秀外”，尤其在于“慧中”.这是一大类考验人类智力的曲线.伽利略定律指出，摆线的一个拱弧和它的底所围的面积等于母圆面积的 3 倍.

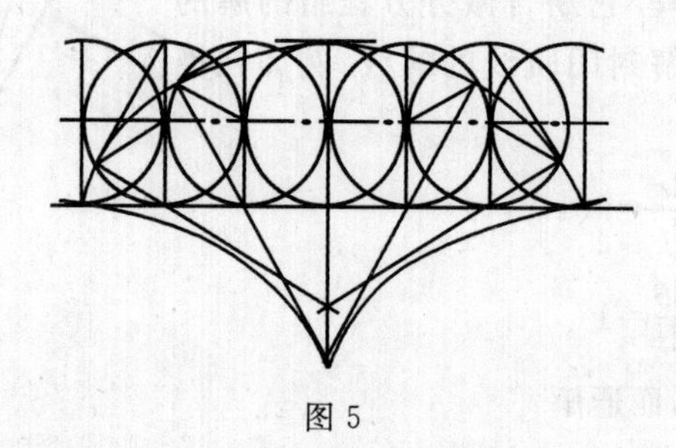

图 5

1658 年，英国建筑师兼数学家连斯，论证了摆线一拱之长等于母圆半径的 8 倍.

动圆绕定圆(在外侧或内侧)滚动，动圆上一点的轨迹称为外摆线或内摆线.当定圆的半径为动圆半径整数倍时，曲线是完整的(封闭的).当定圆和动圆半径相等时，描出心脏线.当动圆在定圆内侧滚动，而半径为后者的 n 分之一时，描出具有 n 个尖点的内摆线.其中 $n=4$ 时又叫星形线(图 6).

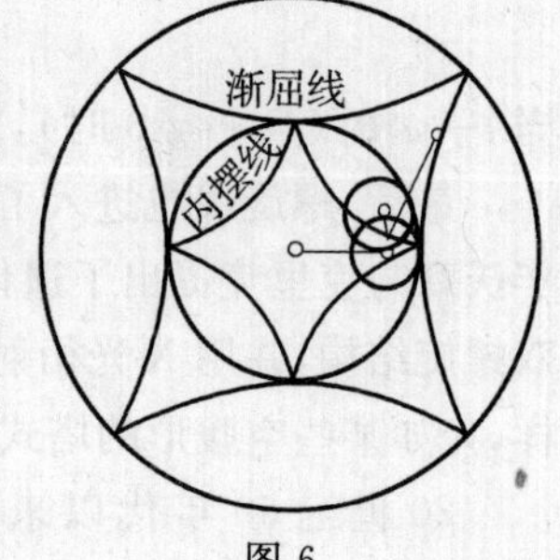

图 6

哥白尼发现，当 $n=2$ 时，描出一条直径(即定圆

的直径)，这成为某些玩具原理的依据.

当 n 是分数时，要多滚几圈才能使曲线闭合. 若 n 为无理数，则永不闭合(这是理论上的说法，实际作图工具笔触较粗，多次滚动就不易区分了).

现在有一种塑料制的万花曲线板，就是依上述各种情况设计的，能画出各种摆线.

一些钞票，有价证券也印有复杂的此类花纹，以防伪造.

摆线的渐伸线和渐屈线都和摆线相似. 倒过来，凹成摆线形的下滑冰道，滑冰者不论从何点出发，都花费同样时间降到谷底，所以这种曲线又叫作等时曲线.

这曲线还是"最速降线". 1696 年，约翰·伯努利(J. Bernoulli，1667—1748)向欧洲数学家挑战：在重力作用下不考虑摩擦阻力，物体沿哪条曲线下降最快？结果牛顿、莱布尼兹、洛必达、伯努利兄弟，五个人用不同方法都找到了这条曲线. 这是一门最优化数学——变分法——的早期佳话. 图 7 这幅图案可以理解为 4 个直纹面的交会，也可以看成平面上的渐伸线、渐屈线，或者包络. 几何与图案总是紧密结缘的，其中我们又看到摆线的"影子".

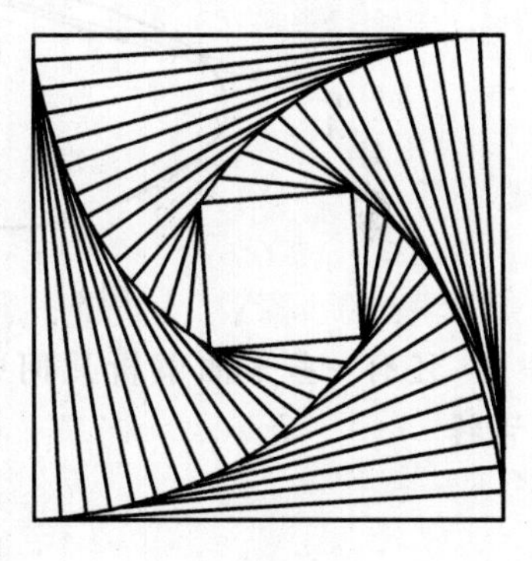

图 7

4.3 另一些美的曲线

王维的名句："大漠孤烟直，长河落日圆"，为我们描绘了一幅寥廓苍凉的塞外图景，千古传诵. 这里仅仅用到两种图形：直线和圆. 人们非常熟悉它，却毫不感到腻味.

现代美学家的实验证明，人类的知觉对圆形最偏爱. 因为它的完美、和谐、稳定，使人称心愉快，在心理上达到满足的最佳状态.

从历史上看，人类最先对圆的美感和神秘感，可能源于日、月、天("天似穹隆"，"天圆地方")的印象，后来发展成对圆的崇拜，如圣像和佛像头上都有圆形光轮.

在数学上证明了，周长一定的任意平面图形中，以圆的面积为最大. 在物理学中，圆型结构具有最佳的受力状态，例如圆弧抗压强度大，受力均匀. 可见它的美学价值和实用价值是密切相关的.

荷迦兹的《美的分析——固定关于趣味的不固定的观念》把波纹线称为美的线，把蛇形线称为媚的线．他用这两种线来解释一切形式美．具有象征“多样统一”的意义．

图 8 是一种笛卡儿卵形线，与鸡蛋很相像，从画法中看出，它的特点是 $2\,\overline{PA}+3\,\overline{PB}=$ 定长．借助解析几何知识，读者可以写出它的方程．

图 9 是著名的悬链线，它在物理、力学和建筑设计中经常见到．

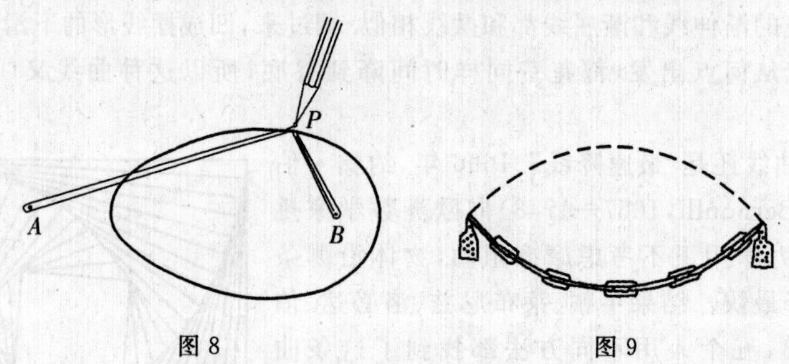

图 8　　图 9

还有一些平面解析几何中借助于各种方程建立的曲线，颇饶兴味．如箕舌线

$$y=\frac{a^3}{x^2+a^2}$$

笛卡儿叶形线

$$x^3+y^3=3axy$$

蔓叶线

$$y^2=\frac{x^3}{a-x}$$

环索线

$$y^2=x^2\,\frac{a-x}{a+x}$$

尼科米德蚌线

$$(x-a)^2(x^2+y^2)=b^2x^2 \quad (\text{分 } a>b, a=b, a<b \text{ 三种})$$

巴斯加蜗线

$$(x^2+y^2-ax)^2=b^2(x^2+y^2) \quad (5\text{ 种情况})$$

卡西尼卵形线

$$(x^2+y^2)-2c^2(x^2-y^2)=a^4-c^4 \quad (5\text{ 种情况})$$

双纽线

$$(x^2+y^2)^2-2a^2(x^2-y^2)=0$$

n 叶玫瑰线

$$\rho=a\sin\varphi \quad (\text{当 } n \text{ 较大时状如菊花})$$

三叶草

$$\rho=4(1+\cos 3\varphi+\sin^2 3\varphi)$$

有些是微分方程的解曲线，如悬链线

$$y=a\,\text{ch}\,\frac{x}{a}=\frac{a}{2}(\text{e}^{\frac{x}{a}}+\text{e}^{-\frac{x}{a}})$$

曳物线

$$x=a\ln\frac{a\pm\sqrt{a^2-y^2}}{y}\mp\sqrt{a^2-y^2}$$

以及古怪的回旋曲线

$$\begin{cases} x=\sqrt{\dfrac{2}{\pi}}\displaystyle\int_0^t \cos u^2\,\text{d}u \\ y=\sqrt{\dfrac{2}{\pi}}\displaystyle\int_0^t \sin u^2\,\text{d}u \end{cases}$$

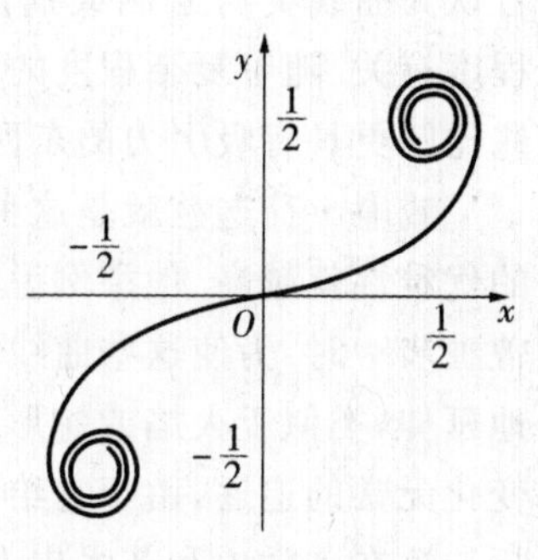

图 10

(图 10)等. 它们各以其简洁、洗练、实用而博得美名.

苏联亚历山大洛夫院士说:"几何，……如果指的是这门科学，而不是对几个题目的分析的话，那它就是其形式能使人感到愉悦的艺术写真". 在曲线研究中，现代各种科技产品的外形，如机翼、船舶、汽轮机叶片……并非单纯是数学推导的产物，还有赖于各种模拟试验(如风洞，水池等流体力学试验)的探讨修正，所以呈复杂形态，例如协和式(图 11)、鬼怪式飞机头部的怪样，难以找到简单具体的数学方程，只能用一些离散型的点描绘其大略. 一门如何将这些点连续化的数学应运而生，称为曲线拟合. 包括线性拟合(以分段直线代替曲线)，圆弧拟合(以分段圆弧代替曲线，且相邻圆弧应当吻接——在交接点处有公切线)，样条拟合(分段的三次曲线，在交接点很光滑地联结起来——有连续的一阶和二阶导数).

图 11

这方面的迅速发展，使得人们能更好地、自动化地处理和加工这些曲线形部件，有利于借助电子计算机来实现它们. 后面在计算几何与绘画中，我们还要再介绍.

如图 12,计算几何的成果用于生产,这里是三次 B 样条曲线对图形的近似表达,及用数控绘图机绘出的图样.当前我国造船、航空等设计部门已广泛采用,能节约大量人力物力,效果良好.

图 12

几何图形的美学包括曲线的美学,有些作者认为曲线美与绘制或描述它的规则的复杂程度有关.随着复杂程度的增加,我们观赏时的满足感就越强烈.在椭圆中有一些比圆更具有吸引力的东西,而卵形线、螺线和波浪线更美.

威廉·荷迦兹就是这种观点的代表之一.他说,作图规则越复杂深奥,曲线的优雅性就越高.他举例说,绕在角锥体上的波浪线常作为建筑物的装饰图案,曾独步一时.为使这些曲线更有趣,他加上阴影,并让它向中间逼近,两端渐细地延伸,类似于火焰或蛇形.他的名言是:“波浪线和蛇形线引导着眼睛作一种变化无常的追逐,由于它给予心灵的快乐,可以给它冠以美的称号.”(《美的分析》)这在美学史和艺术史上是很有影响的论断.

上述各人所反映的对曲线和几何图形的特殊兴趣,对 19 世纪末美学观念的发展具有不可低估的意义.当时特别在达尔文进化论和唯物主义自然科学的影响下更加增强.正是自然科学家(包括数学家)使艺术家们注意到动植物的各种形式美.法国科学家恩斯特·海克尔的《自然界的形式美》插图巨著一问世,不胫而走,得到普遍的承认和赞赏,并从多方面推动了问题的深入研究.

20 世纪的自然美学与数学、生物学更趋密切,以探明生物和艺术品的美的共同原因.我们要提到达西·汤普逊的巨著《论生长与形式》,还有西奥多·库克的插图多达 400 幅的《生活中的曲线》.他们把前人的心得又发挥到更新的阶段,具有里程碑意义.如前面有关的曲线美感的理论和例证就增添了丰富的材料和论述.

在广为流传的形式美旧作中,苏联 M·温尼泽的画册,用一位数学家的话来说,是“创造几何”的那种“形式快乐”的最突出的例子.

4.4 师法自然的分数维曲线

最初对各种几何学对象的研究,其曲线形状都比较规则,可以说是客观世界物体形状的部分简单抽象和不甚精确的描绘.后来的微分几何(研究光滑曲线和曲面),代数几何(研究复空间的代数曲线)虽然高深,对形状的刻画仍不尽理想.

维尔斯特拉斯构造了一个处处不可微(即处处不能作切线)的连续函数

$$f(x)=\sum_{n=0}^{\infty} b^n \cos(a^n \pi x)$$

b 为奇整数,$0<a<1$,且 $ab>1+\frac{3}{2}\pi$,发人深省.皮亚诺接着又构造了能填满平面正方形(还可以填满三维立方体或更高维的立方体)的处处不可微曲线,一时使人如堕五里雾中,感到不知所从.但也开阔了人们的眼界,知道曲线中还大有文章.受他们的启发,1904 年,瑞典冯·科赫(H. von Koch)提出了科赫雪花曲线,这是一类自相似曲线,不断地在更小的尺度上重复自己的形状.

我们来分析墙壁上一条裂缝.随着距离从远到近,眼睛可分辨的细节越来越多,接着用倍数由低到高的放大镜,逐次观察,又进一步看到细部中的细部.这就是一条自相似曲线的现实模型.科赫雪花曲线是这样形成,如图 13,中间

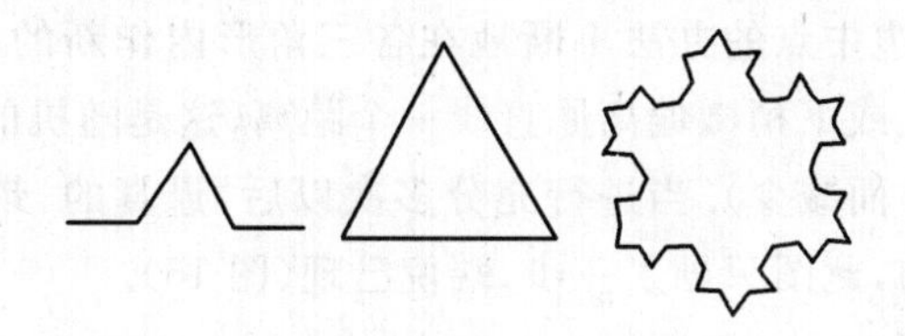

图 13

是源多边形,左边是生成线.在源多边形的各边上作生成线,就成为六角形.右边是在六角形各边上再作生成线的情形.继续这个过程,这朵雪花变得越来越细致逼真.图 14 是由一个正方形作为源多边形逐步生成的曼德尔布罗雪花曲线.70 年代中期,波兰出生的法籍数学家曼得尔布罗提出了这类分数维曲线.我们知道,在经典几何中,点是零维的,直线是一维的(在拓扑意义变换的其他曲线也是一维的),平面是二维的.现在这种分数维曲线,设它的生成线是由 N 条等长直线段接成的折线,若其两端的距离与这些直线段的长度之比为 $\frac{1}{r}$,则定义该分数维曲线的维数

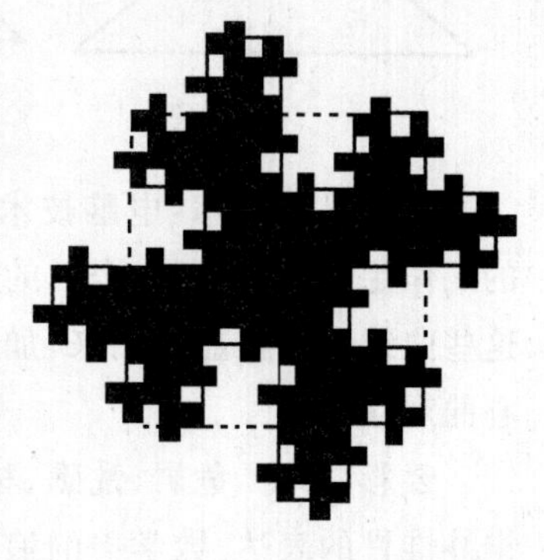

图 14

$$D=\lg N/\lg \frac{1}{r}$$

那么科赫雪花曲线的维数

$$D=\lg 4/\lg 3\approx 1.261\ 81$$

曼德尔布罗雪花曲线的维数

$$D=\lg 8/\lg 4=1.5$$

总之，$1<D\leqslant 2$. 可见，D 是曲线复杂程度和空间填充能力的量度. 这是一个具有深刻物理意义的、能刻画物体表面几何形貌的参数.

于是，这种分数维几何学就是建立在不同尺度上的自相似原则基础上的数学. 世界上万事万物的“不规则性”形状竟以这种原则反映出来，是出人意表的.

有些评论家把曼德尔布罗称为“几何学的重建者”，认为他以形象的方式思维，重视这门学科的美学特征，是成功的要素. 他不无自负地说：“我非常高兴作了开普勒.”(对自然现象作了中肯描述)

作为一个例子，我们看看一个三角形在相似分化的过程中怎样描绘一座山峰. 我们以联结三边中点的办法不断地在各三角形内作新的小三角形，关键是每次使各中点先上或下稍微偏离原直线一个距离(这是随机的，各边不同的，但要依三角形的变小而减少). 当进行充分多次以后，逼真的、带有各种褶皱的山峰就出现在你眼前，此图只画了三步，端倪已现(图 15).

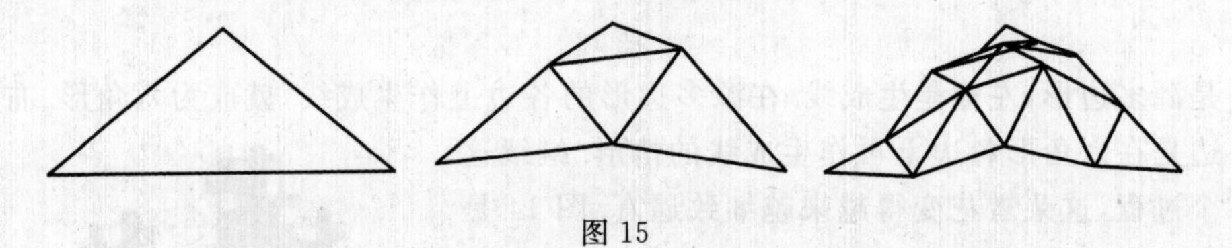

图 15

现代显镜技术，电脑技术的结合，使利用这种曲线来分析和模拟复杂形象的工作足以乱真. 所以今后的电影、电视剧甚至不必制作昂贵的布景，只要运用这些曲线和电脑显示出来，加上激光等新技术，就可以“无中生有”，骗过任何细心的观众.

云彩、海涛、危岩、乱礁、林莽、花丛……大自然之美景借助分数维曲线得到惟妙惟肖的表达. 数学美的追求又奏出一曲凯歌.

我们再举一个怎样借助数学美来战胜社会丑恶的例子. 大家知道，百余年来研究犯罪指纹学已获巨大进展. 每个人的指纹都是不同的，所以只要印证了现场作案物上的指纹就等于拿到了犯罪者的铁证.

怎样辨认不同的指纹呢？一个简单的办法是考虑放大的指纹图像上的每条纹路曲线，把曲线纹路上的分支点（即一支分岔为两支的地方，这正是曲线上一种奇异点，奇异产生美）标出，用线段将相邻分支点联结，计算每条连线穿越的条纹数. 这样，就掌握了某人的指纹图像特征. 把它存入电脑，一旦必须就可自动检索和显示出来，既快且准. 检查 30 万张指纹卡片，只需几个小时. 这对于抢时间、争速度侦破大案、要案是特别重要的.

第5章 美和对称性紧密相关

5.1 对称现象是自然美的基础之一

在丰富多彩的物质世界中，对各式各样物体的外形，我们经常可以碰到完美匀称的例子. 它们引起人们的注意，令人赏心悦目. 形形色色的动植物，固态物质的晶体，以至渺小的微生物都属此例. 每一朵花、每一只蝴蝶、每一枚贝壳都使人着迷. 蜂房的建筑艺术，向日葵上种子的排列，以及植物茎上叶子的螺旋状分布都令我们惊讶. 仔细的观察表明，对称性蕴含在上述各种事例之中，它从最简单到最复杂的表现形式，是大自然形式美的基础部分之一.

花朵具有旋转对称的特征，花朵绕花心旋转适当的角度，每一个花瓣会占据它相邻花瓣原来的位置，花朵就自相重合. 旋转时达到自相重合的最小角称为元角. 不同的花，这个角不一样. 例如梅花为72°，水仙花为60°. “对称”在生物学上指生物体在对应的部位上有相同的构造，分两侧对称（蝴蝶就是，如图1），辐射对称（圆柱或圆盘形，如腔肠动物，如图2），球辐射对称（球形，如放射虫，太阳虫，如图2）等. 我国最早记载了雪花是六角星形. 其实，雪花形状千奇百怪，但又万变不离其宗（六角星）. 既是中心对称，又是轴（面）对称.

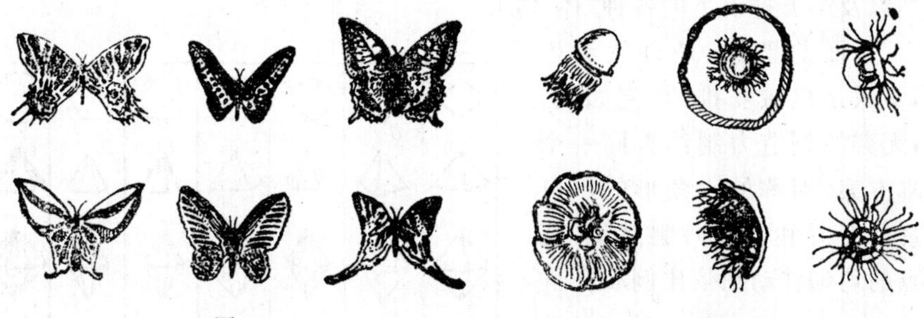

图 1　　　　　　　　　　　　图 2

水母等海生动物，有些是透明(或半透明的)，其各部分的对称性也看得很清楚. 很多植物在空间是螺旋对称的，即旋转 φ 角后沿轴平移可以和自己的初始位置重合. 例如树叶沿茎秆呈螺旋状排列，向四面八方伸展，不致彼此遮挡为生存所必须的阳光. 这种有趣的现象称为叶序. 向日葵的花序或者松球鳞片的螺线形排列是叶序的另一种表现形式.

“晶体闪烁对称的光辉”，这是俄国学者费多洛夫(E. C. Федров)的名言. 无怪乎在古典童话故事中，奇妙的宝石交织着温馨的幻境，精美绝伦，雍容华贵. 在王冠上，以其熠熠光彩向世人炫耀，保持永久不衰的魅力.

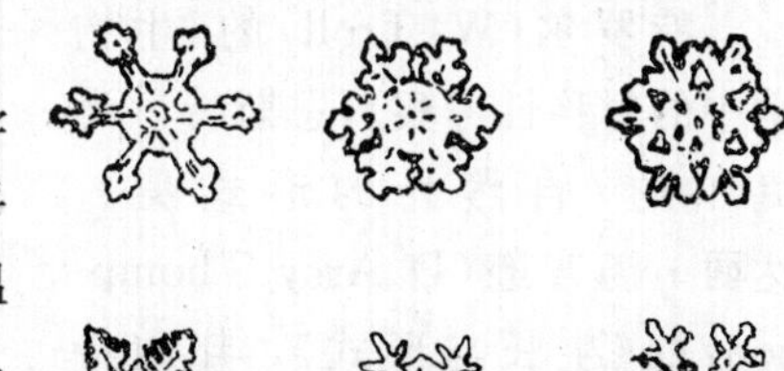

图 3

混沌初开，地球内部的碳原子在高于 1 000℃温度和高压下聚合，以罕见的纯度结成纯净物体，这就是金刚石. 它经过能工巧匠们精心切削琢磨，按裂面纹路加工，给我们显示了晶体的至美、纯净，透明规则的形状，闪耀着神奇的无法形容的光辉.

各种固态物质有着它自己特有的晶体形状. 这些形状具有对称性，即在旋转、反射、平移的某些位置晶体自相重合. 于是有对称轴、对称面、对称中心等.

晶体内部结构呈晶格形式，顾名思义，这是原子排列成的特定“框架”. 既然是整齐的格子，当然服从一定的对称原理.

如图 4，第一排不算，下面总共有 47 种空间图形，叫作 47 种“单形”. 这是研究晶体的专家们取的名字. 晶体中能以对称要素相互联系的一组晶面组成一个单形. 其中一部分单形由它本身的晶面不能封闭一定的空间，因而不能单独存在的称为“开形”(如板面、柱、锥——它们缺少底面)；其余的单形本身都能封闭一定的空间，因而能单独存在的称为“闭形”(如图 46 中第三排的各种“双锥”,以及第五排以下的各种“体”等).

上面的事例,是自然天生的,又像是机械安排的.例如,雪花,无穷的创造力制约着同一个基本方案(对称的六角形的不可思议的变异和发展);鹦鹉螺,绕零点的均匀转动和依比例 a:1 的伸缩变换的连续过程.所以,首先引起数学家和其他一些科学家从他们的职业角度进行有关的研究.到 20 世纪初,比较著名的已有:

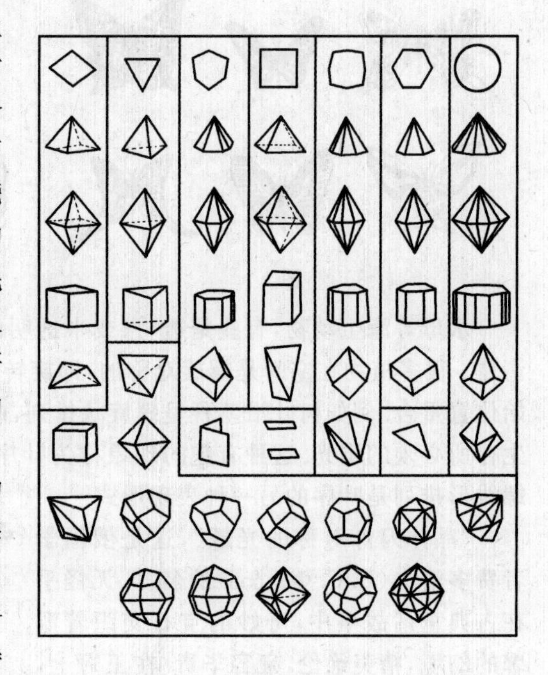

图 4

特罗尔(W. Troll)的《生物学中的对称性考察》,恩斯特·海克尔的《自然界的形式美》,达西·汤普逊(D' Arcy Thompson)的《生长与形式》,邦内特(Charles Boneet)的《叶序》,汉比奇(J. Hambidge)的《动态对称性》,还有数学家阿奇巴尔德(R. C. Archibald)的笔记,切奇(A. H. Church) 的《叶序和力学定律的关系》等.这些研究有很多超出了对称这一领域.

图 5 反映了一些美国科学家对蝴蝶翅膀彩色图案形成的研究,与英国数学家图灵 40 年代的成果不谋而合.上面是真实的翅膀花纹,下面是两梯度模型,一个三维线形梯度是从顶点向下的圆锥,另一个由截面来表示.注意投影区域的形状.梯度是向量分析中一个重要的概念,它指向函数值增加最快的方向,在这里是花纹颜色变化最剧烈的方向.可见数学工具对分析美的事物很有作用.

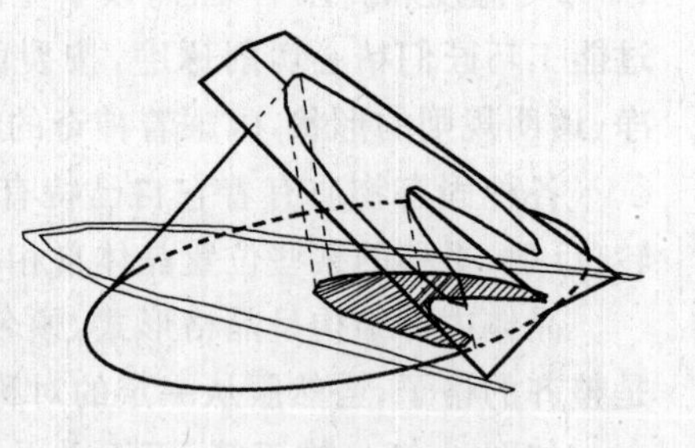

图 5

5.2 对称性是艺术美的要素

下面我们看看艺术美中的对称性.大家知道,在传统的装饰品、花边、花瓶等工艺美术品中,乃至现代的许多花布、墙纸、地毯等日常用品中,充满旋转对称、反射对称之类的图案花样,图 6 是外国古建筑墙壁花纹片段.

图 6

对于二维情形,我们从一种很普通常见的实例入手:平面铺砌或者说镶嵌.用全等的正多边形铺满平面,只有三种情形,它们是正三角形、正方形、正六边形.如果允许用不同的正多边形来铺砌(但每个顶点应有同样个数、同样几种类型的正多边形汇聚),可作这样的分析:每种正多边形的一个内角分别为$\left(\frac{1}{2}-\frac{1}{m}\right)2\pi$,$\left(\frac{1}{2}-\frac{1}{n}\right)2\pi$,$\cdots$.则应满足

$$\left(\frac{1}{2}-\frac{1}{m}\right)2\pi+\left(\frac{1}{2}-\frac{1}{n}\right)2\pi+\cdots=2\pi$$

这个不定方程一共有 17 组解,内有 11 组可以真正实现铺砌,例如边数为 4,6,12 三个正多边形;边数为 3,4,4,6 四个正多边形(图 7)……若不施加每个顶点要有相同个数、相同几种类型多边形汇聚的限制,则有无数种铺砌法.

图 7

此外,用全等的非正多边形,如凸五边形来铺砌,以前未见研究记载.20 世纪数学家已经证明,七边或多于七边的凸多边形不能实现铺砌.1918 年,莱因哈特(K. Reinhardt)证明:设凸六边形的顶点为 A,B,C,D,E,F,边 $FA=a,AB=b,BC=c,CD=d,DE=e,EF=f$,则能实现铺砌的凸六边形只有三类.第一类

$$A+B+C=2\pi,a=d$$

第二类

$$A+B+D=2\pi,a=d,c=e$$

第三类

$$A=C=E=\frac{2\pi}{3},a=b,c=d,e=f$$

他还找到了五类能实现铺砌的凸五边形.

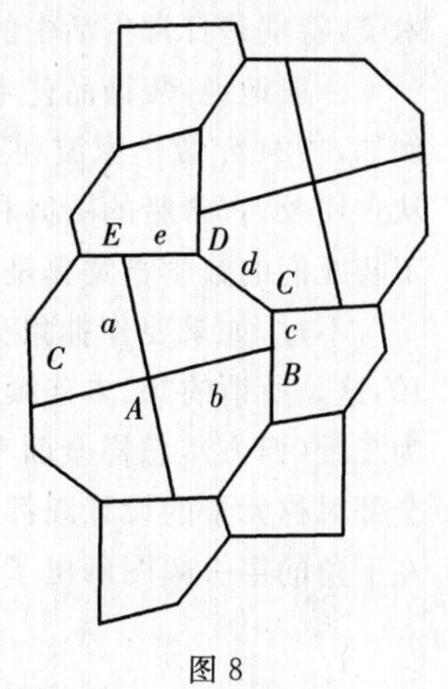

图 8

1968 年,克什纳(R. B. Kershner)又给出三类.

1975 年，计算机科学家詹姆士(R. James Ⅲ)借助将八边形等分为四个凸五边形，并适当在两列八边形之间填充凸五边形的办法，发现了第九类铺砌法(图 8).

1976 年，一位家庭妇女玛乔里·赖斯(Marjorie Rice)读完《科学美国人》上述有关报道后，冥思苦想，发现了第十类凸五边形，即满足条件

$$2E+B=2D+C=2\pi$$

$$a=b=c=d$$

也可铺砌.以后，她还从这十类凸五边形一共找到 58 种铺砌图案.到 1977 年年底，她又发现了另外三类能铺砌的凸五边形，图 9 便是其中第十三类，满足条件

$$B=E=\frac{\pi}{2}$$

$$2A+D=2\pi$$

$$2C+D=2\pi$$

$$a+e=d$$

她的精巧设想，引起了很大轰动.

1985 年，澳大利亚的两位组合数学专家给出了等边凸五边形能实现铺砌的充要条件：有两角之和为 π，或

$$A+2B=2\pi, C+2E=2\pi, A+C+2D=2\pi$$

但是，对于一般的非等边凸五边形，其充要条件如何呢?

很显然，这些问题既有很高的数学美，又与艺术美，特别是日常生活中的美密切相关.

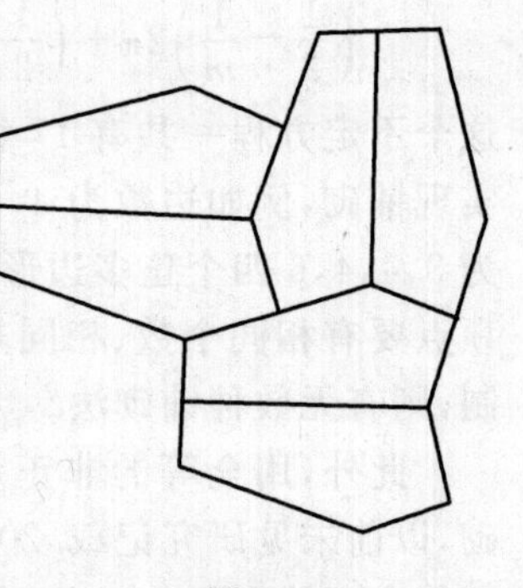

图 9

一般地说，装饰品艺术隐含着我们所知道的较高级数学的最古老的样品.例如，1924 年数学家波利亚(G. Polya)证明，二维图案只有 17 种对称性.人们从古埃及，古希腊的图案和中国古今民间窗格花样也能全面找到它们，古代能工巧匠们的数学直觉真是了不起!

不过，如果要作抽象分析，数学家们毕竟技高一筹.为了作一对比，请看图 10，这是所谓的“二方连续模样”图案，它实质上主要是一维(二方)情形.如果升为二维(四方)，怎样全面考虑?见图 11，这里用更简洁的手法把二维平面群的全部对称元素的设计图都画出来了，不多不少，恰恰是 17 种不同的图案.只在左下角的第一幅图画出了坐标轴的指向，其余可以类推.

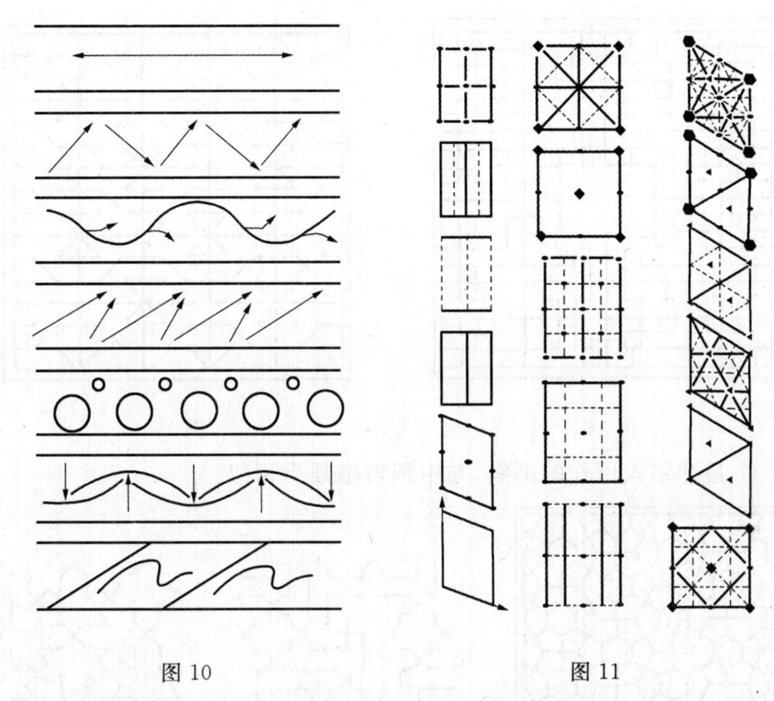

图 10　　　　图 11

我国传统建筑中,窗格花样之多,设计之巧,形态之美,在世界上是无与伦比的.大数学家韦尔(H. Weyl,1885—1955)在他的《对称》一书中极为赞赏,并选登了其中的两幅(图 12,13).我们这里又另外加上几幅(图 14～16),仍然只能反映全豹之一斑.事实上,韦尔曾收集大量中国窗格图案,发现二维图形的17 种对称变换群全部包罗无遗.

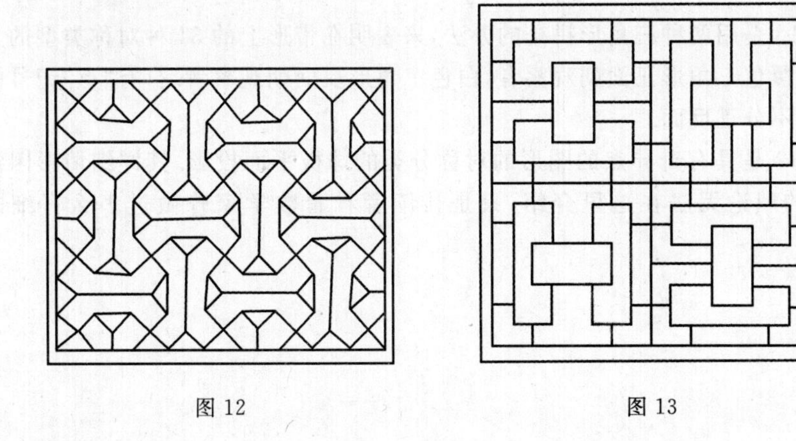

图 12　　　　图 13

图 14

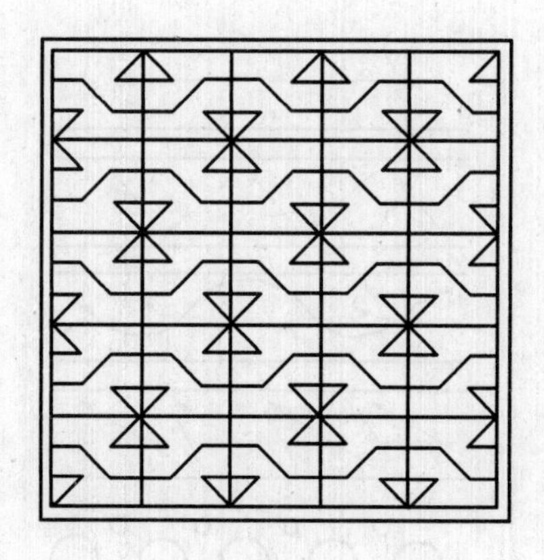

图 15

图 17 是摩尔人所作的图案，与中国窗格颇为相似.

图 16

图 17

图 18 是用两种三角形拼排的办法，来表明在带形上的 31 种对称类型的几何实现，黑色三角形正面朝观察者，白色三角形反面朝观察者. 打有“点”记号的三角形，不分正反面.

图 19 是具有奇异点的图形的对称分类的球极平面投影. 其详细情形因涉及较深的理论无法在这里介绍，只是让读者看看数学家曾做过多么仔细的工作.

1		17	
2		18	
3		19	
4		20	
5		21	
6		22	
7		23	
8		24	
9		25	
10		26	
11		27	
12		28	
13		29	
14		30	
15		31	
16			

图 18

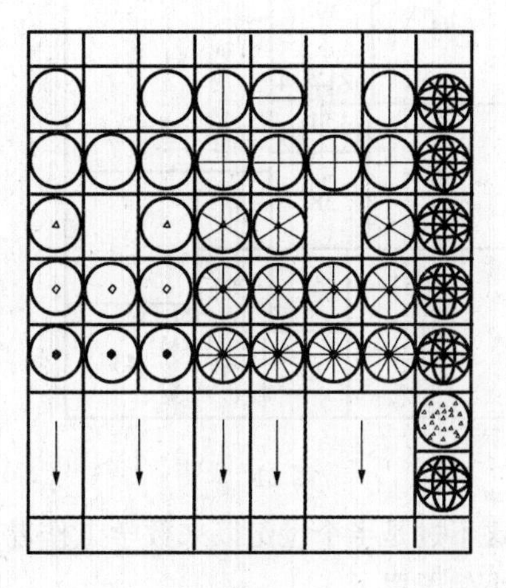

图 19

5.3　对称性与科学美的探求

我们已经不加定义地介绍了对称现象,说明它何等广泛地显示在自然和艺术之中. 现在我们作进一步的描述. 什么是对称性? 自古以来它有两方面的含义. 广义的是指匀称性,即良好的比例,平衡适中;狭义的则指结合成一个整体的几部分的协调. 1 800 年前维特鲁卫的说法:“对称性是合比例的结果……合比例是各种组成成分与整体的相称”,至今仍然是比较全面的概括.

图 20

为什么对称性在自然和艺术中如此普遍? 大数学家韦尔(图 20)赞同柏拉图这样的想法:制约着大自然的数学规律是自然界中的对称性的根源;而创造性艺术家心灵中对数学观念的直观领会则是艺术中的对称性的根源.

作为数学美实例，先看广义的对称美，即匀称，安排适当便是一种. 这里是所谓的“完全正方形”，就是把一个正方形划分为大小各不相等的小正方形. 1938 年首先由剑桥大学四位数学家得到 69 个. 20 世纪 50 年代末减少到 24 个(图 21). 荷兰数学家杜弗斯汀于 1978 年得到了最优解：21 个正方形(图 22). 以后则不可能再减少了.

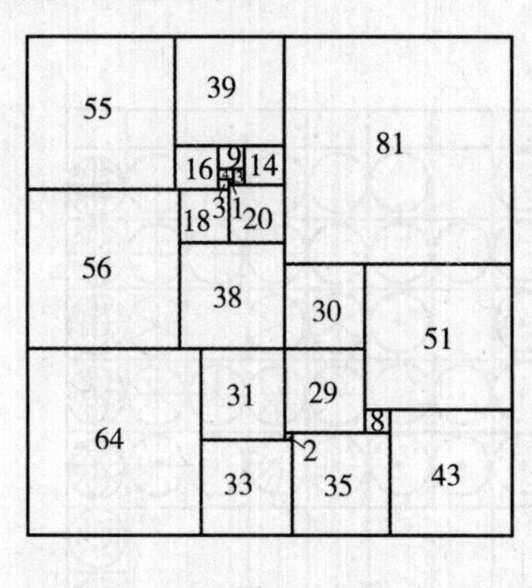

图 21

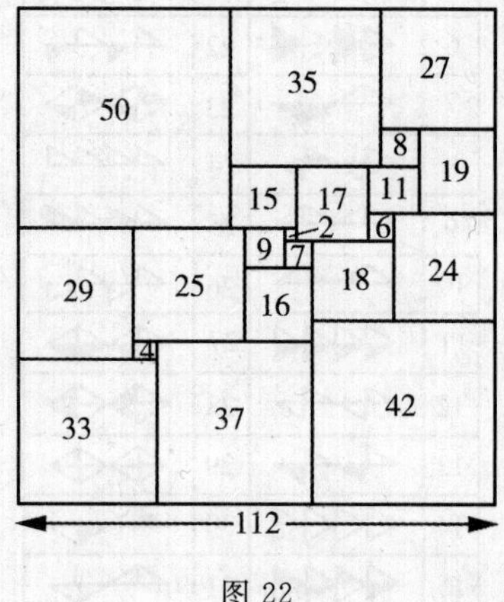

图 22

这不过是半个世纪以来数学工作者前赴后继在一个课题上进行数学美探求的小例子罢了.

关于狭义的对称美，我们举古希腊毕达哥拉斯学派所知道的五种正多面体为例. 柏拉图学派证明，正多面体不能多于这五种了，所以后来人们称它们为柏拉图正多面体.

图 23,24 画了五种柏拉图正多面体中的四种，只有简单的正四面体没有画，这是古代人们追求对称美的数学产物，现实世界中有很多晶体或其他物体都类似于这些图形，但不一定有这样规整. 当前，人们在化学实验室里制成了由碳原子组成的四面体. 1964 年芝加哥大学制成六面烷(每个角顶为碳原子，再联结一个氢原子). 俄亥俄州立大学得到十二面烷(由 20 个碳原子组成各个角顶). 用其他原子可得八面和二十面分子.

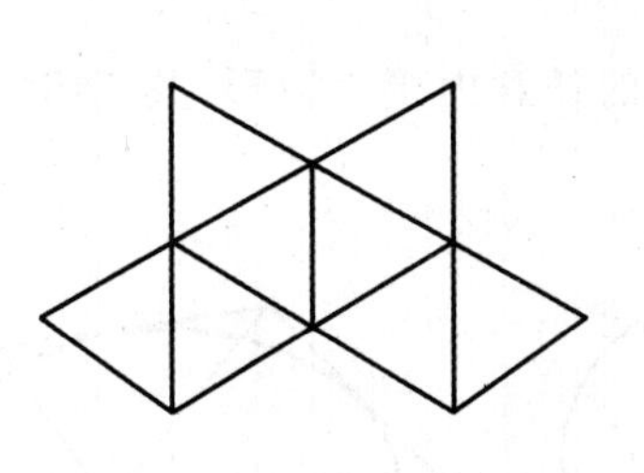
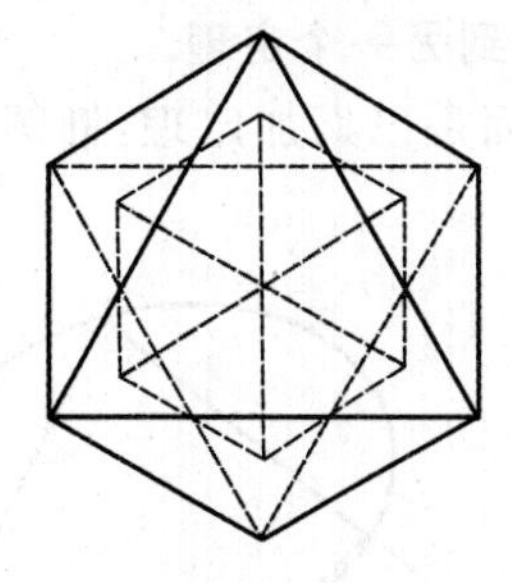

图 23

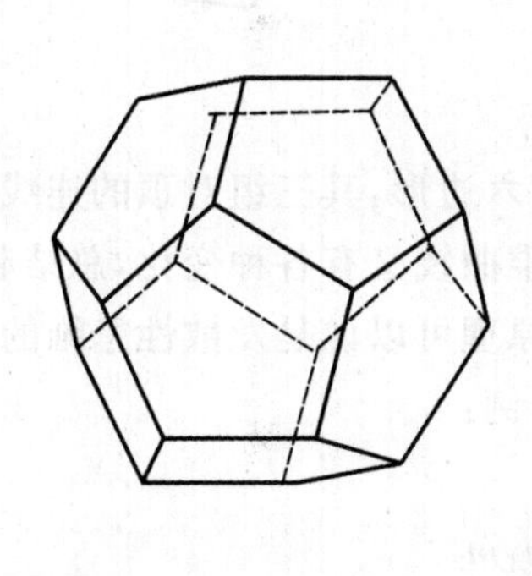
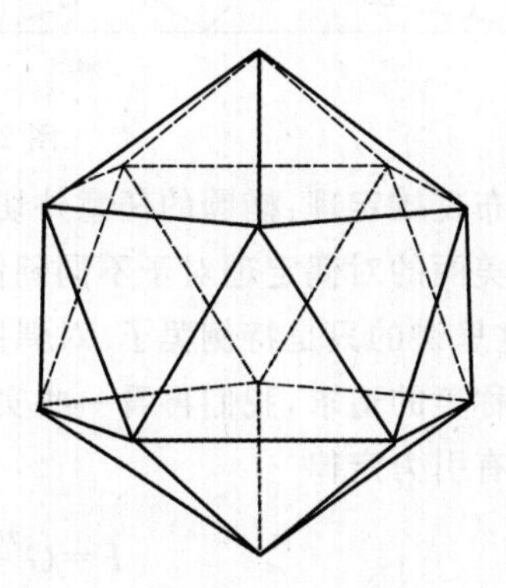

图 24

图 24 中的正二十面体应当是最复杂了,可它的各面只是三角形.美国数学协会的会徽就是这种图形.

近代科学中关于对称性的认识又近了一步:对称性是指图形不改变任何其原来性状的变换.如果一个物体经过某种变换在本质上不发生变化,那么就称这物体具有对称性.

越来越多的富有创造性和开拓精神的科学家省悟到,要想建立正确的理论,这理论应当具有形式美是一条重要的哲学原则.对称性正是这种形式美的标准之一,所以深入研究对称是很有必要的.

下面我们先举一个数学理论上的例子.然后,我们把视野扩大到邻近的其他学科领域.这一系列例子将表明,借助于对称性的指引,科学家们对科学美的探求可以使他们获得多么重要的发现.

在解析几何特别是射影几何中,点和直线常处于"对称"地位,人们总结为对偶原理:两个互为对偶的定理,如果你证明了其中的一个,另一个不证自明.只要你把"点"和"直线","点在直线上"和"直线经过点"这样的词句互换,便能从一个定理得到另一个定理.

图 25 上面是巴斯加定理:椭圆的任意内接六边形,其三组对边的交点必共线.

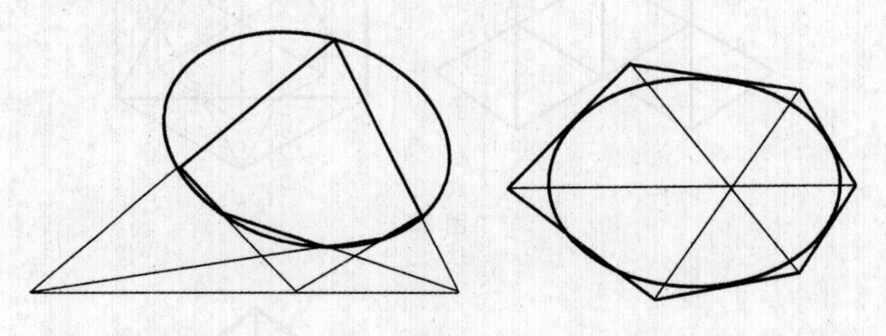

图 25

下面是布良雄定理:椭圆的任意外切六边形,其三组对顶的连线必共点.

这两个美丽的对偶定理对于不同圆锥曲线又有各种变化,总结起来可以写成一书本,这里讲的只是特例罢了.对偶原理可以说是发散性思维的产物.

关于对称美的追求,我们再看一些实例:

牛顿万有引力定律

$$F=G\frac{m_1m_2}{r^2}$$

只涉及质量 m,距离 r 和力 F,这里 m_1,m_2 是两个互相吸引物体的质量,在式中处于同等地位,这便是一种对称.

1788 年,拉格朗日在《分析力学》中引入拉格朗日函数(能量)和广义坐标概念,使牛顿动、静力学概括成一个拉格朗日方程,有了统一的求解工具.哈密顿又从美学角度改进拉格朗日方程,得到"正则方程",人人都可看到,它们多么统一、简单、优美、对称

$$\begin{cases}\dfrac{\partial H}{\partial p}=\dfrac{\mathrm{d}q}{\mathrm{d}t}\\[2ex]\dfrac{\partial H}{\partial q}=\dfrac{\mathrm{d}p}{\mathrm{d}t}\end{cases}$$

引入了能量函数 H 和广义动量 p,后者和广义坐标 q 成为力学中重要的共轭量.

哈密顿研究四元数,有如他所喜爱的对仗工整的诗歌句段,与后来提出的矩阵类似.运用于他的动力学中,可以得到共轭量 p,q 的乘积不满足交换律,即

$$pq-qp=c\quad(c\neq0)$$

这就是说,他从对称中发现了奇异.

1925 年,海森堡在建立量子力学时,得出微观粒子运动的不对易关系

$$pq-qp=\frac{h}{2\pi \mathrm{i}}$$

h 为普朗克常数.进一步找到了这种奇异美之根源.

麦克斯韦把法拉第,库伦,安培,奥斯特等人由实验总结出的电磁学定律,发展为用数学方程组表述的统一而完善的经典电磁学理论.如

$$\nabla \cdot \boldsymbol{E}=\boldsymbol{Q} \quad ①$$

即电场强度 $\boldsymbol{E}$ 的散度等于闭合体积内包含的总电量(库仑定律)

$$\nabla \cdot \boldsymbol{H}=0 \quad ②$$

磁场强度 $\boldsymbol{H}$ 的散度为零(由磁力线闭合性质所致)

$$\nabla \times \boldsymbol{E}=-\frac{1}{c}\frac{\partial \boldsymbol{H}}{\partial t} \quad ③$$

即电场强度的旋度与磁场强度对时间的变化率成比例.

为了得到与式③对称的方程,他假定了

$$\nabla \times H=\frac{1}{c}\frac{\partial \boldsymbol{E}}{\partial t}+\frac{1}{c}\boldsymbol{j} \quad ④$$

这意味着磁场在空间的变化会引起相应的电场变化,产生位移电流 $\boldsymbol{j}$.式中 c 是光速,可推知电磁波的传播速度也是 c.所以,他完全由假定得到的产物④,使他预见了电磁波,揭示了场的含义,并把光和电磁波统一了.

狄拉克(1902—1984,图 26),学土木工程,当过电气工程师,又读数学研究生,深湛的数学知识和技巧使他成功.1933 年与薛定谔共同获得诺贝尔奖.他是数学美的有力鼓吹者.1928 年,迪拉克在解自由电子相对论性波动方程时,开平方得正负两种电子能量.在数学家韦尔的启发下,他为了保持数学对称美,提出"空穴"假说,即正电子,1932 年在宇宙射线中果然找到了正电子.对称导致了这一科学预言.

图 26

20 世纪初,关于原子结构的几种模型:

J·汤姆逊,均匀模型.

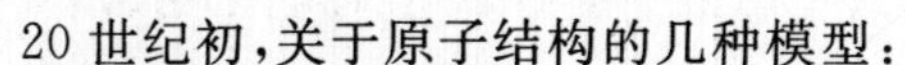

卢瑟福,行星模型.

玻尔,量子化模型,电子维持在一定的量子轨道上.与太阳系图景类似.美妙在于混乱变成秩序.

三种模型都有对称、均衡等美学因素,但后者还有新奇(量子化).

1924 年，路易·德布罗意，由光兼有波动性和粒子性，想到与光子对称的物质粒子也应具有波动性. 这种物质波也完全是数学美的产物.

在数学中，以几何为例，它的每一个分支都可说是研究特定图形在特定的对称变换下的不变性质. 欧氏几何关注平面图形的平移，旋转，镜面反射，均匀伸缩（相似）；仿射几何处理图形依某种方式的伸缩；射影几何讨论图形在射影对应下的不变性；拓扑学（橡皮膜上的几何学）研究点的一对一双方连续变换……

由于要研究对称性，推动了一门概括性和普遍性极高的数学——群论——的产生.

什么是群？通俗地说，它就是对某些对象施行的一套操作（运算），这些对象称为群的元素，元素的个数称为群的阶数. 接连两个操作称为群的乘法. 对乘法具有封闭性，结合性. 必须具有恒同操作（不动），逆操作. 例如上体育课的四种基本动作："不动""向左转刀""向后转""向右转"就组成一个群，它的乘法表为

	e	a	b	c
e	e	a	b	c
a	a	b	c	e
b	b	c	e	a
c	c	e	a	b

称为循环 4－群.

抽象群的定义，在 1854 年，由凯利给出：群 G 是一个非空集合，它具有元素 $a,b,c,\cdots$ 和一个二元运算 $a\circ b$（称为群的合成或者群的乘法），满足：

i) $a,b\in G\Rightarrow a\circ b\in G$（封闭性）；

ii) 对于 G 中任何 a,b,c 都有 $(a\circ b)\circ c=a\circ(b\circ c)$（结合律）；

iii) 有这样的一个元素 e，对于 G 中任何元素 a，都有 $e\circ a=a\circ e=a$（单位元素）；

(iv) 对于 G 中每一个元素 a，都存在 G 中元素 b，使得 $a\circ b=b\circ a=e$（逆元素）.

所以群是数学中的伟大统一概念.

对称性的数学表述，首先源于 18 世纪末 19 世纪初拉格朗日和伽罗华关于代数方程根的研究. 例如

$$x^3-2=0$$

即

$$(x-\sqrt[3]{2})(x^2+\sqrt[3]{2}+\sqrt[3]{4})=0$$

的三个根$\sqrt[3]{2}$,$\sqrt[3]{2}\omega$,$\sqrt[3]{2}\omega^2$(这里 ω,ω^2 分别是$\frac{1}{2}(-1\pm\sqrt{3}\mathrm{i})$之一),位于复平面半径为$\sqrt[3]{2}$的圆上(圆心在点 O),是内接正三角形的顶点.它们的每一种置换(即把这个正三角形绕中心旋转 120°,240°,360°,或分别依每边中线作翻转)都算作一个对称,就包含 6 个运算(操作),3 种旋转,3 种轴对称,连续施行的结果仍为 6 个置换之一,便形成对称群.

19 世纪,这些对称群或交换群的理论成为数学发展的主流,应用极为深远,克莱因用无限的变换群对全部的几何学分类,还认识到群是研究几何对称性的天然工具.

20 世纪,群已成为用数学描述物质世界基本的概念工具与形式工具.

抽象之功,以群最显.群的数学美与物质世界生成的和精神世界创造的对称美已经息息相关,浑然一体了.

我们不妨把眼光再次转向物理世界.

物理学家认为,自然界的基本定律是在某些反射对称下的不变量.1925 年发现电子自旋(上旋和下旋),被理解为 $SU_{(2)}$ 群的一个基本表示中的元素.不久泡利为时空对称性定下基调.1939 年维格纳分析狭义相对论正能量表示,认为特殊相对性是一种基本的对称性.

海森堡把质子、中子看作同一粒子(核子)的两种不同状态,也可用 $SU_{(2)}$ 刻画.

1961 年,盖尔曼和涅曼利用更大的群 $SU_{(3)}$,创造了"夸克"这样的概念,正确预言了 Ω 粒子.这样,作为对称性的数学产物竟然与物质世界吻合,实在令人惊讶不已.现今,夸克是自然规律的基本成分的认识已得到普遍承认.

李政道、杨振宁从另一角度研究对称性.他们的深入探讨,论证了对称并不是自然界的一种普遍规律性,突破了原来被视为当然的三维空间的镜面反射性,从和谐中发现了奇异.

这一张(图 27)看来是杂乱无章的数学符号与算式,谈不上什么美感.其实,它是华裔物理学家李政道与杨振宁推翻宇称守恒律的手稿的一部分,他们的重大发现荣获 1957 年诺贝尔物理奖.

最后我们回到晶体对称性这个局部问题上.

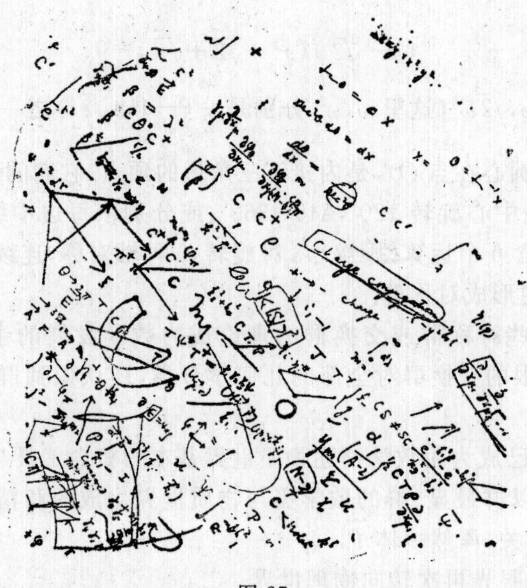

图 27

怎样的体可以作为晶体？即用同样的体，按一定的正、反、合顺序，可无穷无尽地、无空无隙地填满整个空间？

布拉维斯(A. Bravais，1811—1863)研究了运动群，以确定晶体的可能结构. 这相当于查明行列式的值为 1 和 -1 的三个变量的线性变换

$$\begin{cases}x'=a_{11}x+a_{12}y+a_{13}z\\y'=a_{21}x+a_{22}y+a_{23}z\\z'=a_{31}x+a_{32}y+a_{33}z\end{cases}$$

的群. 从这里入手，把他引导到晶体中可能出现的 32 类对称的分子结构.

俄国费多洛夫在 1890 年，德国薛弗里斯在 1891 年，分别用纯几何方法证实，存在 230 种空间结晶体群，由于问题相当复杂和深奥，远非这短短的一节所能说清楚，我们只好将它的几个结论写为下表(群和类的数目)(表 1)

表 1

	平面		空间	
	结晶体群	结晶体类	结晶体群	结晶体类
运动	5	5	65	11
加入镜面反射	12	5	165	21
共计	17	10	230	32

数学瑰宝——逻辑美

第6章

6.1 概念—逻辑—"数学艺术造型"

"数学家与画家或诗人一样,也是造型家,这种数学艺术造型是由概念塑造的".这是哈代的名言.照他的说法,概念便是雕塑材料,数学家创造性地运用雕塑技法(主要是逻辑)进行工作,形成数学艺术造型(即发明或发现数学定理、公式,写出数学论著).

哈代举出两个较低水平的数学美的例子:

如果你认为一个象棋布局高明,你就是在赞赏数学的美.

还有通俗报刊上的智力游戏,绝大多数与数学逻辑有关(例如有的还要用"命题演算"这类数理逻辑工具).

当你参与下棋或智力竞赛时,你是否意识到其中有些内容就是数学艺术造型呢?

让我们尝试进一步解释这个道理.因为数学定理都需要证明,任何复杂证明无非是分解为一些简单步骤,每一步都要运用逻辑来进行推理,逻辑美也就体现在这总体和每一局部上.我们必须遵守排中律、矛盾律、充足理由律等原则.在具体方法上,通常分为

演绎证法：一般→特殊

归纳证法：特殊→一般

狄德罗(D. Diderot)，这位法国百科全书派大学者，在论述数学的逻辑美时，说了一些很有分量的话.

他认为，要找到一些关系之间的确定数据(或式子、定理)，才算是对于事物的美有了满意的认识. 人们不说“优美的公理”，因为这是公认或约定的，无需证明. 而“优美的定理”，则必有其巧妙证法在内. 随着知识水准的提高，人们对数学美的鉴赏水平也提高了. 例如等腰三角形底边上的中线平分顶角，这已没有多少奥妙. 但如果发现某条曲线以坐标轴为渐近线(无限逼近但永远不与该轴相交)，而彼此之间所夹的区域竟有确定的面积，便是一种优美的理论. 如图1曲线 $y=\frac{1}{x^2}$以 x 轴为渐近线，计算广义积分

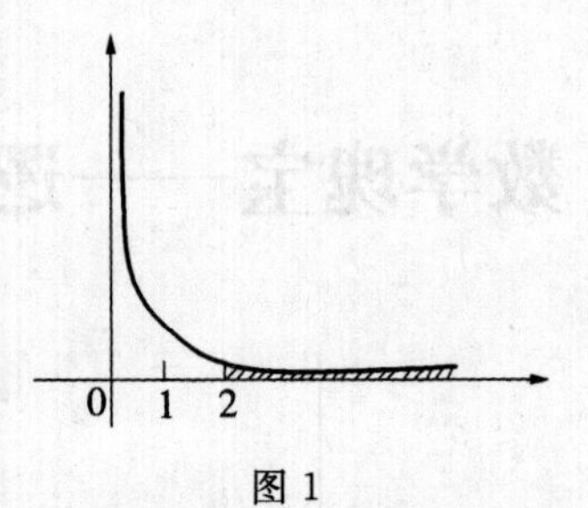

图1

$$\int_2^{+\infty}\frac{1}{x^2}\mathrm{d}x=\lim_{N\to\infty}\int_2^N\frac{1}{x^2}\mathrm{d}x=\lim_{N\to\infty}\left[-\frac{1}{x}\right]_2^N=\frac{1}{2}$$

即阴影区域面积为$\frac{1}{2}$. 这样一种不可穷尽的过程却找到了可以穷竭的结果，就表示了狄德罗认为优美的事实. 我们相信，读者也会赞同这一观点.

6.2 雅俗共赏的逻辑美例子

哈代举出两个堪称逻辑美典型的例子：

例1 $\sqrt{2}$是无理数的证法.

证明 用反证法. 设$\sqrt{2}=\frac{p}{q}$(即有理数)，且 p,q 互素$\Rightarrow 2=\frac{p^2}{q^2}\Rightarrow p^2=2q^2\Rightarrow$ p 为偶数，记 $p=2k$(k 为整数) $\Rightarrow q^2=2k^2\Rightarrow q$ 也为偶数$\Rightarrow p,q$ 不互素. 这就引出矛盾(补充说明：以上过程中为什么推得 p 为偶数? 因若 p 为奇数，$p=2m+1$，则 $p^2=4m^2+4m+1$ 也是奇数，这与 $p^2=2q^2$ 为偶数不合).

在几何中，这个问题就是正方形的对角线与边不可通约，是毕达哥拉斯学派最重大的发现. 柏拉图在《法规》一书中叙述他本人学习这一证明时曾经何等激动.

这个问题的几何证法是在对角线上截去一边之长，以剩下的线段为边长

再作一正方形，然后重复上述步骤，发现这一过程可以无限进行下去（图2是不断往左上角推进），所以$\sqrt{2}$与1不可通约.

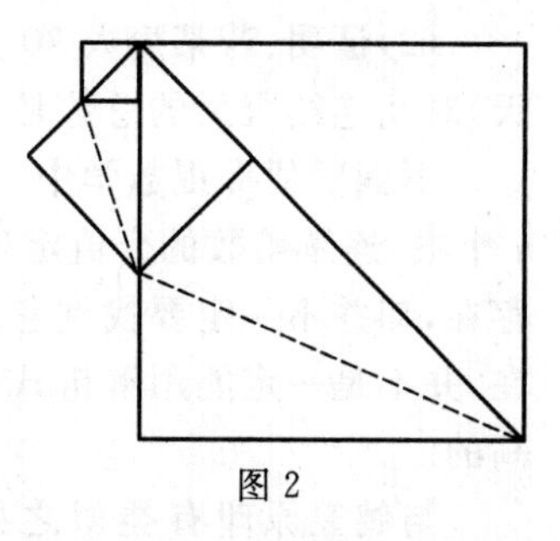
图2

例2 素数有无穷多个的证法.

证明 设$p_1,p_2,\cdots,p_n$是已知的全部素数，作$p_1p_2\cdots p_n+1$，它不能被上述任何素数整除（而是余1），所以它就是一个新素数.这表明素数不止有限多个.

两例都用有限驾驭无穷，却显得这样游刃有余，使人不能不佩服逻辑的精致和奥妙.

著名数学家切比雪夫（П. Л. Уебышев）和物理学家海森堡，都因在青少年时代读到这个证明，心灵受到强烈震撼，决心献身科学事业，并取得巨大成就.

哈代概括它们美在意外性、必然性、有机性，以及论证奇特、工具恰当、结论无遗.

6.3 鸽笼原理及其他

有些演绎证法相当形象直观，几乎人人能感受其美妙.

例如，6只鸽子关进5只笼子，必有1笼中关有2只或2只以上的鸽子.这就是鸽笼原理，又称狄利克雷（Dirichlet）抽屉原则.一般，假如$kn+1$个（或更多）小球放入n个盒子里，则某个盒子必定至少装有$k+1$个小球.这个原理可以用来证明类似的重叠问题，例如13个人中必至少有2人生于同一月……

这类证明妙在很快就与旁人建立默契，它只肯定了事物的存在，却并不需要真正找出来.

几十年前，匈牙利数学神童（12岁）波萨回答著名数学家艾多士（P. Erdos）的问题“若$n+1$个正整数都小于或等于$2n$，其中必有一对数是互素的”，只经半分钟思考，就找到一种证法，原因在于，这$n+1$个正整数中必至少有两个相邻，因而互素.

这类问题有时要多拐几道弯，运用之妙，存乎一心.例如下面这样两个题目应如何运用它？

(1)证明：不论怎样选取10个小于100的正数，必可从中找到两组数，其和数彼此相等（提示：选法有$2^{10}-1=1\ 023$种，而分配法只有$90+91+\cdots+99=995$种）.

(2)证明:若某病人30天内服完48粒药丸,每天至少1粒.则必有一段(几天)时间连续服药的总数是11粒.

下面顺便提提数学中一系列的存在定理.如n次代数方程在复数域上恰有n个根.连续函数的介值定理,微分中值定理,积分中值定理,都肯定有那样的ζ存在,却并不一定要找到它.隐函数存在定理,也只肯定了函数对应关系的存在,并不是一定能用解析式明显表示出来.而这些定理的价值,众所周知是极高的.

与鸽笼原理有类似之处,而又涉及无限情形的,可以举出波尔查诺(B. Bolzano,1781—1848)关于有界区域内若有无数个点,则必有聚点(所谓聚点是指那样的点,在它的任意小的近旁仍有无数个点)的证明.以[0,1]区间为例,若有属于某集合的无数个点,我们将区间分为两半,必有半个区间内仍有该集合的无数个点,于是再将这半个区间又分为两半……无穷尽地分下去,聚点的存在便显露出来了.

鸽笼原理肯定了重叠情形的存在,可以说是"求同".与之相反,有时是知道"异类"的存在,则我们可以"存异".例如一所平房内有n间房间,只有第一间房有张门与围墙外面相通,其他房间的两张门都只分别与前一间和后一间相连,则最后一间房必只有一张门,且这张门只与邻室相连(而不是直接通向围墙外).这样一个简单的推理,竟然把抽象的拓扑学和具体的计算方法结合成一个新课题:不动点算法.当前这类"同伦算法"正方兴未艾,成为解非线性问题的有力武器.

6.4 归纳、类比和构造

拉普拉斯(P. Laplace,1749—1827)说,"甚至在数学里,发现真理的主要工具也是归纳和类比".

下面我们只从证明的角度来谈谈.

数学归纳法,又称完全归纳法,关键是完成从第k步到第$k+1$步的证明,这就起了自动推演的作用,从而对一切自然数,该命题都正确.真所谓以少胜多、一劳永逸.

这里重要的是,这些命题p_{n+1}与p_n,p_{n-1},…之间的关系易于揭示,才好运用这一方法.还有所谓的递归函数:若$f(1)$有定义,$f(k+1)$可由$f(k)$表出,则一切$f(n)$就被我们掌握了,这也是数学归纳法.

华罗庚教授曾经举"3个人,2顶黑帽,3顶白帽,若给每人都戴上白帽,各人怎样不看自己头上的帽子而判断颜色?"这道著名的智力测验题为例,说明数学归纳法不但可以“进”，有时在运用中还要善于“退”. 此题若退到 2 个人，1 顶黑帽，2 顶白帽，则很容易判断. 然后还可以进到 n 个人，$n-1$ 顶黑帽这样复杂的情况. 华教授娴熟的逻辑技巧令人信服，他确实是卓越的数学造型艺术家.

关于类比，我们这里只举几个在类比的基础上作出构造的例子，看看数学家怎样创造性地在其中运用逻辑而达到出神入化的地步.

在这个无限领域，常有一些令人瞠目结舌而又不得不承认的结果.

古代就有人把偶数集合与自然数集合建立一一对应的关系

$$\begin{matrix} 1 & 2 & 3 & 4 & 5 & 6 & \cdots & n & \cdots \\ 2 & 4 & 6 & 8 & 10 & 12 & \cdots & 2n & \cdots \end{matrix}$$

于是得出结论：全体偶数与全体自然数一样多.

图 3

乔治·康托(Georg Cantor，1845—1918)(图 3)在这方面的一系列大胆而细心的类比，被希尔伯特赞誉为“数学思想的最惊人的产物，在纯粹理性的范畴中人类活动最美的表现之一.”康托用构造性的方法，证明了有理数集合是可数的，即与自然数集合可以建立一一对应. 例如，将所有的正有理数写成分数形式 $\frac{a}{b}$，按 $a+b=2$，$a+b=3$，…依次写下去，分子按由小到大的顺序写，去掉重复的数，比如 $\frac{2}{2}$ 与 $\frac{1}{1}$ 重复，就不写了，于是得到 $\frac{1}{1},\frac{1}{2},\frac{2}{1},\frac{1}{3},\frac{3}{1},\frac{1}{4},\frac{2}{3},\frac{3}{2},\frac{4}{1},\frac{1}{5},\frac{5}{1},\frac{1}{6},\frac{2}{5},\frac{3}{4},\frac{4}{3},\frac{5}{2},\frac{6}{1},\cdots$

这样，全体正有理数便排出次序，因而是可数的.

康托还证明，实数集合是不可数的. 为此，他只要证明[0,1]区间中的实数已经不可数就够了. 首先，他将有限小数都改成循环小数，比如 $0.07=0.069\,99\cdots$，则十进小数都成了无限小数，且记法具有唯一性，不会混淆. 然后，他采用反证法，假定[0,1]中所有的数可数，即可以排成 $a_1,a_2,a_3,\cdots$其中

$$a_1=0.\,a_{11}a_{12}a_{13}\cdots$$
$$a_2=0.\,a_{21}a_{22}a_{23}\cdots$$
$$a_3=0.\,a_{31}a_{32}a_{33}\cdots$$

那么，他可以构造一个这样的实数

$$x=0.\,x_1x_2x_3\cdots x_n\cdots$$

其中 $x_1,x_2,x_3\cdots$或者取 1，或者取 2，总之，要使得 $x_1\neq a_{11}$，$x_2\neq a_{22}$，$x_3\neq a_{33}$，…，$x_n\neq a_{nn}$，…. 显然，$x\in[0,1]$，但 x 和任何 a_n 都至少有一位小数不同，可见 x 没

有被列进去，这就发生了矛盾.

康托的遐思异想还很多，所以希尔伯特说，康托把人引到无限的天堂.

6.5 归化法的几颗明珠

我们这里也只信手拈来，不可能全面概括这方面的各种成果.

1. 推理型证明化为计算型证明

这在我国古代是最常用的，例如几何的代数化. 吴文俊教授概括为“出入相补原理”，以简明直观的面积割补，写出等量关系，一下便揭开问题的症结. 本书收集的勾股定理几种证法中就有几个属于这一类型.

现代数学有这样一种趋势，将逻辑推演更多地归结为各个层次的计算. 它使本来的文字叙述变得简明.

2. 化整为零，各个击破

华罗庚教授总结为：“标准单因子构件”凑成整个结构的方法.

最粗浅的例子是平面几何中的轨迹交接法. 我们总是分别考虑满足某一要求的点的轨迹，一一作出，它们的交集便是同时满足每一种要求的整个结构.

又如，求两个力(向量)的合力，运用平行四边形法则，先分别作出两个力(向量)为邻边，再作出对角线就是合力.

高等数学中，全导数与偏导数，全微分与偏微分，重积分与屡次积分……都是这类方法的典型例子.

3. 抽象化分析

欧拉关于哥尼斯堡七桥问题的分析，把河岸及小岛都抽象为点，是很巧妙的变换. 图灵(A. Turing)关于计算实质的分析(这是现代电子计算机的理论基础)，申农(C. E. Shannon)关于信息的度量理论的建立(这是信息论的理论基础)，都是抽象分析的范例.

4. 关系映射反演原则(RMI 原则)

这是由徐利治教授总结命名的方法.

最简单的例子是，为了计算一个含有乘除、乘方、开方的式子的数值，取对数，化为对数的加、减，得出结果，再取反对数，便是原式的数值.

一般，如图 4，若从 R 要直接得出 x 很不容易，便可将 R 映为 R^*，由 R^* 解出 x^*，再反演得 x.

高等数学中，换元积分法(换元—积分—再换元)，求函数项级数的和函数的逐项求导(或积分)法(逐项求导或积分—求新级数的和函数—求积分或导数，得

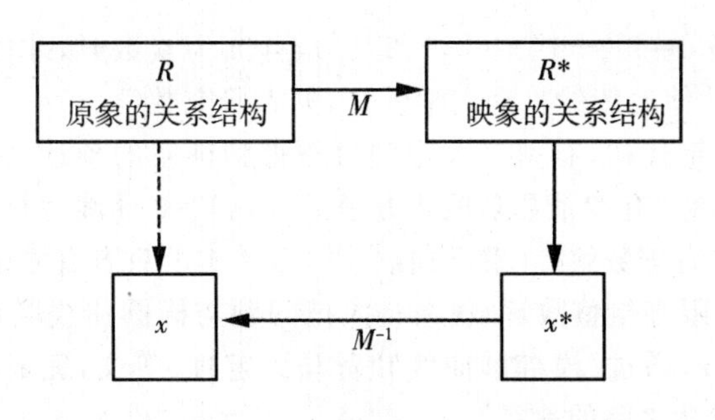

图 4

原级数的和函数),解微分或积分方程的积分变换法(用傅里叶或拉普拉斯变换,将原方程化为代数方程求出解,再取逆变换)……都运用了 RMI 原则.

5. 逆推法

证明的途径通常是从条件通向结论,但若先将结论变形或分析,则有助于多看几步,循途望进.假若能从结论变形到已知事实,而又步步可逆,就可从这条逆推的路再返回去.

例如,要证$\frac{a+b}{2}\geqslant\sqrt{ab}(a,b>0)\Leftrightarrow\frac{a^2+2ab+b^2}{4}\geqslant ab\Leftrightarrow a^2+2ab+b^2\geqslant 4ab\Leftrightarrow(a-b)^2\geqslant 0$.这是每个高中学生熟知的.

总之,归化法中有无数的技巧,不是上面列举的几条可以包揽无遗的.所以逻辑美的风采才那么诱人,这里补充几例.

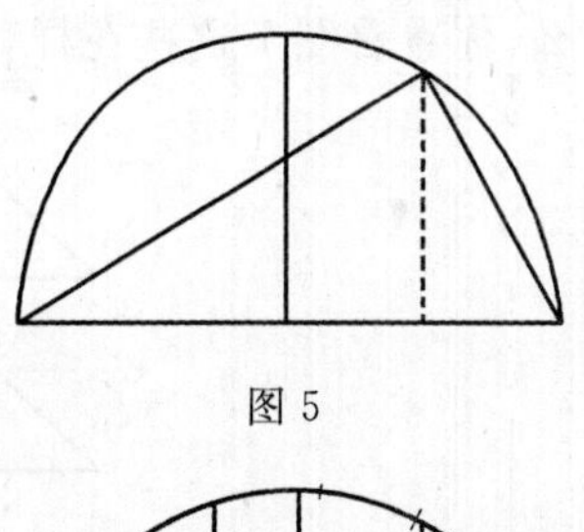

图 5

代数问题也可以几何化.以证明$\frac{a+b}{2}\geqslant\sqrt{ab}$来说,作图 5,直角三角形的斜边被高分为 a,b 两段,则高是$\sqrt{ab}$,它不大于圆的半径$\frac{a+b}{2}$.

这问题还可以用三角方法证出.

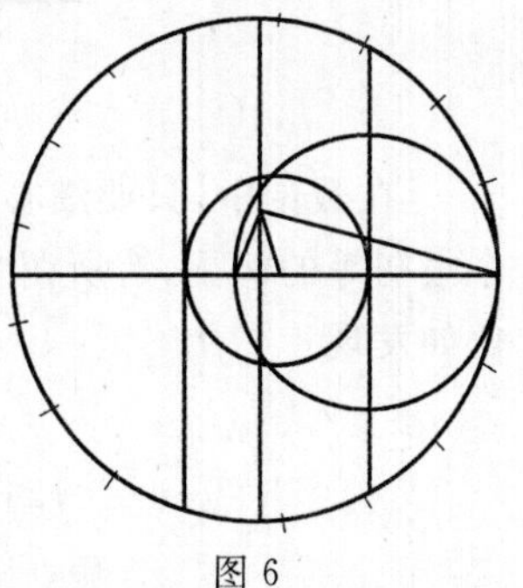

图 6

图 6 是高斯 19 岁时发现的正十七边形作图法.先作纵、横两直径,在正中直径往上方取半径的$\frac{1}{4}$,与横径右端相连,得直角三角形.将它的较大锐角 4 等分取 1 份(即图中偏右的小短线段).再作偏左的小短线段,使两者夹角为 45°,然后作右圆和左圆,作两条竖直的长弦,将它们所夹之大圆的弧平分,即得大圆周的$\frac{1}{17}$.他之所以能完成这一 2000 年悬而未决的难题,依靠的是将问题代数化.在此基础上,他严

格证明了只有当 $n=2^{2^p}+1(p=0,1,2,\cdots)$，且 n 为素数时，才能用尺规作出正 n 边形. 这一成就使他毅然打消文学爱好，矢志研究数学.

20 世纪 90 年代初，有费马大定理可望得到证明的预计. 因为德国法尔廷斯证明莫德尔猜想"有理系数多项式方程 $F(x,y)=0$ 曲线亏格大于 1 时，方程至多只有有限组有理数解"⇒费马曲线 $x^n+y^n=1$ 上只有有限多个有理点⇒$x^n+y^n=z^n$ 只有有限多组整数解. 现在有人把问题与椭圆曲线联系起来，1995 年怀尔斯(A. Wiles)通过《模椭圆曲线和费马大定理》等文，完成了证明. 归化的方法总是通向成功之路的途径.

6.6 发明创造和美的享受

数学中美的享受要靠自己辛勤的劳动，学懂弄通一个现成的定理，解出一道难题，以及由自己发现一件未知的真理，这是三个层次，享受到的美感也每相应地深一个层次.

有人说，在一个主题上变换花样，是创造的常用手段. 当你的知识和技能达到一定水平时，你就能变换花样了. 例如有的书法家能写出"寿"字的一百种变体，组成一幅"百寿图"，这就是创造. 你学过怎样证明三角形内角和为 180°，那么，你看看图 7 这些花样，便感到像这一类创造水平是不难达到的.

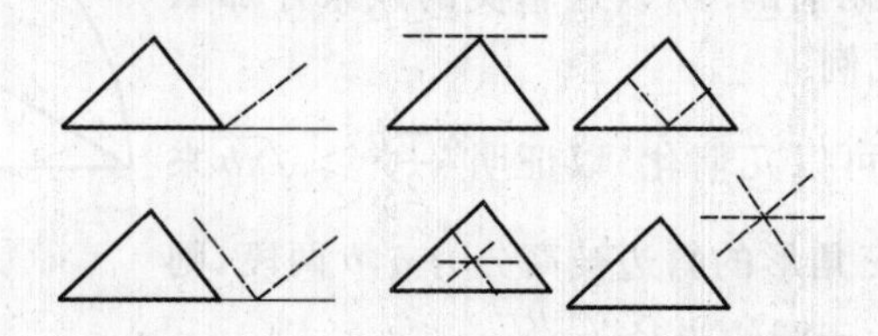

图 7

在数论中，只要细心观察、试探，你能发现(或猜想)出众多美妙的结论. 举个很初等的例子，有所谓"自我陶醉数"，就是一种天马行空，自得其乐的探讨，比如发现

$$43=4^2+3^3,\ 81=(8+1)^2$$

$$124=(1\times2)^7-4,\ 27=(\sqrt{2+7})^3$$

$$39=(3!)^2+\sqrt{9}\cdots$$

最后，我们举出山西自学青年侯晓荣解决当代美国几何学家佩多(D. Pedoe)提出的"生锈圆规"(即不能再开、合的"单位定规")难题，如何由 A,B 两已

知点，找到第三点 C，使$\triangle ABC$ 为正三角形？并且怎样找出 AB 的中点？整个问题只准使用一种工具，即这只生锈圆规.

侯晓荣在 1985 年经过严密的数学论证，不但给出上述问题的作图方法，还得到这样广泛的结论：从整数出发，经有限次四则运算和开平方运算而得的一切复数 z（即平面上的点），全是可以用生锈圆规作出来的.

毫不夸张地说，这一成果并不亚于当年高斯在正十七边形作法上的成就. 如果你也能达到这一境界，你对数学逻辑美的体会将是多么的深啊！

人的一生要跟生活、社会、科学的很多难题打交道，不断地解决它们，你的智力机敏将得到很多锻炼，甚至在游戏中也是如此. 试看，城市街头已出现很多电子游戏机，家用电脑也可配备游戏的软件，网络上打游戏更尽兴. 当你津津有味地自编程序进行“星球大战”时，你就正在享受数学的逻辑美.

最伟大的艺术是最高度的统一

第7章

7.1 统一才能形成和谐的整体

任何艺术上的感受都必须具有统一性，这是公认的审美准则之一. 数学，通过前几章的分析，使我们感到它不但是科学的精品，也是艺术的珍品. 而最伟大的艺术必须把最繁杂的多样变成最高度的统一. 被列宁称为"辩证法的奠基人之一"的古希腊学者赫拉克利特早就明确指出，美在于和谐，和谐在于对立的统一. 因此，统一性是数学美的精髓.

数学源远流长，首先来自人们的社会实践. 美国麦克莱恩(Soundezs Maclane)认为，人类的社会活动、细心观察、理性思考，导致产生这样一些数学工作和学科：

计数：算术和数论

度量：实数、演算、分析

形状：几何学、拓扑学

造型：对称性、群论

估计：概率、测度论、统计学

运动：力学、微积分学、动力学

计算：代数、数值分析

证明:逻辑

谜题:组合论、数论

分组:集合论、组合论

这些认识又是逐步深入的:人类实践活动→实施运算(加、乘、比较大小)→形成概念(素数、变换)→嵌入形式公理系统(皮亚诺算术、欧氏几何、实数系统、域论等)→整理出更隐蔽深奥的特性.

现代数学已形成100多个分支,居于核心和主流地位的也有上十个.它好像一株枝叶繁茂的大树,各分支有机地联系成整体,这就是我们所说的统一性.

让我们从好几个层次和角度来具体考察这种统一性.

首先,数学的体系虽然庞杂,但能梳理出清晰的头绪.

例如,按理论和实践的关系考察,可分为纯粹数学和应用数学;按它描述的客观对象的特性来考察,可分为经典数学(研究必然对象)、随机数学(研究偶然对象)、模糊数学(研究模糊对象).

按数和形这两大研究主题来区分,有代数、几何、分析三大类.其中分析这一大类又把数形及其变化结合起来研究.

下面将这三大类各自统率的分支再作粗略划分:

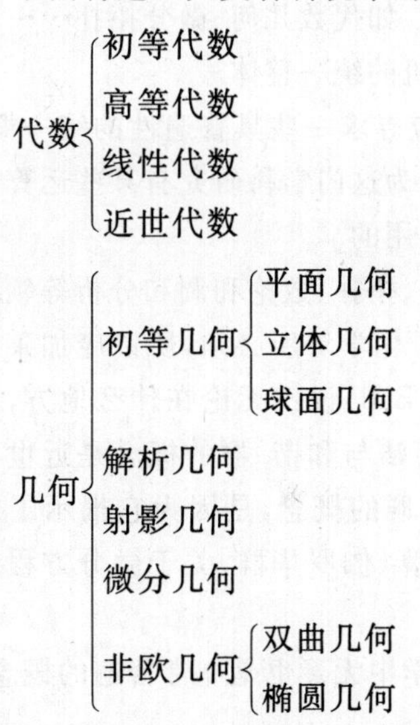

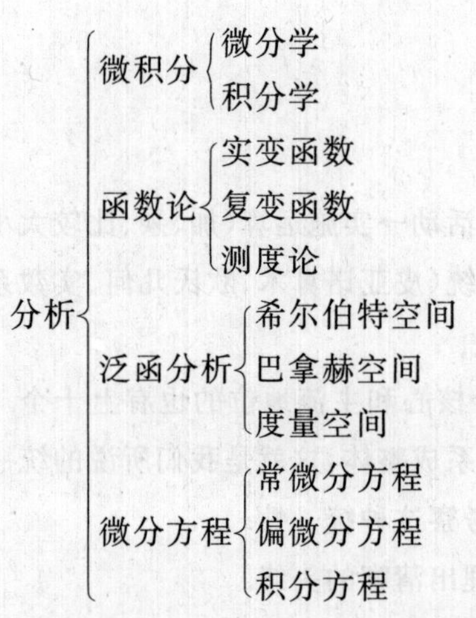

此外，凡专门研究整数性质的有数论，研究图形连续变形的有拓扑学，它们也可以再细分：

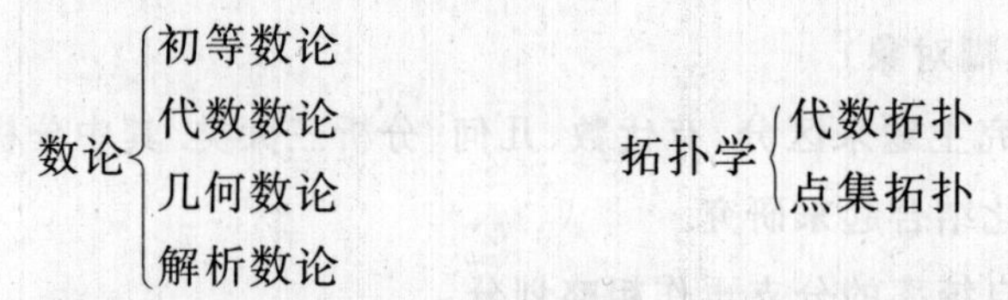

各分支之间的渗透杂交，又形成新的分支. 如代数几何、微分拓扑……

这样我们已初步看到数学是怎样一个有机的统一整体.

为了使这种统一性得到更明显的揭示，应寻求一些具普遍性的统一概念. 这特别表现在利用近世代数中的某些概念，因为这门学科研究有某些运算性质的代数结构，而代数运算本来就是最简单而通用的.

例如：群，它只允许一种运算，是微分几何、拓扑、数论和调和分析等领域的基础，为力学、光谱学、晶体学、粒子物理、量子化学等所必须，所以庞加莱和克莱因都认为可以用它来统一数学. 贝尔(E. T. Bell)说："无论在什么地方，只要能应用群论，立刻从一切纷乱混淆中结晶出简洁与和谐. 群的概念是近世纪科学思想的出色的新工具之一". 人们这样推崇群的概念，是因为它揭示了运动(旋转群和变换群)、对称性(结晶群)、代数运算(伽罗华群、关于微分方程的李群)的共同性质.

格，是由比较大小产生的序结构，这在数学中无疑也是非常普遍的概念. 尼伦伯格想用它来统一数学.

范畴，是研究更一般的运算和变换的代数结构，具有很大的包容能力.

这些统一的框架来自人们精益求精的数学美的追求.例如:

解方程的运算——坐标几何学的代数问题——向量空间的线性变换的矩阵表示(也出现在群论、数值分析、数论中)——(域上的向量空间归属于环上的模、描述拓扑学中连通现象)同调代数,及在环论和数论或至少在经典域论的较高级部分中解方程.这样我们看到,单就解方程这一数学运算而言,就有不同层次、涉及不同问题,而又可以串联起来,使人感到数学内部处处协调的整体美.

7.2 用公理化方法来体现统一性

希尔伯特是这种方法的热诚的倡导者和执行者.这要求在某一门分支中以公理为根基来形成演绎体系.其公理的选取和设立应满足相容性(互相协调无矛盾,这就是和谐),独立性(无多余,这意味着精练),完备性(无遗漏,这意味着周到).例如在几何基础的研究中,他设立了结合公理($\text{I}_1 \sim \text{I}_8$),顺序公理($\text{II}_1 \sim \text{II}_5$),平行公理(Ⅳ),连续公理($\text{V}_1 \sim \text{V}_2$).处理的基本元素是点、线、平面.找出了基本关系,包括结合关系(点在直线上,点在平面上),顺序关系(一点介于某两点之间),合同关系(两线段相等,两角相等).从这些基本概念和公理,利用纯逻辑推理法则,把一门数学建成演绎系统.这是一种相当严谨的统一.

皮亚诺建立了算术的公理体系.

柯尔莫哥诺夫建立了概率论的公理体系.

不过希尔伯特的“元数学”(证明论),想用纯形式化的符号语言把一门数学的全部命题变成公式的集合,内部没有矛盾,企望太高.

后来哥德尔证明“任何一个无矛盾的形式算术逻辑都是不完全的”,这使我们知道了,在同一个层次中要解决一切逻辑问题是不可能的.所以,统一中总会有某种奇异.

7.3 布尔巴基观点下的统一

20世纪中叶,世界数坛的布尔巴基学派,将上节公理化思想加以发展,着眼全局,提出了全部(或大部)数学都可以依结构不同而加以分类的看法.一种结构中必须包含着元素间的关系(运算、变换等).结构又分为母结构(代数结构,序结构,拓扑结构),子结构,分支结构(由各种结构以交叉方式形成).

这个学派以自己独特的方式将纯粹数学各主要分支按层次安排,如下:

A级　代数拓扑，微分拓扑，微分几何，常微分方程，遍历理论，偏微分方程，非交换调和分析，自同构及模形式，解析几何，代数几何，数论.

B级　同调代数，李群，抽象群，交换调和分析，冯·诺伊曼代数，数理逻辑，概率论.

C级　范畴与层，交换代数，算子谱理论.

D级　集合论，一般代数，一般拓扑，经典分析，拓扑向量空间，积分法.

对于这些学科，中学生当然所知甚少，但使人感到数学的深邃之美.

7.4　由内在联系看统一

人们知道在解析几何中，从2 000年前阿波罗纽斯的《圆锥曲线》（古典希腊几何的登峰造极之作）到开普勒1604年发表《天文学的光学部分》，终于认识到抛物线、椭圆、双曲线、圆退化为两直线的圆锥曲线，都可以从其中之一连续变为另一个，这是内在联系形成统一的一个很简单的例子. 人们普遍承认这门学科富于井然有序之美. 一般而言，构造是事物间的一种关系，数学系统的构造表现为一些运算法则. 不同系统之间可能有两个同构的数学系统，可以视为等价系统.

同构的概念，指运算法则相类似.

同胚的概念，指正、逆变换均连续.

同伦的概念，指形变方面的类似.

这种种类比，把一些系统的本质联系揭露出来，显示了深刻的统一性.

又如线性空间概念，渗透到代数、分析，几何中去了. 这好比有一根针线串起了几块纸片.

射影几何中的对偶原理，居然把点和线巧妙地比照起来，此呼彼应，如影随形.

1976年，英国阿蒂雅举数论中 $a+b\sqrt{-5}$ 的因式分解、几何中的莫比乌斯带、分析中的一个方程 $f'(x)+\int a(x,y)f(y)\mathrm{d}y=0$ 竟然有着美妙的联系. 这说明现代的数学是何等不可思议地“我中有你，你中有我”.

再看古老的勾股定理，1940年出版的一本书《毕达哥拉斯命题》已收集了367种证法，现在据说有400多种证法.

这里从图1到图5，是几种很简明的例子，请读者自行欣赏.

关于勾股定理的发现，众说纷纭. 这幅图是根据一种传说画的，毕达哥拉斯凝视着地面上铺拼的方砖，对角线交成直角三角形，他试着用木棍沿着边线勾画，蓦地闪现出奇妙的想法，即图中两个小正方形之和等于大正方形，而得到了特殊（等腰直角三角形）情形的勾股定理. 以后再推广为其他情形. 这种说法与“勾三股四弦五”的说法相比，前者导源于面积关系，后者导源于边长关系，真是各有千秋. 可见数学的知识和方法的内在联系是何等紧密，条条大路通罗马. 这正是统一性的强大生命力的表现.

图 1

图 2 见 3 世纪吴国赵爽的《勾股方圆图注》“按弦图，又可以勾股乘（即 ab）[为]朱实二，倍之为朱实四（即 $2ab$），以勾股之差自相乘[为]中黄实（即 $(a-b)^2$）. 加差实亦成弦实（即 $2ab+(b-a)^2=c^2$）”.

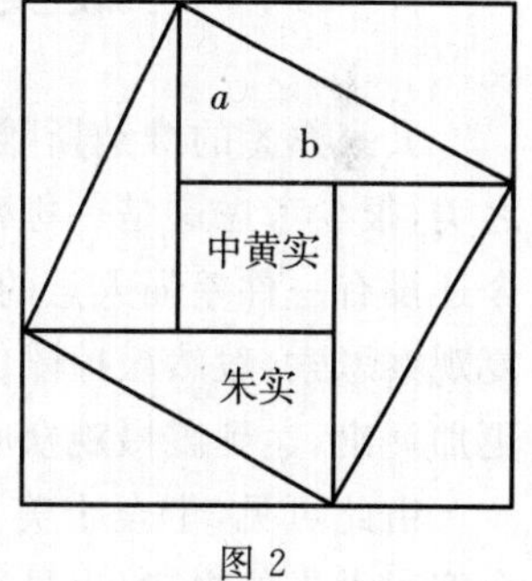

图 2

图 3 更简单

$$4ab+(a-b)^2=(a+b)^2$$

还有印度婆什迦罗书中的，请看（图 4）.

$$c^2=\frac{4ab}{2}+(a-b)^2$$

a b

图 3

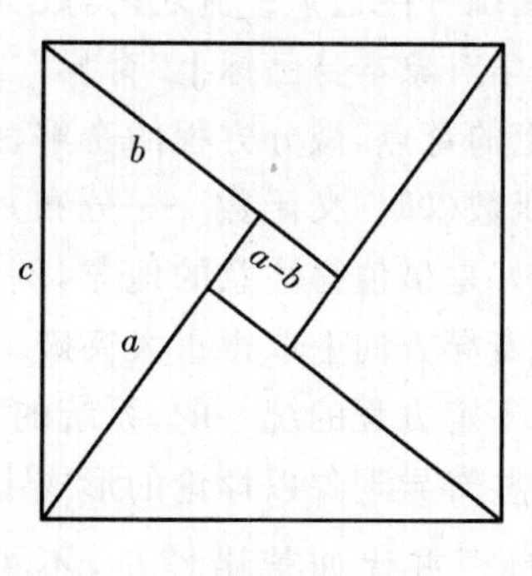

图 4

1876 年，美国詹姆士 A · 加菲尔德（后来任总统）提出的图 5：

梯形面积

$$\frac{1}{2}(a+b)^2=\frac{1}{2}c^2+2\cdot\frac{ab}{2}$$

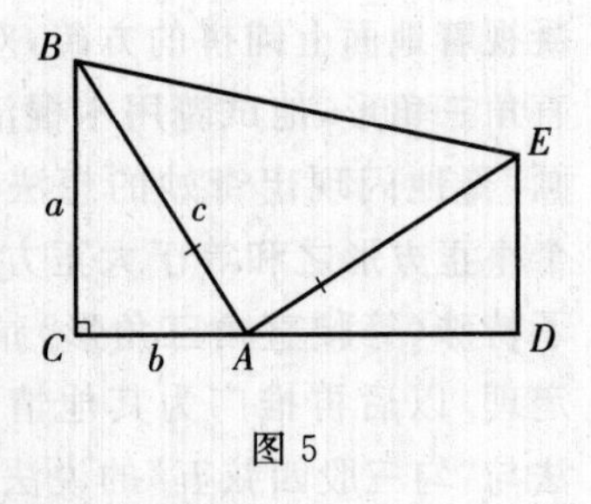

图 5

我们再举两个例子：

常微分方程中的振动系统（弹簧）和振荡回路（电阻电容电感回路）有相同的数学模型.

弹性力学中的振动问题、流体力学中的流体动态问题、声学中的声音传播（声学方程）、电学中的电流传输（传输学方程），全都得到相同的双曲型偏微分方程.

真是不同分支产生统一理论，不同现象间相互模拟，难舍难分.

7.5 最美的事物中必然出现某种奇异

大家熟悉的维纳斯雕像出土时已经失去双臂，然而人们却更珍视她的胴体之美，很少考虑这是一尊残缺之躯.有一些艺术家曾试图为她添上胳臂，据说至今还没有一件差强人意的续作.无独有偶，罗丹在雕出巴尔扎克全身像之后，反复观察思索，毅然敲掉雕像的双手，这种破缺使作品表现巴尔扎克的心理冲突更加突出，达到震慑观众心神的地步.

由此可见，十全十美未必有最好的美学效果，倒是某种奇异的存在才更符合客观世界的规律，也显得更真更美.

例如，我们在介绍对称美时，已谈到对称性破损的问题.

同样，在统一性这个主流之内，数学中也不乏奇异.

有些数学对象本身已标上“奇异”二字，一望而知它们必定有些不同平常.比如，曲线上的奇点，微分方程的奇解，线性代数中的奇异矩阵，分析中的奇异积分，奇异函数（即广义函数——分布），复变函数中的孤立奇点……其中不少奇异之处恰好是最值得注意的地方，例如我国中年数学家杨乐、张广厚正是在亚纯函数的奇异方向上取得重大突破.又如1970年苏联马契耶塞维奇证明：没有求解一切不定方程的统一的、系统的方法.使人去掉圆梦的臆想.

还有一些奇异现象以悖论的形式出现，其中历史上的三次“数学危机”都因为出现了悖论.古代如芝诺悖论，不可公度量 $\sqrt{2}$ 的发现等.近代如罗素悖论——它的通俗形式是“理发师悖论”：某理发师规定只为那些不给自己刮胡子的人刮胡子，试问，他该不该为自己刮胡子？（答案：若不刮——则按规定应刮；若刮——则按规定不应刮.于是，他处于进退两难之中，莫衷一是）这揭露了集合论的本质缺陷.又如某个克里特岛的人说：“所有的克里特人都说谎”，这是真话还是假话？再如在黑板上写“右边这句话是错的”“左边这句话是对的.”互看孰是孰非？等.而危机的克服意味着人类的认识又深入了一个层次.

有些奇异现象表明了方法、工具、乃至认识本身的局限.例如古代尺规作图的三大难题；高于四次的代数方程（除少数特殊的系数情况）不能用开方式子求解；还有前面提到的“元数学”证明算术公理的相容性是不可能的（哥德尔不完备定理）.

详细点说，在1930年，哥德尔证明任何一个无矛盾的逻辑体系不可能是完备的，即一个绝对完美和谐的数学体系，事实上是达不到的.因为，一方面，我们要清晰地证明一个数学逻辑体系的无矛盾性，仅仅用体系本身提供的知识是不够的；另一方面，当我们运用现有理论体系的框架思索和解决问题时，所提出的问题总是会超出理论体系本身的范围，从而导致新的矛盾的出现.

这些奇异线条虽然一定程度上损害了原来理论体系的和谐，却为达到新的和谐境界指示了方向.例如，是否有介于自然数集和连续集（即全体实数所构成的集）的势之间的数集？这是一个不可能回答的问题.（柯亨，1963年）

这些问题的不可能，并未削弱数学的威力，相反，人们仍然是用数学方法证明了这种不可能性，正反映了数学的活力.例如，命题“这句话绝不可能证明”，如果假，则能证明，于是成为真话，那么它又真正不可证明了.总是使人哭笑不得，尴尬至极.后来人们发现，如果把它改为“这句话在系统 S 中不可能证明”，矛盾就解决了.

矛盾无处不在，无时不在，正是这些内在矛盾推动着人们的美学追求.也提醒人们，数学的统一性时时处于动态平衡之中，绝对的纯是不可能的.统一中的奇异把数学引向更高一层的统一，一步步向“至美”逼近.

最后，我们用一个实例证明数学的内在统一怎样决定着宇宙间统一性的研究.数学的作用在于整理出宇宙的秩序，这是人们对数学的新评价.

有了秩序，就有和谐，数学统一性之美正是在这里得到升华.

对于无序现象，我们称为混沌（chaos）.这在现实世界中也是司空见惯的，照常理来看，它应当是统一的破坏，然而数学对它并非无能为力.

20世纪70年代末，美国菲根鲍姆（Feigenbaum）以近10年的努力研究大量现象，得到两个重要的普适常数 $\delta=4.669\,2\cdots$ 和 $\alpha=2.502\,907\,897\cdots$ 就是解开这个谜的钥匙.请注意“普适”二字，这隐含着“统统适合”之意.

事情要从一件趣事谈起.1975年，留学美国的中国台湾研究生李天岩和他的导师约克发表了“周期3蕴涵着混沌”（通俗的说法是“周期3则乱七八糟”）的论文.说的是：“设 $f(x)$ 是 $[a,b]$ 上的连续自映射（即 $f(x)$ 是 $[a,b]$ 上的连续函数，且它的值域不超出[a,b]），若 f 有 3－周期点，则对一切正整数 n，f 有 n－周期点”.

例如，取 $x=x_0$ 作为初值，$x_1=f(x_0)$ 称为 1 次迭代. $x_2=f(x_1)=f(f(x_0))=f^2(x_0)$ 称为 2 次迭代……$x_a=f^n(x_0)$ 称为 n 次迭代. 若 $f^3(x_0)=x_0$，则 x_0 称为 f 的 3－周期点.

现在作函数 $f(x)=\lambda x(1-x)$，$x\in[0,1]$，λ 是参数，设 $y=f(x)$，这是一条抛物线. $\lambda=2$ 时，则 $x_0^*=1-\frac{1}{\lambda}=\frac{1}{2}$ 与 0 是不动点（或称 1－周期点），其中 $x_0^*=1-\frac{1}{\lambda}$ 是稳定的不动点（又叫吸引子）. 不断迭代下去，总能使得每步得到的点逐渐趋近于它. 当 $\lambda=3$ 时，$x_0^*=1-\frac{1}{\lambda}$ 不再是稳定的不动点，而分出两个稳定的 2－周期点 x_{11}^* 和 $x_{12}^*=\frac{1}{2\lambda}\left[1+\lambda\pm\sqrt{(\lambda+1)(\lambda+3)}\right]$. 这种现象叫分岔（一分为二），该 $\lambda=1+\sqrt{6}$ 时，又再次分岔（二分为四）……直到 $\lambda\geqslant\lambda_\infty$）等于 3.569 945 673…就没有周期点了，这种境界就叫作混沌.

而菲根鲍姆普适常数

$$\delta=\lim_{\lambda\to\infty}\frac{\lambda_n-\lambda_{n-1}}{\lambda_{n+1}-\lambda_n}=4.669\ 2\cdots$$

深刻反映了分岔的速率步调是这般统一. 揭露了由有序到无序也是有统一的规律可循的.

诸如极不规则的旋涡运动——湍流之类现象本是十足的混沌，也无法逃脱这统一的步调. 现在，这模型真像“美妙的吸引子”，正在吸引各学科的专家们由混沌中去发现更和谐统一的世界.

数学与绘画

第8章

8.1 原始时代的数和形

人类最初的数和形的概念可以远溯到旧石器时代.数(Shù)起源于数(Shǔ),数学尚未发明之前,人们利用手指、小石、贝壳,或者绳子上打结,竹木上契刻来记数.形的认识,现存最早的遗迹是旧石器时代的洞穴绘画.例如1879年首次在西班牙阿尔太米拉洞找到的,约作于3万7千年前至1万余年前.我国近年在内蒙古阴山山脉,新疆以及南方一些省份也发现了大批岩画.先民们把现实对象(野牛、野猪、羊、鹿……)的轮廓线抽象出来,委实表现了一种对图形的可赞叹的智力.但是,真正对几何图形有所了解,应当是到了由渔猎到农耕,由采集食物到生产食物的转化时期才实现的.例如,新石器时代的生产工具石斧等外形呈现对称,有棱有角,甚至有圆形孔洞,陶器上也饰有大量几何图案.

图1是欧洲旧石器时代晚期克罗马农人的洞穴壁画,题材多半为狩猎图像和野兽、家畜的形象.这里可以看到成群的马.

图 2 是从西安半坡等地出土的彩陶钵口沿上汇集起来的各种刻画，可能是代表不同意义的记事符号，很多具有几何对称特征，其中也有数字，距今约 7 000年.

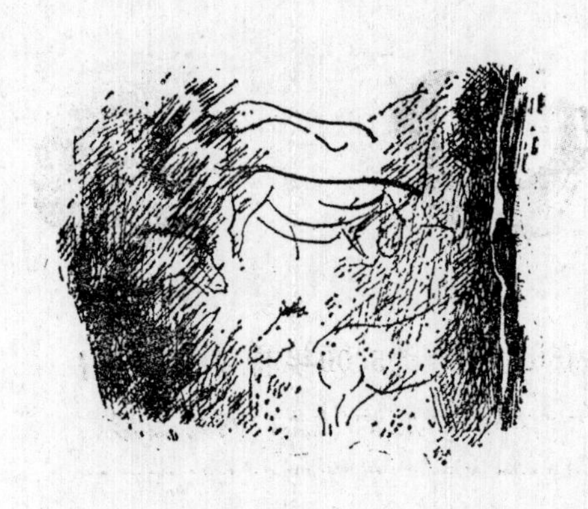

图 1　　　　图 2

图 3 为距今约 5 000 年前（新石器时代晚期）的六角陶环，庙底沟出土，内为圆形.

图 4 为新疆阿斯塔那出土的彩陶罐，年代晚于中原文化. 上面所绘的波折纹虽然简单，但非常协调统一，层次上也有变化.

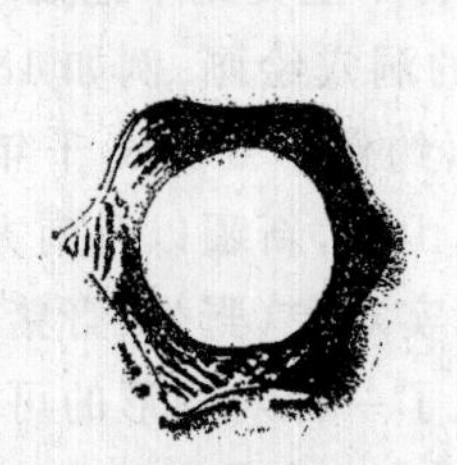

图 3

图 4

图 5 是新石器时代晚期的彩陶钵，大河村出土. 上面绘有菱形、圆形、椭圆形等多种图案，显得活泼明快.

我国新石器时代就有画圆形的工具. 甲骨文有规字和矩字. 图 6 是山东嘉祥县汉代武梁祠石室（145—167 年）的画像砖上“伏羲手执矩，女娲手执规”的情景，类似的图形在我国多处发现，反映华夏族始祖曾以这样的几何工具作为征服大自然的利器. 孟子总结为：“离娄之明，公输子之巧，不以规矩，不能成方圆”.

图 5

图 6

外国的规和矩出现也很早,图 7 是一幅很有名的画,阿基米德手拿圆规在思考几何问题,圆规形式与现代的相近.这画为很多数学史书籍采用.

1979 年以来,在辽宁西部东山咀、牛河梁等地区,新石器时期红山文化地层上,我国考古工作者获得了被称为"中华五千年文明的曙光"的重大发现,石砌建筑群遗址有圆形祭坛,"女神庙"和积石冢.表明这种坛、庙、陵三位一体的结构源远流长,直到清代都在继承和发展,其中不少形象是含有数学意义的.所以,史称夏禹治水时,"左规矩,右准绳",几何作图和测量工具早已用得很熟练.

图 7

古希腊毕达哥拉斯学派,把数分成各类,如奇、偶、素、合、完备、亲密、三角的、方的、五角的等.最有趣的是后面几种,反映着算术和几何学中的一些关联,有的早已以图案形式见于陶器上面.当毕达哥拉斯学派研究这些东西的时候,加上了数的神秘主义和自己的宇宙哲学:"万物皆数".关于正多边形和正多面体如何填满二维或三维空间问题,这些几何形体还成为装饰品及幻术标志的图形之类的模型.

8.2 透视学——空间的征服

怎样在二维平面画布上,反映三维空间的实景?自古以来成为画家的难题."远小近大,远淡近浓,远低近高,远慢近快."这些定性的知识,人们一般都是知道的.早在大约公元前 400 年,埃里贝多就开始谈到远近法,还提出了"视线"(即人看见东西是因从眼睛发射视线之故.这是错误的说法).之后,欧几里得在《光学》一书中列出 12 条公理和 61 条定理.后来,托勒密也写文章论述.波兰的维帖罗也有所阐述.直到欧洲文艺复兴时期,终于取得接二连三的突破.

1435年，阿尔伯蒂写作《绘画论》(1511年正式出版).他的主要观点是艺术的美在于与自然相符.大自然是艺术的源泉，数学是认识自然的钥匙."我希望画家应当通晓全部自由艺术，但我首先希望他们精通几何学."因此，这本书的理论基本上是论述绘画的数学基础——透视学，还首先提出了阴影的结构问题.

透视学在那时产生绝非偶然.

文艺复兴时期，艺术家挣脱了中世纪黑暗神权统治的束缚，包含两方面的解放：人文主义思想，最先对自然界恢复了兴趣；以及科学的方法，重新服膺和运用古希腊的传统认识：数学是自然界真实的本质.他们不满足于单纯用感官认识世界，还要在实验的基础上运用数学方法总结出规律.因而艺术与科学相结合，是这一时代突出的特征.

在此之前，中世纪经院哲学鄙视劳动，把艺术分为自由的和机械的，绘画和雕塑即被列入机械艺术.即使在文艺复兴初期，诗人、哲学家是宫廷官邸的上宾，而画家却像手工业劳动者一样组织在行会里——于是他们成为代表先进生产力的社会阶层.他们多才多艺，懂得数学、冶铸、解剖……这些活动开启了日后实验科学和数学结合的先河.

所谓透视学就是源于这样一种实验和分析：

如果从敞开的窗户观察室外，自然景观被窗框所局限的部分正如一幅图画.设想窗框中是一块透明玻璃屏板，"视线从眼睛射到景物各点"(实际上应当是景物各点反射的光线射到观察者眼中).视线束穿过屏板时的交点的集合叫作截景，它和实物给眼睛造成的印象一样.

所以，一幅画是否逼真在于是否真正作出了截景.

图8是丢勒所作的一幅木刻画的右半，反映了当时一位画匠正在聚精会神盯着透明屏板描画截景.为了作图准确方便，这位画师把屏板和桌上的画纸都打上了方格，逐格进行观察和描绘.

图9这两位画师打开屏板认真扯线来丈量，比较截景上已画的鲦子与真实对象的关系.

图8

图9

图10表现了远近透视的最基本情况"远小近大"成比例地变化，最后"视

线”集中于视平线上的“灭点”.

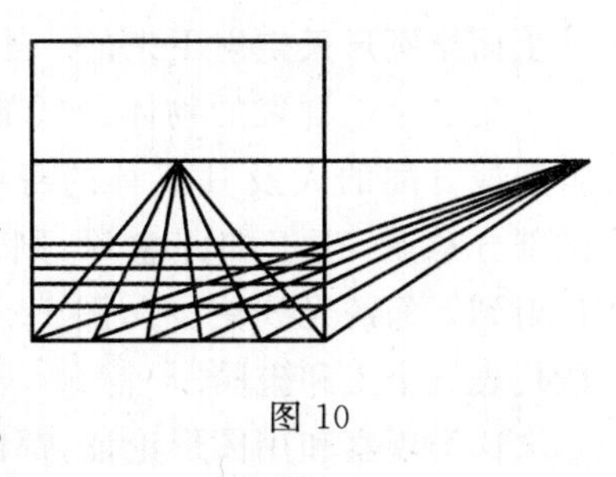
图 10

为什么当时的绘画如此追求“形似”，而不像我国古代的“文人画”只强调“神似”，这是因为在那个时代图画是记录自然信息和科学信息的重要手段，仿佛后来的摄影和录像一样，具有艺术和科学的双重功能. 科学必须准确和真实，容不得半点臆造，所以当时绘画作品都尽量达到“形似”的目的.

透视学在这方面的作用是研究如何在画面上表达远近关系. 它包括线透视（远处缩形）、色透视（远处淡褪）、隐没透视（由于空气和雾霭，远处清晰度减低）. 达・芬奇认为：“绘画的最大奇迹，就是使平的画面呈现出凹凸感”.

继阿尔伯蒂之后，杰出的画家兼数学家弗朗西斯卡著《透视画法论》（1482—1487），把透视法的数学原理以相当完整的形式表达出来，被称为“直线透视法之父”. 全书有定义、定理和证明（以作图和比例计算表述）. 他是那个时代最好的几何学家，也是科学的艺术家的一位先驱.

阿尔伯蒂在《论绘画的三本书》中说：“我们的书，对绘画艺术作了完整叙述，任何几何学家一看就懂，但在几何方面不学无术的人无论是对这本书，还是对其他什么绘画规则，却是无法理解的. 所以我肯定地说，画家必须掌握几何知识.”

弗朗西斯卡进一步在《透视画法论》举出具体例证：“有些画家对透视进行诽谤，这是因为他们不懂得运用透视作出线和角，运用线和角匀称地勾画出轮廓和外形，具有何等的伟力”“思辨本身没法定量地判断，在画面上怎样才算远，怎样才算近. 而透视则能按比例区分远近的数量，作为真正的科学，它能证实运用线来缩小或放大任何量.”

比他稍迟的达・芬奇，以其辉煌的科学艺术实践和理论建树，更强调了绘画基于数学（应有数学的严密论证）和“高于”数学（关心自然之美）的方面.

他指出：绘画科学的第一条原理——首先从点开始，其次是线，再次是面，最后是规定着的形体. 第二条原理——关于阴影和凹凸的问题.

他坚信“透视学是绘画的缰辔和舵轮”. 他在繁忙的研究工作中感到绘画是一种几何消遣.

他还奠定了全景透视的基础.

现在我们随手举出他论绘画的残稿中两段论述：

第一：“同等大小的几个物体之中，受到最多光线照射的一个影子最短，离开光源最近或最远的物体，派生影也最短或最长.”这可由图 11 来证明，光线是从上面半圆形天空射下来的.

第二:"论群聚的物体最低部分的光(例如一群鏖战方酣的人及其战马的身躯),愈接近大地的部分愈暗,这正如井愈深,则下面愈暗——漫反射到下面的光线更少",图 12 下方五条垂直线段代表五个人和坐骑.

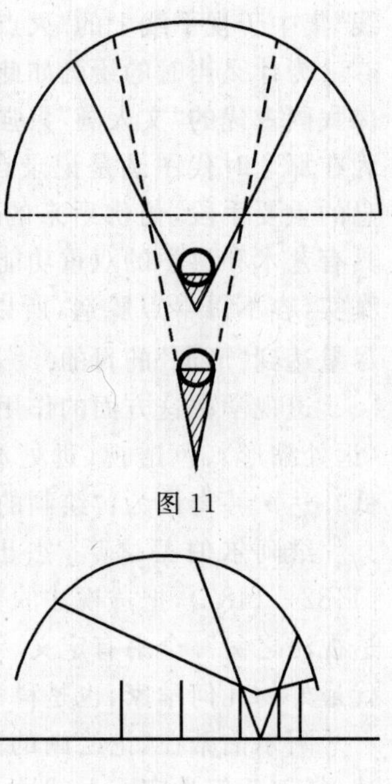

图 11

图 12

这类观察和用图形论证,都比前人深入.

15 世纪的意大利画家大多是够格的几何学者,以后并波及其他地方. 到 16 世纪,艺术家中最杰出的数学家是德国的丢勒,他的《圆规直尺测量法》(1525 年)一书,举出大量关于透视的几何学的实例. 他甚至研究了空间螺旋线的投影画法和外摆线. 在那个世纪,绘画学校也开始讲授透视法,终于使绘画由半经验的艺术变成一门真正的科学. 以后的发展便由艺术家让位于数学家了.

1600 年,意大利学者 G·乌巴尔提的《论透视的七本书》是当时集大成的著作.

1711 年,荷兰数学家格拉维扎提出了直线透视的完整理论.

透视法的完全成熟的数学表述,现代均角投影法,到 18 世纪由英国的泰勒(Brook Taylor《透视图法》,1715 年)和德国兰伯特(J. H. Lambert)写成. 他们都是著名的数学家.

图 13 是文艺复兴时代佛罗伦萨画家保罗·乌赛洛设计的圣餐杯,那上、中、下三道环形的画法在当时是考验是否真正掌握透视法的试金石,这恐怕对于现代画家和数学工作者来说也不是一件容易事. 图 14 把它的局部放大了.

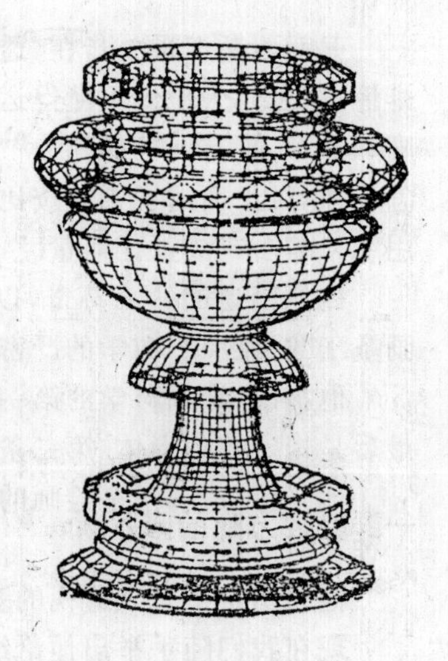

图 13

以往人们认为没有距离和角的度量便得不出图形的重要性质,只能得出不明确的论断,其实不然,例如,把一平面图形从一点投影到另一平面上去，距离和角就有所变更，在 19 世纪，射影几何占中心位置，引进齐次坐标后，其定理可化为代数方程，正如笛氏坐标之于度量几何的定理一样，这种投影解析几何更为对称、更为一般．反之，高等代数中的一些关系化为齐次式（并释变数为齐次坐标），即可用几何说明．它的

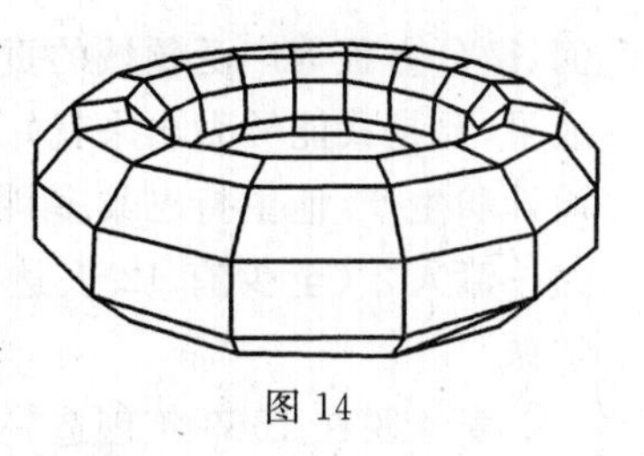

图 14

基本概念：
- 点、直线、平面三者最简单的结合（关联）关系．
- 一条直线上四点的两种不同排列法连通（例如认为直线由无数个点连绵不断排列而成）．

图 15 用很直观的形象表明，所谓“射影”是一回什么事．

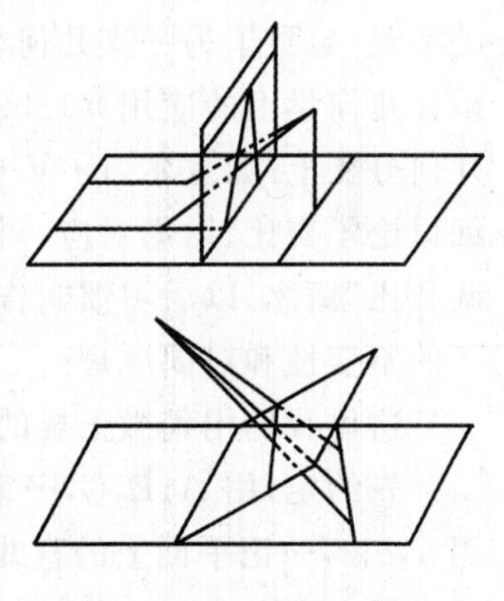

图 15

事实上，透视理论的深入，推动了近世纯粹几何学的发展．射影几何学，源于绘画透视学，研究图形在一点发出投射锥在截景上的“影子”．有哪些不变性质？首先是法国 G・德沙格的《用透视表示对象的一般方法》(1636)和《试图处理圆锥与平面相交情况的计划草案》(1639)，发展开普勒 1604 年关于“平行线在无穷远处相交”的思想，引入无穷远点、无穷远线概念，把直线看成半径∞的圆，切线作为割线的极限，讨论了极点与极线、透射透视问题．这本书奠定了射影几何学的坚实基础．他使用了坐标法构成透视，与笛卡儿的解析几何相比，只迟了两年，都是几何学上划时代的贡献．引入无穷远元素的平面称扩大平面，若将无穷远元素与普通元素一样不加区别，这样的平面称为射影平面，相应的几何学称为非欧几何学，如凡平行直线交于无穷远点．一条直线有且只有一个无穷远点，直线是封闭曲线．

由绘画而导致几何学的繁荣，还必须提到另外几个分支．

丢勒已经考察过人物或曲线在两、三个互相垂直平面上的正交投影问题，以后由蒙日发展为《画法几何学》(1799 年出版)．这门科学到现在还是每一个学习工程画的工科（大学及中专）学生所必须掌握的理论．

图 16

蒙日(G. Monge，1746—1818)（图 16）出身卑贱，22 岁成为军事学院的数学教师，在画法几何、解析几何、微分几

何、微分方程等广泛领域的贡献使前辈大师拉格朗日羡慕地说："你的第一流的成果，要是我能够做出来就好了."他在法国大革命中担任海军部长，指导武器设计和生产.他主持巴黎多科工艺学校，教学富有鼓舞人心的魅力，激励学生成为一流人才(至少有 12 人达到这个水平)，形成了那个时代阵容最强的几何学派.

麦卡脱在 1569 年创造一种把地球仪上的地图投影到平面上的画法，使图上的经纬线互相垂直，这样尽管两极附近变形太大(如格陵兰岛与非洲差不多了)，但它是一种保角映射(又称共形映照)，罗盘上指出的方位与图上该两点连线的方位一致，在航海中有较高实用价值.以后，由于地图制作及大地测量方面的实践，导致了另一支几何学——微分几何学的诞生.这方面的第一本专著《分析在几何学上的应用》(1809)，又是由蒙日完成的.他们的成就特别表现在射影几何分支上.如夏尔，J·V·彭塞列的《图形的射影性质》(1822)可称巨著，详细讨论了交比、射影对应、对合变换等，并引入连续原理.还有布良雄引入了"非调和比"概念，以后习惯叫作线束上的"交比".最基本的结果是交比在射影变换下的不变性和对偶原理.

这里我们用稍微正规的数学语言介绍一下概况.

先约定，用 $A,B,C,\cdots$ 记平面上的点，$AB,AC,BC,\cdots$ 记平面上的直线，又用 $a,b,c,\cdots$ 记平面上的直线，ab 记 a 与 b 的交点(若 $a/\!/b$，则 ab 为 a 与 b 上的无穷远点).

对偶原理说，对平面上的直线图形，如果你证明了关于大写字母的一个，只要把字母换为小写字母，"点"换成"直线"，"点在直线上"换成"直线经过点"，那么便得到一个不证自明的与原定理对偶的定理.

又我们定义：不在同一直线上的三点 A,B,C 及其联结直线 AB,BC,CA，组成的图形叫完全三点形，记为$\triangle ABC$.

不过同一点的三条直线 a,b,c 及其交点 ab,bc,ca，组成的图形叫完全三线形，记为$\triangle abc$.

所谓中心透视是指：设平面上有两个三点形$\triangle A_1B_1C_1$，$\triangle A_2B_2C_2$，它们的对应点的连线 A_1A_2,B_1B_2,C_1C_2 交于同一点 L，则称$\triangle A_1B_1C_1$ 和$\triangle A_2B_2C_2$ 成中心透视，L 叫透视中心.

所谓轴透视是指：设平面上的两个三线形$\triangle a_1b_1c_1$，$\triangle a_2b_2c_2$，它们的对应直线的交点 a_1a_2,b_1b_2,c_1c_2 在同一直线 l 上，则称$\triangle a_1b_1c_1$ 和$\triangle a_2b_2c_2$ 成轴透视，l 叫透视轴.

现在我们用并列的办法写出几个重要的对偶定理和定义(见表 1)：

表 1

德沙格定理	对偶定理
若$\triangle A_1B_1C_1$，$\triangle A_2B_2C_2$ 成中心透视，则它们也成轴透视(如图 17). 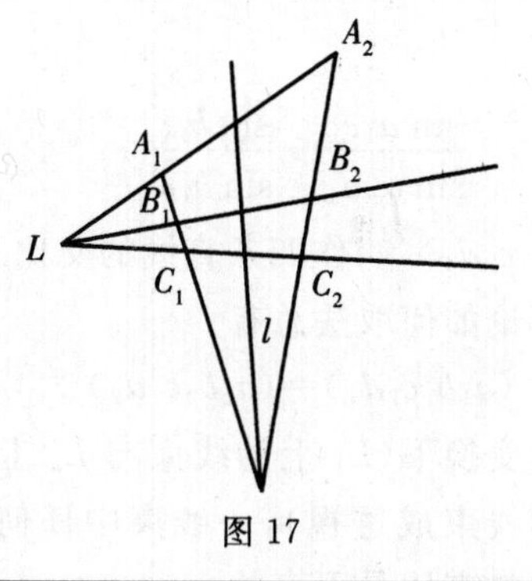 图 17	若$\triangle a_1b_1c_1$，$\triangle a_2b_2c_2$ 成轴透视，则它们也成中心透视(如图 18). 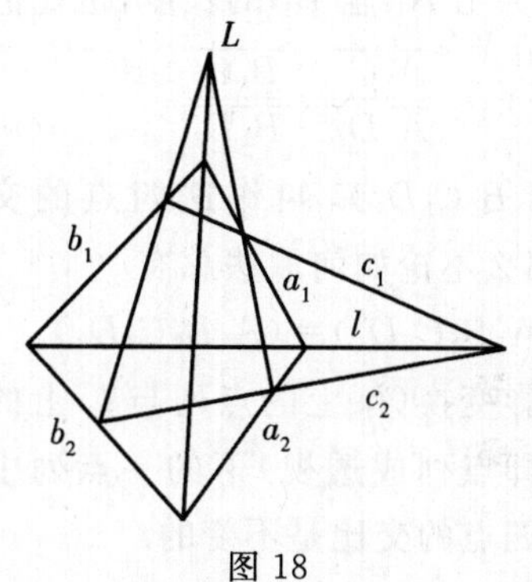 图 18
点列的透视	**线束的透视**
若 l_1 上的点列 $A_1B_1C_1\cdots$与 l_2 上的点 $A_2B_2C_2\cdots$成一一对应，这对应叫作成透视，点 P 称为透视中心(如图 19). 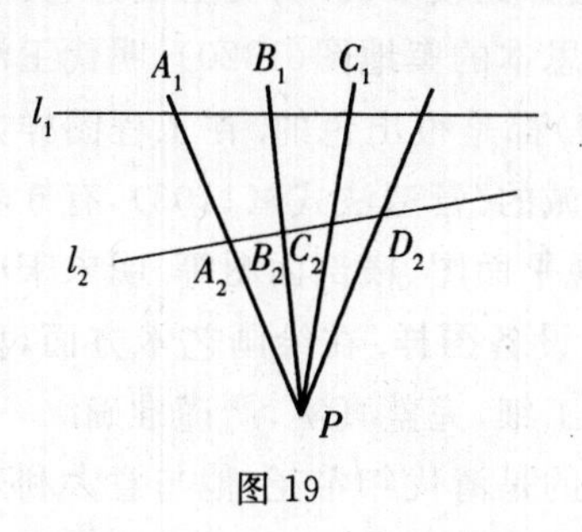 图 19	若过 L_1 的线束 $a_1b_1c_1\cdots$与过 L_2 的线束 $a_2b_2c_2\cdots$成一一对应，这对应叫成透视，直线 p 称为透视轴(如图 20). 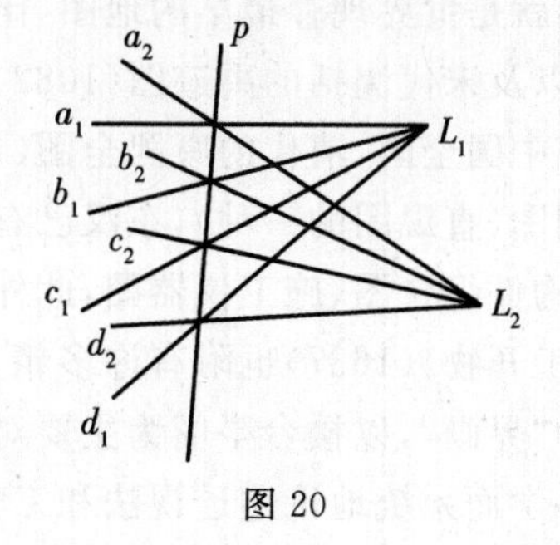 图 20

续表

德沙格定理	对偶定理
各取 $l_1 l_2$ 上一方向为正方向，记 $\overline{A_1B_1}$ 为由 A_1 至 B_1 的长度，记比值 $\dfrac{\overline{A_1C_1}}{\overline{A_1D_1}} \div \dfrac{\overline{B_1C_1}}{\overline{B_1D_1}}$ 为 $(A_1B_1C_1D_1)$，叫作这四点的交比. 那么不论如何取法总有 $(A_1B_1C_1D_1)=(A_2B_2C_2D_2)$ 在射影变换（l_1 上的点列与 l_n 上的点列即点列成透视）下的一点列中任何四点的交比是不变的.	各取 L_1L_2 的一方向（顺或逆时针）为正方向. 记 $\widehat{a_1b_1}$ 为由 a_1 转至 b_1 的角度. 记比值 $\dfrac{\sin\widehat{a_1c_1}}{\sin\widehat{a_1d_1}} \div \dfrac{\sin\widehat{b_1c_1}}{\sin\widehat{b_1d_1}}$ 为 $(a_1b_1c_1d_1)$，叫作四条直线的交比. 那么不论如何取法总有 $(a_1b_1c_1d_1)=(a_2b_2c_2d_2)$ 在射影变换下（L_1 上的线束与 L_n 上的线束即线束成透视），一线束中任何四条直线的交比是不变的.

瑞士牧童出身的J·斯坦纳建立了射影几何学的严密系统.

德国斯陶特的《位置几何学》(1847)，建立了纯粹几何理论. 这些在数学理论上就走得更远了.

我国在地图和工程图方面也有很多成就，长沙马王堆轪侯墓出土的西汉初期地图就是世界现存最早的地图，比例和位置都比较准确. 历史上裴秀、贾耽的地图，以及宋代沈括的禹迹图(1082)，元代朱思本的舆地图(1320)，明代王泮的(1594)中国全国，清代的康熙全图(18世纪初)都是很出色的. 在工程图样方面如轴测图(直观图的一种)，东汉已有. 宋代李诫的《营造法式》(1103)，有6卷详图，如构件组合图、施工仪器图，此外还有仰视平面图、横剖面图等. 明末宋应星的《天工开物》(1637)也附有许多精美的技术设备图样. 在绘画艺术方面，盛于唐宋的"界画"，以楼台亭阁为主要对象，精致工细，完整真实，严谨准确.

科学而系统地论述透视法和工程图画法的是清代年希尧，他与意大利来华在宫廷供职的画家郎士宁，多年讨论透视法，即以定点引线之法. 发现我国古代已有"一点之理". 1729年刊刻自编自绘的《视学》一书，1735年出修订本. 关于透视图画法，书中介绍了量点法、双量点法(两点透视)、截距法、仰望法等，他谈到透视效果时说："柱式凌空，窗棂掩映，俨若层楼，巍然在上，如窥碧落……"

书中还包括轴测图以及平面视图.如二视图、三视图(主、俯、侧视).现代有些学者认为这比蒙日的《画法几何学》还要早,在世界数学史上应占有一席光荣的地位.

绘画大师徐悲鸿1947年的《当前中国之艺术问题》说得好,“艺术家与科学家同样有求真的精神.研究科学,以数学为基础;研究美术,以素描为基础.”究其本质,素描讲远近,讲明暗,又都是以透视学(数学)为基础的.

综上所述,随着科学的发展,明暗、色彩比例、透视、构图、解剖等,都庄重而尊严地步入美术殿堂,被当成令人敬佩的必修技巧.至15世纪,这些科学规律已经能使绘画达到照相般的精确,法国古典主义画派安格尔(Ingres,1780—1867)登上高峰.然而到了戈雅和法国德拉克洛瓦的浪漫主义,画风为之一转,不再追求形似.以后的印象主义和抽象主义,则使之更加面目全非.

值得注意的是当前形势又在发生变化.因为科学提供了更高级、多样的手段,绘画更可以假乱真.艺术总是喜欢标新立异的,一门“照相写实主义”美术流派正在崛起.美国的克罗斯(C. Close)是极端的代表,罗克韦尔(N. Rockwell)等人的作品也受到大众的喜爱.

8.3 抽象绘画中的数学

前节提到近代绘画艺术与文艺复兴时期的追求有所不同,出现了很多抽象画派.

事实上,艺术和科学都是人类自觉的创造性的精神领域和精神活动,这种创造在心理学上都有各自的思维假定性,即某种抽象,常常表现为符号化的特征.不过,艺术中的符号往往是表象符号,具有直观性、概括性和系统性,在绘画中尤其是这样.然而,抽象派画家更向往抽象的符号.这方面的代表人物康定斯基(В. Кандинский,1866—1944)声称:“一切艺术的最后的抽象表现是数学.”抽象主义画派创始者之一,荷兰的蒙德里安(P. Mondrian,1872—1944)的作品也总是一些几何形的线条和色块,自称“新造型主义”,又叫“几何形体派”,反映了借助数学符号表现艺术思想的努力.被喻为“现代绘画之父”的塞尚(P. Cezanne,1839—1906)强调绘画的目的是形、色、节奏、空间的数之和谐,主张用圆柱体、球体、锥体等几何形体来描绘对象.伟大画家毕加索(P. Picasso,1881—1973)一生画风多变,从他的不少作品中可以看到用几何形体描绘对象的手法.例如他所开创的立方体主义(Cubism)把形体变成由重叠的或透明的几何面块所组成的抽象构图,就曾兴盛一时.

另一值得注意之处是拓扑学与绘画造型的关系.

中国科技大学陈凌在美国的实验结果证明察觉拓扑学特性是人类视觉系统的一个基本而普遍的功能.例如,对圆圈和环状物的差别最敏感,而对圆圈和方块、三角形的区别不明显(它们是拓扑同胚的).著名教育心理学家皮亚杰也认为,儿童对几何形状的认识,由前运算的直觉通过空间运算的发展道路,正如几何学的理论体系一样,以拓扑学为基础,发展为射影空间和度量几何学,再形成欧几里得度量几何学.这与这几门历史分支学科的发展顺序刚好相反.具体地说,儿童最早的空间直觉是拓扑学的,而不是射影学的,也不是和欧几里得几何学相一致的.例如,直到四岁的儿童,对正方形、长方形、圆形和椭圆形都用一个封闭的曲线代表,没有直线和角度的抽象概念.

人类这种认识特点当然会影响到审美感知,这或许可说明为什么含有拓扑变换意义的抽象绘画会被一些人欣赏.

关于构图法的研究,也常需要作几何图形分析.有一本专著名叫《画家的秘密几何学》就对很多名画作了几何形剖析.这方面的理论图式,提到了垂直线形、水平线形、斜线形、正反金字塔形、波状形、曲线形、放射线形等,并赋予一定的表现特征的定性和作为构图规范.例如哪一种是动,哪一种是静,哪一种不稳,哪一种安定等,俄国著名画家列宾的《伏尔加河上的纤夫》油画,就以倒三角形构图来表现背纤的动势.

后期印象派中的点彩派,还研究光的波长问题,以及色彩与面积之间的数的和谐.

总之,抽象绘画,以及对作品进行的数学抽象分析,在一定程度上把艺术情感程式化,符号化,适应现代大批量加工制造业的工艺设计需要,给人以美的享受和启迪.

8.4 模拟自然形状的新几何

公元前4世纪的雕像"望楼的阿波罗",长期以来被认为具有重要价值,体现了古典时期希腊美术的优点,数学家F·克莱因仔细分析了这个雕像上的各部分曲面的曲率,标出了全部的抛物曲线(即高斯曲率为零的点构成的连续曲线,而在这种曲线的两侧,高斯曲率分别为正值和负值),试图找到一定的数学关系,因为按照克莱因的假设,雕像的艺术美应当具有某种数学规律.可惜这些曲线过于复杂,很难发现什么一般规律,这次探索以失败告终.我们认为这可能尚待新的数学工具或新的分析方法发现才能解决.

前几章提到的分数维曲线的发明人曼德尔布罗，喜欢抽象艺术，并发现有分数维基底的艺术和没有这种因素的艺术之间有明显的区别. 传统的几何只能描绘规则的图形(如三角形、圆、椭圆、球、正六面体、圆锥等)，曼德尔布罗说："云不是球形的，山不是锥形的，海岸线不是平滑的"，这些不规则现象，依靠分数维曲线(又叫分形)这种数学怪物，终于能够描绘出来. 宇宙星系的分布、动物血管的分支、山岩瀑布的奔泻、地震频仍、云霞明灭、股票市场的涨落，全都找到了较适合的数学表述工具.

8.5 电脑绘画

1987 年底，中国科学院科理高技术公司和江西抚州印染厂等厂校合作，举行了中国首届电脑绘画作品展览. 会上表演了这样一些项目：

1. 现场画像. 电脑可以临摹实物或作品，一分钟后，肖像就清晰地显示在大屏幕的彩色显示器上，还可以存入软磁盘永久保存，或指挥绘图仪绘出硬拷贝. 类似的情况，如日本松下电器公司的画像机器人(包括电视摄像机，轮廓特征识别和输入电脑，图像处理等部分)对着观众画头像，还会问："我画得像你吗?"

2. 自动创作. 例如需要花布图案，先选择一片花瓣，电脑将它旋转成花，改变大小，进行组合，形成局部图案，然后自动拓展，3 至 4 分钟即形成一幅复杂的图案设计. 它事先可贮存许多素材，软件包括指挥它变换、组合，随意作图. 人们事先不知道会出现什么结果，可以视现场效果而定，也能把自己的灵感输进去，相得益彰(图 21). 这样，大大缩短了创作过程. 尤其在印染、针织、提花、装潢设计方面非常理想. 仅以颜色而言，即达 4 096 种之多，一般画家的调色板是望尘莫及了.

图 21

20 世纪 80 年代，吉林大学计算机专家庞云阶在美国麻萨诸塞州立大学访问期间，编成一种程序可以使电脑的电子束和显像管的荧光屏作为"笔墨"，形成具有各种风格的笔法，再结合涂抹、敷衍与渲染，能产生大河、高山、平野、杂花、烟树、宝塔等景物(达 20 种之多)，其程序还能改变每种景物的局部细节，像万花筒一样产生无穷无尽的形状. 真所谓"论风景之奇，丹青自不如造化. 言笔

墨之妙，则造化不如丹青.”(明代画家董其昌的名言)

早期更适合中小学生的计算机作图初步知识，是所谓洛果(Logo)语言.

S·帕佩尔是Logo算法语言的创始人.用这种语言编的程序可使龟图在屏幕上运动(向前和向后移动某个单位，向右或向左转某角度，可使光点在屏幕上运动时留或不留下尾迹).仅用这样少的指令，就能探索许多复杂的几何学难题.

电脑还可以创作漫画.

美国加州的苏珊·E·柏仑兰发现，在电脑上目前最好的漫画脸谱术是将对象的脸与一张标准脸(是从几百张脸型统计出共同特征综合平均的结果)进行比较，取中间路线(值)，便是漫画的轮廓线，其漫画夸张程序包括循环、对脸型数组和标准数组逐点算出bend(弯曲、光顺)新数组，以夸张因子，乘以两者横纵坐标之差，即可得到漫画像的轮廓.这种处理方法要分析每一张脸的186个关键点，它对应着372个数.

人们会问，平常漫画家们也是类似地在头脑中进行这种夸张变换吗？是否不同漫画家心目中各有一张不同的标准脸作为他的创作基准呢？

这方法的原理现已反过来用于相貌识别的研究中，图22是柏仑兰用计算机画出来的一张不男不女的“标准脸”.以此作为基准，她画出一位女电影明星和前总统肯尼迪的漫画像，虽然是同一个模子倒出来的，结果却大相径庭，这便是计算机程序的妙笔生花.

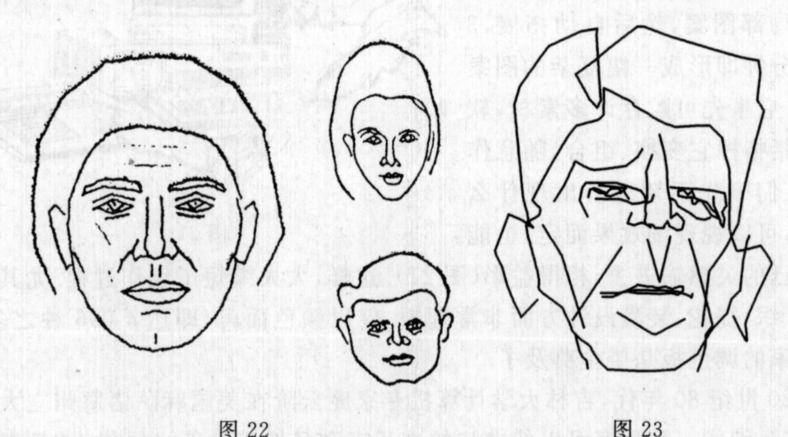

图22　　图23

图23也是这台计算机用同样方法创作的里根总统漫画像.夸张因子，选择得还适当，只是鼻梁和左耳位置偏离太远了.

8.6 计算几何与造型设计

所谓计算几何，是指对几何外形信息的计算机表示、分析和综合. 还包括应用 CAGD(计算机辅助几何设计)等项目.

法国雷诺汽车公司工程师比杰(P. E. Bézier)创造了以他的名字命名的曲线，原理不外乎把复杂曲线转化成简单的多边形. 从数学上看，就是函数逼近. 一般是先作模型(或手绘曲线)，取数据，把各顶点坐标输入计算机，由数控绘图机绘出相应的 Bezier 曲线，经过几次迭代(反复进行，由粗变精)，即可获得满意结果.

比这种曲线更好，更一般的是 B 样条曲线(以二次式、三次式最为常用).

在艺术造型方面，纽约技术研究所以 4 年时间研制的“计算机辅助动画片系统”，用于彩色动画片的设计绘制，屏幕显示达到了油画的效果.

图 24

几十年来，类似的应用，在表现手段方面又更加进步. 以往各种图像传播媒体显示不出的丰富色彩和透明感，具有时间和空间感的幻想世界(如“太虚幻境”)，都可以逼真地反映出来. 加拿大蒙特利尔大学电脑专家与动画片作家通力合作，制成短片《皮尔特利的特尼》(一位钢琴师的回忆)，活灵活现地表达了人物面部表情，这历来是动画片制作的难题，更不用说依靠电脑去完成了. 他们的成功，得益于 20 世纪初达西·汤普逊以坐标变换记录动物表情的研究基础. 现代这种命名为 TAARNA 系统的作法是在模型人脸布上坐标格子. 随着各种表情的变化，测出坐标移动的数据，再以这些数据为基础，用电脑自动地描绘出角色的各种表情(如诙谐、幽默和悲伤). 至于人体的动作和姿态的表现也是由电脑根据人体各关节连线倾角的变化得出规律，再自动描绘的. 这项成果被誉为代表今后发展的一个方向. 关于对称图案(如糊墙纸、花格瓷砖、地毯)的平面装饰问题，以往显得过分正规，欠缺活泼. 现在利用计算机在拓展过程中可以将各单元稍加变化，使之大同之中又有小异. 例如利用随机数、利用坐标取整(结果偶、奇取不同显示，得以区别)，利用三角函数的和或积，从周期中取变化，等等.

如图 25 是丢勒的《关于比例的专题论文》(1613 年出版)一书中所画的两幅侧面人像，经过苏格兰博物学家汤普逊用坐标格子的仿射变换说明，道理就很清楚了.

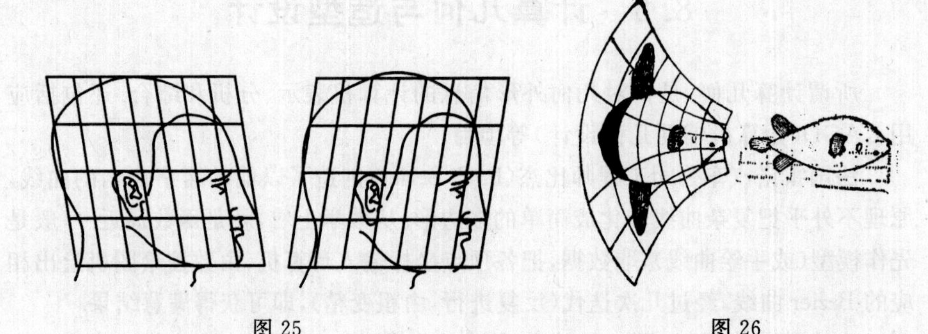

图 25　　　　图 26

汤普逊是认识到几何变换可以用来描述生物形态变化的先驱者. 他在1917年出版了《论生长与形态》这本名著,左边是翻车鱼,右边是箭猪鱼,由坐标变换经一种可以“变成”另一种(图 26).

图 27 从上至下利用:

1. 刚性旋转(极坐标变换)

$$\begin{cases}\theta'=\theta+k\\ r'=r\end{cases}$$

2. 心脏线应变(极坐标变换)

$$\begin{cases}\theta'=\theta\\ r'=r(1-k\cos\theta)\end{cases}$$

3. 螺线应变(极坐标变换)

$$\begin{cases}\theta'=\theta\\ r'=r(1+k|\theta|)\end{cases}$$

4. 修改的心脏线应变(极坐标变换)

$$\begin{cases}\theta'=\theta\\ r'=r[1+k(1-\cos\theta)]\end{cases}$$

5. 仿射修剪(直角坐标变换)

$$\begin{cases}x'=x+y\tan\theta\\ y'=y\end{cases}$$

6. 反射修剪(直角坐标变换)

$$\begin{cases}x'=x+(y\tan\theta)\dfrac{x}{|x|}\\ y'=y\end{cases}$$

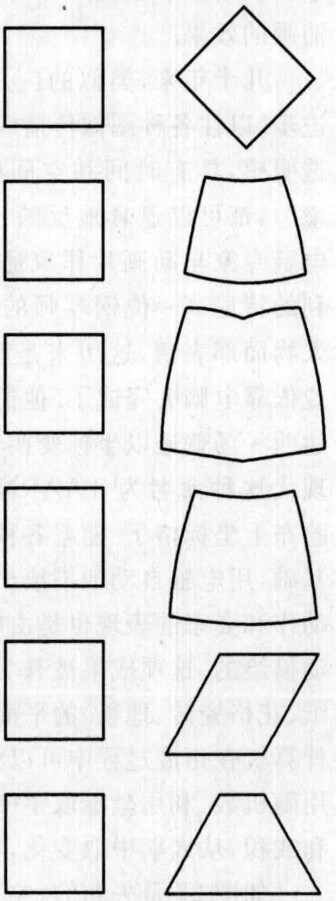

图 27

几种坐标变换,将左边的正方形变成右边的各种图形,展示了几何变换的规律性.

修改的心脏线应变画出了从尼安德特人到未来人(自里向外)的头部进化过程,这是利用电子计算机推算和绘制的(图28).

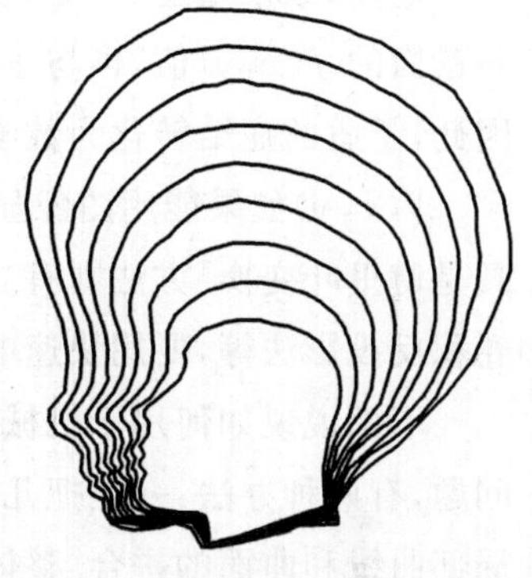

图 28

计算几何对这些研究具有工具的意义.

在人类学、古生物学、公安和文物部门,有一个共同关心的问题,怎样由颅骨复原出真实的头像?苏联斯大林奖金(1950年)获得者格拉西莫夫,几十年如一日研究头像复原,总结了不少规律.其突出成就有如从26具骷髅中判别哪是诗人席勒的遗骨,恢复16世纪伊凡雷帝的头像,以及用于司法侦破等.我国有关人员也曾借助这门技术,复原了北京猿人、蓝田猿人、马坝人、半坡人的头像.公安方面,大家熟悉的侦破片,如朝鲜的《金姬和银姬的故事》及我国有几部片子,就反映了利用颅骨复原头像使案情大白的例子.现在的电脑技术代替了原来手工式的操作,输入数据点、用曲面拼合技巧,又更胜一筹.

反过来,一些先天或后天有面部缺陷的人常为其丑陋颜面而情绪消沉,希望进行美容手术,再造一张新脸.医师怎样因人而异地决定手术目标和方案呢?办法是,先取轮廓线(指皮肤,特别是与骨相连的表皮等处),电脑程序自动产生图像,医师根据这些图形,用光笔测定荧屏上相应区域的大小,形状,再巧施妙手,便使颜面回春.这些做法使美容手术程式化,更加理想而可靠.

为了研究人体形态和内部脏器,几个世纪以来,医师和画家都要认真学习人体解剖.当代科技进展则让他们不必劳神费力便可直视内脏了.

1979年诺贝尔奖的生理医学奖授予了CT扫描仪(即电子计算机断层扫描 Computer Tomography)的理论和实物创建者科马克.当今各大医院无不花巨资添置了这一测绘人体内部器官各层形象的仪器.

科马克是这样想的,设人体器官各截面对放射线的吸收率是二维函数 $f(x,y)$. I_0 表示射线发射强度,I 表示穿出人体时的强度.则得微分方程

$$\frac{\mathrm{d}I}{\mathrm{d}t}=-f(x,y)I,\ I(t_0)=I_0$$

所以

$$I=I_0\mathrm{e}^{-\int_L f(x,y)\mathrm{d}s}$$

记

$$g=\ln\frac{I_0}{I}=\int_L f(x,y)\mathrm{d}s$$

他问，如果知道 I_0 及 I 的值，即知道 g 的值，怎样求出 $f(x,y)$？而知道了各截面的 $f(x,y)$ 值，再与正常的 $f(x,y)$ 比较，便可判断是否发生了病变现象. 因此，矛盾的症结转化为数学问题.

$f(x,y)$ 如果能用图像显示，当然更好，这就是图像重建问题. 基本数学工具是傅里叶变换. 方法则有二维傅里叶变换重建法、一维或二维滤波反投影法、卷积反投影法等，要用快速电子计算机才能及时算出.

下面说说如何用于机械部件的几何造型. 这属于计算几何中的组合复杂性问题，有两种办法：一是把几何图形看成点集；二是用“体素造型”，即把它作为局部曲线和曲面的拼合. 整体曲面是二维紧流形. 这同流形的拓扑性质有着密切联系. 当用体素运算拼合一只镜框时，需要定义在二维定向紧流形上的样条函数，以及由此生成的闭的 B 样条曲面. 这在船舶、汽车、飞机、涡轮叶、道路选线设计、地形图绘制，甚至鞋帽时装设计已经实现. 例如，上海大学研制的我国第一台 SF—1 型服装计算机辅助设计系统. 包括电脑辅助排列、对格对流、快速计算材料利用率，各种服装款式及衣片图形的贮存、检索等，能根据不同尺寸规格设计制图.

8.7 脸谱技术的大用场

有些读者可能见过民航机驾驶座前面的仪表板，多达数十个反映飞机机件航行状态各种参数的仪表令人目不暇接. 所以，一位飞行员，应该具有灵敏、专心、及时分配注意力等优秀心理素质，方能应付自如，同样，现代化工厂的控制台前，密密麻麻的仪表和讯号使人头晕目眩，怎样把这些复杂工艺流程多维的而且瞬息万变的信息转换为人们熟悉的、容易察觉和理解的形象（这种形象应能反映某件事物的完整过程、宏观面貌，同时又显示每一成分的个别运动情况）？这就归结为多维信息的图示问题（而且要有较好的美学效果）.

1973 年，美国哈佛大学的统计数学家切诺夫提出了他的卓越见解：最具体、直观而又为人们熟悉和明察的形象，是人脸. 不是吗？俗话说：出门看天色，入门看脸色. 普通人际交往时往往从对方表情一点点细微变化就能窥视到他

(她)的心理活动,更不用说一位心理学家、作家、画家和刑侦人员在这方面的能力了.

切诺夫方法的原则是,把多维正常信息分解成人脸各器官的正常形象,可以多达22种(维).最简单的是只记器官的位置、长度(角度)和面积,这是一张正常脸谱,反映理想的工作状态.相应地,把工艺流程的实况也作同类分解,这将形成一种变化的、可能不甚标准的脸形.电脑的作用是把这些变化信息时时转换为相应的脸形,并与正常脸谱对比,及时调整工作状态有关参数,控制人员也从屏幕上看得出两者的差别,随时可以参与监控.

图29中显示了其中一种方案,这个脸谱是由简化的几何形构成的,制作比较容易.虽然带有漫画味道,倒也能胜任反映各部分变化之职.它的"喜怒哀乐"与工厂生产流程息息相关,真是一位称职的"管理人员".

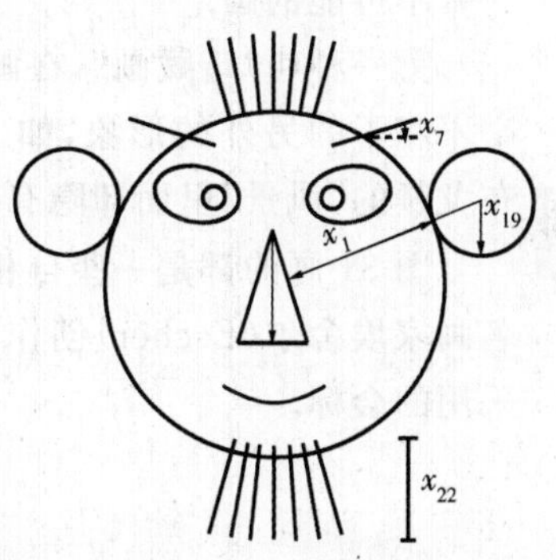

x_1 脸宽　x_7 眉毛倾斜度

x_{19} 耳大　x_{22} 胡子长

图 29

切诺夫脸谱技术引起许多数据分析家的注意,这些年来又有不少发展和多方面应用,例如日本一位统计数学家将脸谱改为人体形象,高矮胖瘦,头颈胸腹四肢长短等,也能代表各种参数,并且同样直观和易察.

后来,美国IBM公司的C·A·皮克奥弗在研究语言鉴别——这是第五代电子计算机必须解决的问题之一,使智能机器不仅能听懂,而且能鉴别各种语言.例如,人类能容易地区别熟人与生人的声音,及语言中夸奖和讥讽、善意与恶意等多种音同意异的词句和语气,怎样使机器也识别这一点?他的初步办法也是把声音中的多维信息分解为脸谱的参数,化可听的声音为可视的形象.

我国是脸谱艺术的故乡,从节日的假面玩具,少数民族的面具,到各个剧种生、旦、净、丑行当的成千上万种脸谱,表现力极为丰富.试想,我们只要借用其中一部分,就可能使切诺夫脸谱技术更放异彩,创造的天地真是无限宽广.

8.8　视错觉和高等几何

自古有些画家也是几何学家,他们有时画些游戏作品,故意不遵守透视学等基本原则,造成错觉,于是画中谬误百出引人发笑.

威廉·荷迦兹在1754年作的“虚伪的透视”(又称不可能的画)就是一幅早期代表作(图30).

图30

近年日本画家安野光雅巧妙地利用拓扑学和视错觉也创作了一些双关的画.例如一架天平的一头翘起,人们在上看出是因另一端的盘子太大负荷太重之故,本不足怪.仔细一看,发现天平座子全部压在大盘上.因此,这也是一幅不可能的画.

另一种叫“暗藏画”,在画里隐藏着与主题毫不相干的另外的形象,如16世纪阿尔基·布戈顿的“风景”里面却隐有查理一世的形象.

图31画的都是一些自相矛盾的,不可能的三维空间图形,图32是荷兰著名画家埃舍尔(Escher)创作的,成为第10届国际数学大会(1981年,奥地利)采用的会标.

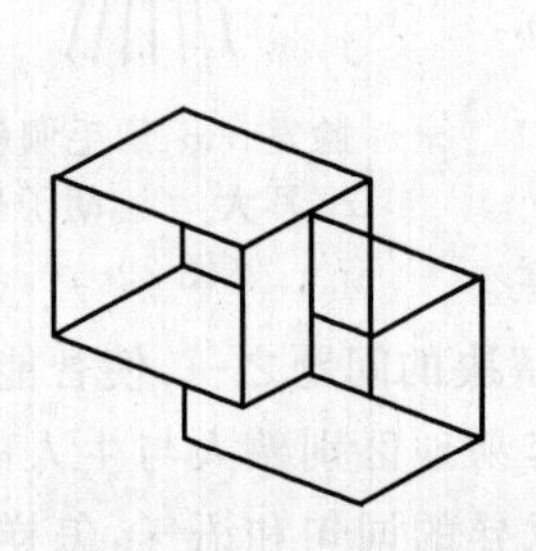
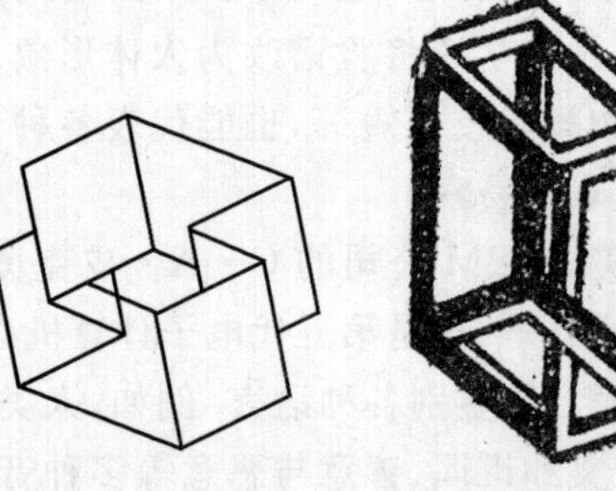
图31

图32

20世纪公认的视错觉画大师就是这位默里斯·戈罗奈里维斯·埃舍尔,他的作品以其深刻的数学、物理学含义特别得到科学家的敬重.

他最擅长表现形式逻辑中一个不可超越的“怪圈”,即画中各部分形成一环套一环的关系,然而,最后又回到原处重新开始的循环.简单的如“素描的手”(1948年),复杂的如“水流”(1961年).这里面寓意着数学中的哥德尔不完备定理的意思.他对高等几何形象的理解和反映能力,有时超过了数学家的水平.如他的“圆的极限Ⅲ”(图33,1959年作),根据非欧几何庞加莱模型思想,利用双曲平面铺填图案,在双曲几何学中,过一点有无穷多条“超平行线”,欧几里得其他公设仍成立,但三角形内角和小于180°这方面的灵感来自几何学家寇克斯特

(Coxeter)对他的启发. 图中表现的非欧对称性,甚至预示了一项数学发现. 例如寇克斯特五年后才证明(等距曲线或超环即图中粗虚线与边界交于一个约 80°的角). 杨振宁就非常欣赏埃舍尔的作品,并以自己的物理著作中刊载"对称"一画为荣. 因为这画很形象地表示了现代物理学中有关的重要概念.

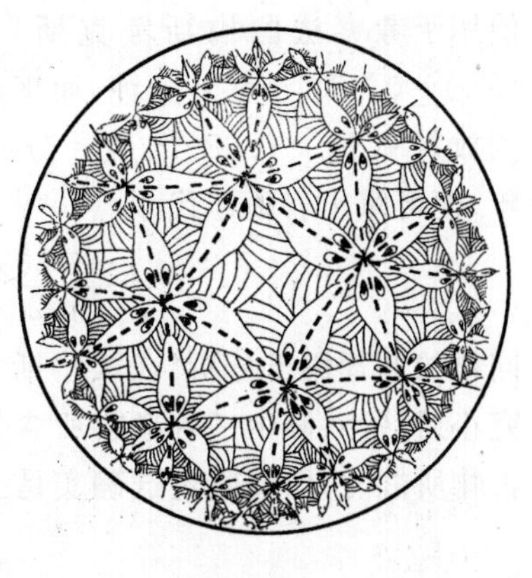

图 33

生活在这种双曲空间(平面)的"人",他们觉得这是一个无穷大的区域. 为什么呢? 原因是越往边界逼近,衡量距离的尺度便越变短(而他们察觉不到,因为他们自己也变小了).

8.9 古画真伪的数学分析

在资本主义社会,有些画家生前默默无闻、穷愁潦倒,死后多少年,其作品的艺术价值才逐渐为人赏识,行情陡然看涨,并被收藏家们当成奇货,价值连城. 近年我们经常在电视中看到如梵高,德加等人的某幅画易主的消息,售价动辄数百万英镑、美元.

于是,一些不法之徒乘机伪造古画,鱼目混珠. 例如 20 世纪 40 年代荷兰伦勃朗学会花 17 万美元购买一所谓让·韦尔米的"在埃牟斯的门徒"就是上世纪的赝品,居然瞒过了该学会的众多著名画家和鉴定家.

1949 年里拜(W. Libby)根据物质放射性数量分析的微分方程(它是非常简单、漂亮和常见的)

$$\frac{\mathrm{d}N}{\mathrm{d}t}=-\lambda N,\ N(t_0)=N_0$$

并利用 C_{14}(即碳 14,碳的放射性同位素,是宇宙线轰击大气产生中子作用于氮所产生的)衰变率在活体中与周围环境一致(因可不断摄取周围的 C_{14}),而在死物中衰变减慢这一特征,找到了鉴别古文物年代的最好方法.

例如解上述微分方程,得

$$N(t)=N_0\mathrm{e}^{-\lambda(t-t_0)}$$

所以

$$t=t_0-\frac{1}{\lambda}\ln\frac{N(t)}{N_0}$$

他用于考察法国拉斯考克斯(Lascaux)岩画,得到古物中 C_{14} 的放射率为 $N(t)=0.97$ 个/克·分钟,而现代活体(可以认为与古代活体区别不大)中 C_{14} 的放射率 $N_0=6.68$ 个/克·分钟,两者相差悬殊.又由于 C_{14} 的半衰期为5568年,便可算出岩画年代

$$t=\frac{-5\,568}{\ln 2}\ln\frac{0.97}{6.68}=15\,500.152\text{ 年}$$

同样的原理用于分析"在埃牟斯的门徒",1967年美国卡内基·梅隆大学的研究小组,针对画中一种颜料所含铅白的放射率高达98 050个/克·分钟,绝非古物所能有,因而断定这确实是一幅伪作.

数学与音乐

第9章

9.1 音乐——时间的艺术

音乐，时间的艺术，是那样的缥渺、空灵，如行云流水，不绝如缕. 白居易在《琵琶行》中用“大珠小珠落玉盘”“银瓶乍破水浆进，铁骑突出刀枪鸣”来形容昂扬激越情调. 苏轼的《赤壁赋》描述了洞箫“如怨如慕，如泣如诉”的旋律，更增长江赤壁烟波浩渺的诗情画意. 历史传说中还有俞伯牙与钟子期由知音而成为挚友的故事(最早见于2 000多年前的《吕氏春秋》，《今古奇观》一书有《俞伯牙摔琴识知音》一章)感人至深. 这首千秋传诵的“流水”古曲，被外国专家评为“描写的是人的意识与宇宙的交融”，1977年由美国制成镀金唱片放入飞出太阳系的宇宙飞船“旅行者1号”，可以保存亿万斯年，假如被未来的外星人截获，他们将从这里了解到中华精神文明殿堂里的一件瑰宝. 可见音乐是人类智慧的结晶，真善美的艺术，为宇宙智能生物所共享.

“多情的、自由的”音乐与“冷酷的、拘板的”数学也有关系吗？我们的回答是肯定的. 孔子说的六艺：礼、乐、射、御、书、数，最早把音乐与数学并列在一起. 他还整理过古代的音乐书籍《乐记》. 我们甚至可以说，音乐与数学是互相渗透、互相促进的.请看下面的事实.

9.2 律学——音调高低的数学

中国古代的音乐曾与数学深深结缘.

史代史学巨著——二十四史,每一部都少不了"律历志"或"音乐志".记载了古代中华丰富的音乐知识和经验.凡改朝换代,便要由皇帝重新颁布"律度量衡",这里面的"律",是指乐音高低标准,这套老祖宗的规矩,在世界历史上是绝无仅有的.

早在3 000年前,西周的乐律专家们已将八序音分为十二个半音(十二律),习惯上单数称律,双数称吕,合称"律吕".多用五声音阶,声名是"宫(do)、商(re)、角(mi)、徵(so)、羽(1a)"(括号内对应着今天的唱名).他们也认识了七声音阶.另外,我国历来还有工尺唱名法,即"合(c^1)、四(d^1)、一'(e^1)、上(f^1)、勾($^\# f^1$)、尺(g^1)、工(a^1)、凡(b^1)、六(c^2)、五(d^2)"(括号内对应着今天的音名).至于十二律的名字,周代已经取齐全了,叫黄钟(c^1),大吕($^\# c^1$ 或$^b d^1$),太簇(d^1),夹钟($^\# d^1$ 或$^b e^1$),姑洗(e^1),仲吕(f^1)、蕤宾($^\# f^1$ 或^{b}g1),林钟(g^1),夷则($^\# g^1$ 或$^b a^1$),南吕(a^1),无射($^\# a^1$ 或$^b b^1$),应钟(b^1).如果比黄钟高八度可以叫黄钟清(c^2).

这些认识来源于加长或缩短琴弦(或箫管)便得到较低或较高音调的实践.其中的数学规律如何呢?

春秋时《管子·地员篇》记载了产生三分律的方法.原文是"凡将起五音,凡首,先主(立)一而三之,四开以合九九,以上是黄钟小素之首,以成宫.三分以益之以一,为百有八,为徵.不无有三分而去其乘,适足以是生商.有三分而复于其所,以是生羽.有三分去其乘,适足以是成角".这里"益"是增加,"去"(或称"损")是减少.这段话介绍了三分益一或三分损一得到由宫(do)到徵(低八度的so)到商(re)到羽(低八度的la)到角(mi)的步骤.相应的弦长(或管长)数据依次是

$$9\times9=3^4=81$$

$$81\times\left(\frac{3}{3}+\frac{1}{3}\right)=108$$

$$108\times\left(\frac{3}{3}-\frac{1}{3}\right)=72$$

$$72\times\left(\frac{3}{3}+\frac{1}{3}\right)=96$$

$$96\times\left(\frac{3}{3}-\frac{1}{3}\right)=64$$

（注意从 64 再往下做，就得不出整数了）. 其中两个大于 81 的数字，都不在本组$\left(\text{低}\frac{f}{k}\text{度}\right)$，应当减半$\left(\text{乘以}\frac{1}{2}\right)$，便高了八度，才回到本组（即 108 变成 54，96 变成 48，所以《史记·律书》的办法是

$$81\times\left(\frac{3}{3}-\frac{1}{3}\right)=54$$

$$54\times\left(\frac{3}{3}+\frac{1}{3}\right)=72$$

$$72\times\left(\frac{3}{3}-\frac{1}{3}\right)=48$$

改进得更加自然）.《吕氏春秋》继续按这个方法轮流做下去，直到生全了十二律. 为了保证每一步结果为整数管长（弦长），汉初《淮南子·天文训》指出不是取宫为 3^4，而应取 $3^{11}=177\ 147$ 称为"黄钟大数". 这是我国数学中最早出现的乘方与指数概念，它们竟然产生于音乐之中！最后一律应为宫高八度，即弦长（管长）应为原来的$\frac{1}{2}$，但是达不到，略有差误，这是因为

$$\left(\frac{4}{3}\right)^6\left(\frac{2}{3}\right)^6=0.493\ 27$$

汉代京房继续推至六十律（实为五十三律）. 南北朝钱乐之推至三百六十律.

研究这方面问题的还有晋朝荀勖，刘宋的何承天等数学家，都试图从理论或实践上能有所改进.

到南宋蔡元定，主张继续三分损益至十八律，才从理论上解决了三分律的"十二律还相为宫"的问题. 这一问题后来西方也有人注意到，例如把八度音在钢琴上分为 19 个键（而不是只有 12 个键）可以达到相当精确的自然协和音阶.

希腊毕达哥拉斯的五度相生律，实质上与上面说的我国三分损益法相同. 我国利用弦长（管长），它与声波波长成正比；而毕达哥拉斯用频率，它与波长成反比. 所以每次应乘以$\frac{2}{3}$的倒数. 他从主音 c(do) 开始，频率作为 1. $1\times\frac{3}{2}=$ g 音(so)；$\frac{3}{2}\times\frac{3}{2}=\frac{9}{4}>2$，超出八度，跑到高一组，应除以 2，召回来，$\frac{9}{4}\times\frac{1}{2}=\frac{9}{8}=$ d 音(re)；$\frac{9}{8}\times\frac{3}{2}=\frac{27}{16}=$ a 音(la)；$\frac{27}{16}\times\frac{3}{2}=\frac{81}{32}>2$，又召回来，$\frac{81}{32}\times\frac{1}{2}=\frac{81}{64}=$ e

音(mi)；$\frac{81}{64}\times\frac{3}{2}=\frac{243}{128}=$b音(si)，这叫五度上生.还少了f音，这不能再乘以$\frac{3}{2}$(会得到$^{\#}$f，高了半音)，便由c音往下走，即$1\div\frac{3}{2}=\frac{2}{3}$，但这仍不是本组的f，又乘以2，才得$\frac{4}{3}=$f音.

这两种方法简单易行.各律的产生用到的数据极为简单规整，定出的音很协调.因为各音之间的波长(或频率)比值越简单，声音越和谐.古人就是这样在实验基础上探索出如此行之有效的数学关系.

据希腊尼可马卡斯或后来罗马时代的布依西亚斯的传说，毕达哥拉斯的音乐数学灵感来自铁匠铺的启示.因为他发现铁锤的敲击形成和谐的音响，于是他对锤子的重量进行研究.如果一锤比另一锤重一倍，则声音便差八度.如果只重$\frac{1}{3}$倍，便差四度，如果重$\frac{1}{2}$倍，便差五度.所以四度与五度和声的比是9:8.

后来，他又用同样重的东西挂在线上(或杆上)，改变线(或杆)的长短，摸索比例关系，他还将不同数量的液体注入相同容器中，敲击容器边缘，也形成不同的音调，这没有什么本质区别.于是他再研究琴弦的长短和粗细，找到了共同的比例尺，以测定弦的乐音的高低，在这样精密观察实验基础上得出的比例数据，摒弃了一切主观随意性，排除了任何蒙混和犹疑.

上面这个故事，有些是牵强附会甚至错误的(如锤子重量与音调高低关系问题)，然而多少从一个侧面反映了古人在音乐数学化上的努力吧.

不过上述三分律也有缺点.如大三度的do(c)到mi(e)，在和声音乐中是经常需要一同奏出的，但这里两者比值为$\frac{81}{64}$，比较复杂，这种和声不悦耳.托勒密(约85～165，亚历山大里亚城)改为$\frac{80}{64}=\frac{5}{4}$，效果好得多.在这基础上，比e高五度的b(si)与c的比值就应取$\frac{5}{4}\times\frac{3}{2}=\frac{15}{8}$以代替原来的$\frac{243}{128}$，又a比f高三度，所以与c的比值应取$\frac{4}{3}\times\frac{5}{4}=\frac{5}{3}$以代替原来的$\frac{27}{16}$.这叫纯律(又称自然音阶、科学音阶)，17世纪得到引用，在这种律制中，c，e，g(即do，mi，so)成为和谐美妙的和声，因为它们的频率比是$1:\frac{5}{4}:\frac{3}{2}=4:5:6$，再简单不过了.

我们以下表(表1)作一小结，将两种律制并列一起，以便读者比较.

表 1

音名	和 c 的频率比		相邻两音频率比	
	三分律	纯律	三分律	纯律
c	1	1	$\frac{9}{8}$	$\frac{9}{8}$
d	$\frac{9}{8}$	$\frac{9}{8}$	$\frac{9}{8}$	$\frac{10}{9}$
e	$\frac{81}{64}$	$\frac{5}{4}$	$\frac{256}{243}$	$\frac{16}{15}$
f	$\frac{4}{3}$	$\frac{4}{3}$	$\frac{9}{8}$	$\frac{9}{8}$
g	$\frac{3}{2}$	$\frac{3}{2}$	$\frac{9}{8}$	$\frac{10}{9}$
a	$\frac{27}{16}$	$\frac{5}{3}$	$\frac{9}{8}$	$\frac{9}{8}$
b	$\frac{243}{128}$	$\frac{15}{8}$	$\frac{256}{243}$	$\frac{16}{15}$
c	2	2		

值得指出，我国的七弦琴(即古琴)，取弦长 1，$\frac{7}{8}$，$\frac{5}{6}$，$\frac{4}{5}$，$\frac{3}{4}$，$\frac{2}{3}$，$\frac{3}{5}$，$\frac{1}{2}$，$\frac{2}{5}$，$\frac{1}{3}$，$\frac{1}{4}$，$\frac{1}{5}$，$\frac{1}{6}$，$\frac{1}{8}$，得所谓十三个徽位，合纯律的一度至二十二度，非常自然，是很理想的弦乐器. 作为我国最古老的弹拨乐器之一，2 500 多年前的《诗经》中的第一首诗就有“窈窕淑女，琴瑟友之”的句子，描写古人借美妙琴音表达男女爱慕之情. 它弦长约 110 厘米，音域宽达四个八度. 余音长，泛音多(每弦可奏出 13 个泛音)，因而音色丰富谐调，可以完全用泛音奏出一个完整的乐段. 流传至今的古琴曲达上千首之多，被赞为“国乐明珠”.

如《广陵散》、《关山月》、《幽兰》、《梅花三弄》、《酒狂》、《潇湘水云》、《平沙落雁》、《渔樵问答》、《阳关三叠》、《胡笳十八拍》、《鸥鹭忘机》……早已饮誉海内外.

已故著名古琴家查阜西早就指出，要学好古琴，必须对数学有一定素养.

人们把由 do 到 mi，称为大三度(三个全音). 由 mi 到 so，称为小三度(三个半音). 由 do 到 so，称为纯五度. 按此，在 do 的上方五度音 so 和下方五度音 fa 上再各取其相应的大三度和纯五度音，就构成了纯律七声音阶.

从表 1 上看到，纯律的缺点是全音程(即相邻两全音所差别的“程度”)有两种：$\frac{9}{8}$和$\frac{10}{9}$；而两个半音程$\frac{16}{15}$又大于全音程之半. 这在键盘乐器(或者有固定格子、孔洞的乐器，如月琴、琵琶、吉他、笛子、洞箫等)的转调时就发生了不可克服的困难(如同一曲子用C调和用D调表示奏出的声音就不同). 所以，后来又有人主张把这两个不同全音程平均一下，作为改进的全音程，并取其半作为半音程. 欧洲还有人提出只含六个全音的音阶，即 c^1，d^1，e^1，$^\#f^1$，$^\#g^1$，$^\#a^1$，c^2，每个全音程都是200音分(音分是英国埃利斯提出的，一个八度＝1 200音分)，这也是一种好的解决方法. 如著名的法国近代派作曲家德彪西(Debussy，1892—1918)和瑞弗尔(Ravel)，都用这种音阶作出不少美曲.

我国明代朱载堉是明仁宗庶子郑靖王的儿子，他经过多年研究，写成《乐律全书》13部(其中11部是乐律，另有《算学新说》、《历学新说》两部). 在世界上首创了十二平均律，最早记于他的《律学新说》(1584年)中，他称为“新法密率”，其数学演算则详细记载于他的《嘉量算经》一书. 基本原理是这样的：

由于高八度的音，频率为原来的2倍. 现在我们将这八度(十二律)，每相邻两律的频率比都取得一样，则高音与低音之间的公比应当为 $\sqrt[12]{2}=1.059\,463\,094\,359\,295\,264\,561\,825$，各律的频率便排成等比级数，他每律都求到25位数，真是精益求精. 这就彻底解决了“旋相为宫”(累积起来无误差地高八度)的问题. 现代键盘乐器都采用这种十二平均律，从而转调困难迎刃而解. 欧洲音乐理论家梅尔生(M. Mersene，1588—1648)可能由旅居中国的传教士处风闻有关问题，比朱载堉迟半个世纪，殊途同归也发明了同样的律制.

西方古典音乐之父巴赫十分拥护这种新律，1722年出版了《平均律钢琴曲集》这一不朽之作. 杰出的声学专家赫姆霍兹(H. L. F. Helmholtz，1821—1894)也高度评价这种平均律. 它实际上是等比律，所得音阶是等程音阶.

十二平均律的缺点是：各音之间的频率比都不是简单分数而成了无理数，例如五度音之频率比是$\frac{2.996\,6}{2}\neq\frac{3}{2}$. 各音与纯律比较，e音高14音分，a音高16音分，b音高12音分. 听觉天赋好，乐感强的音乐家能分辨出6个音分的差距. 所以，这种律制谐和性较差.

此外，利用类似原理，还有五平均律，公比$\sqrt[5]{2}$；七平均律，公比$\sqrt[7]{2}$；二十四平均律，公比$\sqrt[24]{2}$等.

青少年朋友，由于上述律制都没有达到尽善尽美，还可以改进，你也许愿意在这方面作些新探索吧！

9.3 音乐中的比例和对数

上一节我们已看到很多关于弦长、波长、频率数据的比值. 确实,由于音乐中需要讨论比例,曾经对于数学发展有着影响.

我们知道,数学中有所谓"调和比"以及"调和级数""调和平均"等术语,这些都来自音乐.

在纯律中,构成最动听的和音之一的是大三和弦 do,mi,so,它们的弦长比是 $1:\frac{4}{5}:\frac{2}{3}=15:12:10$,频率比是 $1:\frac{5}{4}:\frac{1}{2}=4:5:6$,这里 4,5,6 形成算术(等差)级数,它们的倒数就叫作调和级数.

毕达哥拉斯派还察觉,当弦长的比为 3:4:6时,也是一种和谐的乐音. 因为这三个数的倒数是算术级数(公差为$\frac{1}{12}$),所以 3,4,6 组成调和级数. 这三个数多处可见,如能铺满平面的同名正多边形只有三种,即正三角形,正方形,正六边形,边数也是 3,4,6,又如一个立方体的面数:顶点数:棱数$=6:8:12=3:4:6$,由于立方体能填满空间,无空无隙,以致毕达哥拉斯学派认为,行星在天上运行也发出频率成整数比的乐音,他们称之为天体音乐.

记两个数的算术平均

$$\frac{p+q}{2}=A$$

又

$$\sqrt{pq}=G$$

为两个数的几何平均,且

$$\frac{2pq}{p+q}=\frac{1}{\frac{\frac{1}{p}+\frac{1}{q}}{2}}=H$$

为两数的调和平均,则

$$p:\frac{p+q}{2}=\frac{2pq}{p+q}:q$$

称为音乐比例. 又

$$A:G=G:H$$

他们称为完全比例.

毕达哥拉斯学派的著名学者尼可马卡斯(Nichomachus)得出这样的比$(m+1):m$,$(2m+n):(m+n)$,$(mn+1):n$,它们在音乐中也是重要的.

顺便我们要用一个例子谈谈乐器制作中的比例应用.1978年在湖北随县出土的公元前5世纪曾侯乙墓的65口编钟(图1),含五个八度,这套乐器的音域之宽,令绝大部分现代乐器也瞠乎其后.在钟体和钟架的华丽嵌金铭文上记载着钟的设计和比例关系.各钟由大到小(音调由低而高)截面呈扁圆形.呈左右不完全对称的复杂几何形状,是它与众不同的声学特性的关键.更难以思议的是,敲击各钟的中下部(称为隧)和中右侧(称为鼓),音调前者高后者低,音程都是差小三度或大三度(分别相当于钢琴上的相邻四键或五键,并且泛音与基音音程和谐),隧和鼓的位置有严格比例关系(隧鼓距离为隧与棱边铣距离的$\frac{3}{5}$).

图1

这套编钟的发现和深入研究,导至了整个世界声学发展史的全部改写.我国2500年前的这项成果雄辩地说明本节的主题,音乐科学和音乐艺术同样悠久,互相促进.

前面提到了音乐中的乘方、开方和指数,自然使人想到引入对数运算将是方便的.1729年,大数学家欧拉提议取对数来表示音程.举例说,如果把埃利斯的音分也考虑在内,用I表示音程,ν表示频率,便有公式

$$I=k\lg\frac{\nu_1}{\nu_2}$$

当

$$\frac{\nu_1}{\nu_2}=2$$

时,定出

$$k=\frac{1\ 200}{\lg 2}=3\ 986.313$$

$$I=\frac{1\ 200}{\lg 2}(\lg\nu_1-\lg\nu_2)$$

显然,这是一个简明适用的公式.

莱布尼兹有很多关于音乐研究的笔记,其中多处提到,音乐和声的本质是建筑在数学比例基础之上的,他认为,人们创作和欣赏音乐时,头脑中所完成的

比例演算是隐蔽地、下意识地进行的. 在 1712 年致霍尔巴赫的信中,他下了这样的定义:音乐是不知道自己在演算自己的心智的算术练习.

上述理论和观点都支持毕达哥拉斯学派的论断:音乐的基本原则是一定的数量的关系,是对立因素的和谐的统一,把杂多导致统一,把不协调导致协调.

他们进而相信整个宇宙是一种和声和一个数. 宇宙是数以及数的关系的和谐系统. 元素因和谐而融合在一起,天体运行因和谐而发出美妙的和声. 一旦能洞察大自然美的形式,听到它的美妙的节奏和旋律,就可以探索到自然的奥秘,这就是数所隐藏的真理.

毕达哥拉斯认为天体到宇宙中心的距离合于一定的"数". 这个比例和音阶之间的音程的比例相同,所以,天体的运行就构成了"天体的音乐""宇宙的和声".

开普勒也认为天体的运动是一首连续的和声乐曲,听不见,思维可感知. 他是从一首古老的《和谐的序曲》中受到启发,自称识解了行星运动的音乐,并通过他的行星运动第三定律表达出这首乐曲的主调.

现代德国作曲家保罗·亨德米特据此写出了《宇宙的和谐》的歌剧.

现在,有人尝试用电子计算机把开普勒的天文数据译成音符并录制出来.

美国耶鲁大学音乐副教授鲁夫和地质学教授、钢琴学家罗杰斯合作,利用现代天文资料和一部电脑,使声音综合化,灌制了"行星音乐". 发现水星的歌像短笛一样尖脆;金星只在四半音范围内哼着,如泣如诉;火星急速宽广;木星深沉缓慢,像男低音;土星低得像闷雷;天王星嘀嗒嘀嗒;海王星咔哒咔哒;冥王星像低音鼓一样咯咯. 地球在小音阶第二音范围内呜咽呻吟,低婉哀伤,使人酸鼻. 我们尚且把这些作为趣事一桩,记在这里.

9.4 音乐弦的数学理论

毕达哥拉斯学派关于数学与音乐的学说在中世纪也为人们传播,到 17 世纪,笛卡儿、惠更斯、伽利略做了很好的工作. 英国索韦尔(J. Sauveur,1853—1716)的实验结论是:一根两端张紧的弦的振动,又可以分为按长度$\frac{1}{2}$,$\frac{1}{3}$等许多模式的同时振动,其按 k 部分振动所产生的音是第 k 谐音或第 $k-1$ 泛音(基音为第一谐音). 之所以振动如此复杂,我们可以形象地设想一下,这是由于两个端点是固定的,弦受扰之后,波沿弦传开又被端点反射回来,与原来的波产生复杂的叠加,形成各种驻波. 有如在小水池内投进一颗石子,水波传开又被池壁挡回一样.

18 世纪很多数学家参加了弦振动的研究，前面介绍的对绘画透视卓有成绩的 B·泰勒就是杰出的先行者.

泰勒是一位分析数学家，他在 1713 年得到了有关的常微分方程

$$a^2\frac{\mathrm{d}^2x}{\mathrm{d}t^2}=\sqrt{\left(\frac{\mathrm{d}x}{\mathrm{d}t}\right)^2+\left(\frac{\mathrm{d}y}{\mathrm{d}t}\right)^2}\ y\cdot\frac{\mathrm{d}y}{\mathrm{d}t}$$

它的解形如

$$y=A\sin\frac{\pi}{l}x$$

这是正弦曲线，与人们观察到的弦振动形象约合符节.

约翰·伯努利在 1728 年建立了像$\frac{\mathrm{d}^2x}{\mathrm{d}t^2}=-kx$之类的方程，这也是现在大学生熟知的振动方程.

雷米恩(J. P. Ramean，1683—1764)在 1726 年阐明，乐音的和谐是由于任一声音中含着基音的许多泛音，它们的频率都是基音频率的整数倍.

欧拉在 1731 年写成专著《建立在确切的谐振原理基础上的音乐理论的新颖研究》，更是一本力作. 在数学和音乐两方面下了不少功夫，以至后世有些专家认为，这本书对数学家“太音乐了”，而对音乐家又“太数学了”.

循此继进，他们还研究了声波的传播问题，如《关于振动波通过弹性介质的传播》(1748 年)，以及黎卡提(J. F. Riccati，1676—1754)引进后来以他的名字命名的方程

$$\frac{\mathrm{d}y}{\mathrm{d}x}=a_0(x)+a_1(x)y+a_2(x)y^2$$

这个方程妙在可以帮助求解二阶常微分方程，关键在于降低方程的阶数，这一优美的结果在方程解法方面对后人很有启发.

我们再看看另一非常雅致的数学分支：

偏微分方程是现代科学研究和工程技术中极为有力的数学工具，而它的产生首先正是出于对音乐弦振动的研究.

把振动弦偏离平衡位置的位移 u 作为时间 t 和横标 x 的函数，如图 2，考察从 x 到 $x+\Delta x$ 的一个片段，T_1，T_2 是这段弦两端所受的张力，x 轴是弦的平衡位置.

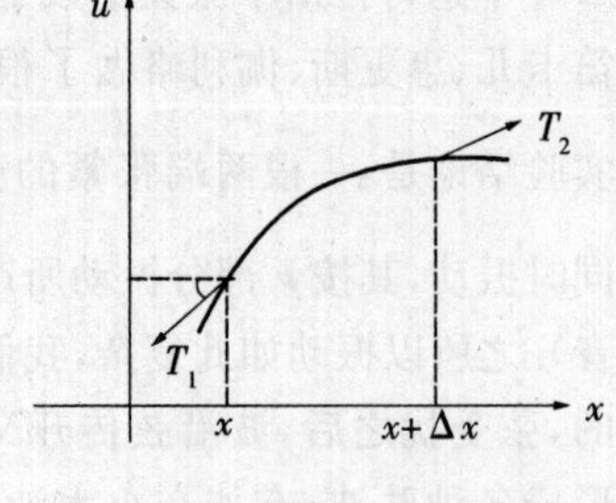

图 2

按牛顿第二运动定律，弦所受的竖直分力和水平分力分别为

$$\begin{cases}\rho\Delta x\dfrac{\partial^2 u}{\partial t^2}=T_2\sin\theta_2-T_1\sin\theta_1 & ①\\ 0=T_2\cos\theta_2-T_1\cos\theta_1 & ②\end{cases}$$

式中ρ为弦的线密度，$\dfrac{\partial^2 u}{\partial t^2}$是弦在竖直方向（即振动方向）上的加速度. 又因角$\theta$很小，则

$$\cos\theta_1\approx\cos\theta_2,\sin\theta_1\approx\tan\theta_1,\sin\theta_2\approx\tan\theta_2$$

所以由方程②可得

$$T_1\approx T_2=T$$

方程①成为

$$\rho\Delta x\frac{\partial^2 u}{\partial t^2}\approx T(\tan\theta_2-\tan\theta_1)=T\left[\left(\frac{\partial u}{\partial x}\right)_{x+\Delta x}-\left(\frac{\partial u}{\partial x}\right)_x\right]=T\frac{\partial^2 u}{\partial x^2}\cdot\Delta x \quad ③$$

消去式③两边的Δx，并令$\Delta x\to 0$，得

$$\rho\frac{\partial^2 u}{\partial t^2}=T\frac{\partial^2 u}{\partial x^2}$$

令$a^2=\dfrac{T}{\rho}$，先研究理论上为无限长的弦，只需附加初始条件. 便得定解问题

$$\begin{cases}\dfrac{\partial^2 u}{\partial t^2}-a^2\dfrac{\partial^2 u}{\partial x^2}=0 & ④\\ u_{x=0}=\varphi(t) \\ u_{x=1}=\psi(t)\end{cases}$$

达朗贝尔在1746年便得到了上述方程和它的解（现在叫行波法），欧拉在1748年也写成了《论弦的振动》.

丹尼尔·伯努利（Daniel Bernoulli，1700—1782）在1740年说过："绷紧的乐器弦能以无穷多种方式发生等时振动."1743年指出基音和高次谐音为小谐振共存. 对于两端固定的弦，应当在式④中把边界条件改为

$$u(0,t)=0,u(l,t)=0 \quad ⑤$$

1753年，他得到这种定解问题的下面形式的解

$$u(x,t)=\sum_{n=1}^{\infty}\left(A_n\cos\frac{n\pi at}{l}+B_n\sin\frac{n\pi at}{l}\right)\sin\frac{n\pi x}{l} \quad ⑥$$

从式⑥中看出，弦在横坐标$x=\dfrac{ml}{n}(m=0,1,\cdots,n)$各处的点是永远不动的，这叫节点. 所以弦是作分段振动，叫作驻波. 式中A_n，B_n代表基音（$n=l$时）和各阶泛音（$n>1$）所占的分量（指振幅，易知与能量也有关），还可见到n阶泛音的

频率$\frac{n\pi a}{l}$恰为基音频率$\frac{\pi a}{l}$的 n 倍. 这些结果与前述的实验和理论都相符.

音(的)品(质)依赖于泛音伴着基音的存在,以及能量是按各阶谐波的分布,这也在式中得到表达.

实验还证明,低阶泛音的存在,使声音丰富;高阶(七阶以上)泛音的存在就产生不协和感觉. 这在制造和演奏乐器时都要注意,避免 A_7,B_7 以上的振幅过大,例如钢琴击打琴弦的槌子应槌在靠近弦的系点处,即第七、第八阶泛音的节点之间,以减少这些阶泛音的能量. 而较宽的槌对第三、第四阶泛音的能量可以增强,声音便丰富动听.

以后的数学家们继续从事声音的传播,以及对各种乐器如长笛、管风琴、各类二次曲面形状的喇叭、小号、军号和其他管乐器的研究,引出各种多元偏微分方程.

1759 年欧拉研究了矩形膜振动的二维物体的方程为

$$\frac{1}{c^2}\frac{\partial^2 u}{\partial t^2}=\frac{\partial^2 u}{\partial x^2}+\frac{\partial^2 u}{\partial y^2}$$

他对圆形膜的研究,利用极坐标,试解中出现了贝塞尔(Bessel,1784—1846)方程

$$z''+\frac{1}{\gamma}z'+\left(\frac{\omega^2}{c^2}-\frac{\beta^2}{\gamma^2}\right)z=0$$

在考虑铃的声音时引入了四阶偏微分方程,这在数学物理方法这门科学中至今都是重要的结果.

欧拉的音乐美学追求还深入到另一方面——力图证明粗细不匀(或具不均匀密度及张力)的弦发出的是不和谐的泛音. 终于,他找到了函数 $C(x)$,能使得在这种振动中,较高音调的频率不是基频的整数倍.

在弦振动的精确数学理论创立之后,数学物理学家终于清楚了,任何一种乐器只不过是音响物理的仪器——振动器和谐振器的组合.

数学在音乐中这一次的成功运用比之前在律学中的成就还大得多,因为这是对运动的分析. 以后,无论是对声音、音色,还是曲调、和声也都可以进行数学分析. 诺贝尔奖金获得者,英国皇家学会会长 J · W · 瑞利 23 岁时从剑桥大学毕业时即以数理成绩突出获"雄才"奖. 关于波动现象,特别是《声学理论论文集》(1877)是这方面的权威著作,那就远远超出弦振动这一领域了.

英国数学家薛尔维斯特称音乐为感情的数学,称数学为心智的音乐. 可以预期,"贝多芬+高斯"式的人物,将来会出现在艺术科学舞台上.

最后,我们要提到,弦振动方程用分离变量法得到的解⑥依赖于傅里叶级数.现在称为傅里叶分析,已形成分支繁多的数学学科,这些理论和方法应用极广,是数学美的典型.

傅里叶(J. Fourier,1768—1830)(图 3),法国分析学家和数学物理学家,是裁缝的儿子,后成为他就读过的军事学校的数学教授,作为学者和行政官员曾随拿破仑远征埃及.1807 年即提交关于热传导的基本论文,1822 年发表《热的解析理论》,开辟了近代数学的一个巨大分支——傅里叶分析.

图 3

他说过:"对自然界的深刻研究是数学最富饶的源泉."他认为数学的主要目的是公众的需要和对自然现象的解释.他还说:"数学分析与自然界本身同样的广阔."

恩格斯对他的理论极为赞美,把他的级数誉为"一首数学的诗".凡学习过傅里叶级数的人看到那么多种函数竟能分解为正、余弦函数的叠加,莫不叹之为巧夺天工.

9.5 电子乐器及电脑音乐

前两节对音律和音乐弦的数学分析,使我们对什么是乐音有了更多的了解.以此为理论依据,借助振荡电路和各种电子设备,便可以产生所需要的乐音了.

这些年广大少年儿童在兴致盎然地弹奏新颖的电子琴,享受着数学家和电子工程师的合作成果,对于那悦耳动听的电声怀着喜爱和好奇的情绪.其实,它的原理并不复杂.

我们以简单的玩具电子琴为例.电路中的心脏部件是时基集成电路构成的多谐振荡器,其振荡频率只与外接的电阻、电容值有关,当电容值也确定后,利用电键改变电阻阻值,便能得到不同频率的信号.换句话说,由于各琴键接有不同的电阻,弹奏琴键,即可产生各种音阶的音调.

更高级的是电脑乐器,它包括两大部分,一是电声硬件,能生成音乐和音响效果.另一部分是软件,它提供了一个创造无限的声音世界的蓝图.

美国斯坦福大学,1975 年成立了计算机音乐及音响效果研究中心(CCRMA),作曲家珍妮·玛托克斯以三年不懈的努力,在计算机屏幕上反复调出她存储在机器单元中的各种声音波形,进行巧妙处理、创作并在磁带上录制出名为《巫师》的乐曲，1984 年 9 月公演，反映极佳.

该中心还从事音响效果控制，乐曲打印、根据声波图形分析出乐谱，以及及时将演奏声反馈到计算机中予以变化补充等研究. 他们把音乐思想交给计算机，使传统的乐器变成了计算机器件所形成的音响. 用珍妮的话来说："计算机的伟大贡献是使我们将音乐的每个方面都(数学)概念化. 我们(借助它)发明了属于我们自己的声音."

他们乐观地估计，随着数学成为主要的转换媒介以及微电脑和处理机的不断更新普及，作曲家们将运用这些设备来创作和演奏.

1977 年 1 月，法国巴黎也成立了类似的机构.

法国指挥家鲍里斯(P. Boulez)率领的"国际现代乐团"就带着这些电脑乐器在世界巡回演出.

高级电脑音乐虽然能作曲，但这方面的研究成果还不能说尽如人意.

至于如何合成和分解一种音色优美的声音，如前面所述，这种技术已相当成熟了. 电脑配有各种单元的生成程序，它们可以改变连接方式，实现分音列(即各种泛音和基音)的叠加，这种相加合成需要求解线性差分方程，这也是电脑能胜任的工作. 实现每种创新乐器的声音，需要进行每秒上百万次至几千万次的运算，真是浩繁艰巨的任务. 古诗说，"此曲只应天上有，人间哪得几回闻"，然而现代音乐家已有可能从电脑中获得一切世间已知的和闻所未闻的声音，并利用它们作为素材来进行再创作.

另外，还研制了把声音通过电脑变成立体图像在电视屏幕上显示出来的技术，使声音变成绵延的山峰，时间的艺术成了空间的艺术. 这种分析研究有助于制出声音更优美的乐器.

可以说，计算机科学(其中大部分是数学)正在为现代音乐的发展作出巨大的贡献.

作为例子，我们具体引用最近美国电脑音乐家丢登奈(A. K. Dewdney)的几种产生音乐旋律的算法.

一种是使用初等数论的线性同余式赋值，$x=(ax+b)\pmod{m}$ 使数值换成音符. 他取模 $m=8$，式中 a,b,x 都为整数，所得的八个整数与音符的对应关系为

0	1	2	3	4	5	6	7
do	re	mi	fa	so	la	si	do

参数 a,b,m 是预先规定的，不断地反复赋值使 x 变成旋律，即：

输入 a,b,x

对于 $a=1$ 到 100

$x=(ax+b)\pmod 8$

note=notes(x)

这可以产生比十二平均律还复杂得多的音调,因为 x 的数值可直接表示频率.

他还研究了二部和声的程序,即两种旋律一样,只是彼此相差一个标准音程(如完全四度、完全五度或八度).这件事让计算机来做是轻而易举的.

利用普通家用电脑的微型喇叭即可播放这些新花样的旋律.

当代流行音乐,吸收了非洲、亚洲很多土著民族的打击乐和节奏类型.例如摇滚乐、爵士乐、加勒比音乐和拉丁美洲音乐、印第安音乐等.为了表现这种打击声节奏,只需运用0,1两个数字,使1发生一个短促音符脉冲,而0不发生脉冲信号就行.当然,如果利用更多的数字,以表现各种(高音、低音)鼓和钹的不同音响,效果就更丰富多彩了.

反过来,音乐是否能为计算机科学作点贡献?例如有人异想天开地认为,每个计算机程序除了完成其本职工作(例如解方程)以外,还可以配上不同的曲子,使人能从自编自组的程序中听出该程序的好坏.这在不久可望实现.用音乐的美直接去评价科学的美和真,确是太有意思了.

再反过来,可以问问,能否用数学来分析一首名曲究竟美在何处?数学家斯派泽(A. Speiser)早在1932年就在"数学思考方式"论文中分析过贝多芬的田园钢琴奏鸣曲28号,洛仑兹(A. Lorenz)对R·华格纳(R·Wagner)的主要作品形式结构也做过研究,但人们不易理解.现在就不同了,有些人用电脑分析一些名曲.例如,激昂之处给人的印象似乎是宙斯在向地球狂暴地投掷着闪电雷霆.

一位美国专家发现肖邦的f小调第4叙事曲,高音谱$\frac{2}{5}$部分,每4个音符上面就有一个像旗炽似的在飘扬的八分音符♪.这类明显的数学性规律在他的作品中层出不穷(图4).

图4

过去音乐鉴赏家形容他的“#F调小夜曲”“一个抒情的主题，宁静、安详，一个下行增二度的音调使它蒙上一点忧郁，接着许多装饰的变化音，激动、焦躁，在动荡的五连音型的伴奏下，以二度音程为特征的主旋律在很窄的音区内蠕动，像在努力冲破它的束缚.”这种用文字语言表达的审美诀窍，在电脑显示屏幕上已经那样直观，如此和谐适度，使人们得到一种酣畅淋漓、如醉如痴的精神享受.

抽象的音乐通过抽象的数学居然得到了具体的表现，这真是不可思议的奇迹.

我们知道，肖邦(F. F. Chopin，1810—1849)是世界知名的波兰作曲家、钢琴家.他的钢琴曲使技术性和艺术性紧密结合，和声的表现力极为丰富.美国的计算机科学家对他的一些作品进行分析，发现如果用红黑两色长条像绘制统计图一样把相邻的音区别画出，其波浪形起伏和规则的结构简直令人大吃一惊.听觉上的和谐美妙原来在视觉上也感受得出来，而且更为直观，像巨浪汹涌，像雄鹰搏击.

肖邦对后来的西方音乐家有广泛的影响，它已经成为西方音乐的主要柱石之一.

肖邦曾说:“在音乐中，赋格曲就像纯粹逻辑一样……深入理解赋格曲也就是理解音乐中的全部理性和和谐性要素.”所以，他是很注意乐谱数学式规则的形式结构的.有位研究肖邦的专家说是“具有乐谱语言的数学特征”.他的作品中充满了这种交叉节奏的“数学”花样.

马克思曾说过:“对于不辨音律的耳朵来说，最美的音乐也毫无意义，音乐对它来说不是对象.”

好了，现在有了数学分析和电脑显示技术，眼睛也可以辨别音律，这些成就谁还能说不激动人心呢?

不过比起群论能那样完美地分析对称现象来看，我们对音乐美更深的奥秘至今还缺乏(或者没有发现)更合适的数学工具，这方面的工作还有待数学家的继续努力.

数学与立体造型艺术

第10章

10.1 什么是立体造型艺术

近几十年来，随着“四化”建设的飞跃发展，在“对外开放，对内搞活”方针指导下，广袤的中华大地上，各种新建筑层出不穷，星罗棋布，造型奇巧的高层建筑拔地而起，“装点此关山，今朝更好看”.

城市公园和小区街心广场屹立的雕塑，为这良辰美景又锦上添花.

建筑，可以说是人类最宏大、最主要的立体造型艺术.

此外，还有各种工业产品，人们也越来越重视它们的立体造型设计，努力追求结构、功能和美观的统一.

市场经济的发展，吸引人们高度注意商品的艺术装潢.

至于传统的工艺美术品，那更是以巧夺天工的设计构思和精雕细刻的技术制作赢得人们的喜爱.

这些都可称为立体造型艺术，它们当中有很多属于技术美学所研究的问题，与数学也有密切关系.

10.2　建筑美的数学分析

西安半坡遗址展示了新石器时代仰韶文化的建筑，那圆形凹坑，上面搭盖的圆锥形屋顶，就是简单的立体几何形.

直到现代，大量的建筑物的构形，不算那些复杂的细部，都摹状简单的容易认识的几何形体. 也就是说，最基本的建筑形状，不外乎（竖或横的）长方体、立方体、三棱体（如屋顶）、棱锥体（如金字塔、教堂钟楼的尖塔、纪念碑）、圆锥体、圆柱体等（图 1）.

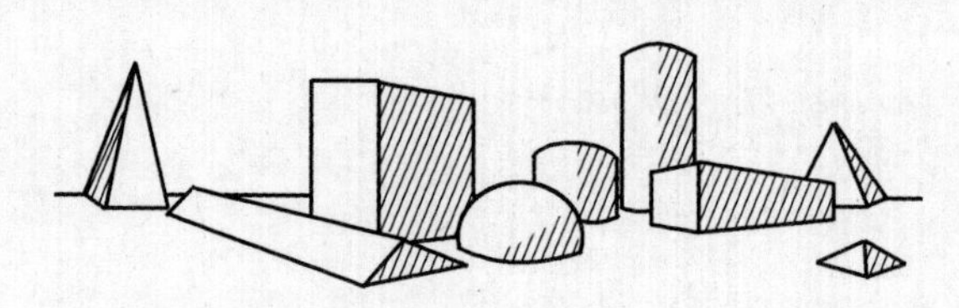

图 1

人们说，金字塔就是一篇没有文字的几何学论文. 这是毫不夸张的，至今还有很多难解的数学之谜包含在这些座庞然大物之中. 如数学家鲁道尔夫发现，2700 年前的吉萨金字塔，底面积除以 2 倍塔高等于 3.141 59 且等于 π，有人说塔高乘以 10 亿相当于地球至太阳的距离……

还有人说，希腊的建筑学正是欧几里得几何学的外部表达形式. 在那里，雅典卫城（古希腊，每个城邦内，都建有“卫城”，有坚实的城堡和供奉城邦守护神的神殿，是防卫与信仰中心，附近有广场，市场，剧场及其他公共建筑成为城邦的心脏地域）在城南，岩石山上神殿林立，其中建于前 447 年的巴特农神殿祭祀雅典娜（天神宙斯之女，掌管智慧、正义与和平），每根大理石柱高 10.5 米. 在柯林辛湾畔，特耳菲区域有太阳神殿（前 6 世纪）“世界中心”，祭祀阿波罗（与雅典娜是兄妹，掌文学、艺术、太阳运行），还有圆形剧场、露天运动场（与奥林匹克运动场齐名），至今虽是断壁残垣，当年的鬼斧神工仍令人流连忘返.

“秦时明月汉时关”，蜿蜒绵亘万余里的长城，据宇航员说是从月球远望地球唯一能见到的建筑物，古代测量和施工时技术专家们无疑也曾借助数学计算.

人们说，“几何学是建筑师的语法教科书”，这句话今天也没有过时，只是当代建筑师依靠的是更广更深的几何学知识了.

所以国外一位建筑师提出了一个比上述说法更全面的公式

$$建筑=(科学+技术)\times 艺术$$

科学技术和艺术的完美结合,实用、合理、美观高度的统一,精神文明和物质文明需求的妥善兼顾,形成了建筑物的独特魅力.

现代巴西建筑师奥斯卡尔·尼梅叶尔在委内瑞拉的加拉加斯设计了一座艺术博物馆,形如倒置金字塔,由钢、玻璃、水泥构成.确实,由于建筑材料技术的改进,可望将任何奇异外形的设计付诸实施.

1800年前维特鲁卫的《建筑十书》已经指出:"建筑师应该能写会画,研究几何,全面懂得历史,认真听哲学家讲学,熟悉音乐,有医疗知识,善于解决法律问题,掌握天文和天体规律知识."他强调"几何可以给建筑师带来极大好处,首先能告诉他使用圆规和直尺,便捷地编绘建筑蓝图,正确运用角尺、水准器和重锤进行测量.运用数学编造建筑预算,计算各种形体的大小.并运用几何原理和几何计算解决复杂的和谐对称问题."

丢勒在《论人体的比例》中赞扬维特鲁卫,说他关于人体比例的知识得自于一些著名的画家和铸造师.而又使这种比例在建筑物的尺寸中具体化,非常协调.古今的人们都要借鉴这一知识.他并且发挥说,没有数学知识,工作中就没有自由;没有艺术技巧,知识也只能潜而不显.所以两者要全面发展,才能建造出神奇的东西.

建筑美的表现形式比较抽象,数学意味颇浓而又常为人称道的,首先是比例关系.

黑格尔在《美学》中写道:"弗雷德里希·舒莱格曾经把建筑比作冻结(凝固)的音乐,实际上,这两种艺术都要靠某种比例关系的和谐,而这些比例关系都可以归结到数,因此在基本特点上都是容易了解的."这种类比非常恰当,只是音乐表现为时间序列的排列组合,而建筑表现为空间序列的排列组合罢了.建筑的神韵恰好用形象来反映了这种韵律.所以雨果称巴黎圣母院为"巨大的石头交响乐".

哥德漫步于罗马圣彼得教堂广场时,从两侧的巴洛克式椭圆形柱廊间,感受到像音乐旋律般悠扬的韵味.

蔡沁也在分析建筑中的黄金分割比值时认为它具有"多样的统一"和轻重匀称,没有均等或悬殊的形势,最合于美感的要求.

我们先看建筑平面布局中的比例.

美国堪萨斯大学建筑学家曾考察公元2世纪古罗马奥斯蒂亚港口城市的庭院住宅遗址(它与罗马万神殿几乎同时建造).运用几十种结构方案进行分析,最后肯定,这一遗址从总体规划到个别装饰板块,都依从一种极富数学和哲理意味的特殊圆形——神圣截割.方法是:作单位正方形的对角线,以对角线长的一半为半径,以四个顶点为圆心画四条圆弧,便将正方形每条边截成三段,再用线段联结两组对边的相应截点,得到一个"囲"字形.这就是神圣截割.对"井"字中央的小正方形又可继续进行类似的截割……于是得到从整体到各细部都成比例的和谐划分.事实上,罗马万神殿也采用了这一比例关系.

我们来计算一下这里圆弧之长为

$$\frac{\sqrt{2}}{4}\pi\approx 1.110\ 720\ 7$$

而原正方形的一半所成长方形的对角线之长为

$$\frac{\sqrt{5}}{2}\approx 1.118\ 033\ 9$$

$$\frac{\sqrt{5}}{2}:\frac{\sqrt{2}}{4}\pi=1.006\ 584\ 2$$

相差甚微.此外,这种截割还有很多奥妙,这里不再赘述.在古代,圆象征着为天神主宰的不可知的宇宙,正方形则代表凡人可知的世俗世界,"化圆为方"(古代三大几何难题之一),便是力图实现以世俗表达神圣的崇高目标.在这种神圣截割中,两者得到了相当近似的表达.无怪乎这种巧妙的几何截割受到古人的如此重视.

我们接着来看看一些建筑物里面的比例关系.

图2是与久负盛名的巴黎凯旋门相类似的圣·丹尼斯门道,它的比例是极简单的算术关系.例如,中央大门的高与宽为2:1,中门宽与总宽的比为1:3,下檐口与高度的比为1:6,拱柱与总高之比为1:2,基座与总高的比为1:4,等等.一直到最小的细部,都遵从诸如此类的简单数据之比.它的设计者F·布隆台坚持认为这种简单的合乎模度的比例,叫作基数比,最为观众所欣赏.我们相信读者对此会感到一种共鸣.

图2

我国古建筑的精品,与之相比也毫无逊色.下面以著名的山西应县木塔为例,它似乎暗合杰·汉毕琪的动态对称原理,即比例中含有无理数.如图3,图4所示,它的正式名字是佛宫寺释迦塔,共9层(内有4个暗层),高67.31米,底层直径 30.27 米，建成于辽道宗清宁二年（1056 年），经历了元明两代多次地震，仍岿然屹立. 塔身含有四道刚性构架，横断面为正八边形，细部结构，例如斗拱就有 60 多种，丰富多彩. 整体比例适当，例如图 4 中 $OE=\sqrt{2}OI$，显得庄重大方.

然后，我们来看看古希腊建筑中三种典型柱式中的比例美.

多立克式源自意大利西西里岛. 著名的雅典卫城的巴特农神庙，四周就支撑着共 17 根这种廊柱（图 5 右）. 粗硕雄浑，凹槽纵直平行分布，棱角鲜明，线条刚挺，上面柱头为倒圆台形，下面没有柱础. 象征顶天立地、自强镇定的男性美.

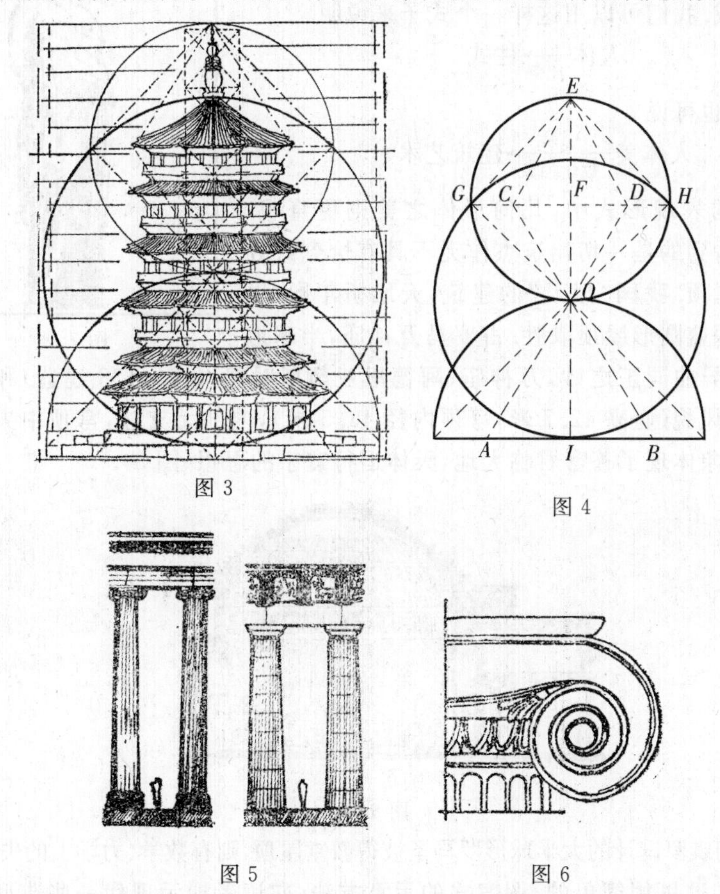

图 3

图 4

图 5

图 6

爱奥尼式源自小亚细亚，我们这里也取在雅典卫城的伊瑞克松神庙为例（图 5 左，及图 6）可以看到柱身修长，檐部轻盈，柱头的涡卷恰为螺线，柱础不高. 秀雅端丽，象征温柔娴静、娇娜妩媚的女性美.

科林辛式更加修长、柱头常饰以植物形象，好似豆蔻年华的少女，体态未丰．我国美学前辈宗白华引用一位法国诗人的话形容一座小庙中这种柱式所反应的人体特殊比例：“这4根石柱由于微妙的数学关系发出音响的清韵，传出少女的幽姿，它的不可模拟的谐和正表达着少女的体态．”显然柱式的视觉形象要通过比拟和联想才会感受到这些隐义．数学关系是建立这种联系的桥梁．这类柱式是从图7经数学抽象而成．我们可以用这样一个式子来说明

图7

$$\text{人体}\xrightarrow[\text{比例}]{}\text{柱式}$$

推而广之，也可说

$$\text{人体美}\xrightarrow[\text{数学抽象}]{}\text{建筑艺术}$$

在建筑美的表现形式中，几何形体之美则更直观．首先可以看到的是一切建筑杰作无不具有恰到好处的几何形屋顶．我国“拟天”的建筑，天坛祈年殿，以三重檐的深蓝圆形屋顶取胜．古罗马万神庙，半球形穹顶，也有异曲同工之妙，万神庙（阿德里亚努斯时代，117—138建造）和谐比例、壮丽的风貌（庙高42.7米，穹顶内径43.5米），内部无支柱，穹顶中央有圆洞采光．形象体现了苍穹君临大地，天体运行寰宇的思想（图8）．

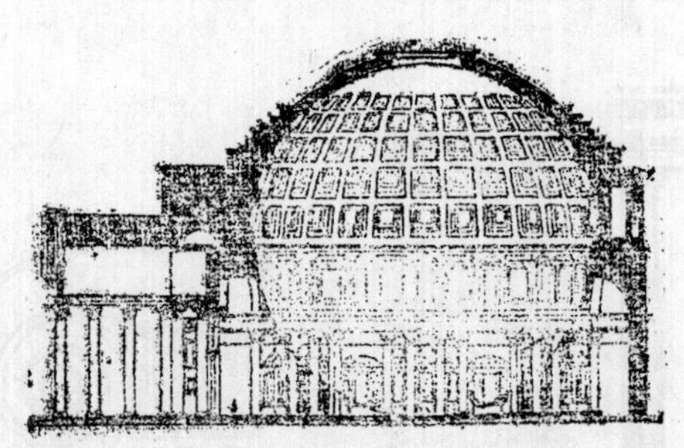

图8

米开朗琪罗设计的大半球形罗马圣彼得教堂屋顶，则有数学、力学上的失策．

我们在这里用简单的、图案式的示意方法，向读者展示现代一些造型奇特的建筑物的顶部样式（图9,10,11）．

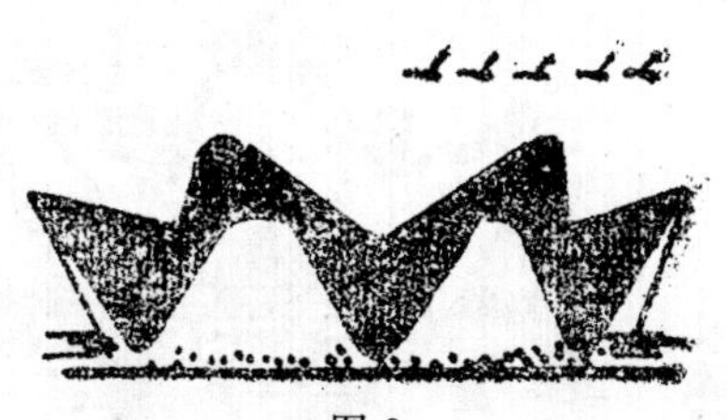
图 9

图 10

它们有的以薄壳取胜，有的以拉索争奇，有的把球面和圆锥相贯……令人回想起历史上一些著名造型，如伦敦水晶宫的玻璃拱顶(1851 年)、罗马小体育场的葵形穹隆(1957 年)、巴黎国家工业与技术中心陈列大厅的双曲薄壳屋顶(1959 年)、美国利市牲畜展览馆的双曲抛物面形悬索屋顶(1954 年)、西柏林世界博览会美国馆的牡蛎形悬索屋顶(1957 年)……甚至更早几百年的印度泰姬·玛哈尔陵那五个洋葱头状的穹顶，哥特式教堂的峻峭尖顶……人类的智力对美的探求是永无止境的，而每一卓越的创造又总是给后人以无穷的启示和借鉴.

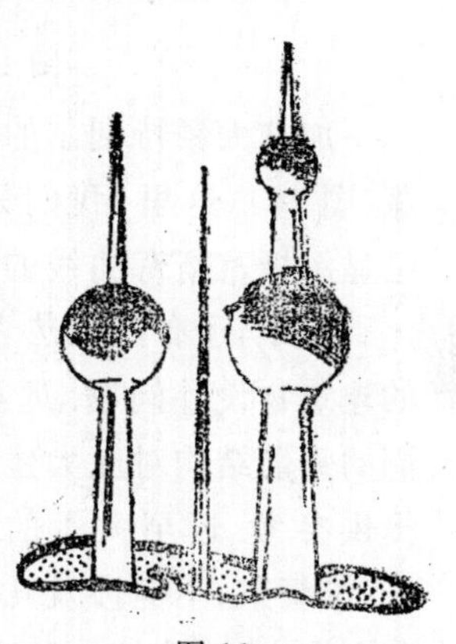
图 11

图 12 是 1970 年世界博览会一个馆的顶部，一头凸起，有如蜗壳，上面又有同心圆筋肋，近处有拉线和网罩相间的结构，变化多姿，狡黠诡奇，使人产生入内一窥奥秘的冲动.

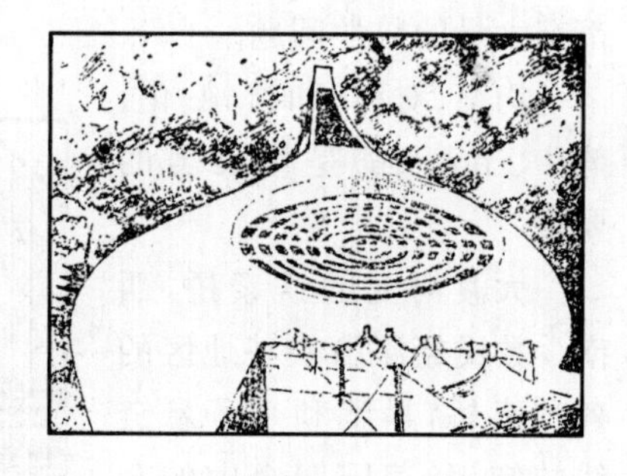
图 12

现代体育馆建筑造型也是争奇斗妍的一朵奇葩，早在 20 世纪 60 年代初，北京工人体育馆就采用了悬索结构. 上海的万人体育馆，杭州新建的马鞍形悬索顶盖的浙江体育馆，以及广州天河体育中心和北京亚运村……是国内设计的佼佼者.

东京代代木体育馆(1964 年)像一枚巨大的海螺，曲线流畅(图 13).

法国格勒诺布尔冬奥会馆场，是四支点壳体，宛如四瓣鲜花. 墨西哥城南餐厅与之相似(图 14).

图 13

图 14

加拿大蒙特利尔的梅宗纳夫体育中心，168 米高的斜塔悬吊着活动薄膜罩篷(图 15)，这里，我们只画出概略的图形. 但已显示极富新奇曲线的变化.

图 15

近年，还有些人热衷于研究模仿生物形态的建筑物设计问题. 远至已经灭绝的恐龙，它们的骨骼结构对庞大建筑物的梁、柱设计可以提供参考. 近至大量的蜗、螺、甲壳、蜂巢、茎秆、维管束，不但涉及几何造型，还有力学和优化设计等有关的数学问题. 苏联列别捷夫的《建筑与仿生学》就是这方面探索较早的著作.

桥梁，在序列组合、空间分配、比例尺度、曲线样式，乃至质料色彩等方面，都有大量的数学问题.

均衡、对称、和谐、变化、韵律、节奏，都是桥梁美的要素.

图 16

大渡河上的铁索桥，西南少数民族深山峡谷地区的各种索桥，早就利用了悬链线的知识. 美国旧金山的金门大桥，土耳其伊斯坦布尔横跨博斯普鲁斯海峡、连接欧亚两洲的大桥，跨度很大，也是在高耸的桥塔之间以悬链线来提拉桥身，雄伟壮观，而在结构上却又给人以轻盈之感，绝无累赘、笨拙之处.

大城市交通繁忙，十字路口尤其车水马龙，容易堵塞，立体交叉桥梁便应运而生,当前已相当普遍.

每座立交桥都是一支几何曲线曲面的赞歌.

图 17 是十字路口的很普通的样式,称为环形.

图 18 是丁字路口的,所谓喇叭形.

图 19 也是这一类型,只是情况更复杂了.

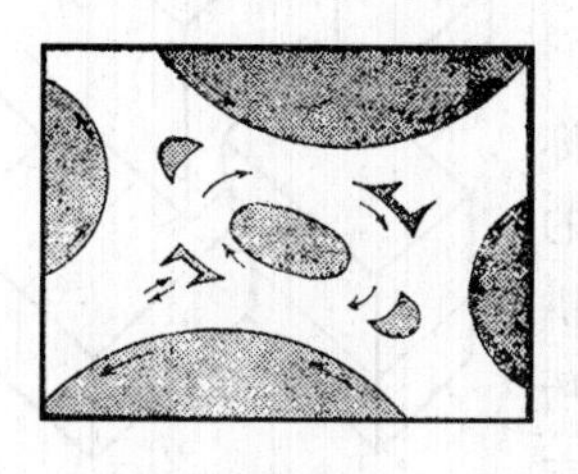
图 17

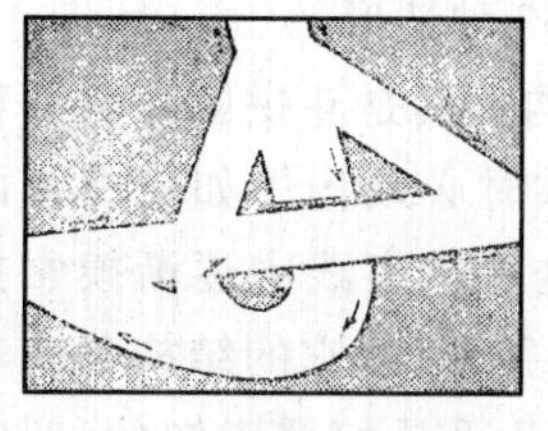
图 18

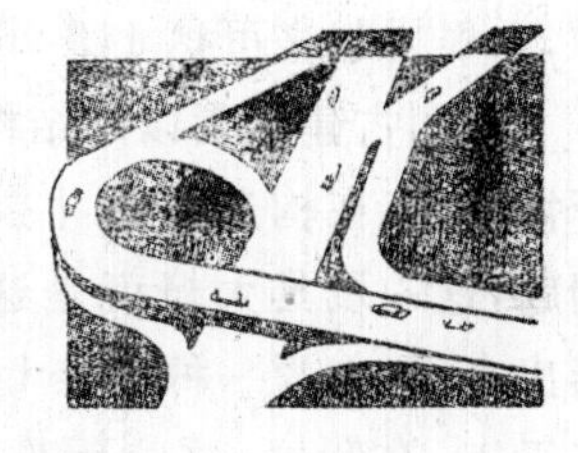
图 19

还有比较小巧的人行天桥.例如结构简单的梁式天桥,形式多样的钢架天桥,坚挺秀丽的斜拉天桥,顶盖周全的桁架天桥,曲线优美的螺旋天桥等.它们争奇斗妍地屹立着,方便和美化着人们的生活.

10.3 雕塑和立体造型玩具

一般以人物造型为主体的雕塑作品,由草图,小样到放大,各环节少不了数学相似形和有关计算,其基座、周围环境设计也少不了几何形.

当今抽象雕塑日益增多,有一些是普通几何形体经拓扑变形而产生的.

荷迦兹认为,将适宜、变化、一致、单纯、错杂等因素恰当地混合起来,就能产生美.这在雕塑和立体造型中是相当明显的事实.

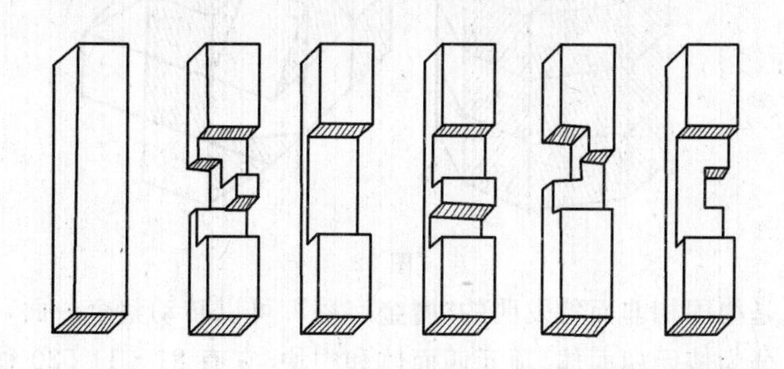
图 20

外国人把六根小木条经巧妙缺刻,卯榫拼合的玩意叫作中国益智玩具,拼好它需要一定的数学机智和空间想象力.类似的玩具,还可以作成球形、蛋形、小动物形,或汽车、飞机、手枪等外形,更加生动可爱,而内部卯合原理是相同的(图 20,21).

近年,几位美国和英国数学家,利用电子计算机分析了其中的结构变化,每根小木条的刻法有 369 种,六根拼起来可达 119 963 种情形.

图 21

我国古建筑素以木结构尤其是斗拱的巧妙著称于世.木工在构造各种斗拱时必须构思如何榫接的问题,这一玩具大概就是这样从实践中逐渐摸索拼凑出来了.作为一种三维十字形体,它的结构确实巧夺天工.在我国,这一玩具几乎是妇孺皆知的,叫它为中国智力玩具,其来有自.

匈牙利青年教师鲁比克发明的魔方,几十年来风靡全球,它的千变万化令人眼花缭乱,正确的复原要借助数学中群论的指引,含有深奥而丰富的数学原理.有的数学家声称,可以用魔方玩法为基础讲授大学的代数课,真是寓教于乐的好办法.

这类魔方现在又有很多新的变种,花样翻新、层出不穷.图 22 是八角魔柱,相当于把鲁比克魔方削去四条棱,因而又有新的形式和内容.

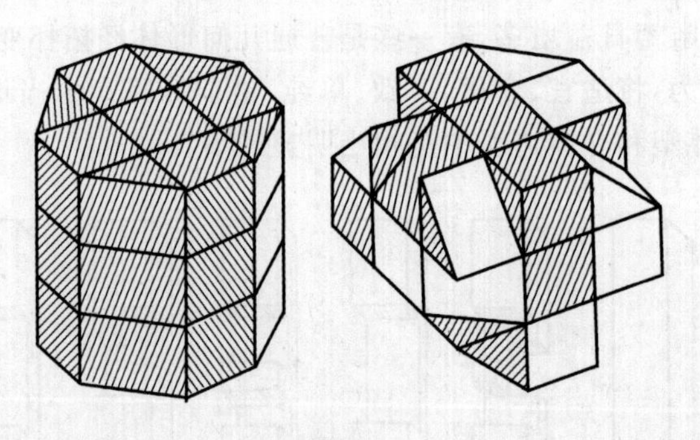
图 22

图 23 是德国梅非而特发明的"魔金字塔".可以转动整个一面,也可以转动小四面体,分为棱元四面体、顶元四面体和中块.它有 81×11 520 种"根本不同的状态".利用电子计算机证明了最简短的复原解法需要 21 次转动.

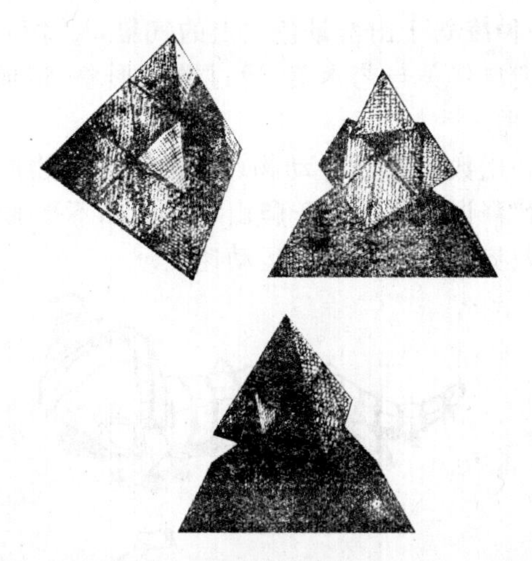

图 23

最早在雕塑中精确用到数学的是由西西里的狄奥多尔(Diodorus)在著作中讲述的,公元前 6 世纪,两位雕塑家特列马赫和费尔多尔分塑阿波罗雕像的一半(安放在被称为古代世界七大奇迹之一的神庙中),他们分别在萨摩斯和以弗所进行创作,完成之后再拼合,竟然天衣无缝.原因在于双方事先已经约定了相应的数学比例,从而配合默契、丝丝入扣.

西班牙当代最杰出的雕塑家贝罗卡尔(Miguel Berrocal,1933—)在大学学过数学、建筑、美术等专业,所以他的雕塑作品各组件之间有极巧妙的几何关系,具有视觉的美感,触觉的快感,心理的幽默感以及三维组合益智结构对心智的启迪作用.他是刻意求工把连锁的益智玩具和高超艺术结合起来的第一人.他的作品组件,简单的只有 3 块,复杂的多达 100 块.人们即使拿到说明书和装配图,仍得要花几天工夫才能学会拆卸和装配.

我们还要提到史密斯(D. Smith),被尊为 20 世纪美国最著名的雕塑家,他用钢铁作画.他受毕加索(Picasso)的焊接雕塑影响,早在 30 年代初就朝几何抽象的方向努力.

这里面有构成派(Constructivist)浮雕的影子.那是 20 世纪初源于俄国的艺术流派,把一些工业元件拼在一起,以表达作者心目中的物体、数量和空间的结合形式.

他的目标是趋向几何形,如 1962 年的《圆》,1965 年逝世前不久的《立方体》等代表作都是几何形体的空间拼接.为了自己的艺术追求,他离群索居,在山间"面壁"十多年,终于达到这样顿悟的境界.他的很多遗作放置在生前工作室山庄的周围空地上,于是那里成为美国艺术史上最壮观的场所之一.

有人形容那个展览馆场景:周围的大自然看来娇柔而亲切,他的雕塑作品则刚劲而豪放,有一种凌驾于山峦景色之上的气势,尺寸巨大,与自然意境迥然而异.这就是说,他把自然美与艺术美,通过数学形象,造成了强烈的对比和反差,而获得这样的奇趣.

甚至还有人想到用数学来设计动物(如图 24),动物的脚为什么没有进化成为轮子?有些人解释说轮子不便于爬山和在凹凸不平的地上奔驰.但有些动物能把身躯团起来顺势滚下坡以增加运动速度.

图 24

70 年代末,美国圣地亚哥出版《ZooNooz》期刊,欢迎数学爱好者设计各种幻想的动物,以形成"数学动物园".图 24 画的是荷兰画家埃舍尔设计的六脚"蜷",既可以爬行,又可以像轮子一样滚进.还有些人设计更为离奇的动物.

这类设计当前看来是纯粹的数学消遣,与"仿生学"的研究途径正好相反.但是,谁知道说不上在哪天派上用场呢?还有像这类谐趣性的数学设计,对于提高人们的想象力多么有益.

10.4 工业造型设计和技术美学

上世纪以来,由于技术和经济领域发生的深刻变化,物质文化生活水平的提高以及国际市场竞争的空前激烈，对于工业品外形和装潢问题，提出了越来越高的要求. 从 20 年代起，技术美学应运而生. 我们知道在现代工业中，设计艺术家和工程设计师的作用有一些共性，至少二者都与形状、比例打交道，因而都需要数学.

在技术美学领域，人们应当同时具备工程师和艺术家的素质，既善于运用数学语言，又有较高的审美观. 而且，这种美的规律在某种程度上要能定量地反映出来. 这有两层意思：用数学语言表达已建立起来的技术美的规律；用数学方法探讨技术美的原理和方法的新途径. 这里面还包括大量的运用电子计算机分析的问题，如人的审美心理、情绪、人的生理、能力等因素的数学模型的模拟等.

下面以形状为例.

有这样一条规律：若刺激按几何级数增长，则感觉依算术级数增长. 或者说，感觉按刺激的对数来衡量. 例如一幅广告画，面积扩大为 4 倍，人们感受到的刺激不过是原来的 2 倍，或者用数学家维纳的说法，信息量是一个可以看作概率的量的对数的负数(即负熵).

工业造型设计的形状怎样表达出来呢？不少涉及数学工具. 例如用样条曲线描摹产品的外形，用电脑作图和显示纸上设计产品的轴测图形.

近来还可以加上激光技术，使二维视图拼合成栩栩如生的立体形象.

其次是比例尺度问题. 这自然需要数理推导. 一件工业品的宏观形态，主要表现在它的比例尺度上. 现在已有多种可供采用的数据序列：如等比数列、调和数列、贝尔数列、整数平方根数列、斐波那契数列，以及模数理论等.

80 年代还开始流行“理智曲线”造型，它的主要部分接近于直线，略呈适当的弯曲，因而兼有直线的刚和曲线的柔. 如电视机、眼镜、很多仪表、汽车前风挡都呈这样的形状，还有大量的商标图案，取简单几何形的也居多. 如正方形端正，长方形平稳，圆形整体感，椭圆流畅感，三角形动静，菱形发射，及交叉反复取胜. 因为要在人们短暂的一瞥中对视觉产生强烈冲击，必须洗练易记、乐于接受.

对称是形式美的原则，但不能一切产品都取对称形，那就太死板了，所以有另一条造型法则，即形态均衡、稳定的美学法则.

一种叫调和均衡稳定，特点是同形等量.

一种叫均衡稳定，是形态对称的演化. 这些都可说是力学原理，即杠杆原理. 其中无疑也包含着数学中“加权”的意义. 例如并非 $a=b$，而是 $ac=bd$，这里 c,d 分别是 a,b 的“权”. 这是一种体量关系，使视觉和心理达到平衡，有人说，量能在秀美之上加上伟大，就有这个意思，不过应适可而止.

图 125

房间的布置，家具的设计，时装的剪裁，橱窗的陈列，商品的包装无一不要考虑有关的数学、力学问题.

统一变化也是一条造型美的法则. 统一为主，变化为辅. 变化中求统一，例如电视机外观虽由不同大小矩形和梯形构成，但形成了统一的格局. 统一中求变化，如双门电冰箱由上下两个矩形叠成，但可以在边框、拉手等地方配以不同形状曲线作调剂点缀.

彩电，以色感生理学和色彩物理学为基础. 为了进行色调分析，最初等的方法也要用到对数. 至于概率论、数论统计、信息论、系统论、模糊集论……也已经悄悄地占据了地盘.

技术美学使艺术设计能批量生产了.

现代设计学广泛触及生活的各个领域. 家家户户都希望自己的住房布置得雅致大方，为了合理利用空间，为了取得和谐统一的效果，少不了借助各种几何形体和数学定量计算. 这里画的只是众多优秀设计中的一两幅草图而已(图 26,27).

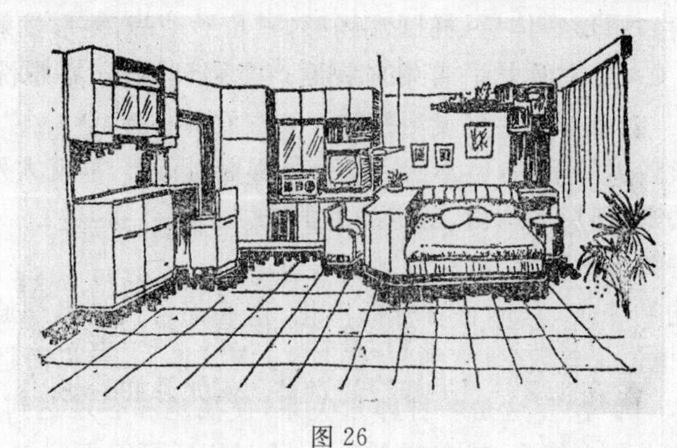

图 26

说到这里,我们不能数典忘祖.

勤劳智慧的中华民族在源远流长的历史长河中为人类贡献了众多的工艺精品.

图 27

如原始社会的彩陶、黑陶、几何印纹陶器、牙雕、骨雕、染织、编织品;商代的青铜器;秦汉的铜器、金银饰品、砖瓦、陶塑、染织品;隋唐的棉麻毛织物、螺钿、家具;宋代的缂丝、瓷器;元代的琉璃;明代的景泰蓝、金漆、竹雕;清代的织造、云锦、地毯、珐琅、铁画、脱胎漆器、彩塑、料器、家具、吉祥图案;近代的刺绣、花丝、斑铜、竹、草藤编、牙雕等. 数学形体和几何图案都深深地嵌入到这些工艺美术创作之中,每座博物馆里都可以看到琳琅满目的原物,读者可以重新用数学美的目光对其中的工艺技术美详加审察,下面我们翻几件老古董来看看.

图 28 是公元前 5 000 年～3 000 年的仰韶文化(1921 年首先发现于河南渑池县仰韶村),也称彩陶文化的编织物的纹样,表明人们已有一定的几何图形感觉.

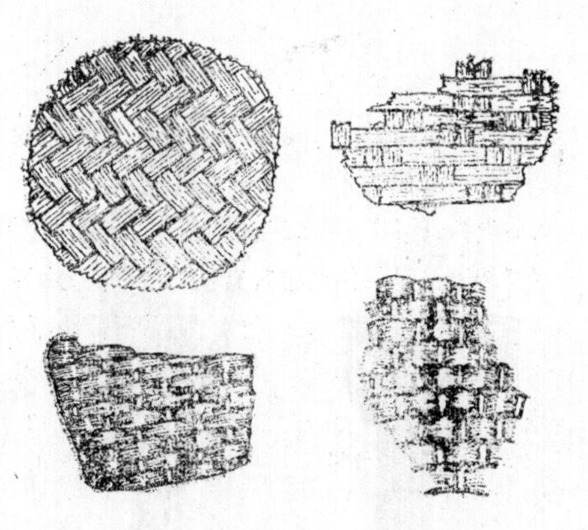

图 28

图 29 是浙江余姚河姆渡村出土的新石器时代菱形器(图 29 上),图 29 的中间和下面的图是少数民族的器物. 几何形体或纹样已较复杂.

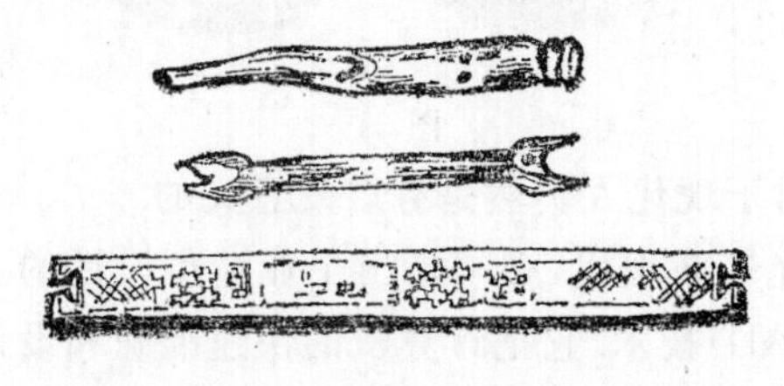

图 29

图 30 为 1959 年在山东泰安大汶口出土的陶背壶，上面绘有三角形、波浪形及圈纹等几何图案. 右图为双连陶罐，大河村出土，均衡对称，而纹样又稍有不同，体现了和谐中的奇异.

图 30

图 31 是两种高柄杯(酒器)，距今约六、七千年前. 它们都属大汶口文化的遗物.

图 31

这些立体造型对于现代人仍然是有启发意义的.

我们继续把目光转向现代，必须指出工业造型设计的一项创举，是指计算机辅助设计(简称 CAD)技术. 它把计算机的快速准确和设计者的创造、判断能力结合，出现于 60 年代，现已朝微型化、智能化迈进，1985 年全世界已拥有四万套这种计算系统.

它有图形输入装置,能将图形转换为数字坐标信号输入机内,再增删、修改、调用、存贮.

还有图形输出装置,如点阵式打印机,静电技术(硬拷贝),彩色喷墨式绘图机等,能逼真地画出屏幕显示的图像,它的图形显示装置,已达到三维程度,非常形象直观.21 世纪以来,3D 打印技术突飞猛进.

它的软件分四个层次,即应用软件、交互绘图软件、数据库、操作系统.

已经在几十个工业领域,特别是电子、机械、造船等方面,有成熟的应用.下举另外两个领域的例子.

(1)建筑——它能设计建筑物的三视图、施工图、结构图、门窗梁柱桁架物件等.由于三维图形显示技术进展,现已能很好地表现工艺设计和艺术设计的双重效果.比如使建筑设计能模拟不同光线、不同角度的视觉形象,无需制作模型.

(2)服装设计——可以进行服装推档(即转换一种标准为各档尺码)、排料和自动裁剪,以及款式的贮存调用.

现在,还能显示真人穿着不同款式衣服及加饰各种零星彩色小件的形象,让顾客事先看到自己的穿着效果(已有成衣或还只是"皇帝"的新衣——并未真正制作出来)以供顾客直接比较选择,使人们得到最满意的美的享受.

大批量生产的工业和工艺产品及其部件应具有通用性、可换性,这涉及标准化问题.这里面要引用到概率统计、误差理论、测量理论等一系列数学工具.

标准化和统一性有关,所以这也是一种美.

举个很简单的例子,一批小包货物,成十或成沓装进包装箱,又集聚装进集装箱,再装上卡车厢,直到集中放进火车、轮船以及仓库的适当货位.每种容器的尺寸或载重若能配合衔接得好,就可以减少运载时空间的浪费.

以重量来说,上述各步可以取这样一些组合的数据:25 千克,40 千克,63 千克,100 千克;250 千克,400 千克,630 千克,1 000 千克;2.5 吨,4.0 吨,6.3 吨,10 吨;25 吨,40 吨,63 吨,100 吨.

为什么恰好是这些数或倍数?原来它们各组内相邻项以 $\sqrt[5]{10}\approx 1.584\ 893\ 2\approx 1.6$ 作为公比,各项依次为 2.511 886 5,3.981 071 9,6.399 573 6,10,称为 R_5.

类似地取 $R_{10}=\sqrt[10]{10}\approx 1.25$,依次有 1.258 925 4,1.6,1.995 262 3,2.5,3.162 277 5,4,5.011 872 等,$R_{20}=\sqrt[20]{10}\approx 1.122\ 018\ 5$,$R_{40}=\sqrt[40]{10}\approx 1.06$,其选择都有它的内在数学道理.例如相互之间可以较方便地换算,比方 $R_5=R_{10}^2$

等.读者是否注意到，上述各项的数值比较接近整数，也是它们一个突出的优点.

10.5 人类首件太空艺术品的方案

1989年是巴黎埃菲尔铁塔(1889年建)落成100周年.为了庆祝上世纪这一杰出的建筑物“百岁寿辰”，法国有关部门计划由阿丽亚娜航天飞机将一件纪念品送入太空.投标竞争的方案有好多种，如透镜形光盘，可膨胀的“帆”等，都具有美丽的几何形状.最后中标的方案竟是一个光环.

它是由克夫拉和聚酯薄膜合成物制成的.造价估计1 500万美元，摺缩可装进1立方米的容器.伸展开的形状为周长约24千米的橡胶环形管，上面嵌着100个反光性很强的球体材料，每个直径约6米.首先把它摺缩成包，放进机舱的容器内.上天后弹出容器，胶管遇热膨胀，形成圆环，上面的球体反射阳光，像一只发光的轮胎挂在空中，有如皎洁的满月.这只光环计划在天空停留三年，然后坠入大气层烧毁.

尽管由于技术问题，未能真正实现.回顾这个罗曼蒂克故事，正是由于它简洁的几何形状和巧妙的构思而中标.当年人们认为，有理由相信，它也会以其数学美而令地球上无数观众为之倾倒.甚至浮想，这轮人造月像埃菲尔铁塔展示的建筑美和技术美的结合一样，是一个标志：它表达了人类的憧憬和现实，数学和艺术携起手来，一齐奔向科学文明的未来.

数学与文学

第11章

11.1 我们的文化正在"数学化"

文学与数学，很多人认为历来是两股道上跑的车，风马牛不相及. 可是，古往今来，也有不少著名文学家发表过关于文艺与科技关系的远见卓识.

雨果说："没有一种心理机能比想象更能自我深化……数学到了最后阶段就遇到想象，在圆锥曲线、对数、概率、微积分中，想象都成了计算的系数，于是数学也成了诗. 对于思想呆板的科学家，我是不大相信的."

福楼拜说："越往前走，艺术越要科学化，同时科学也要艺术化，两者从山麓分手，又在山顶汇合."

哈佛大学的亚瑟·杰费(Arthar Jaffe)说："人们可以把数学对于我们社会的贡献比喻为空气和食物对生命的作用. 事实上，可以说，我们大家都生活在数学的时代——我们的文化已经'数学化'."

可是，令人遗憾的是，当代各国著名作家中懂得高深数学的人不多，相当一部分人拿不到这把开启科技宝库的钥匙，从而影响了他们在这些方面的创作和研究.

已故英籍作家韩素音已经痛切感到，文学艺术和科学技术相分裂的状况不利于文化发展.

对于现代化问题高瞻远瞩的科学家钱学森，1979 年在第四次全国文艺工作者代表大会上呼吁，文学艺术家和科技人员要相互了解. 1980 年第二次全国科协大会上，又提出科学技术现代化一定要带动文学艺术现代化的观点.

他认为，现代科学六大部门(自然科学、社会科学、数学科学、系统科学、思维科学、人体科学)应当和文学艺术六大部门(小说杂文、诗词歌赋、建筑园林、书画造型、音乐、综合)紧密携手. 并指出，早已有这方面的成功范例，如绘画有透视、色彩、明暗、线条的学问，音乐有和声学、对位法、器乐法之类学问，都可列入文艺技术科学. 本书前面三章已从数学角度稍加介绍.

下面我们分几个题目来谈谈数学与文学美的关系.

11.2　数字的美感

数学中充满诗情画意，中世纪数学家普罗卡拉斯说，“哪里有数，哪里就有美”. 我们体会，这至少有两个方面.

一是数字作为符号语言或者文字，有长期演化过程. 各民族、各语种有不同的表达方式，常常是很有意思的. 例如甲骨文的“数”字，右边像一只手，左边是一束绳头，反映了用手结绳记数的形象. 古埃及用“e”表示 100，用一人趺坐高举双手的受惊状表示 1 000 000 这样的大数. 巴比伦人的楔形文字，楔尖朝下表示 1，楔尖朝左表示 10. 中美洲古印第安人马雅部族，用“·”表示 1，“——”表示 5. 元代朱世杰的《算学启蒙》曾用“不可思议”“无量数”表示大数.

另一方面是生活中一些常见数字已寓有深刻含义，这里我们拣一些美好事物的含数字的词语看看.

“1”，万物之始，希望之光. 如一元复始，一帆风顺，以及整体、单位之意，如混一，一体等.

“2”，双喜临门，二度梅开，逢双作对，显得匹配.

“3”，三阳开泰，三思而行，艺术家、哲学家很喜欢 3，如三部曲、三段论……

“4”，四通八达，四海为家，凡夫俗子都希望四平八稳.

“5”，五世其昌，五官端正，五行，五常，给人以动态平衡感.

“6”，六根清净，六艺，六韬，六合，六极，达到三维空间的各方.

“7”，七情六欲，七曜，七略. 基督教对七看得很神秘，我国如“七巧板”体现变化之极.

“8”，八面玲珑，面威风，八仙，八卦，包罗各面，内蕴万象.

“9”，九霄云外，九转金丹. 达到了极限的边缘，也暗示着转机，如九死一生.

“10”，十全十美. 鲁迅早已说过中国人最喜欢把美好事物凑齐十件.

从任何一本词典中还可查到很多带有数字的经过千锤百炼或妙手偶得的词语，这个任务交给读者去继续搜寻吧.

11.3 数字入诗韵味长

诗词中更不乏数学美的佳句. 作家秦牧在名著《艺海拾贝》中辟有“诗与数字”一节，并认为数字入诗常常显得“情趣横溢，诗意盎然”.

如李白的“朝辞白帝彩云间，千里江陵一日还，两岸猿声啼不住，轻舟已过万重山”，是公认的长江漂流的名篇，一幅轻快飘逸的画卷.“飞流直下三千尺，疑是银河落九天”“白发三千丈”，借助数字达到了高度的艺术夸张.

杜甫的“两个黄鹂鸣翠柳，一行白鹭上青天，窗含西岭千秋雪，门泊东吴万里船”同样脍炙人口，数字深化了时空意境. 他还有“霜皮溜雨四十围，黛色参天二千尺”“青松恨不高千尺，恶竹应须斩万竿”，表现强烈夸张和爱憎.

柳宗元的“千山鸟飞绝，万径人踪灭，孤舟蓑笠翁，独钓寒江雪”，数字具有尖锐的对比和衬托作用，令人为之悚然. 他的“一身去国六千里，万死投荒十二年”和韩愈的“一封朝奏九重天，夕贬潮阳路八千”一样，抒发迁客的失意之情，收到惊心动魄的效果.

岳飞的“三十功名尘与土，八千里路云和月”和陆游的“三万里河东入海，五千仞岳上摩天”同样是壮怀激烈的.

宋无名牧童的“草铺横野六七里，笛弄晚风三四声”颇具抒情笔调.

还有一些状似打油诗之作，却也含有一定的哲理. 如唐诗《题百鸟归巢图》：“一只一只复一只，五六七八九十只，凤凰何少鸟何多？食尽人间千万石.”以及传说郑板桥见人赏雪吟诗，戏作“一片二片三四片，五六七八九十片，千片万片无数片，飞入梅花总不见.”

我们还将别人所收唐诗集句转载在这里，也是颇有味道的：

一片冰心在玉壶(王昌龄)

两朝开济老臣心(杜甫)

三军大呼阴山动(岑参)

四座无言星欲稀(李顺)

五湖烟水独忘机(温庭筠)

六年西顾空吟哦(韩愈)

七月七日长生殿(白居易)

八骏日行三万里(李商隐)

九重谁省谏书函(李商隐)

十鼓只载数骆驼(韩愈)

百年都是几多时(元稹)

千里江陵一日还(李白)

万古云霄一羽毛(杜甫)

优美、壮美、精美,甚至谐趣,数字和文学语言的结合就是这样引人入胜.

11.4 诗韵的某些数字规律

我国古典诗歌,有四言、五律、七律、五绝、七绝等句式,词曲更有长短句的多种词牌,曲牌还有严格的平仄格律等.

新诗也有多种创造,如闻一多就尝试过多种句式.这里面的数学美如何,颇值得探讨,为此,不妨借鉴国外的一些方法.

英裔美籍数学家贝尔(E. T. Bell)曾发现

$$e^{e^x}=e\left(1+\frac{x}{1!}+\frac{2x^2}{2!}+\frac{5x^3}{3!}+\frac{15x^4}{4!}+\cdots\right)$$

括号中各项系数的分子,被称为贝尔数.有人写出表达这些数的一种公式

$$B_n=\frac{1}{e}\sum_{k=0}^{\infty}\frac{k^n}{k!}$$

还找到一种递归程序(递推的方法)

1

1 2

2 3 5

5 7 10 15

15 20 27 37 52

⋮

据说数学家西尔维斯特(Sylvester)首先发现,贝尔数能用来计算诗行的韵律形式.在雪莱的《云雀颂》中得到验证.

1941年,贝克尔(Becker)获得一个"趣味之理":"n行诗能构成全韵的数目等于$n-1$行诗能构成非全韵的数目".

更惊人的是,在一本千年前的日本名著《源氏物语》中,附有一张"松崎52式"图,是村崎夫人对五行诗的研究心得.如图1表明五行诗的各种押韵方式.一共也只能有这么多种,古人真是心细如发,居然能将它们全部找出来.更令人惊异的是52正是贝尔数列的一项.

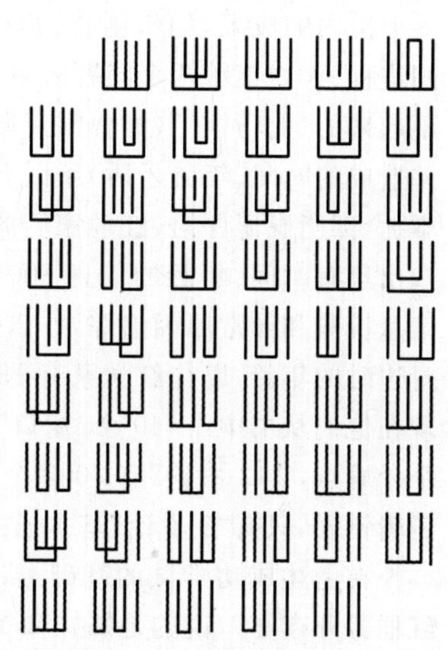

图1

美国大数学家伯克霍夫(G. D. Birkhoff)1933年出版《审美的准绳》之前,发表过《美学的数学理论及其在诗和音乐中的应用》讲演集,对这个问题表现了特殊的关注.

著名美国诗人惠特曼,曾经用一首诗来描述热力学第二定律.在他看来,诗句和数学公式都是最精练最科学的语言.

11.5 电脑——红学喜结缘

针对这个问题的报导已日益增多.

维吉尔(Virgil,公元前70—19)是古罗马著名诗人,他的史诗《伊尼特》(Aeneid)对后来的欧洲文艺复兴影响很大.据说,美国普林斯顿大学的古典文学专家曾利用电脑扫描他的著作,以研究其造词造句的习惯和规律的细节,便于人们从总体上再加以艺术的把握.达特默思学院则用同样的技术在研究圣经和莎士比亚的作品.

关于电子计算机对于文学的研究,至少已在下列方面进行着探讨:

1. 文学作品风格的语言特征的测定.
2. 作家、作品史实真伪的考证.
3. 作家、作品辞典的编纂.
4. 文学研究资料的自动检索.

5. 文学作品的模仿.

有些已单独命名为某某交叉科学，例如计算文体学或计算风格学等. 1980年在美国召开首届国际《红楼梦》学术讨论会，威斯康星大学的陈炳藻就曾用电脑工具考证《红楼梦》的续作者究竟是谁.

国内的成果，如彭昆仑、姚颂平、徐小健等人. 第一次从《红楼梦》全书的时间进程、人物年龄两个问题入手，把红学家历来认为扑朔迷离，“一块永远也拼不起来的‘七巧板’”(指曹雪芹原作未完成而又被辗转传抄，以及各种版本的误差造成的时间、年龄矛盾)予以有说服力的推断. 方法是根据该书各种120回版本、全部脂砚斋评语，红学家们的大量论著等资料，选择书中72位重要角色，筛选出蕴有时间、年龄的信息800多条，按年龄、时令等依次编码输入，进行正常信息检验和异常原因追踪，作出微观分辨和宏观判定. 例如黛玉入都，来到贾母身边时的年龄，以往红学家有13岁、11岁、9岁、8岁、6岁几种说法，聚讼纷纭. 现在他们从书中1 440个“窗口”找到近百个“优选窗口”. 发现“6岁论”有90多个矛盾点，“13岁论”有70多个矛盾点，“8岁论”“11岁论”则出现年序及相对逻辑错误，只有“9岁论”基本通过.

在上述成功尝试的基础上，他们进一步研究其他问题. 例如第63回“寿怡红群芳开夜宴”，说的是姊妹和丫环们同贺宝玉华诞，饮酒行令的场景. 但原书没有开列总人数名单和座位次序，各版本“酒令点数”又不一致，使读者感到茫然. 红学权威俞平伯数十年前曾发表他推出的人物及座次图(图2)为

	(北)						
	李纨			宝钗			
黛玉						探春	
湘云						宝琴(东)	
宝玉						香菱	
袭人	芳官	碧痕	四儿	春燕	秋纹	晴雯	麝月

图2

1980年周绍良认为应该排列(图3)为

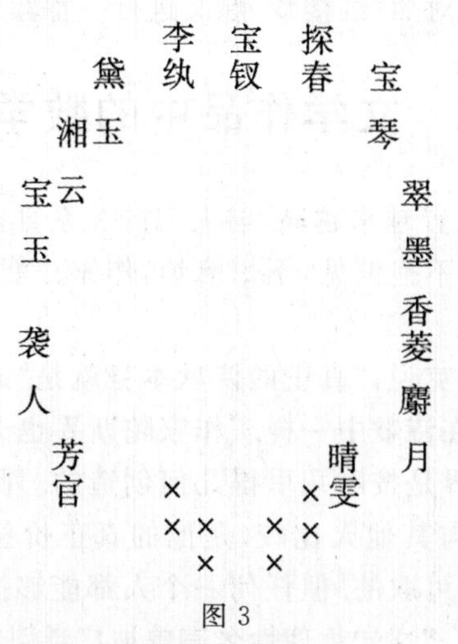

图 3

(内有四人佚名). 以上是两种有代表性的观点.

要澄清这一问题,需要解决宴会总人数、酒令点数、记数方法、旋转方向及避开重位等几大难点. 彭昆仑等人以酒令点数的八句参数为线索,从各版本异文入手,运用 6 种数学方法同时验证,得出庚辰本改本(即 1982 年新版本所据的本子)最合实情、数据如下:

晴雯 5 →宝钗 16 →探春 17 →李纨 0 →黛玉 18 →湘云 9 →麝月 19 →香菱 6 →黛玉 20 →袭人

他们编制的《探讨怡红夜宴图程序》,能模拟夜宴行酒令过程,并显示版本异文及评判总表,各种座位图,错误所在,还可让其他人输入自己的观点进行对照检查等. 关于座次,他们的结果(图 4)是

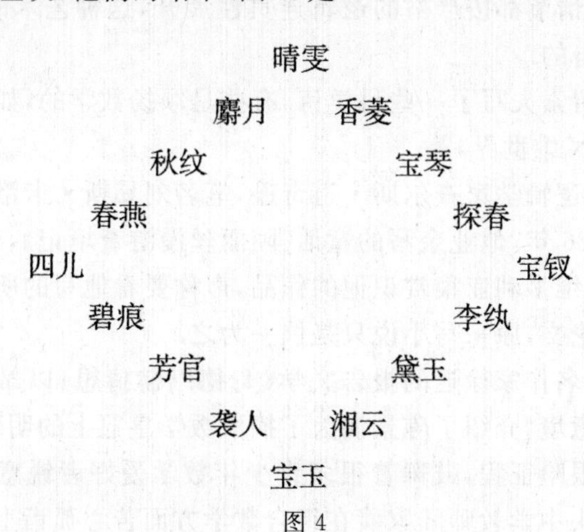

图 4

感兴趣的读者不妨对照《红楼梦》原文进行一番验证.

11.6 文学作品中的数学情节

数学在生活中的位置越来越高,与人们的关系日益紧密.文学作品应当反映现实生活.所以,只要不抱偏见,不怕麻烦,作家是能够在作品中反映数学活动的.

俄国诗人A·勃洛克说,“真正的诗歌本身就是“语言的数学”.普希金说,“在几何中需要灵感像在诗歌中一样.”作家陀斯妥也夫斯基在《卡拉马卓夫兄弟》中大谈整个现实世界是按欧几里得几何创造的.列夫·托尔斯泰说,“人是一个分数.分子是这人与其他人比较,是他的真正价值,分母是他对自己的估价.把分子加大,这是不可取的.但任何一个人都能够把其分母缩小,这种减少就可以接近完美的程度.”这句哲理性名言曾被广泛引用.

16世纪的作家拉伯雷在名著《卡冈都亚与庞大固埃》(即《巨人传》)中,说到书中人物对算术、几何、天文、音乐等“数学科学”很有造诣,他们绘制的很多有趣的图形被天文学定律所采用.

斯威夫特的《格列佛游记》讥讽有一个国家的人,脑子里充满了几何图形,要赞扬某人的美,也用菱形、圆、平行四边形、椭圆形或音乐中的比喻来进行.但他们鄙视应用几何,虽然在纸上用直尺、圆规绘图相当熟练,在日常生活中却笨手笨脚,连房子也盖得歪歪倒倒.

美国作家、侦探小说的前驱爱仑·坡在其小说故事中,闪耀着完整的逻辑分析的光辉,每一情节都按严格的逻辑连贯性展开,这种艺术的逻辑同几何证明一样是无懈可击的.

俄国作家勃留索夫写了一些科学诗,有些是颂扬数学的,如《数》《致莱布尼兹的肖像》《测量N维世界》等.

英国数学家、逻辑学家查尔斯·道奇逊,笔名刘易斯·卡洛尔,曾在牛津大学担任数学教授26年,他业余写的童话《阿丽丝漫游奇境记》,在西方是家喻户晓的.当时的女皇维多利亚很赏识他的作品,声称要看他写的所有东西,结果抱来的全都是几何论文,原来写小说只是偶一为之.

几十年前,著名作家徐迟的报告文学《哥德巴赫猜想》以昂扬的基调、美妙的文笔和诗画的意境,介绍了陈景润为了摘取数学皇冠上的明珠——证明哥德巴赫猜想——的艰险征程,鼓舞着很多青少年数学爱好者锐意进取的豪情.至于好几篇关于包头中学教师陆家羲在组合数学方面苦心孤诣上下求索,最后以身殉职的报导，又使多少人为之扼腕叹息. 此外，关于熊庆来、陈建功、苏步青、江泽涵、华罗庚、许宝騄、吴文俊、廖山涛，及中年数学家如谷超豪、张广厚、钟家庆等人的传记和报导，也脍炙人口. 文学的熏陶与数学的训练，对青少年的健康成长真是相得益彰. 这个问题已经涉及数学与文学在美育方面的功能了，我们暂且打住话头.

图 5

最后，我们引用几位著名科学家的诗作，表明他们不但在科学方面取得第一流的成果，对于文学同样也具有深厚的功力，在他们身上，数学与文学早已融于一炉了.

曾任美国数学会主席、获世界最高数学奖之一沃尔夫(Wolf)奖的陈省身(图 5)教授，1980 年在中国科学院座谈会上即席赋诗：

物理几何是一家，一同携手到天涯.
黑洞单极穷奥秘，纤维连络织锦霞.
进化方程孤立异，曲率对偶瞬息空，
畴算竟得千秋用，尽在拈花一笑中.

把现代数学和物理中最新概念纳入优美的意境之中，讴歌数学的奇迹，毫无斧凿痕.

杨振宁是陈省身的学生，他有“赞陈氏级”诗一首：

天衣岂无缝，匠心剪接成.
浑然归一体，广邃妙绝伦.
造化爱几何，四力纤维能.
千古寸心事，欧高黎嘉陈.

称颂老师的功绩，可与欧几里得、高斯、黎曼、嘉当这几位大师相伯仲.

华罗庚的诗词素有捷才，出口成章. 例如：

科学与艺术，本是他与她，论性质相差十万八，但在社会发展的今天，相辅相成，两户成一家.

这首词正好点明了本章的主题，也概括了本书的主旨，我们借它作为全书的标志语，真是再好不过了.

第12章 应当学点与科学技术有关的美学

美学(拉丁文 aesthetik,“埃斯特惕克”)一词,是由德国哲学家和教育家鲍姆加登(Alexander Gottlieb Baumgarten,1714—1762)创造的,他在1750～1758年间出版了《美学》2卷,以拉丁文写成.不过,他最早使用这个词是在1735年出版的《关于诗的沉思》之中.他对“美学”规定的范围是:它研究创造艺术作品所期望唤起的那种反应和经验,此外还可以加上自然物及其他事物所能唤起的同样的经验.也就是说,从一开始,他就在美学中给科学美、技术美留下了地盘,因为这里与“自然物”并列的“其他事物”既可以理解是物质的(人造的),也可以理解是精神的(与艺术品并列).

人们常说,教育是一门科学,又是一门艺术.教师早就自觉或不自觉地在教学中实现着科学与艺术的结合.在这个意义上说,即实践着科学与美学、科学教育与美学教育的结合.所以,我们这本书的工作,只是想给原来朦胧的东西描出较具体的轮廓罢了.

其实,关于科学美,20世纪第一流的科学家爱因斯坦(A. Einstein,1879—1955)、海森堡(W. K. Heisenberg,1901—1976)、狄拉克(P. A. Dirac,1902－1984),第一流的数学家庞加莱(J. Poincare,1854—1912)、哈代(G. H. Hardy,1877—1947)、韦尔(C. H. Weyl,1885—1955)等人都是深有感受的.关

于科学教育的美育问题，国外提得比较早，例如苏联教育家乌申斯基(Ушинский，1824—1871)，他反复强调："任何一门科学中都存在有美学的因素，应当由教师把它揭示给学生."我国近代提倡美育的先驱蔡元培(1868—1940，图 1)、鲁迅(1881—1936)、陶行知(1891—1946)等，也早意识到这个问题. 看来，关于综合素质(包括审美)教育，他们这些大师走在时代前列.

图 1　蔡元培

蔡元培，字鹤卿，号孑民，浙江绍兴人. 光绪进士，1907 年留学德国，学习过美学，1912 年任中华民国临时政府教育总长，1917 年任北京大学校长，"循思想自由原则，取兼容并包主义." 1928 年任中央研究院院长，建立了中国近代科学的体制. 他提倡美育，提出"美育代宗教"说.

12.1　从"发散性""求异性"思维谈起

数学依靠严密的逻辑性取得了巨大的成功.

数学教育由于注重培养学生的演绎推理能力，也在很大程度上取得了成功.

但事物无不具有两重性. 由于演绎推理适于"收敛性"思维、"求同性"思维，必然导致某种单一的局面，可能出现头脑僵化、墨守成规，不敢另辟蹊径. 教师用"题海战术"强化刺激，学生背公式、套题型，拼命掌握陈法，往往愈演愈烈，"高分低能".

在我国，这种现象有深刻的历史和社会根源，当然不仅数学教学有此弊病.

为了培养开拓型人才，已经有不少人呼吁加强"发散性""求异性"思维方式的训练.

主要有三点：

(1)把思维从封闭的狭窄的体系中解放出来，使之具有多端性.

(2)改变思维的参考坐标系，使之具有伸缩性和角度的变化.

(3)冲破旧的传统模式，敢于标新立异.

本书根据一些专家学者的论述，糅合自己的一些认识，强调科学与美学的联姻，就是准备和读者一道，信马由缰，悠思遐想，到两个领域的边缘地带一游. 由于观测点和视角都在发生变化，说不定会有一些新的观感，有别于原来待在一个地方太久，"不识庐山真面目，只缘身在此山中"造成的局限性.

为了使大家旅游顺利，我们在以下几节先浏览一下美学王国的"地图".

12.2 爱美之心，人皆有之

人类历来有着对更新更美的生活的理想和愿望，也有着要提高自己的审美的能力，以按照美的规律来改造世界的执着追求.

原始人为了求生存、求发展，必须进行物质生产活动，改造自然，也改造了自己. 物质生活逐渐丰富，便开始了较丰富的精神活动，如巫术跳神、礼仪庆典、游戏歌舞等，伴随而产生了某种神秘感、愉悦感. 在这基础上，出现了原始的科学艺术. 旧石器时代晚期，工具制作不但合乎科学，也带有艺术化的特征，生活用品如彩陶，更是科学与艺术的结合，还有那些洞穴壁画、岩画，则是独立化了的艺术. 这说明人类意识中的审美意识逐渐发展.

所以关于美的感觉、品味和创造，可上溯到遥远的古代，经历了漫长的发展阶段. 例如，在西方，古希腊追求理想美，中世纪以符合基督教的思想形态为美；到文艺复兴时期，又追求理想美并开始注重现实美，17，18 世纪追求真实的、生活原型的美；现代则追求独具特色的美.

法国著名雕塑家罗丹(A. Rodin，1840—1917)说得好，"美到处都有的，对于我们的眼睛，不是缺少美，而是缺少发现." 无产阶级文学大师高尔基(M. Gorky，1868—1936)认为，"照天性来说，人都是艺术家，他无论在什么地方，总希望把美带到他的生活中去."

正因为美就在我们的现实生活中，在人们的创造性的想象和实践中，所以人人都有美的体验，都有美的愿望，都有美的见解. 当今，许多国家都很重视美学的研究和教育.

文艺理论家周扬(1908—1989)曾指出，"社会越是向前进，社会的物质文明和精神文明越提高，美学作为一门科学，对整个社会的发展就会显示出越益广泛的作用和深远影响."

在我们这个 14 亿人口的文明大国，作为教师或学生，在迈向知识经济社会的征途上，应当看到美学的重要性，善于发现美，并把美带到自己的教和学活动中去.

12.3 什么是美，什么是美学

不少人认为，美是无法定义的，只可意会，不可言传. 庄子说“各美其美”，即没有客观的、公认的美的标准.

前两节，我们在和读者心照不宣的前提下谈美，看来也不乏共同的语言，可见还是能适当界说(定义)的. 这里不妨采用当前较流行的看法：

美本身包括美的本质(究竟什么是美?)美的内容(指自然美、社会美，以及在此基础上的艺术美、科学美)、美的形式(指能够引起我们美感的事物的存在形式).

美应当是事物的一种客观属性，但又离不开人的感受. 首先，它是引起人的愉悦情绪的一种属性，和人有直接的关系；其次，它依赖于人对事物的认识和人要达到的功利目的(以致有时某些属性在这一事物中是美，在那一事物中是不美).

前节提到，美的产生和发展变化都离不开人的社会实践. 实践在一定意义上是一种有目的的自由创造，体现出人类的力量. 马克思指出，人能“在他所创造的世界中直观自身”，看到这种有价值的力量，看到它在客观对象中表现为一种感人的外在形象. 这类形象之所以感人，又在于它所表现的内容：

(1)人类社会实践中的优秀本质.

(2)事物“内在固有的尺度”.

前者赋予美以符合社会发展规律的基本属性，后者赋予它以符合自然规律的基本属性.

这就是说，美是一个符合(社会和自然)规律的存在，又是人的能动创造的结果.

或者说，美是在实践基础上自然规律和社会规律相统一的实现.

什么是美学?

由于生产力的发展，大概到奴隶社会，便出现了有关美学思想的论述. 如我国春秋时代，音乐活动有很高的水平，郑国史伯最早进行概括：“和实生物，同则不继”，即和谐为美，单调不美，这是公元前八百年的事. 以后有《乐记》这样的著作. 孔子、孟子、老子、庄子……都有美学思想的论述. 以后历代有所发展，主要在艺术创作论和艺术欣赏论方面取得了丰硕成果.

在西方，古希腊也因文艺与科学的繁荣，出现了柏拉图的《文艺对话集》，亚里士多德的《诗学》. 亚里士多德后来被誉为“欧洲美学思想的奠基人”“他的概念竟雄霸了两千余年”.

18 世纪的欧洲，为资产阶级服务的科学全面发展形成.美学开始在德国哲学中作为一个特殊的领域得到确立，一般从启蒙运动的代表人物鲍姆加登发表《美学》(Aesthetik)算起.这个词源出希腊，他研究的是感性认识问题，他把美看作感性学的最高范畴，所以借用这个表示“感觉”的希腊词.以后康德(I. Kant,1724—1804)、黑格尔(G. W. F. Hegel,1770—1831)沿用这一术语，分别作为他们哲学体系的一个部分，并把美学概念系统化，赋予严密的理论形态，成为一门科学.

因此，后来日本人中江肇明把它译为“美学”，王国维(1877—1927)照搬过来，已是 20 世纪之初了.

康德在《判断力批判》中，从逻辑判断的质、量、关系和方式四个方面分析了美的本质，属于他的先验主义哲学.黑格尔是德国古典哲学和美学的集大成者，他认为美的本质是“理念(指概念与概念所代表的实在两者的统一)的感性显现”，他的美学建立在客观唯心主义基础上，但充满着辩证法，成为欧洲古典美学思想发展的高峰.法国的狄德罗则有“美是关系”的著名论断.

19 世纪至今，美学成了较完善的一门独立学科.它有各种流派，如法国历史学派美学，德国心理学派美学，直觉主义美学，生理学、生物学、人类学的美学等，现代有实验主义美学、心理学、美学、形式主义美学等，都有各自的哲学体系.它们大多是唯心主义的，如柏格森(H. Betrgson,1859—1941)的直觉说，李普斯(T. Lipps,1851—1914)的移情说，格式塔(Gestalt)学派(完形心理学)的(事物的运动或形体结构与人的心理、生理结构)“同形同构”说，虽以某些心理、生理活动特点来解释审美意识活动，但由于立场、观点、方法的局限性，与克罗齐(B. Croce,1866—1952)的美就是直觉，只是一种“心灵的综合作用”一样，陷入了主观唯心主义泥沼.

我国美学界较流行的一般看法是，美学与哲学、社会学、伦理学、艺术学、心理学等有密切联系，它的研究内容包括：

(1)从客观方面研究审美对象，阐明美的本质和根源，美的规律，美与真、善的联系和区别等.

(2)从主观方面研究审美意识.核心是美感问题.美感的特点和心理特征是什么？美感与知觉、想象、情感、理性的关系是怎样的？美感与科学认识、伦理认识有什么联系和区别？美感与快感的关系等.

(3)研究作为人的审美意识物质形态化了(已经是客观存在着的审美对象)的集中表现的艺术，以指导发现美、创造美的艺术品.

(4)研究人的另一类精神和物质创造——科学技术中美的规律,以有助科学技术的发明发现和改进科技教学.

关于最后这一点,与近几十年科学技术的迅速发展及自然科学和人文社会科学的相互渗透相呼应.以苏联美学界为例,已认识到正是在各门学科同美学的"交接点"上孕育着对美学基本问题的新的突破.20世纪60年代以来,他们美学研究对象的领域由艺术扩展到审美关系,又扩大到所谓"社会有益劳动的一切形式".不言而喻,后者包括了科学技术的创造和教育活动.

我国美学界前辈朱光潜(1897—1986)指出,"美学不是孤立的科学""马克思在手稿里瞭望到将来自然科学和社会科学将合成一种科学,即'人的科学'……美学……也脱离不了某些自然科学."美学家李泽厚(1930—)也倾向于"数学对形式感的把握方面,对直观能力的把握方面有没有美的问题?"

可见这方面的研究和探讨是很有意义的.

附带谈一个问题:怎样学习美学?

朱光潜的经验,一是"博学而守约",二是解放思想,坚持科学的严谨态度.他用一首诗来阐述这一问题:

不通一艺莫谈艺,实践感觉是真凭.

坚持马列第一义,古今中外须贯通.

勤钻资料忌空论,放眼世界须外文.

博学终须能守约,先打游击后攻城.

……

美学家蔡仪(1906—1992)指出,美学研究的三门基础知识是美学史、哲学、某一门艺术.

我们学习科学的教师和学生已具备科学和哲学的基本(或入门)知识,这是两块"根据地",从这里出动,可以向美学领域"打游击"了,这样点点滴滴地啃,学一点消化一点,学以致用,并在实践中检验其正确性,如此循环往复,必能积小胜而为大胜.

12.4 关于审美心理学

审美心理学是一门研究和阐释人们美感的产生和体验中的知、情、意(即感知、感情和意志)的活动过程以及个性倾向的规律的学科.

美学家王朝闻(1909—2004)说:"审美活动的心理特征,是人类自己创造自己而历史地形成的,"人类的精神活动,通过传播手段,形成继承性,这"恰好也是形成审美感受的共性的一种原因.”

按唯物主义反映论的观点,人类在长期实践中与各种物质形式打交道,这种形式、规律必然渗透到人的心灵中.所以人类创造了和拥有着两种财富:外在的物质文明,内在的精神文明(一种心理结构).本节主要谈谈美感的心理形式.

审美是一种认识,它以感性为显著特征,但绝不是纯粹的感性认识,它包含着理性认识的因素,又不以直接的理性形式表现出来.所以审美意识是人对美的对象的直觉反映.

美感是多种心理功能的共同活动.往往在一刹那间,主体对于审美对象就由直接的感受为起点,调动了感觉、知觉、表象、记忆、想象、情感、思维等多种心理功能,互相诱发、推动、渗透,从而产生动情的、积极的综合心理反应.

下面我们分别来说说这些心理活动.

感觉是美感产生的生理基础.它是一种初级的、对事物个别属性的反映.能产生美感的感觉形式主要是视觉和听觉.人的这种感觉是在劳动基础上借助语言、符号形成的一种能动的反应形式,有别于动物在刺激感应性基础上自然形成的感觉.

有时还能由一种感觉引起另一种感觉,例如有的音乐家能从乐音里听出各种色彩.这称为审美联觉或审美通感.

知觉是建立在感觉的基础之上对客观对象整体形象的反映,也包含着过去的经验、知识等认识内容,还包含着想象、情感、思维、意志等心理因素,表现出个人的兴趣、性格等.它具有相对性(即意识的流动性)、整体性、理解性、恒常性(指能把握事物属性的一种固定特征).

主体对于知觉到的事物属性,有一个具有概括作用的主动的创造心理过程.这是审美知觉的升华,称为审美统觉,即俗话说的某人具有某种“艺术细胞”.

表象是知觉在人头脑中的保留和再现,即一种形象的记忆,这里主要指不随意的再现,一般产生于联想(接近联想、类似联想、对比联想等).审美表象是具象(即具体对象)与抽象的统一,是情感、想象作用下的表象流动,是形象的逻辑新结构形式.

想象是表象的改造和重新组合.分为再造性想象和创造性想象.美的欣赏中发生的想象多半是前者,即对某种本人虽未经历的事物的描述的理解和想象,建立在已有的表象、知识的基础之上;美的创造中起主要作用的想象则是后者,是对一种不存在的对象的设想、幻想、理解等,它是能动的,但不是随意的,因为必须符合客观规律、受客观条件限制.

情感是一种态度的体验,是对外界事物和主体之间的关系的反映.情感决定于人的需要、渴求、意向以及个人意志和性格等.情感需建立在认识的基础上,以避免盲目性.审美的情感偏向于直观,道德的情感偏重于理智.情感是在情绪基础上形成的高级情绪.所以审美过程能引起人的情感,改变人的情绪.反过来,情绪也能影响审美过程,情感能促进人的积极活动.

思维是认识的高级形式.美感中是否包含思维?其实,它渗透在美感的一系列心理过程中.例如,知觉中包含着思维(过去的经验和知识)的因素;思维规范着表象和想象的逻辑联系;思维渗透在情感中并和情感相互作用.

思维在审美过程中的特点是:它始终和感性形象地联系在一起,即所谓形象思维,区别于纯粹运用概念来判断、推理的抽象思维,而是把概念、判断、推理融化于形象之中.也就是说,概念用以说明形象,判断是对形象的判断,推理表现为形象的运动过程.

形象思维主要是创造性的想象.本书将在后面进一步研究这一点.

附带讨论两个问题:

(1)美感与快感的区别.前者主要是一种具有社会内容的精神享受,后者则纯属生理性质的感官反应.快感与美感又有密切联系,是美感发展的基础.人由动物进化而来,人类的美感当然也是从生物学范围内的快感的基础上发展起来的.但人类美感大大超出快感的范围,并已发生质的变化.

(2)知觉与直觉的区别.所谓直觉,按巴甫洛夫的说法就是"人记得最后的结论,却在其时不计及他接近它和准备它的全部路程".在审美感受中,直觉较多地带有情感的因素,知觉则偏重于对事物外部形象整体性的认识,它是由感觉经过分析和整理的.当然,审美知觉和审美直觉,是互相联系的心路历程,在美感直觉里也包含知觉形象.

由于心理科学发展水平特别是对美感心理要素的研究还很有限,以上说明都是描述性的.

概括起来,审美过程的特点是:

(1)以感情活动为主.

(2)以形象思维为主.

(3)在欣赏、玩味中受到教育.

作为科学教育工作者,必须懂得教育心理学,有了这个基础,来研究审美的心理活动,就已具备了相当的条件,特别是可以通过教学来进行有关的实验和检验,加之熟悉一些数学方法,可以从定性到定量,这都是得天独厚之处.

这里只举一个例子.20世纪前半叶美国首屈一指的数学家伯克霍夫(G.

D. Birkhoff，1884—1944，图 2)，出于对音乐的爱好涉猎美学问题，成了著名的实验美学家. 他在 1932 年出版的《实验美学》一书中，提出了一个公式

$$M=\frac{O}{C}$$

式中 M 表示审美感受的程度，O 表示审美对象的品级(难易度)，C 表示审美对象的复杂性.

图 2　伯克霍夫

伯克霍夫生于美国密歇根州，1907 年获芝加哥大学博士学位，曾任美国数学会主席(1925)和美国科学发展协会主席(1937). 研究范围很广(包括美学)，成就很高.

我国现在也有人以系统论、控制论、信息论、模糊数学等工具研究美学.

第13章 自然美与科学美

这里我们将考察古往今来哲学家兼自然科学家对自然美与科学美的看法，着重点是科学美的有关问题.

由于科学的进步，人们对自然有了更深刻更广泛的了解，对自然美与科学美也就有了更多的发现. 这是多数科学工作者普遍的感受和体会. 杨振宁(1922—)和李政道(1926—)近年分别在国内宣扬科学美. 以下说法便很有代表性：

牛顿(I. Newton，1642—1727，图 1)赋予世界画面的惊人的秩序与和谐所给我们的美感上的满足，超过凭借任何天真的常识观点或亚里士多德派范畴的谬误概念，或诗人们的神秘想象所见到的万花筒式的混乱的自然界.

图1 牛顿

牛顿生于农村，1665年毕业于剑桥大学的三一学院. 1669年(26岁)继巴罗之后任卢卡斯教授. 1703年成为英国皇家学会主席. 主要著作有《自然哲学的数学原理》(1687)、《光学》(1704).

当然，也有持反对意见的，丹皮尔在《科学史》一书中引述了一位教授的看法：

从前人们眼中的世界"是一个富有色、香、声，充满了喜、乐、爱、美"的"理想世界"，自从牛顿力学取得胜利后，"这个世界却被逼到生物大脑的小小角落里去了.而真正的外部世界则是一个冷、硬、无色、无声的寂死世界，一个量世界，一个服从机械规律性、可用数学计算的运动的世界."

真是仁者见仁，智者见智.

欣赏自然美并不困难，下面就会谈到.欣赏艺术美和科学美，则需要相应的文化知识.物理学家英费尔德认为，"当你领悟一个出色公式时，你得到同听巴赫的乐曲一样的感情，在这两种感觉之间没有任何区别，除去如下一点:要从数学得到满足比起爱好音乐者的欣赏来，必须受到更多的训练."

哈代则认为能欣赏一点数学美的人比能欣赏音乐美的人还多.

反正要深刻地感受科学美，必须以知晓科学知识为基础，懂得基本的概念、符号、逻辑、公式、实验等.这样说，是否与第十二章审美心理以感情活动、形象思维为主相矛盾？我们说，不然.我们的根据是只有理解了的东西才能更好地感受它.同时，也不排斥在一知半解的水平上获得美感，例如，对陈景润"1＋2"(陈氏定理)洋洋洒洒数10页的证明能看懂的人寥寥无几，但大多数人觉得这个定理相当漂亮(美).

现在我们还是先谈自然美.

13.1 自然美的产生与种种表现

大概谁也不会否认自然的美.自然美不仅是人们观赏的对象，也是文学艺术的一个渊源，它还是本书所论述的科学美的一个基础.

1.自然美的产生

无疑的，自然美与自然事物的自然属性有关.不过，又不能把两者混为一谈.自然美是人类社会实践的产物.为什么这样说？事实上，在生产力极端低下的人类幼年期，人与自然相比处于弱者地位，"在环绕我们并且仇视着我们的自然界中是没有美的"(高尔基).后来人们逐渐认识和掌握了自然规律，逐步实现对自然的支配和改造，在形成"人化的自然"(马克思)过程中，才逐渐领略到自然的美.

所谓"自然的人化"，大体上有三种基本形式：

(1)自然物打上人类实践活动的烙印，使人们得以从中直观自身.例如，从原始人的狩猎到游牧,人们主要与动物界打交道,欣赏的是动物之美,对于花花草草之类兴趣不大,所以旧石器时代的洞穴壁画基本上都是动物形象.汉字“美”,按《说文解字》及段玉裁的注,意思是“羊大”,即肥硕的羊就是美.

(2)自然物作为人类可亲的环境,从而获得审美价值.有名的杭州西湖、桂林山水等都是很好的例子.

(3)自然物作为人和人类生活的象征,显示审美意义.如黄河在历史上与中华民族的繁衍生息有关,而被喻为“中华民族的摇篮”.

这些常能引起人们的联想、想象,引发特定的情感,正是“江山如此多娇,引无数英雄竞折腰.”

2.自然美的特征

简单地说,可概括为以下三点:

(1)变易性.这有自然的原因和社会的原因.例如,同一景物,四时朝夕就各不相同.

(2)多面性.因为自然物有多种属性,可以从不同侧面去体察.

(3)形式美占有突出的地位.

3.形式美

狭义地说,形式美指构成事物外形的物质材料的自然属性(形状、色彩、声音、质地)以及它们的组合规律(整齐、比例、对称、均衡、反复、节奏、多样的统一等)所呈现出来的审美特性.

形式美是自然美的抽象,好比数学中的数和形是现实世界数量关系和空间形式的抽象一样.它体现了人对自然美的认识,为艺术形象创造提供了基础.

形式美是人的思维发展到具有一定抽象、概括能力的条件下产生的,随人类实践的发展而发展.人们对形式美的感觉不是生来就有的,要在长期实践经验上形成,例如,画家与数学家的感觉就有差别.

现在我们以科学工作者的眼光对自然界的形式美作迅速的一瞥:

(1)累积状之美.如崇山峻岭、花丛灌木.

(2)罗列状之美.如枝叶扶疏、错落有致.

(3)射线状之美.如日月星辰的光芒,孔雀开屏的尾羽.

(4)回旋状之美.如蜗壳、螺壳.

(5)对称状之美.如雪花、晶体.

(6)排列状之美.如麦穗、鱼鳞、鸟羽.

(7)网目状之美.如龟甲、鳄皮、树皮、叶脉.

(8)斑纹状之美.如虎皮、豹皮、鹿皮.

(9)平行线之美.如垂柳、雨丝.

(10)律动美.如池水微澜、海洋潮汐.

(11)变幻美.如白云苍狗、落霞孤鹜.

(12)营造美.如蜂巢、蚕茧.

面对这五光十色、花团锦簇之美,画家、文学家、音乐家都竞相描绘,其实科学家也为之倾倒并作出了毫不逊色的反映,他们不但发明了摄影机、录像机,就连绘画的理论也有他们的功劳.艺术家兼科学家的达·芬奇、丢勒等在透视法等方面的贡献,说明要精确反映这些数学工具自有独到之处.早些年法国数学家发明了“分数维曲线”(分开,Fractal)以描摹自然景物获得极大成功,至于使电子计算机绘画、造型,少不了数学工作者的参与.

下面再举几个例子,有些是大家熟悉的:

笛卡儿叶形线方程 $x^3+y^3=3axy$;

三叶草方程 $\rho=4(1+\cos 3\theta+\sin^2 3\theta)$;

玫瑰线方程 $\rho=a\sin k\theta$ 或 $\rho=a\cos k\theta$;

向日葵花盘上种子依 $\rho=a\theta(a\geqslant 1)$ 两条螺线(一正一反)排列.

英国数学家图灵(A. M. Turing,1912－1954)1953 年发表生物形态形成的数学论文,利用场论中的算符给出了在各种复杂条件下的一般公式,例如形成平面形态(如奶牛皮表面的花斑)和立体形态(如放射形虫和叶序分布方式)的规律均可表示出来.前几年美国的尼约特也用梯度分布来描述蝴蝶翅膀上的花纹.

我国吉林大学的庞云阶 20 世纪 80 年代在美国做访问学者时,研究用计算机绘制具有中国画传统的山水花木,引起国际上的瞩目,同时有浙江大学的潘云鹤研究计算机美术,这可以说是将自然美、艺术美、科学美熔于一炉,巧夺天工了.

我们所举的这些例子,已经不是纯粹的自然美问题,然而正是诸如此类带有浓厚数学意味的描绘,更吸引我们广大师生的关注.

13.2 科学美的含义

科学是人类聪明才智的对象化,是人类积极地能动地改造世界的活动的一个组成部分.科学技术是自然规律的正确反映,它的应用则成为社会生产力.它基于自然美,因此,不但具有美的本质,而且具有美的形式.它是更高级的美.美的法则在科学中和在艺术中是同样存在的.海森堡说:“自然美也反映在自然科学的美之中”.我们前节谈了“自然的人化”,反过来,还有“自然的化人”的功能,这里面就包括自然规律被人认识而激起的科学美感.

从科学史上看,由于古希腊的科学家对科学美最为重视而且对后世的影响最为巨大,本节就以清理这条线索的方式来看看科学美这个概念是如何产生和发展的.

约在公元前600年,希腊最早的爱奥尼亚学派深信人的智慧是强有力的,认为自然界是有秩序的并始终按照一定的方案运行,敢于凭他们的理智来面对宇宙,而不依赖于神、灵、鬼、怪、天使以及其他神秘力量.

要达到这样的认识水平,有决定意义的一步是数学的应用. 毕达哥拉斯(Pythagoras,约580—约500,图2)学派观察到一些性质不同的现象具有相同的数学性质,于是认为数是宇宙的实质和形式,提出了“万物皆数”的信条. 他们和爱奥尼亚学派一样,都认识到感觉材料下面隐藏着自然的和谐关系,他们更深入的地方是由归结为单独一种物质(水)进而归结为数的关系这种形式结构.

图2 毕达哥拉斯

毕达哥拉斯,约在公元前532年移居南意大利的克洛顿,在奠定理论数学基础的同时,创立了神秘宗教社团. 他的弟子中有一部分从神秘宗教中分离出来,专门进行研究活动,活跃于前6世纪后半叶到前4世纪,取得了很多成果,在数学上尊崇特定的数和均衡的图形,具有美学意义.

柏拉图(图3)继承和宣扬这样的观点:只有通过数学才能领悟物理世界的实质和精髓. 但他走得更远,要用数学来取代自然界本身,滑进了唯心主义哲学. 他建立了“理念”理论,主张物质的东西是人们心中事先的理想模样在实在世界中的复本和幻象. 其中心理理念是关于美和善的理念. 存在着独立于人之外的、由这类形式和观念组成的“实在世界”. 数学是这个“世界”的一部分,并且帮助训练心灵去认识永恒的理念.

柏拉图是苏格拉底的学生，公元前387年创立了学园.他深信数学对哲学和了解宇宙有重要的作用，世界是按照数学来设计的.他强调数学的抽象性、演绎性，重视宇宙规律的数学描述，对于现代数学思想有不容忽视的影响.

图3 柏拉图

柏拉图的学生亚里士多德(图4)对老师的看法提出了批评，作为物理学家，他相信物质的东西才是实在的主体和源泉，从唯物的观点出发，认为应当重视经验.他主张物理科学是研究自然的基本科学，数学则从描述形式上的性质(例如形状和数量)来提供帮助.数学是从现实世界抽象而来的，所以它能应用于物理世界.

亚里士多德是柏拉图的学生，古希腊哲学家中“最博学的人物”.是形式逻辑的奠基人.他认为物质永恒存在，不能被创造，批评柏拉图的理念论，指出一般不能离开个别而存在，事物的本质即“形式”是在事物之内.强调思维依赖于感觉.但他认为事物运动的最终原因是“第一推动力”，以及片面夸大理性的作用，又从唯物主义立场倒向唯心主义.

图4 亚里士多德

海森堡曾经考察过这段往事，认为，“对自然现象的正确表述正是从这两种对立观点的紧张关系中发展形成的.纯粹的数学的思辨不会有什么成效，因为它玩弄着大量可能的形式，就不再去寻找回溯到少数几个实际上藉以构造自然界的形式了.而纯粹的经验主义也不会有什么成效，因为它最终陷入无止境地制造内在联系的表格的困境之中.只有通过这种紧张关系，通过大量事实和可能适合它们的那些数学形式之间的相互作用,才能够涌现出决定性的进展.”

兼采双方之长的首先是伽利略(G. Galilei,1564—1642).他的著名的落体实验,是把经验事实理想化,力求找到相对应的数学形式,得到了一个简单的数学定律,成为近代精密科学的开端.几十年以后,牛顿以更丰富更深刻的成果指明了这条道路.

综上所述,从毕达哥拉斯时代起,就建立了自然界是依数学方式设计安排的这种信念,即数学规律就是自然真理,直到19世纪末,这信念都鼓舞着广大科学工作者去探索数学规律.

也就是与这同步,他们建立了数学和研究自然真理之间的联盟,以后成为现代科学的基础.

他们同时注意到了科学(特别是数学)的美,并加以强调.算术、几何与天文被他们看作是心智的艺术与灵魂的音乐.柏拉图把领略知识的美作为审美的高级阶段,“这时他凭临美的汪洋大海,凝神观照,心中掀起无限欣喜,于是孕育无量数优美崇高的道理,得到丰富的哲学收获”.(《文艺对话集》)亚里士多德虽然把数学看得比物理学低一些,但他积极为数学美做宣传,他说:“那些断言数学中什么美也没有的人是错误的……美的主要形式是秩序、可公度性和精确”(《形而上学》).

图5 《关于两大世界体系的对话》扉页

伽利略是意大利物理学家,是经典力学和实验物理学的先驱者.他认为应当从观察实验得出原理,并用数学公式定量地表示出来,再用实验来考核推理是否正确.1632年出版《关于两大世界体系的对话》,图5是该书的扉页,自左至右为亚里士多德、托勒密、哥白尼.伽利略在书中支持哥白尼的“日心说”,从而受到罗马教廷迫害.

海森堡总结古代对于美的定义,认为有两种说法,其一是“事物的部分与部分、部分与整体之间的固有的和谐(协调)”,例如欧几里得几何就是这种范例;

其二是"'一'的永恒光辉透过物质现象的朦胧的显现",这种说法比较适合于艺术作品.两种说法相距并不很远,它们都涉及"一"与"多"的关系.特别是第一种说法对于现象的多样性的理解,从毕达哥拉斯开始就在于从中认出可以用数学语言来表示的统一的形式原则.在一个科学理论中,以简单的公理系统借助数学语言使"多"被统一了,我们便感到它的美.海森堡还指出,"美对于发现真的重要意义在一切时代都得到承认和重视."他并且认为一个科学理论的成功就在于发现了"一种至高无比的美的联系",相对论和量子论就是例证."伟大的联系带着这种美的熠熠光彩进入精密科学,甚至在细节得到了解以前,在能够合理地加以证明之前,就成为可认识的",这是一种启发性的力量.

图 6　庞加莱

庞加莱(图 6)又译作彭加莱、潘加莱等,法国数学家、天文家、物理家和科学哲学家.科学史家萨顿称:"他是我们这个时代最有智慧的人物".洛夫说:"他能够进入所有时代最伟大的数学家的行列之中".他对科学美学的贡献也很大.

我们觉得,对于以上各种说法不能毫无批判地兼收并蓄,应当坚持唯物论的反映论,吸取它们的合理的内核.那么科学美的内涵究竟有哪些?我们根据古今一些著名科学家所列举的范例,先摆出主要的几点,以后各章再结合有关问题作进一步的分析.亚里士多德的归纳前文已提到,是秩序、可公度性、精确,爱因斯坦也赞成精确,以及"极度的纯粹、清晰和可靠",最近国外有人列举了思路的和谐连贯概念的清晰、雅致、纯正、经济、稀罕、显著、深奥、朴素、广泛、可及、洞察.庞加莱则由自然界的深奥之美引出所谓"深奥"是"潜藏在感性美之后的理性美",这种理性美他列举的有雅致、和谐、对称、平衡、秩序、统一、方法的简单性、思维经济等,这些就是科学美的内容.

以上说法虽然简练而概括,可是使人觉得抽象而不着边际.他们怎样得到这些结论的?它们之间的关系如何?最主要最核心之点是什么?一时也难以说清楚.为了逐步领会各条的本质联系,下节从理论和实例两个方面做些探求.

13.3 对科学美的探求

大凡美的追求，
总是充满了希望，
而美的追求者，
也被时代所敬仰！
因为充满他心灵的，
是美的道德，
是美的理想……
因为辉映他瞳仁的，
是美的情操，
是美的信仰……

这首诗所讴歌的是美的追求，也包括科学美的追求.科学技术发展的根本动力，当然是社会生产的需要以及人们为了克服理论本身的缺陷而作的不懈努力.人们常说要达到尽善尽美，就是指的这种探索和追求.

数学史家莫里斯·克莱因在总结古希腊数学时说道："他们也并不忽视数学在美学上的意义.这学科在希腊时代被人珍视为一门艺术；他们在其中认识到美、和谐、简单、明确以及秩序.""事实上，在希腊人的思想里，对合理的、美的乃至道德上的关心都是分不开的……无疑是由于这门学科在美学上的吸引力，才使得希腊数学家把有些项目探索到超出为理解自然所必须的程度."

对科学美的认识有一个由不知到知、由知之不多到知之甚多的历程，它以对自然美的认识为基础.庞加莱写道："科学家研究自然，因为这样做是有益的""是为了从中得到乐趣，而他得到乐趣是因为它美.如果自然不美了，它就不值得去了解，生命也不值得存在""我指的是本质的美，它来自于自然各部分的和谐的秩序，并且纯智力能够领悟它."这话说得很明白，有益和美，是吸引科学家乐此不疲的强力磁极.他指出有两种事实最引人注目："因为简单和深远两者都是美的，所以我们特别喜爱寻求简单的事实和深远的事实"，他举了星球的巨大轨道、显微镜下的细小的东西、遥远地质年代的痕迹几个例子，读者可能会有同感.

科学史家沙利文更为偏激，他说"因为科学理论的主要宗旨是发现自然中的和谐，所以我们能够立即看到这些理论必定有美学价值.一个科学理论成就的大小，事实上就是它的美学价值的大小""科学在艺术上不足的程度就是它作为科学不完善的程度.”这些论断我们认为还可以商榷,但他的论据“没有规律的事实是索然无味的,而没有理论的规律至多只有实用的意义”却颇有见地.

诺贝尔物理奖获得者钱德拉萨克(S. Chandrasekhar,1910—1995)关于科学美的探求写有专文,作为对海森堡复述的美的定义(标准)的一个补充,他又举出一条:“没有一个极美的东西不是在调和中有着某些奇异(例外)”(培根语),我们认为这一点确实是很重要的.

现在让我们考察几个典型:

(1)开普勒(J. Kepler,1571—1630)行星运动三定律中的公式

$$T^2=R^3$$

式中 T 是公转周期,R 是轨道平均半径(或更精确地说是椭圆半长轴).它深远而简单,符合庞加莱和沙利文的提法.自然规律如此精妙是令人惊叹的.

(2)爱因斯坦质能关系式

$$E=mC^2$$

式中 E 为物质的能量,m 为质量,C 为光速.它表明 E 与 m 成正比,以 C^2 联系起来,构成标定均衡的式子,深刻地反映了对立面的矛盾统一.这样的和谐简洁,使人赏心悦目.美学家很注意比例关系,达·芬奇说过,绘画等艺术品引起的“美感完全建立在各部分之间神圣的比例关系上”,从这个式子看到,科学精品之美又何尝不是如此!

(3)爱因斯坦的广义相对论体系.它最震撼人心之处是把以往认为完全独立的两方面概念,即时间和空间的概念,物质和运动的概念联系起来、统一起来.它显示着整体性的美,而又体现了调和中的奇异,例如改变了时空观念,允许有奇点、黑洞.爱因斯坦不是对牛顿理论进行修补,而是“通过定性地讨论一个与对于数学的优美和简单的切实感相结合的物理世界,得到了他的场方程.”

以上三个例子,无论从哪方面看,都符合科学美的各种定义,它们不愧是探求科学美取得巨大成功的范例.

下面我们结合具体的自然现象探求其中的三个科学美特征:

(1)对称性.从简单到复杂,从局部到整体,对称性可说是大自然创造的美的基础.

这在动物界是普遍现象,对称中的奇异也是有的,使我们不至于尽看到整齐划一的单调对象.

除了轴对称、面对称,还有中心对称、旋转对称、螺旋对称,都在植物界司空见惯.花朵的花瓣绕旋转轴转过若干度便与相邻花瓣重合,这所需的最小角度称为元角,梅花为 72°,水仙花为 60°.另一种度量方法是看旋转 360°时顺次与

相邻花瓣重合的次数,称之为轴序,例如梅花是第五序,水仙花是第六序.螺旋对称是指在空间呈圆柱(或圆锥)螺线形的排列.如树叶沿茎秆生长,为使彼此不遮挡太多光线,都按一定间隔分布,这种有趣现象叫作叶序.第1节提到的向日葵籽、松球鳞片、菠萝果壳瘤状物是叶序的类似表现.

非生物界最常见的对称物是各种晶体.著名晶体学家费多洛夫(E. C. Федоров,1853—1919)有一句名言:"晶体闪烁对称的光辉".糖和盐,冰和砂,更不用说多种宝石,都是晶体,晶体的对称方式丰富多彩.对晶体的认识是逐步深入的.人们把晶体的内部结构叫作空间晶格,指分子按对称原理排成的平行六面体.在这种想象的基础上,加多林于1867年证明晶体共有32种理想的对称形状;1890年费多洛夫等人用纯几何的方法论证存在230种空间晶格类型;1912年劳厄(M. von Laue,1879—1960)等利用伦琴射线发现了晶格的现实性.晶体的各个面的物理、机械性能不是一样的,称为各向异性,这都与晶格有关,即最终取决于它们结构的对称性.

著名数学家韦尔出版了一本通俗读物《对称》,成为物理、数学工作者的很有启发性的参考书,他认为对称在数学中有基础性的作用,值得我们重视.

(2)周期性.大自然充满了节奏、波动、起伏,伴随着雄伟壮观的电闪雷鸣、海洋潮汐、星移斗转,神奇美妙的日食月缺、昙花一现、春燕秋雁,悲壮激昂的山崩地裂、台风海啸、寒潮雪暴……美学家常说美的范畴有优美、崇高、悲剧、喜剧,这些现象尽可纳入.

周期性振动多种多样、无穷无尽,可是所有周期过程都能用 $A\sin(\omega t+\varphi_0)$ 或正、余弦函数的叠加(有时需用无穷多项,即傅里叶级数)来表达,难道不是很有意义的吗?庞加莱还研究过周期函数的扩张的问题,1924年哈拉尔德·波尔(H. Bohr)创造了殆周期函数的理论,比庞加莱的更广义更自然,使古典的三角级数理论向新的方向又前进一步.

有很多不甚分明的反复性现象,需要用到概率论、数理统计等数学工具进行研究.

(3)全息性.生物体每一相对独立的部分在化学组成的模式上与整体相同,是整体的成比例的缩小……使我们想到激光全息照片的特性.这类照片可以碎裂成小块,每一小块在再现时仍能给出整个物体的像.生物体很像是一幅全息照片,所以……使用了物理学中"全息"这一术语,把生物体结构的这一法则称为生物体结构的全息"定律"或简称为生物全息"律".

这里我们将"规律""定律""律"都打上引号,是为了表明对这种现象能否算得上规律还持审慎的态度.我们必须强调:真理再跨进一步就会变成谬误.下文我们引述的一些说法就似乎已“跨进一步”了，或者说过于强调了，弄得有些牵强附会. 姑妄看之吧.

有人说，马克思把商品作为资本主义社会的“细胞”来分析，商品就是一个“全息元”，这是“社会全息”.

曹雪芹的《红楼梦》是我国封建社会的一个“全息元”，这叫“文艺全息”. 一切现实主义文艺作品都试图做到这一点.

还有“全息反演”现象，如人的耳针穴位与对应全身脏腑位置颠倒；宇宙大爆炸中却有着“黑洞”，即局部收缩现象.

“全息科学方法”也提出来了，例如由局部研究整体，这相近于数学中的归纳法、类比法；以及建立数学模型或模拟. 不过，西方科学哲学家波普尔（K. R. Popper，1902—1994）早就批评归纳法只能证伪、不能证实.

把大脑看成整个宇宙的全息元，这样来认识人和宇宙之间的关系，可称之为“全息宇宙观”. 这里也有唯物论（反映论）和唯心论（“吾心便是宇宙”）两种观点斗争着.

这样他们想提炼出一门“全息论”的新学科，把它说成是一种综合性和普遍性的科学理论体系. 有人试图让它与外国人搞出来的信息论、控制论、系统论分庭抗礼.

现在我们回到数学中来. 由于高度的抽象性，数、形概念本身一定程度上可视为一种“全息元”，公式、定理更是特定现象的“全息照片”“见微知著”“一叶知秋”都是这个意思，这种思维方法可称为“全息逻辑”.

细心的读者大概已经看出一些问题了，就是尽管上面举的一些例子似乎没错，但毕竟还不能屡试不爽、处处成立、颠扑不破. 数学中除了“普遍”，也有“奇异”，还有“不完备”（“不完全”），这都是一种局限. 我们不能因为有了一些例子便以偏概全、无限推广.

提出和寻找更多的全息现象是有意义的，确实能开阔眼界、拓宽思路；而对它过于迷信，乱加比附，任意加上“规律”之名，则是不严肃的. 近年人们热衷于“克隆”生物，甚至一些哺乳动物如羊、牛等也已经克隆成功，我们希望这对研究全息问题也有帮助.

科学美与数学美

第 14 章

数学美是科学美中最高级、最纯粹的部分.

随着各类科学(自然、技术、人文、社会)的数学化,数学美愈益广为人知,惹人喜爱,愈益显示其璀璨的光辉. 它并非附丽于各门科学,而是有其独立和实质性意义.

美国曾经在 20 世纪后期接连出版过两本由许多专家写成的研究报告集——《今日数学》和《明日数学》,可说是对数学及数学教育比较全面的回顾和展望都谈到数学美问题. 第一本指出,"有创造力的数学家……共享惊人相似的一组审美标准";第二本也说,"……数学具有一种美学价值,正如音乐或诗歌所清楚地规定的一样". 不过书中也实事求是地提到,对"那些认为数学对他至多是一种痛苦的回忆的人,数学会有任何美学价值的看法正如猪有翅膀的想法一样荒唐".

有一句流传很广的话:"趣味无可争辩". 所以我们并不想强迫这后一种人迅速改变看法. 英国数学哲学家怀特海主张:"作为人类精神最原始的创造,只有音乐堪与数学媲美. 只有取得过数学财富的少数人……才能尝到数学的'特殊乐趣'."这样一说,连多数中小学数学教师也只配"靠边站"了. 好在有哈代出来解围,他认为:"现在也许难以找到一个受过教育的人对数学美的魅力全然无动于衷""实际上,没有什么比数学更为'普及'的学科了. 大多数人都能欣赏一点数学,正如多数人能欣赏一支令人愉快的曲调一样."

哈代的信条是:“美是首要的标准,不美的数学在世界上是找不到永久容身之地的.”

人类对于数学美的感知和认识与对科学美一样,是逐渐深入的.起初,数学的萌芽时期,数起源于数(shǔ,音“署”),量起源于量(liáng,音“梁”),人们看到了它的实用价值,并不注意其美学价值.由于其内容对普通人是如此“深奥”,被巫师术士利用,染上“象数神秘主义”色彩,使人敬而远之.以后由于生产力发展和科学水平提高,人们逐渐相信自然界是按数学设计的,前文已经叙述过了.1770年以后,“数学由感觉的学科转向思维的学科”,1900年以后,数学高度抽象化,令人认为已与自然实在分离开来,不料又在相对论、量子力学中得到应用,使这些理论物理学家大为惊讶,数学家们也为这些理论中的几何、代数、分析、统计等数学本性所激动,大家异口同声赞叹数学的奇妙和美.正是他们,以自己创造性工作的切身体会,大力宣扬数学美及其神奇功能,举出了大量的例证,进行了很有说服力的论述.

14.1 数学美的审美评价

前几章我们已罗列了科学美内涵的一些概括性提法,未作说明.这里我们再列举一些数学美的标准,与前面说的大同小异,但我们将做一些解释.

(1)雅致.顾名思义,雅致就是优雅别致.《辞海》释为“优美而不庸俗”,我国古代用以形容琴瑟音调之动听.我们用来表征数学的一个特点.哈代说,“数学在一切艺术和科学当中是最为阳春白雪的东西”,就有这个意思.庞加莱则赋予它很多含义,首先,“是不同的各部分的和谐,是其对称,是其巧妙的协调,一句话,是所有那种导致秩序,给出统一,使我们立刻对整体和细节有清楚的审视和了解的东西”;其次,是意外,“我们不习惯放在一起的东西意外相遇时,可能会产生一种出乎意料的雅致感”“甚至,简便的方法和所解决问题的复杂形成的对比也可以引起雅致感”.例如,当我们学习定积分概念之后,正惑于没有一般方法进行计算时,牛顿-莱布尼兹公式好比一桥飞架,把定积分与原函数联系起来,所导致的秩序、给出的统一,以及其他种种美学效果,与庞加莱上述标准完全吻合.这个公式之雅致该是大家共同的感受吧?

(2)朴素.质朴无华,天然去雕饰.以求得尽可能简单洗练为目标,这是数学研究的一个众所周知的特色.法国哲学家狄德罗(D. Diderot,1713—1784)说,数学中“所谓美的解答,是指一个困难复杂问题的简单回答.”科学家罗森分析爱因斯坦的研究工作时指出,“在构造一种理论时,他采取的方法与艺术家所用的方法具有某种共同性；他的目的在于求得简单性和美(而对他来说，美在本质上终究是简单性)”.可以说，就是归真返璞.所以简单朴素并不是单薄虚空，而是像璞玉一样秀实，像水晶一样纯粹.

(3)清晰.数学素以其语言的清晰著称，它不像普通语言文字的多义和歧义，而是从少量的公理、定义出发，借助符号语言予以表述，极其严密，因而极为清晰，使人能看清这整棵逻辑树的枝形结构，为其逻辑美所征服.虽然统计数学只给出或然的结论但它的推导是清晰的；虽然模糊数学研究不分明的现象，但它的方法是精确的，所描述的也比经典数学方法更接近客观真实.因此，它们都不违背玲珑剔透的清晰美.

(4)新奇.从数学整个学科来说，“芳林新叶催陈叶，流水前波让后波”，生生不已，滚滚向前.虽然古老分支的理论并未被推翻，但终究失去其重要地位和影响.从每个分支内部而言，新概念、新方法又层出不穷.希尔伯特(D. Hilbert，1862—1943)在1900年国际数学大会上提出的23个问题，给20世纪数学研究以巨大激励.为了解决这些难题，几乎每一道都得寻找新工具、新途径.历届菲尔兹数学奖的得主，无不是“十年磨一剑”，刻意求新，出奇制胜.这些问题和这些工作，基本上是20世纪数学成就的一个缩影，其漂亮的方法和结果，也代表着这个时代数学美的结晶，大家不妨仔细分析其中一两个具体案例，从中寻找新奇隽永之美.

(5)和谐.庞加莱在《科学的价值》中强调“普遍和谐是众美之源”“内部和谐是唯一的美”，这一说法在古代就得到很多人的赞成，是很有代表性的看法.和谐即协调，数学内部的和谐反映在各分支、各层次之间的分工协作、巧妙配合、互相呼应、互为补充，也表现为极有分寸、恰到好处的秩序与平衡.虽然其他科学也具有和谐之美，但都不及数学所达到的境界.这有两个原因，一是数学理论一经确立，基本上不会被推翻，以后只是深化和推广而已，不像其他自然科学分支经常发生新理论取代旧理论的现象.二是它的高度抽象性使它居于比自然界乃至其他自然科学更高的层次，自然规律的和谐用数学结构表示出来时，已经抓住了最本质的特征，由“形似”到了“神似”的地步.

当然，矛盾是无处不在、无时不有的，人们要善于发现各种矛盾，解决这些矛盾，使之更为和谐.数学的三次危机以及其他欠缺曾使人不安，事实上却促进了数学的发展.

(6)统一.是反映数学中从微观到宏观各个层次、各个分支之间深刻内在联系的一种整体美.古希腊唯物主义哲学家，被列宁称为“辩证法的奠基人之一”的赫拉克利特(Heracleitos，约540—约470)曾明确指出，美在于和谐，和谐在于对立的统一. 由此看来,统一性是整个数学美的最高准则,是数学美的最集中的反映. 这个问题后面将专门论述,现在只提一下. 事实上,20 世纪影响最大的两个数学学派——哥廷根学派和布尔巴基学派,这两个学派都是最强调数学的统一性的,他们的研究工作也是为了探讨统一性而展开的.

14.2 数学百花园撷芳

我们在数学美的百花园中徜徉,目不暇接,处处是沁人心脾的芬芳,朵朵有沉鱼落雁的姿态. 这里是信步所至,随手拈来的几朵,属于最大众化的一类.

1. 几何图形的形式美

这是最容易发现,且由于其实用价值而最容易引起浮想联翩的数学美的花朵. 希尔伯特和康福森合著的《直观几何》、斯坦豪斯的《数学万花镜》中就能见到不少令人愉悦的这类例子.

(1) 圆. "大漠孤烟直,长河落日圆",人类最初对圆的美感和神秘感,恐怕与观察日、月、天穹的印象有关,后来还发展为对圆的崇拜,例如东方的佛像,西方的神像脑后都有一圈光轮,天坛祈年殿的顶、柱、墙都是圆形.

国外现代美学家的试验表明:人类的知觉对简单的圆形是最偏爱的. 其原因在于它的绝对完美性,和谐、稳定,使人称心舒畅,在心理上达到满足的最佳状态.

我国远古时代的石器、陶器上就有圆形孔洞或图案,马王堆汉墓中的漆器上的圆形图案更加精美. 神话传说中的伏羲、女娲,治水的夏禹都离不开圆规角尺,表明圆形已深入古人的生产生活之中,无处不见,无时不在.

公元 5 世纪为欧几里得《几何原本》作注释的普罗克拉斯(Proclus, 410—485)写道"圆是第一个最简单最完美的图形",文艺复兴的先驱但丁(A. Dante, 1265—1321)也说"圆是最完美的图形".

笛卡儿(R. Descartes, 1596—1650, 图 1),在《思想的法则》中用列举法"证明,等面积图形以圆的周长最小,列了 10 种图形,如三角形、矩形、扇形等,这当然不符合数学的严格证明规则. 不过,250 年后,著名物理学家瑞利(L. Rayleigh, 1842—1919)为了证明同面积的羊皮鼓以圆鼓具有最低的主音,也是选择上述十种图形的鼓面做实验,异曲同工,使人深受启发.

在同样面积的均匀板材中,圆形板的极惯性矩最小、电容量最小,弹性梁以圆形横断面形状的扭转刚度最大等.

这种最大最小问题,是大自然的巧妙原理,也是人类生产活动谋求的高标准，所以对圆的美学价值的确认与它本身的实用价值相关.

图1　笛卡儿

笛卡儿是法国哲学家、数学家、自然科学家.1612年入巴黎普瓦捷大学，获法学博士学位，成为律师.一度从军.在他的哲学名著《方法论》的附录收《几何学》3卷，提出解析几何思想，使人类数学进入变量数学阶段.他反对经院哲学，开创重视科学认识的方法论和认识论，成为西方近代哲学的创始人之一.

(2)抛物线.柏拉图派学者们内克默斯(Menaechmus)最早从圆锥上截出这种曲线，欧几里得、阿基米德、阿波罗纽斯(Apollonius，约262—约190)继续研究，特别是阿波罗纽斯的《圆锥曲线》"是这样一个巍然屹立的丰碑，以致后代学者至少从几何上几乎不能再对这个问题有新的发言权，这确实可以看成是古典希腊几何的登峰造极之作."开普勒1604年发表《天文学的光学部分》，第一个认识到抛物线、椭圆、双曲线、圆、由两直线组成的退化圆锥曲线都可以从其中之一连续变为另一个.所以抛物线的发现是建立在希腊数学喜欢钻研漂亮、有趣对象的抽象性质的基础上，很久以后才在物理世界中得到广泛的应用.伽利略、牛顿也有贡献.

阿基米德在名著《抛物线的求积》中，利用力学和穷竭法算出抛物弓形的面积，是微积分思想的先导.他还巧妙地用抛物线帮助作出正七边形.

抛物线与圆一样，不论任何大小，形状都相同(即一切抛物线彼此相似).

开普勒用丝线一端固定在焦点的办法画出抛物线.也可以用折纸法，让准线多次与焦点叠合，这族折痕的包络线就是抛物线.两条同样大小的抛物线互相外切于顶点，将一条固定，让另一条紧贴它作刚性滚动，则动的顶点描出蔓叶线.

滚动的抛物线，其焦点可以描出悬链线或直线.这一类性质普通教本上不多见，可以自行发现和研究，是相当有趣的.

有一位美国作家迈勒由抛物线的上升下降联想到冲动和发泄"是生命的实在的核心"，称它是"全部人类力量的曲线""是生命之爱的冲动的抽象".这当然只是一种象征性手法了.

(3)椭圆和双曲线.这两种圆锥截线也是后来在天体力学中找到了应用.古代希腊有椭圆形(更确切说是椭球面)音乐厅,乐队配置在一个焦点的位置处,以得到良好的声音反射效果.

用截割圆锥、手电光斜射墙面、丝线钉点画法、折纸法都可以作出椭圆和双曲线.

中学教科书中介绍了这两种曲线的不少性质,这里不再重复.

这些二次曲线两千多年来在数学发展的几个重要阶段(古典几何、解析几何、微积分等)都扮演着重要角色.它们的内在统一性,用几何方法和代数方法都得到了揭示.它们在近代现代技术中得到极其广泛的应用,美学效果已经集腋成裘,是每一位学习者都能感受到而且还可作出新发现的.

(4)柏拉图正多面体.五种正多面体(正四、六、八、十二、二十面体)的发现比圆锥曲线还早,毕达哥拉斯学派就知道,而柏拉图及其同事肯定,世界上再没有更多种正多面体了.他们把这些正多面体当作宇宙结构的基石.

(5)正五边形(及正五角星形).这种图形由于其奇异性而得到各民族的喜爱,很多国家的国旗上有五角星就是明证.它给人以智慧、光明、希望的联想.古希腊(据说是毕达哥拉斯派)找到精确的几何作图法把它画出,这就是著名的中外比或称"黄金分割".

(6)摆线.这种曲线在实用价值上可以和圆锥曲线相提并论,例如很多机械零件的轮廓线都是摆线.在理论上,它是微积分初创年代的一块试金石,伽利略、托里拆利(E. Torricelli,1608—1647)和惠更斯(C. Huygens,1629—1695)都研究过它.苏联数学家别尔曼写过一本《摆线》的小册子,介绍了很多引人入胜的典故.伽利略是摆线之父,"摆线"在拉丁语里,原意为"联想到圆"的曲线,就是他取的名字.在他之前一千九百年,亚里士多德观察过旋轮运动而没有发现它,托勒密(Ptolemaios,2 世纪人)则把行星轨道想象为外摆线(圆外旋轮线).托里拆利说明了摆线的切线和法线的性质,例如法线族的包络也是摆线.法国数学家皮尔逊(Pearson)发现摆线的"伴随曲线"是正弦曲线.托里拆利和维维安尼(V. Viviani,1622—1703)用"不尽分割法"(即半个世纪后的积分法的先导)算出了摆线一拱所围面积等于母圆面积的 3 倍,他们把这定理冠上了老师伽利略的名字.1658 年,英国著名建筑师连氏求出了摆线一拱之长为母圆半径的 8 倍,这个结果令人震惊.

外摆线中最著名的有心脏线;内摆线中最著名的有星形线,以及当内圆直径等于外圆半径时滚出的直线(哥白尼定理).摆线的渐伸线、渐屈线还是摆线.

惠更斯发现了“等时曲线”,就是摆线.按这样的曲线及渐伸线原理,他设计了“摆线摆”,使这种钟摆的摆动周期不因振幅变化而改变.

1696年,约翰·伯努利(Johann Bernoulli,1667—1748)提出最速降线问题,即从高处顺什么曲线下滑最快(只考虑重力,不计阻力)?作为一场对当时的著名数学家的“邀请赛”,因为最初他自己无法解答.结果,莱布尼兹(G. Leibniz,1646—1716)、牛顿、罗必塔(L'tospital,1661—1704)、雅可布·伯努利(Jacob Bernoulli,1654—1705)和约翰·伯努利本人分别作出了正确的解答:这种曲线正是摆线.以后还引起了一门数学新分支——变分学的发明.

在“等时曲线”(图2)形冰坡上,不同高度同时出发的滑冰者将会同时到达山谷.这也是摆线的一个绝妙的物理性质.

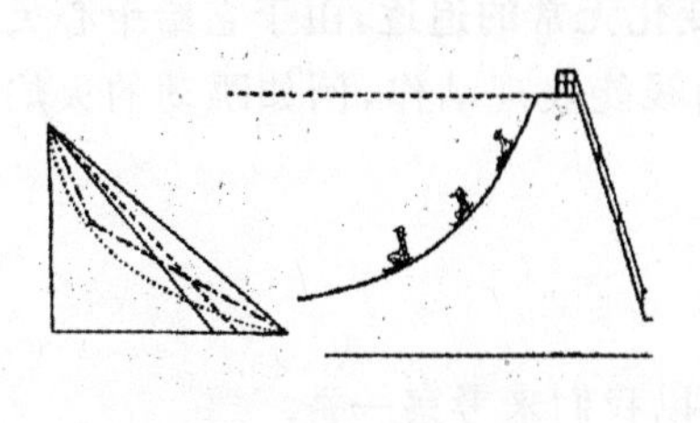

图2 等时曲线

1696年,约翰·伯努利提出了“最速降线”的挑战,这确实是一个非常优美、引人入胜的超越时代的难题,有5位数学家解决了它.牛顿的解法是匿名寄去的,约翰一见便惊呼:“啊!我认出了狮子用它的巨爪.”这曲线原来是摆线.从不同高度下降到地面为什么会“等时”(花的时间相同)呢?这是因为高度越大其速度增加得越多.

摆线的发现史使我们看到人类智力是何等奇巧.

(7)生物与几何形.蜂巢由每一个正六棱柱接上三个菱形底面为一个单元,其结构形态使得用料最少,对这个现象的发现和论证是数学史上一件美谈,早已脍炙人口,这里不再赘述.

有好几种属于橡虫一类的甲虫能够沿着白桦树叶、葡萄叶边缘曲线的渐屈线咬开割口,然后把叶子卷成底线整齐的圆锥形,供繁殖保护后代之用.

关于自然界的螺线前面已经提过.歌德(J. W. Goethe,1749—1832)甚至于有“大自然宠爱螺线”的说法,库克(T. Cooke)为了证实这种想法颇有道理,收集和描绘了不少材料.例如松鼠沿着圆柱螺线爬上树干,北方被惊动的鹿群沿螺线奔跑等,歌德说螺线中有生命的数学符号.

19世纪末叶的美学,受到达尔文主义和唯物主义自然科学观影响,也就是说,自然科学家使艺术家和美学家注意到植物界和动物界形形色色的形式美.德国科学家恩斯特·海克尔(E. Haeckel,1834—1919)的巨著《自然界的形式美》一问世，立即广为流传，得到普遍承认，引起了多方面的深入研究.

20世纪的美学，已在更高的层次上运用生物学和数学的知识去探明生物美、艺术美的共同原因. 例如达西·汤普森(D. Thompson，1860—1948)的名著《论生长与形态》、西奥多·库克的《生活中的曲线》，附有很多插图. 他们曾经都受到歌德和荷迦兹著作的影响. 这类生物美的美学研究，有两种趋势，即纯形式的抽象美学论断或数学图式化.

(8)曲线的美学. 有一种说法，认为曲线美的程度与描绘它的复杂程度相对应，例如椭圆中有一些比圆更具有吸引力的东西，而卵形线、螺线、正弦线又比椭圆更好看.

英国18世纪著名艺术家和美学家威廉·荷迦兹(W. Hogarth，1697—1764)也认为曲线的规则越复杂，线条优雅程度就越高. 他在《美的分析》(1753)中写道："波浪线和蛇形线引导着眼睛作一种变化无常的追逐，由于它给予心灵的快乐，可以给它冠以美的称号"，他说这种曲线能表现动作，例如跳动的火焰就是如此，在美术史上很有名.

当然，这只是一家之言.

2. **比例美**

这个问题由于受到古今美学家的关注，所以我们来考察一番.

基卡有一本著作取名为《自然与艺术中的比例美》，介绍了有关比例的许多有趣事例.

关于比例的特性，柏拉图从哲学的观点提出，没有第三项，两项本身就不可能很好地发生联系，所以这根联系纽带最为重要、最为出色，这就是比例之美妙所在.

欧几里得根据欧多克苏斯(Eudoxus，约公元前400—约公元前347)的成果写成了《几何原本》中的第五篇：比例论. 被人认为是欧氏几何的最大成就，其特点是把比例关系推广到不可公度量. 报纸、书本的尺寸有一个特点，就是对折之后仍与原来相似. 很容易算出，这要求

$$长:宽=\sqrt{2}:1$$

由于已经习以为常，由于构思的巧妙，人们感到它是美的.

另一更为有名的比例是"中外比"或称"中末比"，就是将线段分为两段，使一段是整段与另一段的比例中项. 即

$$a:x=x:(a-x)$$

可得出

$$x=\frac{a}{2}(\sqrt{5}-1)\approx 0.618a$$

路卡·巴巧利(L. Pacioli,约 1445—约 1517)在 1509 年出版《神圣比例》一书,称颂这个比例的奥妙,没有它"正五边形就无法构成,没有正五边形,所有正多面体中最高尚的正十二面体既不能构成,也无法想象".

所以早在毕达哥拉斯时代就知道这种分割法.开普勒称它为"神圣分割",达·芬奇称它为"黄金分割",这一名称早已传遍世界.

人们曾将这种比去分析很多雕塑、绘画、建筑作品,发现人体高度被腰部截分成中外比,建筑物立面、窗框、柱式也常见这种比例尺寸,统计成年男子和成年女子的体形,全身和腰部以下之比,分别约为 13∶8≈1.625 和 8∶5=1.6,接近"黄金分割".

现在有些人认为,因为人体是世界上最美的,对于自身的这种直观,使人们倾向于承认这种比值是美的.我们觉得,这个比在数学意义上也很巧妙,例如,按这种比作出的矩形,可以在里面进行无穷次的黄金分割,因而这种关系确实恰到好处,无怪乎人们如此珍视它.

欧洲客观论美学家提出"美在于客观事物的比例和谐"这一命题,蔡沁(A. Zeising,1810—1876)于 1854 年用"黄金分割律"作为佐证,后来布洛对此提出了批评,认为蔡沁在《人类身体比例的新学说中》(《人类躯体均衡新论》)将这引申为美的原因是过分夸大了.

3. **公式美**

数学是公式的丛林、公式的海洋.公式是智慧的结晶、公式是简练的语言,因此,它给人的印象是睿智、简洁、浩瀚.

有人将公式看成诗,并且引德国著名作家亨利希·曼的话"思想的高度浓缩不知不觉就变成了诗歌"作为论据.

恐怕很难找到对于数学关系式

$$e^{\pi i}+1=0$$

不发出由衷赞叹的数学工作者了,它所揭示的思想的浓缩程度和深度,就表明了它的美学效果.数学中 5 个"占据统治地位的数"0,1,e,π,i 像朵朵鲜花被编织到花环中一样,它们被编入了具有神奇般美的最少的符号里,其中每一个符号都不是一本书所能描写得完的.而它还不过是欧拉公式 $e^{i\theta}=\cos\theta+i\sin\theta$ 的一个特殊情况.

年纪轻轻就夭折的印度数学家拉马努金(S. A. Ramanujan,1887—1920)是一位奇才,他在数论上作出重要贡献,他发现过很多恒等式而未记下证明,

例如

$$\int_0^\infty e^{-3\pi x^2}\frac{\mathrm{sh}\pi x}{\mathrm{sh}3\pi x}\mathrm{d}x=\frac{1}{e^{\frac{2\pi}{3}}\sqrt{3}}\sum_{n=0}^{\infty}e^{-2n(n+1)\pi}(1+e^{-\pi})^{-2}$$

$$x(1-e^{-3\pi})^{-2}\cdots(1+e^{-(2n+1)\pi})^{-2}$$

数学家华特生写道："这样一个公式给我的震惊的感觉，是和我踏进开普莱·梅迪奇的圣器室，看到我面前由米开朗其罗(Michelangelo 1475—1564)雕塑的'昼''夜''黄昏''黎明'塑像的质朴的美时感到的震惊是难以区分的."

数学的公式要多少有多少，我们还是把它们留给读者自己去鉴赏吧.

(附录)"数中九龙"——数字美的奇观：

3000 年前商高已经知道 $5^2=4^2+3^2$.

200 多年前欧拉提出 $6^3=5^3+4^3+3^3$.

70 多年前美国的狄克逊介绍了 $353^4=315^4+272^4+120^4+30^4$.

40 多年前美国舍尔弗里杰得到 $144^5=133^5+110^5+84^5+27^5$. 以及

$1\,141^6=1\,077^6+894^6+702^6+474^6+402^6+234^6+74^6$.

$102^7=90^7+85^7+83^7+64^7+58^7+53^7+35^7+12^7$.

1972 年我国旅居联邦德国的吴子乾找到

$1\,827^8=1\,067^8+1\,066^8+1\,065^8+\cdots+961^8+960^8+958^8+379^8+227^8+137^8+93^8+65^8+47^8+36^8+26^8+28^8+15^8+15^8+14^8+10^8+9^8+8^8+6^8+5^8+3^8+2^8$. 一共 127 项，其中省略号是从 $1\,064^8$ 到 962^8 底数为 103 个连续整数.

1976 年 1 月 8 日，周恩来总理逝世那天，吴子乾又得到了号称"数中九龙"的 90 项长龙：

$9\,339\,636^9=8\,445\,344^9+8\,441\,982^9+7\,779\,668^9+2\,582\,016^9+1\,398\,592^9+759\,812^9+500\,938^9+339\,562^9+221\,892^9+168\,100^9+50\,430^9+43\,706^9+40\,344^9+36\,982^9+30\,258^9+26\,896^9+20\,172^9+13\,448^9+7\,092^9+7\,089^9+7\,086^9+7\,083^9+7\,080^9+7\,077^9+7\,074^9+7\,071^9+7\,068^9+7\,065^9+7\,062^9+7\,059^9+7\,056^9+7\,053^9+7\,050^9+7\,047^9+7\,044^9+7\,041^9+7\,038^9+7\,035^9+7\,032^9+7\,029^9+7\,026^9+7\,023^9+7\,020^9+7\,017^9+7\,014^9+7\,011^9+7\,008^9+7\,005^9+7\,002^9+6\,999^9+6\,996^9+6\,993^9+6\,990^9+6\,987^9+6\,984^9+6\,981^9+6\,978^9+6\,975^9+6\,972^9+6\,969^9+6\,966^9+6\,963^9+6\,960^9+6\,957^9+6\,954^9+6\,951^9+6\,948^9+6\,945^9+6\,942^9+6\,939^9+6\,336^9+3\,362^9+3\,069^9+1\,559^9+918^9+615^9+405^9+237^9+174^9+135^9+108^9+72^9+63^9+54^9+42^9+36^9+33^9+15^9+9^9+6^9$. 敬献于总理灵前.

14.3 数学逻辑美的微观分析

前节我们是从表面上看问题，浮光掠影，东鳞西爪，尚未接触到数学中深奥的理性美. 其实，这种理性美也是普通人能够领略的.

哈代(图 3)举出了两个“较低水平的美”的例子：

(1)“如果你认为一个(象棋)布局‘高明’，你就是在赞赏数学的美”“象棋布局问题就是数字的一种曲调”.

(2)“还有通俗报刊上的智力游戏……的盛行，说明数学原理引人入胜的力量”.“群众需要的无非是一点儿智力上有刺激，别的任何东西都没有数学那样的刺激性”.

这种智力游戏的确绝大多数与数学有关，魔术师杜德奈(H. E. Dudeney)和马丁·迦德纳(M. Gardner)成为著名的趣味数学作家，也说明游戏与数学源流多么相近. 据说爱因斯坦的工作室里就堆着一些趣味数学书籍，他在一段紧张工作后常爱随便取一本看看，用游戏来换换脑筋，也有利于激发想象力.

图 3　哈代

哈代 1900 年当选为剑桥大学三一学院研究员，1910 年当选为皇家学会会员，曾在牛津大学、美国普林斯顿高等研究院讲学. 以数论研究成就最大，指导过拉马努金、华罗庚等杰出青年学者.

哈代还举了两个属于“最好的数学”的例子.

(1)欧几里得关于“素数有无限多”命题的证明(见《原本》第九章第二十节).

证明　若素数个数有限，必有最大的一个，记为 P. 作

$$Q=(2\cdot 3\cdot 5\cdot \cdots \cdot P)+1$$

式中括号内是全部素数的乘积. 显然 Q 不能被这些素数整除，而 Q 比 P 还太，引出矛盾，证毕.

我们在这里要指出，欧几里得原来的证明是用几何方式考虑的，他用线段来

表示素数，用“测量”表示“除”. 关于这个问题的原始证法详情请参看戈丁著《数学概观》(胡作玄译).

(2)毕达哥拉斯学派关于“$\sqrt{2}$的无理性”命题的证明.

证明 设$\sqrt{2}=\frac{a}{b}$，这里 a,b 互素. 则 $a^2=2b^2$，故 a^2 为偶数. 从而 a 也是偶数(因为奇数的平方仍为奇数)，即 $a=2c$，c 是一个整数，于是 $b^2=\frac{a^2}{2}=\frac{4c^2}{2}=2c^2$，所以 b^2 也是偶数，从而 b 是偶数，则 a,b 不互素，引出矛盾，证毕.

哈代认为，“一名读者如果连这些定理都不能欣赏，也就不太可能欣赏数学中任何别的东西了.”

我们赞成这种说法，因为数学最主要的特点是演绎推理，我们对它的欣赏也主要在这里. 拉德梅彻和托普利兹的名著《数学欣赏》，就是通过这类典型命题的证明引导读者欣赏数学逻辑美，这毕竟是数学美的正宗.

我们试举少年时代受这种数学美震撼而日后在科学上作出杰出贡献的例子. 一位是沙皇俄国时期数学的主将，彼得堡学派开山祖师切比雪夫(П. Л. Чебышёв，1821—1894，图 4)，一位是海森堡，他们都提到阅读欧几里得“素数有无限多”证明时心灵深处的强烈触动，由衷赞美数学证明的力量，钦佩古人深刻的洞察力和灵巧的方法，这对他们一生有重大影响.

图 4　切比雪夫

切比雪夫使俄罗斯数学从极端落后的境地走向世界前列，是彼得堡数学学派的领袖. 在经典分析、概率论、数论、函数逼近等方面卓有贡献，他多才多艺，发明多种机器. 1878 年出席法兰西科学院年会时，竟宣读“论服装裁剪”论文，讨论合理用料的数学解法，以后发展为微分几何中的“切比雪夫网”. 他逝世前不久曾对学生半开玩笑地说，数学发展的第一阶段是由神建立的，如古希腊. 第二阶段是由半人半神的费马、巴斯加等建立的. 现在是第三阶段：数学为社会实际需要所建立. 这段话目的是在强调第三点.

哈代分析这些典型美在哪里，概括为意外性、必然性、有机性，以及结果深远、论证奇特、工具恰当、结论无遗. 虽说这未必切中数学逻辑美的主要之点，但总能给人欣赏数学美以有益的启示.

14.4 数学整体美的宏观印象

美国当代数学家哈尔莫斯(P. Halmos)在回答“您认为数学是什么?”时说:“数学……我是看成……一种崇高而壮丽的事业.不管是微分拓扑,还是泛函分析,或者是同调代数……全都互相关联……构成了同一个东西不同的侧面”.这种联系和结构,“就是稳定可靠,确凿无疑,真知灼见,尽善尽美,洞察入微”.我们尽管不像他这一流有创造性的数学家那么感受深刻,但这并不妨碍对数学整体美有所了解.经验使我们觉察,数学的一些主要特征就是数学美学作用的源泉.让我们扼要地找找这些属性.

1.抽象性

哪怕是最简单的数学概念也是很抽象的.人们从科学、技术、经济问题中得到的数学问题以及作出的解答,使我们比观察和实验更深入更准确地把握现象的本质和过程获得更深刻的理解,而且能将问题的原始提法上升为一般的概括.数学的抽象性给数学的发展提供了无穷无尽的保证.

当代,数学的抽象性已由教育的障碍变为有益的动力.苏联著名数学家柯尔莫哥洛夫(A. H. Колмогоров,1903—1987)院士指出,“总的说来,数学从集合、映射、群的最一般的概念开始的、循序渐进的现代化阐述,使它变得简单起来了.这样从各不相同的局部事实中发现它的共同原理时,我们使得叙述更加简洁,更容易理解”.他说的这类“简练、单纯、易懂”的教育效果其实也是美学效果.所以数学的抽象性不论对研究者还是对学习者来说,都是引人入胜的美学因素.

2.演绎性

上一节已经提到这一特点,这个特点把数学的全部实质归结为论证.有人肯定地说,数学中最好的证明要像名言集锦一样精粹,在推理中要能显示音乐般的旋律.哈代对数学论证之美有很精当的描写:“数学家跟画家或诗人一样也是造型家,如果说数学家的造型比画家和诗人的造型更能经受时间的考验,这是因为前者是由概念塑造的”“数学家的造型与画家或诗人的造型一样,必须美;概念也像色彩或语言一样,必须和谐一致”.

逻辑学使数学具备了作为美学科学的资格.欧几里得几何定理组成的“金链”,结构和谐、优美无双,全在于遵循着亚里士多德创立的“分析学”,即形式逻辑法则,这就很能说明这一问题. 数学这一特点同样对教育有积极意义.因为它能教给人们以思维的艺术,即不仅教给概念,而主要是教他们怎样思想,怎样去用它创造“形体”(造型).

3. 语言的完备性

这里所提的是数学语言. 1678 年,莱布尼兹(图 5)在给契里豪兹的信中写道,数学符号“简单地表达了、体现了事物的最深刻的性质,同时出奇的简缩了思维动作”. 的确数学符号携带丰富的信息,传递和复制都最为迅速简便,而且严谨无歧义,明白清楚,一目了然,形式变换循规蹈矩. 莱布尼兹创造的微积分符号、数理逻辑中的命题演算,就是很好的例证. 英国数学家布尔(G. Boole,1815—1864,图 6)对后者起了开创的作用. 数学符号在其他学科中也得到广泛的利用,这表明它的优越性已超出数学之外.

图 5 莱布尼兹

莱布尼兹,德国科学家、数学家、哲学家. 1671 年制造了手摇计算机,从 1684 年起发表微积分论文,实际成果早在 1673 年就陆续获得了. 他煞费苦心选用最恰当的数学符号,有利于微积分的传播和发展. 在哲学上他建立了客观唯心主义的单子论和神正论,但也含有辩证法因素,列宁说他“通过神学而接近了物质和运动的不可分割的(并且是普遍的、绝对的)联系的原则”(《列宁全集》第 38 卷).

人类能够创造出比生活语言严谨得多的数学语言,这本身就是比小说、诗歌等文学作品的创作毫无逊色的智慧结晶,其美学价值该是不言而喻的.

图 6 布尔

布尔,英国数学家. 由自学而成为柯克女王学院数学教授. 他坚信语言的符号化可使逻辑严密. 他的《逻辑的数学分析》(1847)和《思维规律的研究》(1854),使他与德·摩根一起成为亚里士多德逻辑的改造者和逻辑代数的创始者. 使逻辑离开哲学而靠近数学. “布尔代数”这门学科现在成了计算机科学的基石之一.

4. 结论的肯定性

这一点前面也曾谈到. 是的，在数学中，无论什么时候，无论在哪个层次上，都不会容许臆断. 我们承认真理的相对性，但数学真理在它所论断的范围内是绝对可靠的，虽然以后可能拓展，但不是修正.

既然结论肯定，是否就千篇一律，毫无个性呢？有些人正是以此来评论数学，认为它是一门呆板单调的科学. 我们说，这是完全的误解. 在法则的指导下，容许千变万化，例如对勾股定理的证明，就有几百种不同方法，它们是数学美的一个缩影.

5. 应用的广泛性

这是建立在抽象概念的普适性解释的基础上，这使数学能渗透到人类知识的各个领域.

数学家乌拉姆(S. M. Ulam，1909—1984)更以乐观的口吻宣称："数学本身就是一个封闭的微观宇宙，具有巨大的反映能力和模拟任何思维过程，当然包括模拟全部科学的能力. 它给人类带来了极大的好处……甚至还可以说得更远，说数学是人类征服自然所必不可少的，概括说来作为一个生物体的人的发展所必须的，因为它形成了人类的思维."

这种有用性主要是与"善"这个概念联系的，后面我们会论证善与美又有密切联系. 毋庸置疑，数学的益处使人们对它抱有更亲切、更美好的感觉.

6. 数学史的魅力

任何一门学科的历史都不能像数学史那样值得自豪，因为数学史是一部时间最长、错误最少的历史.

数学史家汉克尔(Hankel)的名言："在大多数科学里，一代人要推倒另一代人所修筑的东西，一个人所树立的另一个人要加以摧毁. 只有数学，每一代人都能在旧建筑上增添一层楼."就反映着人们对它的信任.

数学史并非不断增长着的数学知识的简单累积，而是在这种增长着的基础之上的继承现象的反映. 数学思想史表明，无论有多少世纪文化的倒退或中断，无论是发生多少次震动人心的科学革命都未曾破坏数学的继承性. 例如，集合的概念曾经是史前数学的种子、数学生命的开端，今天也仍然是数学科学大厦的基础，尽管它曾遭到多少世纪的遗忘和忽视.

数学史的魅力在于，它是人类文明史中一个非常重要的部分，波澜壮阔、源远流长、奔腾不息. 它博大精深，令人临川浩叹："逝者如斯夫!"它精英荟萃，令人心驰神往："大江东去，浪淘尽千古风流人物". 它是数学与哲学、历史等学科的综合，在这个意义上说，它也是最早的边缘科学、交叉科学之一. 它与整个科学史、技术史以及艺术史有着千丝万缕的联系，鉴古知今，对于我们了解数学的背景以及今后的趋势也有重大的意义. 英国著名科学史家李约瑟(J. Needham, 1900—1995, 图 7)对中国科学史包括数学史就有深入研究. 作为科学爱好者，必须更多地学习一些数学史，知道数学的源流，对于数学舞台上演出的一幕幕威武雄壮的话剧历历如在眼前，这样便能随时动用这座美的宝库中的珍藏，给人以巨大的感染和美的享受.

总之，数学的每一个特征都使人为之仰慕倾心. 我们为它具有如此丰富多彩的外貌而击节称赏，并愿意做出更多的美的发现.

图 7　李约瑟

中国人民的挚友李约瑟博士，1942 年首次来华，得以实现对中国科技史深入研究的宏愿. 其扛鼎之作《Science and CiVilisation in China》从 20 世纪 50 年代陆续出版. 1979 年他自述“四十年来专心致志于此大业，今泰半已成，胜利在望，雄心壮志不减当年，而华发盈颠，虽抚摸陈迹，踌躇满志，而想望将来，忧喜交并. 叹盛年之不再，怀人世之无常，切望完成，有恐不及见整帙之刊行，抚髀叹息，不胜低徊惆怅之感”.

14.5　统一性是数学美的精髓

近代数学是古代东西方数学的一个历史发展与合流，而它们集中表现于在统一性这一点上殊途同归.

古希腊数学的哲学背景赋予它两大特点，一是演绎推理被推上唯一合法的地位，二是数学被视为建立统一的宇宙图景的工具. 我国古代哲学不排斥归纳、类比和经验手段，这带给我国古代数学理论以直观和思辨的色彩. 从西周开始出现阴阳观念和五行说，至春秋时代两种学说合流，成为试图从物质世界内部寻找万物本原以及运动规律的理论，重在阐发宇宙万物生成的统一结构模式，强调构成事物整体的诸因素的和谐关系. 八卦以及后来的太极图与数学关系密切，与美学的“中和”理论也不可分割. 由此可见，数学的统一性观点是受哲学指导的.

我们运用唯物论的反映论来分析一下. 首先,自然界(即物质世界)是统一的,数学是它在空间形式和数量关系上的反映,所以也应当是统一的. 其次,数学美基于自然美,所以数学美的集中反映便是这种统一性之美. 我们前面已提到赫拉克利特的见解,现在看来也是相当精辟的.

在感知的基础上产生的类比、模型、同构的思想是数学统一性的深刻反映. 开普勒说过,自然界的一切奥秘在类比面前就不再陌生. 借助类比,可以揭示数学的关联,这在毕达哥拉斯时代就开始了. 解答习题时也要利用它,波利亚在他的数学方法论著作中曾反复强调过. 对于模型的认识,不但一般定理、公式是自然现象和规律性的数学模型,而且还认识到数学就是数学模型的理论,并出现了以数学世界为对象的第二代数学模型,例如集合论、群、环、线性空间、拓扑空间之类. 对同构概念的理解,历史上有几件事起过重要作用,如射影几何中对偶性原理的发现,19 世纪中叶代数学的扩张等.

20 世纪的数学处于一个重新组织的过程中,公理化就是体现其统一性的重要方法.

希尔伯特(图 8)是公理化方法的积极倡导者. 他要求公理的选取和设立满足:

相容性(协调性、无矛盾性);

独立性(没有多余的公理);

完备性(要保证能推出该数学分支的全部命题).

图 8　希尔伯特

希尔伯特,德国数学家,20 世纪上半叶数学的领袖人物. 被尊为数学世界的亚历山大(大帝),征服了广袤的领域. 韦尔评价说,他和闵科夫斯基"对整整一代学生所产生的如此强大和神奇的影响,在数学史上是罕见的."

希尔伯特这样构架几何基础:

- 几何基础
  - 基本概念(用以定义其他概念和关系)
    - 基本元素　点、线、平面(基本对象)
    - 基本关系
      - 结合关系(点在直线上,点在平面上)
      - 顺序关系(一点介于两点之间)
      - 合同关系(两线段相等,两角相等)
  - 基本公理(用以逻辑地推出所有定理)
    - 结合公理($\mathrm{I}_1 \sim \mathrm{I}_8$)
    - 顺序公理($\mathrm{II}_1 \sim \mathrm{II}_4$)
    - 合同公理($\mathrm{III}_1 \sim \mathrm{III}_5$)
    - 平行公理(Ⅳ)
    - 连续公理($\mathrm{V}_1 \sim \mathrm{V}_2$)

布尔巴基学派又将这种公理化思想加以发展,从全局着眼,不是就各门数学分支去建立各自的公理体系,而是分析各分支之间及内部的结构差异、联系、特征、组成方式,提出全部(或大部)数学都可依结构不同而加以分类.

一种结构中必须包含着元素间的关系,例如运算、变换等.

母结构,下面导出各种子结构,以及各种交叉方式形成的"分支结构".

母结构有:代数结构(如群、环、域、代数系统、范畴、线性空间等)、序结构(如半序集、全序集、良序集等)、拓扑结构(如紧致集、连通集、拓扑空间、列紧空间、连续性及完备性空间等).

分支结构举例:"数直线"就是上面三种母结构的交叉,因为它是域、全序集、一维欧氏空间.

他们的努力是很可贵的,尽管还存在着不足.

现代鼓吹数学美最积极的物理学家狄拉克,其核心思想是,所谓物理科学中的数学美,主要不是指公式的严密、精确、简练,而是这种公式具有在尽可能广泛的变换群作用下的不变性. 这就是说,该理论必须描述尽可能广泛范围内的事物的最本质、最普遍的联系. 从这个角度来看,数学美的客观基础就是自然界中普遍规律性. 数学家冯·诺依曼(J. vonNeuman,1903—1957,图 9)则能将理论与应用数学很好地统一起来考虑.

图 9　冯·诺依曼

冯·诺依曼,生于布达佩斯,20 世纪最全面的数学家之一.由纯粹数学到应用数学,很多工作是开创性的.例如对策论、计算机理论与设计等.他有极强的心算能力,思维像闪电般迅速而严密.

正是由于这些数学家和科学家的深入研究和通俗说明,才使得我们看到数学中的美学因素是这样现实和具体,并能分清主次,领悟其精髓.

科学美与数学美(续)

第

15

章

前文已谈到,在人类意识的黎明时期,科学与艺术本来是没有分割开来的.

近代科学与艺术之间的游离,有社会的原因,主要是分工越来越细,例如16世纪弗朗西斯·培根(F. Bacon,1561—1626,图1)就劝科学家要集中精力去征服自然,而不要细致地学习艺术;也有学科本身的原因,它们都趋向于建立自己完整的体系,暂时无暇他顾.

图1 弗朗西斯·培根

弗朗西斯·培根,出生于新贵族家庭,12岁进剑桥大学,1618年任大法官.主要著作有《新工具》等,其认识论是从经验论出发强调感性与理性的联姻.提出了归纳法,但贬低演绎法.被誉为"英国唯物主义和整个现代实验科学的真正始祖."他向往一个以科学主宰一切的理想社会,提出了"知识就是力量"的伟大口号.

当代由于科学的迅速发展使人看到信息的重要，科学信息与艺术信息都是人的精神产品，它们所反映的自然信息也受美学原理的制约. 另外，艺术家们也发现科学技术对于他们的艺术创造很重要. 所以科学与艺术进行新的联合的趋势不仅是相互爱好，主要还是相互需要.

15.1 数学美与艺术美

本节我们先看艺术中美的规律的数学基础.

1. 音乐

最早的一批数学家，如毕达哥拉斯，已经对音乐发生浓厚兴趣，他的学派已初具音乐的数学理论的雏形，我们现在还从某些数学术语中能找到它的影子，是他们的研究成果.

例如"调和比""调和级数"，它们的各项都是算术级数的项的倒数. 为什么要取名"调和"原来，发出构成最悦耳和音的"do，mi，so"三个音符所对应的弦长就成调和比

$$1:\frac{4}{5}:\frac{2}{3}$$

而这些弦的振动频率的比恰成算术比

$$1:\frac{5}{4}:\frac{3}{2}$$

即

$$4:5:6$$

所以，使听觉感到舒适的和音就具有最简单的数学关系，以后就用了"调和"一词来形容. 普希金有一首诗利用了这个典故，他写道：

我用代数

检验了和谐

我们就相互理解了……

提出音乐应从数学物理领域搬到艺术和美学范畴的是在毕达哥拉斯之后两百多年的阿里斯托克辛(Aristarchus，约公元前310—约公元前230). 不过，音乐作为一门艺术以后，它仍然与数学和物理有着最紧密的联系. 我国古代音乐丝毫不比古希腊逊色，曾侯乙墓出土的编钟是世界奇迹. 公元前1 000余年的西周初期已经有十二律(即十二个半音)和七声音阶的认识. 春秋时用"三分损益法"确定弦长与音调的关系，就是在基音弦上去一分$\left(即乘以\frac{2}{3}\right)$或加一分

$\left(\text{即乘以}\frac{4}{3}\right)$以定另一个律的弦长，依此类推，直到“高八度”或“低八度”．这方法是近似的．五代的何承天(370—447)是数学家，将这种方法改进．明代的王子朱载堉(1536—1610)创立了十二平均律，运用等比级数的思想取公比为$\sqrt[12]{2}$，使得相邻两律间的频率比完全相等，称为十二平均律，发表于1584年，其数学计算则详细记载于他的数学著作《嘉量算经》中．这项发现是音乐史上的大事，比欧洲早半个世纪(很可能是来华教士传往欧洲的)，现代乐器制造仍采用这种办法来定音．

欧洲的音乐理论也一直注意比例问题．开普勒的《宇宙的和谐》发挥了毕达哥拉斯关于天体运行时发出乐音的说法，影响到把音乐仍然作为数的科学．莱布尼兹也有很多关于音乐的笔记，他多处断言音乐和音的本质是以数字比例为基础的．他还表达了一种全新的观念：在欣赏和理解一首乐曲时，人的头脑进行着隐蔽的、下意识的比例运算．他在1712年致好友霍尔巴赫的信中给音乐下了著名的定义：音乐是不知道自己在演算自己的思维的算术练习．

在18世纪音乐声学开始创立．数学家泰勒(B. Taylor，1685—1731)对弦振动频率与长度、张力的关系作过计算，欧拉(L. Euler，1707—1783)、丹尼尔·伯努利(Daniel Bernoulli，1700—1782，图2)、达朗贝尔(D' Alembert，1717—1783)对弦振动理论进行了深入研究，对于伴随着基音的“促音－泛音”的产生作出了解释．这些内容在数学、物理课程中现在仍作为范例介绍．19世纪，有著名物理学家赫姆霍兹(H. Helmholtz，1821—1894)等人继续进行研究．

由于建立了弦振动的精确数学理论及声学理论，物理学家和数学家就清楚任何一种乐器不过是物理声学的仪器——振动器与谐振器的组合．无论对音调、音色还是和声都应当进行而且可以进行数学分析．

图2　欧拉

欧拉是瑞士数学家，13岁入巴塞尔大学，16岁获硕士学位，得到约翰·伯努利的特别指导．他是数学史上最多产的作家，研究几乎遍及当时所有的数学分支，还运用数学工具去解决天文、物理、力学等方面的问题．1735年右眼失明，1771年两眼全盲，仍能以惊人的记忆和心算能力写作论文．

现代计算机科学和人工智能的发展，对于探讨音乐中的数学规律更感兴趣，这已不是声学问题而是作曲的艺术问题了. 人们已经在肖邦(F. Chopin，1810—1849)的钢琴曲中发现了一系列惊人的规则结构，如果将他的乐曲按高低、节奏画出来就是很美观的图案，为什么凭这些图案就能深深地唤起人的情感？视觉、听觉的和谐与我们的生理结构有什么关系？还有人从巴赫(J. S. Bach，1685—1750)的乐曲中找到了与哥德尔“不完全定理”类似的规律性，称之为“一条永恒的金带”.

马克思说过：“对于不辨音律的耳朵说来，最美的音乐也毫无意义. ”看来，电子计算机都将会具有“欣赏”音乐的本领了，音乐美借数学美的力量而得到更好的传播.

19 世纪英国著名数学家西尔维斯特(J. J. Sylvester，1814—1897)把音乐称之为感情的数学，把数学称为智慧的音乐. 他表达了音乐与数学互相借助对方得以实现的奥妙，也预见了将来会出现集贝多芬与高斯的天才于一身的新人.

2. 绘画

上面着重谈了音乐的数学理论概况，同样也存在着绘画的数学理论. 按照达·芬奇的话来说，这是介绍建立在研究数学的基础上的，用线条的力量把近的变成远的，把小的变成大的透视理论这样一种最精致的发明创造.

大约公元前 400 年间的埃里奥多关于透视的文章流传至今，这是最早的这类发现之一. 作者具有一些知识，但也犯了一个影响甚广的错误，就是认为人看得见东西是因为眼睛射出了视线.

之后，欧几里得在《光学》一书中列出了 12 条公理和 61 条定理，讲述了人之所以能看见物体外形和大小的原理. 托勒密也写过一篇有关透视的文章，讲述了能看见物体形状和颜色的原因. 他们的著作都提供了一些透视的知识.

在文艺复兴时期，艺术家们最先表现出对自然界恢复了兴趣，最先认真运用希腊学说，相信数学是自然界真实的本质. 他们受雇于王公贵族去执行各种任务，从绘画到设计桥梁、运河、宫殿、教堂、防御工事、军事器械，所以他们必须学习数学和其他科学技术. 这样，古希腊和罗马使用过的投影图形手法得到恢复和发展，他们感到必须创立、建构在几何原理上的绘画透视学.

意大利雕塑家和首饰匠洛伦·希柏尔蒂(L. Ghiberti，1378—1455)把绘画透视法运用到雕塑之中. 被称为“近代直线透视之父”的意大利画家、数学家弗兰西斯卡(P. D. Francesca，1420—1492)，在指导具有精确、鲜明的几何学透视法方面有巨大贡献，他第一次在《论透视画》论文中指出了透视图的几何原理，即视线形成的锥形投影线和截景的关系，他被同代人尊为典型的科学画家. 意大利建筑师阿尔伯蒂(L. B. Alberti，1404—1472)比弗兰西斯卡大十多岁，他的《论绘画》和《论建筑术》源于中世纪的光学，也提出“视阈锥”的概念，他还用矩形的对角线的交点表示灭点，但没有作出解释，他第一个提出了阴影的画法. 达·芬奇的著作中多处记有作透视图的例子，他最早谈到远景的比例，给全景透视奠定了基础，解释了立体视感的原因，提出了阴影分割理论、反射的特性和物体的色彩变化. “透视是绘画的方向盘”这句名言便是他说的.

著名的德国版画家丢勒在《教范》一书中对绘画原理做了详尽分析，指出了大量平面曲线和空间曲线的画法，介绍了借助正交投影来形成物体的透视图形和阴影的方法. 他也是一位数学家，外摆线就是由他首先发明的.

1600 年，意大利学者乌巴尔基的经典著作《论绘画的七本书》问世，这是集当时透视理论大成的作品.

法国数学家兼工程师德沙格(G. Desargues，1591—1661)1636 年出版小册子，论述了几何中的射影法，他引入无穷远点和无穷远线，对于射影几何有很多贡献.

荷兰数学家格拉维查 1711 年提出了直线透视的完整理论. 在发展“波式”透视方面，英国数学家泰勒和德国数学家兰伯特(J. H. Lambett，1728—1777)的工作最为出色，他们都用透视法处理几何习题.

以上是透视法的简要发展史，因为这项课题堪与音乐的数学理论相提并论，它的实质是如何在二维空间上显示三维世界的图景.

达·芬奇与巴巧利有密切联系，他们重视数学的作用是有共同思想基础的. 阿尔伯蒂等人认为，数学符号是描述上帝的最好方式，因为数学是永恒的、普遍的、不可破坏的，所以他们孜孜不倦地研究绘画的数学理论.

不过，也有不那么重视这种理论的，如与达·芬奇齐名的米开朗其罗，就反对把绘画构图规则公式化，批判以数学作为绘画的基础.

无论如论，在当时为了真实地描绘现实世界而求助于数学，这种长期不懈的努力是对艺术美不断追求的表现，也是对数学威力的坚强信念的表现. 确实，如马克思、恩格斯所说的，文艺复兴时期产生了一些巨人，他们那样多才多艺，对自己的能力充满信心，又脚踏实地埋头苦干. 例如丢勒，曾像前人一样认为圆规、直尺作图法即可画出完美的人体，到 1528 年才放弃了这种想法，指出这是不可能的，但可以逐点画成.

3. **雕塑**

4 世纪的新柏拉图主义者雅姆弗里赫记载的故事《毕达哥拉斯的一生》，有这样一件事，毕达哥拉斯的父亲为了祭祀阿波罗而建造一座神庙，他委托当时著名雕塑家塑造一尊阿波罗神像. 据 1774 年出版的狄奥多尔(Diodorus，前 1 世纪)《历史图书馆》一书来看，这件事的过程如下：塑像交由两兄弟完成，他们名叫特列马赫和费俄多尔，分别住在萨摩斯和艾菲斯，一人雕塑一半，不在一处工作，完成后再拼接起来，居然天衣无缝，好像是一个人塑造的. 这里的奥妙是，他们把人体分成一定的比例，全长为 $2\frac{1}{4}$ 个单位，然后从头到脚按适当的尺寸划分，两人一经商妥就可以独立工作了，因此好像是“神的意旨”而得到了暗中的启示，这不过是为了耸人听闻而渲染上的传奇色彩罢了. 这种方法当时是由埃及人掌握的，所以希腊人以为很神秘.

关于人体各部分的比例，以后流传很广. 不过，后来是以被尊为男性美典范的别尔维杰尔的阿波罗雕像为标准，人们发现它的腰部、膝盖、喉结、面部、手臂等处都是“黄金分割”点.

前面也讲过，巴巧利在《神圣比例》中把“黄金分割”夸张为全部科学的准则之一，无论是建筑，还是人体、绘画……他断言，比例到处都存在，不止数学、力学，还有医学、地理学以及所有的工艺之中. 这种说法未免极端，但在很长时间内影响是很广的.

我国古代雕塑有独特的风格，其中一些小巧的玩意闪烁着数学的智慧，例如由六块小木头雕成而能拼接为空间十字形的组合件，被外国人称为“中国益智玩具”(或“中国难题”)的，由于其别出心裁的构思和外形显得很美. 这类东西现在有很多变种，如球形、小动物形. 西班牙当代杰出的雕塑家贝罗卡耳(M. Berrocal，1933—)，曾在大学数学系学习，所以他的雕塑全都是几何学上的精品，拼接极为巧妙，有人赞叹为兼有视觉的美感、触觉的快感，以及三维组合益智结构对心智的启迪作用.

4. 建筑

黑格尔(G. W. F. Hegel，1770—1831)在《美学》中写道：“弗列德里希·许莱格尔曾经把建筑比作凝固的音乐，实际上这两种艺术都要靠某种比例关系的和谐，而这些比例关系都可以归结到数，因此在基本特点上都是容易了解的”.

雨果(V. Hugo，1802—1885)称巴黎圣母院为“巨大的石头交响乐”，并且被它激起灵感的火花而写成以该院题名的不朽名著，以美和丑的矛盾揭示了深刻的主题.

之所以能从建筑物而联想到音乐与数学，是因为建筑的特点是通过空间序列的有比例的安排和组合，使人感受到时间序列的和谐和韵律，以及数和形的对立统一.

人类对建筑的数学美认识很早,这首先因为几何形是建筑的基本元素.古埃及的金字塔就是一篇篇没有文字的几何论文,古希腊的建筑学是欧几里得几何学的外部表达形式.若干世纪以来,几何学一直是“建筑师的语法教科书.”

约公元前2700年的古埃及第4王朝法老胡夫的吉萨金字塔,由260万块重达12吨的巨石堆成,石块之间只有几丝的缝隙,高约150米,重约3 100万吨,真是难以置信的成就.数学家鲁道尔夫(C. Rudolff,约1500—1541)还发现,这塔的底面积除以两倍塔高恰好是3.141 59≈π,还有人说,塔高乘以10亿相当于地球与太阳的距离,穿过这塔的经线恰好把地球上的大陆和海洋都平分……我们不必牵扯太远,仅就它的轮廓而论,就是一种建筑美学的典范,以后的很多尖顶建筑物取法于它.现代巴西著名建筑师奥斯卡尔·尼梅叶尔在委内瑞拉的加拉加斯设计建造了一座艺术博物馆,其外形是倒过来的金字塔,由玻璃、钢材和水泥构成,显示了一种奇特的美.确实由于建筑材料的改进,当代建筑师可望他们设计的任何奇异的几何形体都能实际建造出来,这里面将充满使古代建筑匠人瞠目结舌的奇想,悉尼歌剧院(图3)就是一例.

图3 悉尼歌剧院

澳大利亚悉尼市的奔奈海岬上,耸立着一堆闪闪发光的“贝壳”,或者说像碧蓝色海面上的一群白帆,这就是20世纪建筑美的杰作——悉尼歌剧院.由丹麦青年建筑师约恩·伍重(J. Utzon)设计,欧洲结构学权威阿鲁普负责解决其中力学问题,历时17年(1956~1973),克服重重困难得以建成,其内部声学效果也是世界第一流的.人们无不为其构思的大胆、新颖,巧妙而赞叹.

其次,建筑的数学美表现在比例上,它无须真正去丈量,立即就因其和谐协调而在人们的心灵上激起美感.按阿尔伯蒂的话来说,视线“用平静而波动的流盼,在屋檐、墙壁和内部、外部滑动,用由相似到不相似的新的快慰来增加愉悦”,这是一种内在的美.

这种比例关系最主要的还是人体美的比例的借用.人们发现,公元前5世纪雅典著名的巴特农神庙,从主体到细部都服从黄金分割.黑格尔举古希腊的三种柱式为例,多立克(Doric)柱式,粗笨雄硕,直线凹槽刚健,檐部棱角分明,柱头为倒圆台形，显示顶天立地的男性美；爱奥尼(Eonic)式，柱身修长，檐部轻盈，柱头涡卷柔和，显示秀丽典雅的女性美；科林斯(Corinthian)式则更为修长华美，清丽秀逸，可见由于台基、柱身、檐部的长宽比例不同，便形成雄、秀、丽等性格区别．我国美学家宗白华引法国诗人梵乐希书中讲到一座小庙宇，是一位科林斯少女的“数学造像”，是按她身体比例设计的．宗白华(1897—1986)说：“这四根石柱由于微妙的数学关系发出音响的清韵……它的不可模拟的谐和正表达着少女的体态”．当然石柱与人体美的关系只是一种抽象的表现而不是具体的再现，这就是建筑美的特点，离开了数学是做不到这一点的．

我国清代宫廷画师年希尧(？—1738)，280多年前出版了印刷精美的《视学》一书，是他向意大利来华教士郎世宁学习画法几何并融合我国传统制图学的心血结晶，这是18世纪东西方透视学的荟萃．他在书中描画了西方这类柱式，并谈到在图上的透视效果时说：“……柱式凌空，窗棂掩映，俨若层楼，巍然在上……如窥碧落……方识泰西之法，精研细审，神乎其神．”可见不论古今中西人士，都是人同此心，心同此理．

我们还应提到，宋代李诫(？—1110)在公元1100年编成的《营造法式》，以6卷的篇幅绘出详图．仅以柱式为例，他也总结了一定的比例，但比较灵活，“有定式而无定法”，表现了我国古代建筑在理论和实践上达到的高度．

我国现代建筑学家梁思成(1901—1972)对于古塔造型的音乐美和数学美很有研究．山西应县木塔，1056年建成，底层直径30.27米，高67.13米，塔有9层(内有4个暗层)，是世界木结构建筑的奇迹，他认为该塔体现着一种韵律美．

现代建筑美的一个新趋势，是利用数学方法研究生物界的各种形式，来作为建筑设计的借鉴．苏联列别捷夫的《建筑学与仿生学》就提出了这样的观点．

国外一位建筑师总结了一个公式

$$\text{建筑}=(\text{科学}+\text{技术})\times\text{艺术}$$

是非常耐人寻味的．

5.**诗歌**

诗歌的句式、行数、韵律中也有数学问题．这一点既为数学家注意到，也为一些诗人不自觉地表现着．中世纪数学家普罗卡拉斯(Proclus，约412—约485)说：“哪里有数，哪里就有美”，看来能在诗歌中找到一些例子．

出生于苏格兰的美国数学家贝尔(E. T. Bell，1883—1960)，也是一位数学史家，他的《数学人物》一书脍炙人口，他研究“贝尔数”也很有名，这是由

$$e^{e^x}=e\left(1+\frac{x}{1!}+\frac{2x^2}{2!}+\frac{5x^3}{3!}+\frac{15x^4}{4!}+\cdots\right)$$

得到的数，其第 n 个贝尔数的公式为

$$B_n=\frac{1}{e}\sum_{K=0}^{\infty}\frac{K^n}{K!}$$

人们发现，1 000 年前日本的村崎夫人在《源氏物语》中写下的五行诗，共有 52 种韵律，就恰好是一个贝尔数. 当然还可以用它计算别的诗行的韵律数.

另一类例子是，美国著名近代诗人惠特曼（W. Whitman，1819—1892），他曾用诗来表现热力学第二定律. 这在我国古代就太多了，如乘法口诀就叫“九九歌”，又如著名的“中国剩余定理”（孙子定理）解法就被编成诗：“三人同行七十稀，五树梅花廿一枝，七子团圆月正半，除百零五便得知”.

我国诗人不以数字为枯燥，常将数字作为他们诗作中的重要成分. 例如：

金樽清酒斗十千，玉盘珍馐值万钱.（李白）

窗含西岭千秋雪，门泊东吴万里船.（杜甫）

一封朝奏九重天，夕贬潮阳路八千.（韩愈）

一身去国六千里，万死投荒十二年.（柳宗元）

锦瑟无端五十弦，一弦一柱思华年.（李商隐）

日啖荔枝三百颗，不辞长作岭南人.（苏轼）

三万里河东入海，五千仞岳上摩天.（陆游）

我国著名诗人闻一多（1899—1946），曾经倡导过新诗的格律，他的多种尝试，有人形容为一种建筑美，其实是一种数学美. 句式、字数、行数的变化，无一不是可以数量化的. 而且其中对称、均衡、周期等要素，也隐含数学概念，这方面的探索应当说是有益的.

6. 抽象艺术

以上各门艺术本身就有抽象派一流，但我们在这里再单独提一下，虽然多数可以纳入上文各项之中.

现代著名画家毕加索（P. Picasso，1881—1973）有不少名作中含有各种几何形体，以表现特定的情感.

还有人认为，现代抽象画派的盛行与拓扑学的发展和传播有关. 数学家仔细研究图形的连续变换，也为艺术家的想象提供了素材.

埃舍尔（Escher，1898—1972）这位著名的荷兰画家走的是另一条路，他直接从数学中寻找灵感的源泉，画出了很多构思巧妙、寓意深刻的作品. 他最擅长表现数理逻辑中的悖论、哥德尔不完全定理、二维空间与三维空间的矛盾、非欧几何的世界图景. 像“宇宙”之类的作品，都是直接从数学家朋友处得到启发的.

“摹拟”自然，是以往西方美学的一个中心概念. 20 世纪大多数评论家赞成

将“摹拟”改成“相似”，所以拓扑学等数学分支引起艺术家的兴趣. 另一方面，数学家也在考虑如何创造更新奇的数学对象，以曲线为例，1890 年意大利数学家皮亚诺(G. Peano，1858—1932)提出了著名的皮亚诺曲线，它能填满一个正方形，简直显得不可思议. 瑞典数学家科克(H. von Koch)在 1904 年描绘了“科克雪花曲线”，它只是有限区域的周界，但长度无穷. 1977 年出生于波兰的法国数学家曼德尔布罗(Mandelbrot，1924—2010)出版了《分数维曲线》一书，1982 年又完成《大自然的分形几何学》，这种曲线在极限情形能完全填满科克雪花区域，从而实现了上面两种曲线的“结合”. 他喜欢抽象艺术，并认为有分数维基底的艺术和没有这种因素的艺术之间有明晰的区别. 他发明的曲线被誉为“自然界的新几何”，能描绘宇宙中不规则的形状，突破了传统几何的局限性，能仿真地表现宇宙中星系的分布、血管的分支、股票交易的涨落、瀑布的奔泻、云彩的变幻、海滩的曲折、地震的余波……无怪乎这种数学上的“怪物”其实是自然界司空见惯的现象. 这是数学和数学美与自然和自然美的又一“相似”例证.

分数维曲线已经引起气象学家、地震学家、宇宙学家的浓厚兴趣，事实上在地质学、地理学、生理学、电工学、语言学、经济学、空气动力学乃至数学科学本身都找到了运用，分数维曲线显示的乐曲也很动听.

明代画家董其昌(1555—1637)曾说过，“论风景之奇，丹青自不如造化；言笔墨之妙，则造化不如丹青”. 我们把它借用到数学与艺术的关系上，不是也很贴切吗.

20 几年前，波莱尔(A. Borel)发表了一篇名为“数学——艺术与科学”的演说(中译文见《数学译林》1985 年第 3 期)，他的观点在现代数学家中有一定代表性，比庞加莱和哈代的看法前进了一步，下面摘录几段.

狭隘的看法是：“一方面，数学是一门科学，因为它的主要目的是为自然科学和技术科学服务，这个目的实际上正是数学的起源，常常成为问题的源泉；另一方面，数学也是一门艺术，因为它主要是思维的创造，靠才智取得进展，很多进展出自人类脑海深处，只有美学标准才是最终的鉴定者. 但是在纯粹思维活动的海洋里这种无拘无束的智力漫游，必须在某种程度上以可以应用于自然科学加以控制.”

这为什么是狭隘的看法呢? 我们用绘画来比较. 事实上，既有发源于自然界的绘画(以物质世界中抽出来的问题作为“主题”)，也有抽象绘画. 20 世纪初，瓦西里 · 康定斯基(Wassily Kandinsky，1866—1944)大力倡导抽象绘画，这与自然界没有什么关系或毫不相干，现在在西方已形成各种流派.

抽象数学(纯粹数学)也是这样. “数学家们共同享有一个精神的实体即大

量的数学思想和用心灵研究的对象，其性质有的已知有的未知，还有理论、定理、已经解决和尚未解决的问题. 这些问题和思想一部分是由物质世界启发而来，可是主要是出自纯属数学上的考虑（例如我们前面提到过的群或四元数那些例子）. 这个总体虽然起源于人类的心灵，但是在我们看来，却是正常意义上的一门自然科学，就像物理学或生物学一样，而且我们觉得是一样地具体”. 数学的一般定理、原则、证明和方法，这就是理论. 同时它还有实验的一面，即研究特例，以获得领悟和直观的认识. 但这种实验处理的是思维对象而不是物质对象和实验室设备. 过去这些实验是在人的头脑里（借助纸和笔）进行，现在，还可以在电子计算机上进行.

数学家研究出后来被证实是有意义的问题，并非有什么先知先觉. “一方面是由于合乎情理的、科学的观察，另一方面是由于纯粹的好奇心、本能、直觉、纯美学的考虑”.

数学的概念构成诗情画意. “要能鉴赏数学，要能欣赏数学，就需要对一个很特殊的思维世界里的种种概念在精神上的雅与美有一种独特的感受力. 非数学家很少有这种感受力，这是毫不奇怪的：我们的诗是用高度专门化的语言——数学语言写成的.”“要欣赏音乐和绘画”，也“必须学会某种语言”.

“我们的美学并不总是那么纯净而奥秘，也包含几条较为世俗的检验标准，例如意义、后果、适用、用途——不过是在数学科学的范围内”，这“往往简单地等同于美学标准”. 例如，伽罗华（E. Galois，1811—1832，图 4）理论被珍视为数学上最优美的篇章之一，为什么？(1)它解决了一个古老而重要的问题. (2)它的理论有丰富内容，远超过原来的根式求解问题的范围. (3)它只依据几个典雅简洁的原理，以新的概念建筑起新结构下提出的原理，具有巨大的独创性. (4)其中“群”的概念开辟了新的道路，对整个数学有深远影响. 虽然只有第 3 点才是真正美学上的评价（而且只有懂得所有这些数学细节的人才能有真正的体会），但所有这 4 点都有助于构成美感，哪怕很多人并不完全掌握了其技术细节.

数学家们的“美学评价表现出比艺术中的美学评价更大的意见一致，远远超出了地理和年代的局限”，这一点也值得我们记住. 总之，“数学是一个极其复杂的创造物，同艺术、实验科学以及理论科学都有许多重要的共同点，所以必须看成是所有这三方面同时的组合，因而也必须同所有这三方面有所区别”.

图4　伽罗华

伽罗华16岁开始自学前辈数学大师的著作，在数学教师里夏尔指导下开始研究工作．17～19岁之间得到后来称为“伽罗华理论”的许多重要成果．参加政治斗争被当局关押，后在决斗中死去．他是近世代数的创始人之一．

15.2　数学中真、善、美的相互关系

老子说：“信言不美，美言不信．善者不辩，辩者不善”．认为真、善、美三者互相对立，不能并存．这是一家之言，而且他自己的著作本身的价值就否定了这几句武断的话．

孔子的看法与他不同，说过“言之无文，行而不远”．讲究文采，把尽善尽美并提．

在中国美学史上，更多的学者把美、善混同使用．宋代唯物主义哲学家张载(1020—1077)才把它们区分开来，他发挥孟子“充实之谓美”的观点，认为“充内形外之谓美”．即不但有“充实善信”的内在品质，而且要“形”之于外．清代数学家焦循(1763—1820)也发表过类似的观点．

西方美学史中，柏拉图发表过“善的概念”的演说，照怀特海(A. N. Whitehead，1861—1947)1939年的解释，柏拉图一直意识到数学对于探求理念的重要性，认为人类的智力能从实例中抽象出某一类型东西来(最明显的如数学概念与善的概念，这种理念超出了任何直接的认识)．这种说法令人费解．

亚里士多德说，美是一种善，其所以引起快感，正因为它是善．这种说法也缺乏说服力．

18世纪的狄德罗(D. Diderot，1713—1784)认为：“真、善、美是些十分相近的品质．在前面的两种品质之上加以一些难得而出色的情状，真就显得美，善也

显得美.”这种看法仍然是含糊的.

19世纪美国美学家爱默森(R. Emerson,1803—1882)说:“真、善、美是同一本体的三个不同方面的表现”.又前进了一步.

法国大艺术家罗丹说:“美只有一种,即宣示真实的美”“只有反映了真实,才获得这种优越性”,强调真和美的一致性.

20世纪一些科学家对这个问题也仍在探索.一位美国数学家的看法是,“物竞天择,适者生存”的进化过程使人类形成了这样的心理:什么是适用的和有力的,什么就是高雅的和美观的.另一位数学家则说:“一个定理或一个结果,只有当它是美的才有用.也许有时美和重要性是一致的”.虽然他们看法不一,但有一点是有共同体验的:美学,对美观与优雅的感觉,在数学的成功中是一个重要的因素.物理学家魏扎克提出:美是“好”(善)用以表现自己的一种方式——而且是用间接的协同知觉来表现自己.

这些说法给我们不少启发.

我们认为,从总体上说,真、善、美都是事物的一种特殊属性,它们既是客观的,又是不能离开人的,是一种只和人发生关系的属性.没有人,客观事物本身也就无所谓真假、善恶、美丑.

真是表现符合客观规律的属性,善是表示功利价值的属性,美则是符合规律性和目的性的结合.因此,美本身就是真和善的统一.没有真就不美,没有善也不美.真和善是美的必要条件,但不是充分条件.因为美并不是真和善的机械结合,在具有真和善的属性的基础上,还要有生动的外在表现形态,而真和善本身则不必具有这种特性.

具体到数学而言,任何人都能领会其真确、正确、精确性,也能看到其有用性,本书又谈到它的美的种种表现,因此,它确实是真、善、美的统一.照怀特海(图5)的说法,数学就是对模式的研究,而每一种艺术都奠基于对模式的研究,数学的本质特征在于从模式化的个体作抽象的过程中对模式进行研究,艺术则偏重于表现,所以数学是最有理智的艺术.

图 5　怀特海

怀特海是英国数学哲学家，以和罗素合作巨著《数学原理》而享盛名. 怀特海说："我们对于中国的艺术、文学和人生哲学了解得愈多，就会愈加羡慕这个文化所达到的高度……从文化的历史和影响的广泛看来，中国的文明是世界上自古以来最伟大的文明. 中国人就个人情况来说，从事研究的秉赋是无可置疑的. 然而中国的科学毕竟是微妙的."

我们不能同意他的最后一句话，但就近代落后于西方而言，即局限于这样的历史阶段来说，也有他的道理.

我们还应当注意一些著名科学家在数学和美学上的实践和取得的成就. 狄拉克坚信美与真必然统一，美的理论必然是正确的. 韦尔相信美的直觉，他说过，"我的工作常想把真和美统一起来；但当我不得不在这两者中选择时，我通常选择美". 这是一句半开玩笑的话，事实上他这种美的选择常是真的选择. 归根结底，他们都是对自然界具有终极的和谐有着深刻的信念，这种和谐就是真、善、美的统一，它们必然统一地反映在数学之中.

数学美的追求与科学发现

第16章

科学家作出自然科学方面的发现，是苦心孤诣上下求索的结果，有赖于多种主客观因素.其中究竟有无灵感？什么是灵感思维？怎样诱发灵感思维？在我国已经有人进行研究，特别是钱学森大力倡导深入探讨思维科学问题，可以预期今后将有更多的成果.

本章只谈谈数学美的追求导致科学发现的问题.由于不少科学家曾用自身的事例来说明这一点，素材是比较多的.但关于这种感觉和思维的机制究竟怎样，还有待科学实验和理论的分析.我们采取摆事实讲道理的办法试图做些说明.

科学家孜孜不倦地进行艰险的探索，其精神支柱是什么？他们是循着什么样的道路攀登光辉的顶点？科学家是不是像苦行僧一样生活和工作？这后一问题，杨振宁给出否定答案.爱因斯坦认为，把人们引向艺术和科学的最强烈的动机，是"人们总想以最适当的方式来画出一幅简化和易领悟的世界图景."庞加莱也说，科学家研究自然界是因自然之美引起的愉悦.科学史家库恩(T. S. Kuhn，1922—1996)在其名著《科学革命的结构》中谈到科学革命带来的巨大变革时指出，"新理论被说成比旧理论'更美''更适当'或'更简单'"，在新理论的建立中，"美的考虑的重要性有时可以是决定性的".

这些看法不能不引起我们对于科学美和数学美作用的关注.

16.1 自然美和数学美对文艺和科学的强烈影响

古希腊人对自然界的看法给后世人以重要启发.他们把数学等同于物理世界的实质,并在数学里看到关于宇宙结构和设计的最终真理.而且由于他们在科学上取得的成就使他们深化了认识,以致能牢固地树立一种信念,感到宇宙确实是按数学规律设计的,是有条理、有规律并且能被人所认识的——以上是数学史家莫里斯·克莱因在《古今数学思想》中对希腊人的科学信念的概括.

我国先秦的老庄哲学,虽然在数学的作用上未如希腊哲学那么强调,但它也指出产生万物、支配世界的"道"与自然界有着同一的生命节奏,悟出"道"与自然为一的特质,即"人法地,地法天,天法道,道法自然"(《老子》第二十五章).于是,天地间最高最纯的美就是顺应自然的本性像自然运行那样不借外力,朴实无华.庄子说:"圣人者,原天地之美,而达万物之理,是故至人无为"(《庄子》"知北游").这最后的"无为"的结论是消极的,前面的哲学思辨则是相当敏锐深刻的.

科学工作者随着人类先进生产力的潮流前进,他们积极进取,奋发向上,不断纠正和克服前人以及自身的错误和不足,乐在其中,充满着追求.狄拉克的名言:"我想我正是和'优美的数学'这个概念一起到这个世界上来的",表现了高度的乐观、自信和使命感,就是一个代表.

让我们回顾一下科学家对行星运动这种自然美和数学美现象的探索.

统治西方天文学上千年的托勒密"本轮-均轮"说,用一些在几何上构造得很精巧的大圆套小圆的设计来解释行星运动规律.由于碰巧这种圆周运动的叠加形成的投影恰好是三角正余弦函数的叠加,这与傅里叶级数暗合,描写周期运动很恰当,几何构思也美,所以长期未被人识破其谬误.后来,毕竟由于累积的误差经不起实际观测的检验,引起有识之士的怀疑.

1543 年哥白尼(N. Copernicus,1473—1543)出版《天体运行论》,借助复杂的数学演算,表达日心说,用 34 个圆去代替托勒密体系的 80 多个圆,显得更简单也更美.恩格斯赞为"从此自然科学便开始从神学中解放出来".

第谷·布拉赫(Tycho Brahe,1546—1601)从观测的大量数据中又发现了哥白尼理论的不准确,开普勒(图 1)继承第谷的工作,并按照柏拉图的教义,即宇宙是按既定的数学方案安排的,现在由他来解开这个方案的秘密.所以,他能一眼识破一些简单的谬说,例如"为什么刚好有 6 颗行星(按:太阳系另外 3 颗行星当时尚未发现)?是因为6是一个完美的数字."他认为这不足以建立一个数学方案.于是,他先按柏拉图的5种正多面体是宇宙基石的想法去猜测,即最大的球半径是土星轨道半径,在球里面作一个内接正立方体;正立方体内作一个内切球,它的半径便是木星的轨道半径,在球内又作一个内接正四面体;正四面体内作一个内切球,它的半径便是火星的轨道半径……这样,经过5种正多面体,便把六种行星的轨道都"找"到了.为此他还出版了一本书《神秘的宇宙结构》,宣扬他的看法,球是"最完美的图形",5种正多面体是"最高雅的图形",太阳和行星是如此完美,一定以某种关系与希腊几何中最杰出的图形有关.

图1 开普勒

开普勒,幼时患天花导致手残疾、目视力差,仍努力得到大学学历.学习了哥白尼学说,又担任第谷·布拉赫的助手,还要为国王搞占星术.他以非凡的毅力从事科研,终于总结出行星运动三定律.

按他的理论算出的相邻两行星间轨道半径的比值与观测值不都相吻合,有三个很接近,有两个差距很大,这种猜测没有成功,见表1:

表1

行星名称	观测比值	开普勒理论 (内接多面体)	(比值)
水星	0.723	正八面体	0.577
金星	0.794	正二十面体	0.795
地球	0.757	正十二面体	0.795
火星	0.333	正四面体	0.333
木星	0.635	正立方体	0.577
土星			

他后来又继续试探其他的数学方案,以便和第谷的观测数据相吻合,经过多年的奋战,终于总结出行星运动三定律,即:

(1)行星轨道都是椭圆,太阳位于这种椭圆的一个焦点上.

(2)行星在轨道上不是匀速运动，但在同样时间内行星向径在轨道平面上扫过的面积相等.

(3)取日-地平均距离为一单位，每一行星的公转周期的平方等于它到太阳平均距离的立方(这就是 $T^2=R^3$).

据说仅仅第三定律他就是靠各种运算去试探，花了 9 年时间才获得的，数据见表 2：

表 2

行星名称	T	T^2	R	R^3
水星	0.241	0.058	0.387	0.058
金星	0.615	0.378	0.723	0.378
地球	1	1	1	1
火星	1.881	3.54	1.524	3.54
木星	11.862	140.7	5.203	140.85
土星	29.457	867.7	9.539	867.98

莫里斯·克莱因认为，开普勒采用椭圆和非匀速运动，是从根本上打破了权威和传统.并且坚持了这样的立场：科学研究是独立于一切哲学和神学信条的；单单数学上的考虑就可以决定假说的正确性；假说以及从它作出的推理都必须通过实践来检验.

与开普勒同时的伽利略用望远镜观察天空，事实使他拥护哥白尼的日心说，他也相信自然界是用数学设计的，他的名言是：

“哲学是写在那本永远在我们眼前的伟大书本里的——我指的是宇宙.但是我们如果不先学会书里所用的语言，掌握书里的符号，就不能了解它.这书是用数学语言写出的，符号是三角形，圆形和其他的几何图像.”

他们的工作使得人们从这以后认识到，在科学方面数学定律归根到底是终极的目标；在技术方面以数学式子来表达研究结果是知识的最完善、最有用的形式，是设计和施工的最有把握的向导.这样的估价保证了数学成为现代的一个主要力量，还保证了数学的新发展.

以上我们看到了从古希腊时代到近代在行星运动现象中的数学美追求.值得注意的是，他们还曾把这种现象与音乐美联系起来.有人说：“早期的希腊哲学家既是音乐家又是数学家，这个重要的事实对这方面的现代科学是很有启示的.”例如毕达哥拉斯认为行星是绕“中心火”运行，还指出这种运动的和谐能用

“和音”所对应的数字表示出来. 开普勒继承和发扬了这种思想,认为每颗行星都有一个与太阳有关系的数值,这数值对应着音乐上的“和音”. 他说:“把空气灌注到天上,我们就可以听到一种真实的音乐. 有一种‘和谐的智力’,一种‘精神的和谐’,给纯精神的存在带来了快乐和享受……”. 有人认为,他这种解释至今仍有正确的地方,它导致了一种“日心-音乐”自然哲学. 这方面的新发展,本章之后还将提到.

现在我们简单提一下另一个典型例子,俄国门捷列夫(D. I. Mendeleev, 1834—1907,图 2)和德国迈耶尔(L. Meyer, 1830—1895),于 1869 年各自独立发表元素周期律.

图 2　门捷列夫

门捷列夫从彼得堡师范学院毕业,任中学教师. 1857 年被聘为彼得堡大学化学副教授. 他发现元素周期律以后,预言了 15 种以上的未知元素. 例如法国布瓦博德朗发现的镓就是他预言的“亚铝”,他并且断言布瓦博德朗公布的镓的比重是错误的,后来重新测定证明了他的正确性. 这样,元素周期律才被人们承认.

18 世纪后半期,拉瓦锡(A. L. Lavoisier, 1743—1794)把 33 种元素分成金属、非金属、气体、土质 4 大类. 1829 年德国德贝莱纳(T. W. Döbereiner)提出“3 元素组”,每组 3 个元素性质相似,中间元素的原子量等于较轻元素和较重元素的平均值,这种算术平均思想很有意思. 1862 年法国尚古多(B. Chanc′-dortois)发表元素的性质就是数的变化的论点,将 62 种元素按原子量大小的顺序排在圆柱螺线上,而且某些性质相似的元素出现在同一母线上,体现了周期性. 1864 年英国欧德林(W. Odling)发表《原子量和原子符号表》,迈耶尔也列出“六元素表”,都是周期表的雏形. 1865 年英国纽兰兹(J. A. R. Newlands, 1837—1898)提出“八音律”,即从任一元素算起,每到第八个元素就和第一个元素性质相近似,他把这种现象与音律相类比,可见数学美与音乐美对于科学家的想象力确实有非常强烈的影响.

1869 年门捷列夫和迈耶尔终于在前人工作的基础上,根据新发现的资料,完善而明确地总结出元素周期律. 门捷列夫偏重化学性质,迈耶尔偏重物理性质.恩格斯赞为“不自觉地应用黑格尔的量转化为质的规律,完成了科学史上的一个勋业.”

16.2 形象思维、灵感思维与科学发现

钱学森(1911—2009)认为,思维科学的研究包括抽象思维、形象思维、灵感思维这三种思维形式,当前思维科学的突破口是形象思维.应把形象思维从文艺领域引申到自然科学领域,引申到整个美学领域,并从形象思维中引申出灵感思维.

现在我们就心理科学及其他方面的已有成果和事例来做些分析.大家最熟悉的是巴甫洛夫(I. P. Pavlov,1849—1936)条件反射说,但它不能很好说明人类的创造心理.我们介绍另外的一些进展.

1.现代心理学和脑科学的若干实验和学说

(1)美国斯佩里(R. W. Sperry,1913—1994)、卡扎尼加关于大脑两半球分工说.左半球司线性功能,即演绎逻辑的功能,右半球司综合功能,即归纳逻辑的功能,前者适合于科学活动,后者适合于艺术活动.他们的学说有严密设计的实验为依据,曾荣获诺贝尔奖.

其实,在他们之前半个世纪,庞加莱已经谈到创造心理的两种“自我”的思维方式:一种是逻辑和运算,另一种是和审美意识紧密联系,能在下意识中出现的各种图像中识别既美又重要的图像,具有直觉的特点.

我们略加比较,便可发现两种学说颇为相似,而庞加莱是从个人的体验中提出来的.

(2)思维的大脑神经回路说.大脑的1 000亿个神经元每个有3万个结点,共有$10^{14}\sim10^{15}$.个结点,便可组成无数回路,每一回路与某一思维活动对应.有两类回路,一类是收敛性回路(集中),司逻辑思维,一类是发散型回路(辐射、接纳、反馈),司形象思维.偶然机遇接通的回路可使潜思维产生的成果爆发出耀眼的火光,就是灵感.

有些科学家曾谈到自己的这种体验.高斯有一个问题几年没有解决,后来,“像闪电一样,谜一下解开了.我自己也说不清楚是什么导线把我原先的知识和使我成功的东西连接起来”.哈密尔顿(W. R. Hamilton,1805—1865,图3)也说道,他和妻子散步来到勃洛翰桥头“……我感到思想的电路接通了,而从中落下的火花就是i,j,k之间的基本方程……”,这就是四元数的诞生,以后在数学界传为美谈.

哈密尔顿是爱尔兰代数学家、天文学家和物理学家.1827年还在读大学时已被任命为天文教授.他很欣赏当时新创造的几何概念,认为像诗一样.1843年他创造四元数以后,相信它与微积分同等重要,然而他的工作间接地引向了向量代数和向量分析,这两者确实是物理学家所需要的.更一般的,他的工作引向线性结合代数的理论.

图3 哈密尔顿

(3)思维互补说.美国爱克尔·霍农认为,右脑像个万能博士,善于提出解决新问题的各种尝试办法;左脑像个熟练专家,善于按一定程序有效解决问题.人们的思维就靠两半脑的分工合作.

值得指出的是,近年对裂脑人的研究又有新的发展,不能把左、右脑的功能完全孤立和绝对化,应当是"你中有我,我中有你".例如有的人因病动手术切除半脑,但思维还是基本正常,可见这方面的探索还要继续深入.

2.形象思维在科学活动中具有重要意义

人类有一种最珍贵的特性——实践中的自由创造.在这种创造过程中,形象思维起着重要的作用.

爱因斯坦认为,科学发展不能尽靠推理,还有直感.人们解释说,他这里所谓的直感就是形象思维.

据说,麦克斯韦(J. C. Maxwell,1831—1879)就有把一切概念化为形象进行思维的习惯.生物学家埃利希(Ehrlich)也提倡把设想化为图形,如他的"侧链说"就是范例.狄拉克也是这方面的能手.大家知道他极为重视数学公式的美,不但如此,他也同样看重图像,有时把图像当成"看待基本规律并使基本规律的自洽性明显化的方式",有时把图像看作"是一个基本上按经典思路起作用的模型."这些习惯渊源于他大学时代受到的工科教育,使他重视现实的物理世界.对于数学,他认识到"在现实世界中,方程都仅仅是近似的".杨振宁也提到,他在中国所受的物理教育偏重于演绎推理,到美国后发现一些教师却擅长从物理形象方面思考,两种方式的综合使他获益匪浅.

数学活动中形象思维也给想象插上翅膀.首先,这是因为,数学问题的范围是这样大,"就好像是个幻境奇乡,任你到处自由翱翔."其次,数学有两种特征:

"一种是数学结构的脉络……另一种是范例或现象的概念……""比较抽象的方面常联系到数,比较直观的方面常联系到空间概念".所以不少人指出,"数学创造的动机和标准却更像艺术的而不像科学的".美国的哈尔莫斯大力鼓吹"数学是创造性的艺术""因为数学家创造了美好的新概念""像艺术家一样地生活,一样地工作,一样地思索".像他这样有成就的数学工作者当然是深有体会的,绝不至于无知妄说.事实上,他和莫里斯·克莱因对于纯粹数学与应用数学的看法有尖锐分歧,互相攻讦,但克莱因也承认数学恰恰是一门艺术.

让我们再看一些事例和论述.

数学家乌拉姆在纯粹数学和应用数学两方面都卓有建树,他说:"我发现最需要具备的能力是能对物理情景进行视觉的、甚或是触觉的想象,而不只是对所面临的问题能作出逻辑的描述."在研制原子弹、氢弹与著名物理学家费米(E. Fermi,1901—1954,图 4)共事时,他注意到"在费米脑中,蕴藏着一整套重要物理规律和效应的心理图像,他也拥有良好的数学技巧,不过只在必要的时候使用."乌拉姆特别指出,这是"一种分析问题的方法""由于我们对于内省的知识有限,现时还无法解释这种现象.与其说它是'科学',还不如说这是一门'艺术'".

图 4　费米

费米自幼善于发散性思维,10 岁时就能理解解析几何,17 岁时的物理知识不亚于研究生.1938 年因利用中子辐射发现新的放射性元素及慢中子引起的有关核反应而获诺贝尔奖.1944 年参与领导制造第一颗原子弹.他也是杰出的教师,李政道、杨振宁、盖尔曼、张伯伦等人都是他的高足.

心理学家加德纳(Gardner)试图解释思维方式的这种变换.他认为人类至少有七种智能,伟大科学家善于选择运用多种智能,如数理逻辑思维,空间思维(包括视觉感应能力)、语感以及身体的动觉,他们的思维过程往往集中于形象、感觉以及文字中.

有人叙述:"爱因斯坦指尖有一种特殊的触觉,引导他如何解决疑难."如果大家觉得这未免太离奇了,我们近年看到日本科学家研究报告,让少儿多做手指的触摸、制作活动，有利于脑神经的灵巧和智能的发展，可见这里面是有特殊机制的.

近代法国大数学家阿达玛(J. Hadamard,1865—1963,图 5)说过:“当我思考时，我脑子里根本没有语词”，他比喻为只有“无定形的斑点.”以他研究无穷级数为例，他脑中看到一条缎带，在同可能有重大意义的项对应处显得又厚又暗，这种形象使他找到问题的症结. 德国一位作者说:“思维不是借助语词来进行的(我还未听到过有一位科学家说，他是用语词思考)，而多半是用活动的形象来思维的.”

图 5　阿达玛

阿达玛，1892 年在巴黎高等师范学校获理学博士学位，1912 年当选巴黎科学院院士. 其工作遍及数学的许多分支，奠定解析函数论、解析数论、泛函分析的若干基础. 1936 年曾来清华大学讲学 3 个月. 他的《数学领域中的发明心理学》是很有特色的著作，一般数学家很少能考虑到这一点.

语言学家雅可布松的研究表明，“创造性的思维需要不如语言那样规范化的符号”.

有人认为，天才的思想常从一种智能活动向另一种转移，思路特别流畅，能从言语、逻辑与形象多方面去思考，如儿童似的迅变，但又目标高度集中，穷追不舍.

关于思维的这种交替、转移，也发生在普通人的生活、学习过程中. 诺贝尔奖获得者汤川秀树(1907—1981)以中学生的几何学习为例，“不是对形式逻辑本身的理解，而是图像识别这一预先获得的能力使得我们能够理解”. 如两三角形全等的判定，“是因为我们能够想象(将它们)移动、重合”“形式逻辑的概括是后来的事”. 他广而言之，“人类必须从直觉或想象着手，然后他才能借助于自己的抽象能力”“在任何富有成效的科学思维中，直觉与抽象总是相互影响的”. 他进而言之，抽象的成果，又可以化为我们直觉图像的一部分，如四维时空便已为很多物理、数学工作者习以为常，他们以此为基础还可再做进一步抽象.

这些说法并非定论，还有很多疑点有待实验澄清，但对我们这些天天接触形式逻辑的教师学生应当是颇有启发的.

3. 灵感思维

关于灵感，有唯物主义和唯心主义的对立说法. 钱学森认为"灵感实际上是潜思维"，即一种特殊形式的形象思维，与直感、直觉、感情、情绪、潜意识关系密切；柏拉图说成"诗神凭附"，尼采称为"梦与醉的产物". 灵感的闪现常见于形容文艺创作.

屠格涅夫(I. Trurgenev，1818—1883)说到他的文学创作处于"纯粹非自觉的最佳状态时，思维和心理表现为情绪激昂、思路活跃、灵感源源不断，天才的构思、形象和记忆不期而至，所有的记忆都被搅动，知识开档启封，旺盛的信息流奔涌跳荡，从系列的生活形象转化为完整的艺术形象."

有人比喻这种状态是"创造的火花"经历了一个"不能分析出来的想象力的飞跃""超越常人的'量子跃迁'".

苏联心理学家维戈茨基说："'无意识'是文艺创作过程中的一种最佳工作状态，它往往能够伴随着灵感的爆发而创造出连作者自己也难以置信的奇迹来."那么，什么是无意识？他说："无意识是某种处于我们意识之外的东西，即对我们来说是潜在的、不清楚的现象，由此按其本性是我们还未认识的某种东西."更习见的说法是潜意识、下意识，比较贴切.

著名英国数学家李特伍德(J. E. Littlewood，1885—1977)是哈代的老搭档，他对数学创造心理有不少论述. 他说数学工作者的心理上具备了强大的驱动力(如好奇心)时，"与潜意识以某种特定形式联系在一起，由潜意识来进行所有实在的工作". 详细地说，创造活动有四个阶段：准备、酝酿、省悟、验证(或实施). "酝酿阶段是潜意识在工作，这是个等待时期""省悟是创造性思想出现并成为自觉意识的过程，它可能发生在几分之一秒之间. 它几乎总是发生在思想处于松驰的状态，或正在轻松地从事日常工作的时候.""省悟意味着潜意识和有意识之间某种神秘的联系，没有这种联系就谈不上发明".

关于这种"神秘"联系庞加莱也深有体会，前面曾引述他把思维分成"自觉的自我"和"潜在的自我"两种形式，他认为"潜在的自我无论如何也不比自觉的自我低下，它不是纯粹自动的，它能辨认，它机智、敏锐，知道如何选择、如何凭直觉推测……它在自觉的自我失败的地方取得了成功."他强调潜在的自我能够产生灵感的直觉认识，有可能一下子洞察到事物的本质和规律. 这是什么原因呢？他说，创造就是从无数已知的数学实在形成富有成果的新的组合. 由于组合简直是无穷的，怎样从其中进行辨认和选择呢？纯逻辑无法做到这一点，逻辑只是证明的工具，直觉才是发明的工具. 只有直觉，方能发现组合元素间隐微的关系与和谐，那些和谐的组合同时也是有用的和美的. 数学家的潜意识中有着长期培养出来的"特殊的审美感,起着微妙的筛选作用",就发现了这样的组合,为把它们变成有意识提供机会.

这样看来,数学美的鉴赏能力起着非常重要的作用就不言而喻了.阿达玛1945年在"数学领域的创造心理"一文中也指出,像文学鉴赏力、艺术鉴赏力一样,也存在科学鉴赏力,即美感或审美敏感性.他们真是"英雄所见略同".

什么东西最能引起审美注意呢? 和谐是基本因素,还需要对比其中的强度.王安石的诗"万绿丛中一点红,动人春色不须多"就是这个意思.以及客观对象的新异性,新颖奇特,就引人兴奋和注意.

所以通常所谓的数学直觉,很大程度上就是美的直觉.这是一种非经验的认识活动(不直接建立在此刻的感性知觉上),又是一种非理性的思维活动(不能完全纳入逻辑的框架).苏联科学哲学家凯德洛夫(B. M. Кепров, 1903—1985)也认为"直觉'直觉的醒悟,是创造性思维的一个主要部分".我们刚才强调了美的选择,下面要指出"美的选择和建构的统一"才能完成美的创造.

20世纪"发生认识论"的创立者皮亚杰(J. Piaget, 1896—1980),他的思维结构理论即图式论有很大的影响,他提出过一个重要概念——"建构".人的特定的认知图式是一个闭合系统,只能把握一定范围(或层次)的客体.欲穷千里目,就要更上一层楼.即是说,要不断打破已有的图式,建立更高级的图式,方能有所发现发明.这里所谓的"立",是指以原来那一层认知结构为基础,去进行高一级的建构和整合.建构必须以选择为前提,选择若不继之以建构便也无从发挥其创造作用.美国耶鲁大学心理学家斯登伯格提出,科学顿悟有三类:

(1)选择性编码(例如弗来明发明青霉素).

(2)选择性组合(如达尔文提出进化论).

(3)选择性比较(如凯库勒梦中看到蛇咬尾成环形,醒来悟到苯的结构式也是环状).我们看到,这里都是由美的选择继之以美的建构,即选择与建构的统一.

庞加莱对于灵感思维机制所作的"选择"说,以及后人对它的补充,主要是"建构"说,我们觉得能在一定程度上解释科学创造的心理过程.庞加莱本人也常喜欢让思想从纷扰烦乱中摆脱,由下意识来理清问题的头绪,这种实践也是值得借鉴的.当然,灵感思维的详情尚未弄清,这些解释是初步的.

16.3 自觉追求数学美以作出科学发现

上节着重说明潜意识与数学美的关系. 事实上,人们也可以自觉地、有意识地去追求数学美,去捕捉灵感. 前述哥白尼、开普勒等人对行星运动规律的探求就是很明显的例证.

20 世纪著名数学家厄多斯(P. Erdös,1913—1997)一生不断解决难题,追求知识、追求理解,浪迹天涯四海为家. 有人问他为什么要这样生活? 他回答说:“这就好像问巴赫作曲有什么快乐. 也许你突然发现了隐藏的秘密,发现了美.”我们从科学史上能看到无数类似的例子,可见追求科学美是科学家创造活动的一个重要动机和动力,爱因斯坦形容它强烈得像一种“宇宙宗教感情”.

关于这一点已为一些人注意和论证. 狄拉克回顾近两个世纪物理学方法的进展,指出 19 世纪的“机械论图式”是极力寻找和遵从“简单性原理”,表现为把整个宇宙看作一个动力学系统(牛顿型运动定律),数学方程应尽可能简单. 20 世纪由于相对论、量子力学的成功,看来应改为“数学美原理”. 他说:“研究工作者在他致力用数学形式表示自然界时,主要应该追求数学美.”“应该把简单性附属于美而加以考虑.”

图 6　韦尔

韦尔(图 6)1908 年在希尔伯特指导下获得博士学位,1933 年任哥廷根数学研究所所长,当时这里是世界数学的中心. 他在分析、群论、场论等方面贡献很大. 他关心哲学问题,出版过《数学哲学和自然科学》(1926)等,《对称》(1952)讲到数学美和物理美.

前面谈到朴素(简单)是一条审美标准,所以简单性与数学美的要求通常一致,但若发生冲突时,选择后者往往导致正确之路. 韦尔把这说得更为耸人听闻:“我的工作总是力图把真和美统一起来,但当我必须在两者之中挑选一个时,我总是选择美”. 有两个典型事例表明他这样做取得成功. 一是引力规范理论,当时他自己也觉得不真但美,多年以后由于规范不变性的体系加进量子电动力学时，证明他的理论是真确的；二是中微子二分量相对论波动方程，很美而其真确性三十年后才证实. 表明数学美原理确实比简单性原理进了一步.

狄拉克还讲述了数学美原理的基础是："数学家感到有意义的规则正好就是自然界所选择的规则."或者用他更简练的话说："上帝用美妙的数学创造了世界."英国另一位科学家伯京汉则将它说成"对于探索宇宙万物来说，数学的用途显示了我们大脑的思维与世界结构之间的联系"，即两者是"同构"的.

数学美原理用于自觉选择时，有助于：

(1)选择哪个数学分支——例如爱因斯坦相对论是得到格罗斯曼帮助而选择黎曼几何为工具的.

(2)选择哪条发展路线——韦尔不论在数学上还是物理学上都是这方面的能手. 庞加莱和希尔伯特更是这方面的大师，他们都是不断选择最有意义最感兴趣(最美)的课题，不断开辟方向.

(3)选择哪一种表达方式——使它显得很自然地适合于该学科的解释. 如对基本粒子内部结构的探索，1961 年美国数学家盖尔曼(Gell mann，1930—)从自然界的和谐对称出发，建立"八重态模型"，1964 年提出三个夸克 ρ^-，η^-，λ^- 组成的夸克模型，这是一种数学实体，不是物质实体，得到物理学界的接受.

狄拉克(图 7)本人对数学美追求的最高标准是要找到普遍适用的基本规律的优美表现形式，这类似于爱因斯坦追求统一场论是"最美的了".

狄拉克认为，如果一个物理学方程在数学上不美，那就意味着一种不足，还需改进. 有时候数学美比实验还重要，因为前者与普遍规律有关，后者常与一些具体细节有关. 这种看法可能有所偏颇.

图 7 狄拉克

狄拉克是量子力学创始人之一，1926 年还是学生时就发现了量子力学的一种数学形式，后来并据以预言了正电子存在. 他不借助物理图形模式，而直接用数学描述. 1932 年即担任卢卡斯讲座教授(牛顿等大科学家曾任此职)，1933 年与薛定谔共获诺贝尔物理学奖.

他还解释了在研究工作的何种阶段需注意数学美. 他把研究程序分为：

(1)元素周期表式的:收集材料,加以整理,做出预言;

(2)高能物理学新粒子式的:依据理论,发现空白,预言新粒子.

他认为,当对一个课题掌握了大量证据时,人们就会越来越多地转向数学程序,这时追求数学美就成为一个潜在的动机.

所谓数学程序,无非是两种方法:

(1)消除前后矛盾;

(2)统一以前不系统的理论.

前者如麦克斯韦引进位移电流以消除电磁方程中的不一致,爱因斯坦发现引力定律以解决牛顿引力理论与狭义相对论的矛盾;后者如爱因斯坦设想的统一场论(它并非因各种场的理论中有明显的前后矛盾,而只是要将全部场论系统化).

显然通过这样的方法可使理论更美.

下面我们谈谈数学美鉴赏能力的高低是个非同小可的问题,它影响到能否作出重大发现.以对称性为例,不是任何人都那么敏感的,这里典型例子是电磁方程.据说法拉第的数学基础很差,连$(a+b)^2$的展开式是什么也不清楚,他在电磁学实验上有可贵的发现,但按他的理论写成方程组为

$$\nabla \times E = -\frac{1}{C}\frac{\partial H}{\partial t}$$

和

$$\nabla \times H = 0$$

麦克斯韦发觉要将第二个方程改为$\nabla \times H = \frac{1}{C}\frac{\partial E}{\partial t}$才对称,就大胆做了修改,20年后才由实验证实.庞加莱盛赞这一惊人之举,并认为如果以前没有人提出并累积各式各样的对称知识,而麦克斯韦如果不是对此有深刻体会的话,这问题也只会从他眼皮底下滑过.庞加莱还认为,假如麦克斯韦墨守数学分析的条条框框,也没有办法从式子演绎出来.波尔兹曼(L. Boltzmann,1844—1906)则借用《浮士德》的语句对麦克斯韦的表达式夸曰"这种符号难道不是出自上帝之手吗?".

爱因斯坦深受这个例子的影响,进一步又发现这电磁理论虽然数学式对称但在物理上不对称(指导体运动和磁体运动所用方程不一样而得到的电流一样),他引进两条公设,便建立了"简单而又不自相矛盾的动体电动力学".杨振宁认为当前对称性原理的想法"已经渗透到基本粒子的一切研究中了",例如规范的对称性、超对称性等,说明人们对于对称美的认识和鉴赏更加深刻了.

狄拉克分析自己为什么善于鉴赏数学美，他认为得益于扎实的数学基础，尤其是射影几何，使他深感这种变换和对应之美，并且成为他手头的娴熟工具，终身受用．所以他说自己的物理思想是“几何型”的，努力使理论具有广泛的对称性和统一性．例如引入量子泊松(S. B. Poissom 1781—1840)括号使量子力学与经典力学在哈密尔顿基础上统一；建立相对论性电子理论后，与电荷对称概念一道提出了反物质或反粒子，1931 年提出磁单极子理论，是彻底追求电和磁对称性的结果；1937 年提出大数假设，企图建立宏观世界和微观世界之间的某种联系……我们不难看到他的种种追求是一贯的，而且取得了重大成果．

由于各人对数学美的感知和评价有差异，所以在选择和建构具有数学美的理论时也会有不同结果，哪怕是对于同一物理规律也可能出现不同的数学描述，这往往取决于他们原来的审美素养和秉赋．量子力学中就有这样的范例：

海森堡(图 8)由实验结果和光谱学的大量信息，整理成数表，找到矩阵表述的方法．

图 8　海森堡

海森堡 1925 年将力学量表示成埃尔米特矩阵，后来又获得测不准原理．1932 年荣膺诺贝尔物理奖．

薛定谔(E. Schrödinger，1887—1961，图 9)相信光谱频率应由类似于弦振动方程的方法来表述，找到波方程．

图 9　薛定谔

薛定谔，在维也纳大学受统计物理学权威波尔兹曼影响．38 岁发表波方程论文，是量子力学的基础方程．他擅长数学，知识渊博，喜欢写诗，还提出了量子生物学的先驱思想．

狄拉克由海森堡矩阵得到启发,把非交换代数作为这种新动力学的主要特征.他还提出普遍变换理论把上述形式统一起来,使非相对论性量子力学成了一个严整的理论体系.

这个事例使我们看到科学研究是多么富有个性,科学家的研究多么像艺术家的创作一样.

正由于自觉追求数学美和科学美已为不少科学家的成功经验所肯定,所以前面介绍的科学美的一些范畴就具有方法论意义,我国学者认为可以把这种选择和建构称为"补美法"或"臻美法",这方面的具体规律和原则以及适用的范围和程度都值得进一步探讨和明确.

16.4 提高科学美的审美能力

苏联科学工作者古雪加提出了这样一个论点:"任何创造活动都深深地带有美学的性质,而创造(包括科学创造)才能的培养乃属于艺术的范围,尤其是艺术的有些门类似乎是专门为此而设立的".他又说,潜意识、潜思维尽管是领悟的基础,但"这绝不是说,(科学)发现本质上是自生的、偶然的.一位科学家唯有具备高度发展的意识,他才能建立'启发情境'……才能提出问题,给出总的探索方向""为了获得创造的才能,就必须培养自己的美感,并到处加以运用."

我们觉得他的说法有一定的道理.数学美的形式和内容对于素养不够的人来说确实难以深刻感受,所以人们应在摄取、吸收、鉴别和创造方面下工夫,上文已举出了一些例子.柏拉图曾把这种提高描述为沿着独特的梯子拾级而上,从"对一个美形体的直观转到两个,从两个到全部,然后再从美形体转到美风尚,又从美风尚转到美学问,这时你才能从这些学问向关于美本身的学问前进,你才能最终知道美究竟是什么".不管柏拉图是否准确地叙述了全过程,仅以循序渐进去认识而论,还是有参考价值的.

从一些人的经验来看,为了提高审美能力,首先应学习基本的形式美知识,本书前文已有所介绍.其次,应主动进行各种审美实践,就是说经常分析各种数学理论、公式、方法究竟美在哪里?再次,随着多因素的经验层次的不断协调完善,就能在直觉和联想中,对原来难以欣赏的审美对象产生越来越多的美感.以上几个层次还只是一般的经验层次,更重要的是进入创造层次.我们来看例子.玻恩(M. Born,1882—1970)是诺贝尔物理奖获得者,他关于量子力学的统计解释可说是极为新颖的思想,数学美的又一珍品.但他在小学时成绩平庸,觉得欧氏几何"每行都是无休止的蠢笨说教",这与其他早慧的数学家少年时代的感受截然相反.后来他对数学美的审美能力有了飞跃,这得益于两点,一是大学主修天文学及各门科学打下了广博的基础,二是毕业后成为希尔伯特的助教,有机会了解高明的数学思维是怎样进行的,并获得严格的数学训练,这些实践和经验终于使他进入了审美创造的高级层次.另一个例子是庞加莱,他自幼神经官能缺乏协调,但练得两手都能写字画图,这可能有利他两半脑的同时发育.他的视力差,上课全凭耳朵听,居然大大增强了听觉记忆的能力.他也养成了进行复杂心算的能力,这种"内在的眼睛"大大有益于他的丰富想象和敏锐的直觉.真可谓因祸得福.所以他 15 岁以后潜心于数学,很快进入审美创造的阶段.再如麦克斯韦,自幼受着数学美的熏陶,14 岁就在爱丁堡皇家学会会报上发表关于机械曲线画法的论文,因而数学审美能力成熟得早.

总之,审美能力的提高表现在沿着审美感受、审美经验、审美创造的螺旋梯上升,由经验层次进入创造层次."科学的美就在于找到隐含的真理".数学美的追求是一个不断循着美学标准的航标向真理的彼岸逼近的过程.

16.5 科学与艺术的结合

科学与艺术明显的分道扬镳是在文艺复兴之后."科学必须是分析的,正如艺术必须是创造的".这一原则迫使人们走向专业化道路,在今天看来,它也不失正确性.然而有迹象表明,"科学和艺术正在走向比以前更为紧密地重新联合起来的道路.分别教育了两者认识到双方之间是多么的相互需要",加拿大从事交叉学科研究的教授米克的上述观点表达了很多有识之士的看法.

下面谈谈科学工作者的主观努力以及应当沿着什么基本路线来实现这种结合.

1.科学家应当像创造性的艺术家

贝弗里奇(Bevllidge)在名著《科学研究的艺术》中提炼出了一个很深刻的见解:"无论如何,一位伟大的科学家应被看成是一个创造性的艺术家,把他看成是一个仅仅按逻辑规则和实验规章办事的人是非常错误的."

这里至少有两层意思:科学家像艺术家一样工作,科学家像艺术家一样生活.

爱因斯坦的助手罗森回忆这位大师的工作特点时认为:"在构造一种理论时,他采取的方法与艺术家所用的方法具有某种共同性;他的目的在于求得简单性和美."霍夫曼更直截了当,指出"爱因斯坦的方法,虽然以渊博的物理学知识为基础,但在本质上是美学的、直觉的……我们可以说,他是科学家,更是位科学的艺术家.”

大师们的工作当然有浓郁的个人风格,但在艺术性方面确有很多共同之处.

牛顿说:“没有大胆的猜测就做不出伟大的发现.”

高斯(C. F. Gauss,1777—1855)说:“我有了结果,但还不知道怎样去得到它.”

19世纪科学家休厄尔(W. Whewell,1794—1866)也说:“若无某种大胆放肆的猜测,一般是做不出知识的进展的.”

这些都是给贝弗里奇论点的一些论据,它们的意思是一目了然的.

科学家也应当像艺术家一样生活,例如,懂得一些艺术,求得两个脑半球的平衡发展.

我国历史上的著名数学家、天文学家张衡(78—139,图10)最擅长写歌赋,祖冲之(429—500,图11)写过小说,这是文学方面的活的事例.20世纪德国著名的一些理论物理学家大都爱好音乐,普朗克(M. K. E. L. Planck,1858—1947)的钢琴,爱因斯坦(图12)的小提琴历来为人称道.有一个关于希尔伯特的故事,他原来不懂音乐,有人送他一台留声机和一叠古典音乐唱片,一听就入了迷,鉴赏能力很快提高,于是经常出席音乐会.

图10 张衡

张衡,河南南召县人,精通天文历算,两度担任太史令.创制世界最早的水力驱动的浑天仪和地动仪.天文著作《灵宪》中指出“宇之表无极,宙之端无穷”.即宇宙的无限性.文学作品有《二京赋》《归田赋》等,很具特色.绘画技法被列入东汉六大名家.他研究圆周率取$\pi=\sqrt{10}$.在学风上,他“不舍昼夜”地苦读,“约己博艺,无坚不钻”地研究.“捷径邪至,我不忍以投步”.“不耻禄之不伙,而耻知之不博”.“虽才高于世而无骄尚之情”.这些都是他成功的重要因素,在世界科技史上像他这样的全才也不多见.

祖冲之，字文远，河北涞水县人，但在南朝（宋、齐）担任官职．他的《缀术》已失传，所撰《大明历》首先考虑到岁差问题的计算，对回归年、交点月的日数精确度都有新进展，π 值的结果领先西方 1 000 多年．还曾改造指南车，作水碓磨、千里船等．文史方面也有相当高的造诣．与张衡一样，是古代追求科学美、技术美、艺术美的典范．

图 11　祖冲之

图 12 为爱因斯坦 1933 年在从英国赴美国定居的海程上，拉着他心爱的小提琴以作为科学思考之余的消遣．他拉琴的技巧很高，大学毕业后未找到工作时，甚至曾打算以此沿街卖艺度日．

图 12　爱因斯坦

有人作出这样的解释：在感情上，音乐带给人快感，近似于创造性思维活动带给人们的快感，而适当的音乐能帮助造成适合于创造性思维的情绪．

所以，科学工作者涉猎艺术领域有益无害．

反之，也有些科学家由于创造性活动的不平衡而屡受工作之害．牛顿 30 岁就熬白了头发，他承认 40 岁以后他的神奇的富于创造性的岁月就告结束，热情也丧失殆尽了．他的最伟大的思想微分学和万有引力定律是 24 岁时得出来的．所以有人评论说，这是他在生活中未兼顾艺术之故，以致患有神经过敏等症．

2. 科学、艺术通过技术实现联合

米克认为，“技术是科学和艺术间互通音讯的媒介”，因为技术起源于科学和艺术，且为两者作出贡献．在技术史中从来也不排斥美，技术的精华在于它在现实世界中有用的经验，这不像科学和艺术借助符号．这种经验具有一种浑然一体的独特的美．

(1)艺术中的技术和科学

视觉艺术家们需要科学提供的有关物质世界的知识以及对感觉和领悟力的本质有新的洞察,这需要数学、物理、化学以及医学、心理学.新材料、新技术,例如激光、全息术等有利于对世界的描绘和制作艺术精品.

音乐是空间和时间的艺术,自然界的音响规律,电声和电子技术都是音乐家需要的.

文学也依赖于同时代的科学,在新的信息技术革命浪潮下将日益显示出这种冲击.科学幻想小说只是一方面的例子,其实一切人类活动都将科学化,现实主义作品不能不接触这些问题.

(2)科学和技术中的艺术

现在科学家们把自己的实验室和书斋也当成了精神工厂,他们对科学美的追求就是在创造艺术品.

物理学家、生理心理学家正在探索物质本质与精神本质的相似和联系问题,当然哲学家和数学家在这方面的工作更带有较高的概括性.

数学工作者在这些活动中将有极大的施展才能的天地.电子计算机将是集中反映科学、艺术、技术结合的领域.

电子计算机对于文学研究,至少已有以下功能:

(1)文学作品风格的语言特征的测定;

(2)作家、作品的计算机考证;

(3)作家、作品词典的编纂;

(4)文学研究资料的自动检索;

(5)文学作品的模仿.

今后随着人工智能研究的进展,计算机进行文学作品的创作也不是不可想象的.文学与数学历来被人们认为风马牛不相及,而现在由于计算机作为中介,催生了新兴的交叉科学,例如计算文体学或计算风格学.1980 年在美国召开的首届国际《红楼梦》讨论会上,就有威斯康星大学的陈炳藻用计算机考证《红楼梦》续作者的论文,是“红学”研究的一个新方法.

16.6 科学美、艺术美交融的技术美学

当我们在前文提到科学和艺术结合问题时,仿佛还处在这项进展的前夜,其实,人类的社会生产这种最基本的实践早已导致一门名为“技术美学”的重要边缘学科的诞生.

还是1919年，德国创建“建筑学会”，开创了工业艺术设计的道路. 继之，20世纪30年代起的美国和英国，50年代起的法国和日本，60年代起的苏联和东欧都形成热潮，它要求把艺术和科学技术结合起来，技术美学便应运而生.

技术美学的中心范畴是技术美或功能美. 功能美的特征是产品应具有合规律性（真）和合目的性（善）的形式，它物化了主体的活动样态，表现了人对于对象的必然性的自由支配，凝结着人的创造性智慧、才能和力量，积淀着人的社会性情感、理想和愿望.

以苏联美学界为例，美学家叶果洛夫指出，工业（艺术）设计“是审美活动的一种特殊方式，它把审美活动同物质生产领域内通常所谓非审美活动结合在一起”“艺术设计能批量生产了”，它是培养高尚审美趣味的重要手段. 美学家奥符相尼科夫则认为，“它研究艺术创作规律和技术领域的审美规律，以达到广泛运用于生产和生活的目的”，任务可概括为：

（1）研究劳动和美的相互关系，促进劳动中的美感得到发展.

（2）设计与创造最合理的劳动条件.

（3）产品的美的形式，要成为完美的审美对象.

这一领域在我国现已得到开拓，例如“工业美学”，有人提出了10条标准：

（1）符合标准化、系统化、通用化的正规美.

（2）显示产品水平的功能美.

（3）合乎人体要求的舒适美.

（4）反映科学的性能美.

（5）体现先进的工艺美.

（6）应用新物品的材质美.

（7）标志成果的色彩美.

（8）合乎逻辑的比例美.

（9）标志力学的结构美.

（10）反映宇宙的和谐美.

还有人就产品形态设计的美学法则概括为三条：

（1）应用数学理论，确定比例尺度的美学法则. 它是数学美与自然美的结合. 产品的宏观形态首先表现在它的比例尺度上. 现在应用得较多的有等比数列、调和数列、贝尔数列、无理数比率、平方根矩形、黄金分割、模数理论等.

（2）适应人们的生理、心理感受，确定形态均衡稳定的美学法则. 它是生理学、心理学和美术、数学的结合. 原理是：对称形是均衡物体的基础，稳定是均衡体给人的一种感觉. 当然，要考虑产品功能就不一定完全对称，有些要适当变通.分为:①调和均衡稳定.特点是“同形等量”.②对比均衡稳定.是一种演变,可以添加、删减.分为相对均衡稳定,部分均衡稳定,非规律均衡稳定等.

(3)满足人们“安定”“求新”的心理特点,确定形态的统一变化的美学法则.分为:①变化中求统一.这要挖掘产品外观的线、形、色、质等美感因素的一致性和内在联系.②统一中求变化.这要利用美感因素的差异性.通常是简化、添加、夸张等.

此外,还有一些要素这里就不多谈了.

下面,我们具体看看数学怎样进入技术美学领域.大体上可分为两条道路:

(1)用数学语言表达已建立起来的技术美学规律的路线.

(2)借助数学方法建立新的技术美学的理论原理的途径.

例如:

(1)形状的研究.在研究人们对产品的视感时,常利用算术级数和几何级数.原理是:随着刺激以几何级数增长,感觉也按算术级数增长.例如,产品的线度依次为$A,Am,Am^2,Am^3,\cdots,Am^K$,则引起的视感依次为$B,B+n,B+2n,B+3n,\cdots,B+Kn$.后者的变化是均匀递增的,就大大减轻了视觉负担,使心理感觉稳定而平静.

在考虑产品表面形状时,要做一些横截面,如果边界线是二次曲线,则既富于变化,又很有规律,而且可以建立解析表达式,作图也有现成的方法,这样就比较方便.

还有很多几何曲线是人们感兴趣的,经常用到,作图也比较熟练.

(2)比例.把诸多的结构元素组织到一个统一的和谐系统中去,最有效的办法就是比例.例如相似形、黄金分割等都是大家熟知的.

(3)色感的数值分析.有些通过物理学和生理学的研究已得出了具体的数值或关系,它们是已经或可以量化的,有的可以建立关系式.例如光波波长与标准视感度等.有些更带有因人而异的心里感觉或联想的色彩感,建立精确关系式是困难的,则可以利用数理统计知识去分析.

(4)电子计算机的应用.范围极其广阔,有些是直接利用电子计算机绘图或设计.例如花布图案设计,电子计算机可以作出上千万种花样变化.

有些是结合数理统计数据或波形来进行数值分析,例如建立情绪、能力、心情等方面的数学模型以解决心理工程中的课题等.

最后,介绍两个与技术美学内容有关的应用领域.

(1)标准化

这是一个新的知识领域,它研究标准在国民经济中的作用,对产品质量、稳定性、使用寿命，以及劳动生产率、工艺流程、生产的专业化和自动化等都产生影响.

“标准”一词可以理解为规范和起法律作用的命令.

标准化分为事实上的标准化和法定的标准化.前一种是历代相沿成习的，后者是现代制定的.

数学是现代标准化的理论基础.数学方法能使材料、半成品、备品的质量指标，它们的可靠性和使用寿命的确定更加扎实，可以客观地解决机器元件、设备、仪表的构造，它们的尺寸、互换、同型、质量及标准化部件其他指标的问题.

产品质量检查的统计方法、误差理论、测量理论都属于数学在标准化中的典型应用.

我们以一个最简单的例子来说明一种称为“最佳数”的思想及应用.例如工厂生产的罐头装进包装箱，包装箱又放入集装箱，再装上汽车运入火车站，这些步骤都要彼此配合.火车厢的载重若为25吨，40吨，63吨，100吨，则汽车的载重定为2.5吨，4.0吨，6.3吨，10吨，集装箱容重定为250吨，400吨，630吨，1 000吨，包装箱定为25千克，40千克，63千克，100千克.那么在转运时就能得到最有效的利用.为什么只取这几种数值？原来它们是最佳数 R_5：1.00，1.60，2.50，4.00，6.30，10.0的倍数.这些项是以公比 $\sqrt[5]{10}\approx1.6$ 形成的几何数列.另外还有几组，即 R_{10}，公比为 $\sqrt[10]{10}\approx1.25$；R_{20}，公比为 $\sqrt[20]{10}\approx1.12$；R_{40} 公比为 $\sqrt[40]{10}\approx1.06$.它们都是最佳数，是多年生产实践中决定下来的，最为方便.国际上甚至有一种强制推行的办法，就是倘若商品的参数不合这些标准，价格就应下降10%.这样做使各生产部门在设计尺寸上彼此联系.例如金属切削机床的工作台的尺寸和它上面安装的夹具和配件的尺寸，电动机的功率系数和机上附件与装置的动力数值，挖掘机抓斗的容积和卡车车厢的容积等，都是应当互相配合的.

(2)计量评估

在理论上要讨论产品的质量的数值评价的一般方法为问题和数学模式.除质量以外，像产品美观之类指标的计量评估也属于要研究的范围.另一个问题是具体怎么应用.

计量评估当然主要是数学方法.其中概率论和数理统计方法应用广泛.计量评估应对研究过程中的数学模型加以分析.这里普遍地用到以控制问题为基础的数学工具，诸如线性规划、非线性规划、动态规划、最优控制理论、排队论、对策论、随机过程论等，以及电子计算机对过程进行统计模拟等.

以上我们从人类对数学美的追求与做出自然科学发现的过程来探讨了一些理论和实际问题，最后还提到了科学美与艺术美的结合以及在技术上的一些应用，这些问题还没有成熟的系统的结论，这里仅当成引玉之砖.我们觉得，马克思在1844年写的一段话很值得深思："动物只是按照它所属的那个物种的尺度和需要来建造，而人却懂得按照任何物种的尺度来生产，并且能处处把内在的尺度运用于对象；所以，人也按照美的规律来建造."他还几次举蜜蜂建蜂巢为例说明动物的建造与人的建造的区别.我们认为，既然提到"建造"（有人指出这词的德文原文有"塑造""造型"之意），至少包括生产和科技活动在内，也不排除文艺创作，因此，"美的规律"是人类掌握的一种内在尺度，它在科学和技术创造上的巨大作用是不应当被忽视的.

第17章 数学与力学中的统一美

数学中的统一美指的就是数学知识部分与部分、部分与整体、各种数学方法之间及其与客观物质世界之间的内在联系及其共同规律所呈现出来的和谐、协调一致，正如希尔伯特所说："数学科学是一个不可分割的有机整体，它的生命力正是在于各部分之间的联系."“数学的有机统一，是这门学科固有的特点."

17.1　多样性的统一

古代希腊的数学与中国古代数学一样，融几何、代数、算术于一体，表现了古代数学的统一. 毕达哥拉斯学派第一次提出了“美是和谐与比例”的观点，认为宇宙的和谐是由数决定的，他运用这一美学思想形成了点子数理论，并以所谓亲和数与完全数来反映体现宇宙和谐的“亲和”与“完全”. 欧几里得《几何原本》的出版，对数学统一美思想的发展起到不可估量的作用. 它把有关平面几何、立体几何、数论的一些知识统一到少数几个公理与定义之中.

17世纪，笛卡儿所创立的解析几何使几何与代数得到完美的统一，它充分揭示了数学的协调美与统一美. 解析几何是作为笛卡儿的《方法论》一书的附录出现的，他“是第一个有意识地把科学理论和鉴赏活动和研究活动统一起来考虑的自然科学家."此期间，牛顿创立微积分所采用的流数法，也展示了诱人的数学魅力.特别是微分方程的美妙形式与客观世界的物质运动规律得到了和谐与统一.物质运动的多样性，它的量的关系的各个侧面更多地反映在数学中，于是数学出现了众多的分支，"合久必分，分久必合"，数学在"分"与"合"的矛盾运动中向前发展.

到了19世纪，寻求统一的工作为数学家们所关注，就几何学而言，1872年，德国数学家费利克斯·克莱因(F. Klein，1849—1925，图1)在被聘任为埃尔朗根大学教授的就职典礼上，发表了"关于几何学统一性"的演说，他的观点是:每一种几何学都由相应的一种变换群所刻画，每种几何所要做的就是研究在这种变换群下图形的不变量和不变性质.于是，几何学就成为研究图形在各种变换之下不变性质的科学.发表之后，各种群论几何学，如研究保角变换群下不变性的保角几何学，研究连续变换群下不变性的拓扑几何学等纷纷问世.克莱因的思想从数学美角度给我们的感受是鲜明的:变换群下的不变量的美和数学理论的统一性的美.这给出了当时各种几何的统一形式并给出一个科学的分类.

图1　克莱因

费利克斯·克莱因生于德国下莱因州，在埃尔朗根大学任教授的就职演说(1872)，把古典几何在变换群上统一起来.1886～1913年担任哥廷根大学教授，成为德国数学界的泰斗，编辑《数学年报》《数学百科全书》，关心数学教育改革，还著有《19世纪数学史教程》.

20世纪30年代出版的范·德·瓦尔登(B. L. Van der Waerden，1903—1996)的《近世代数学》综合了当时抽象代数研究的全部新成果，对各种代数运算及代数结构(群、环、域、格模、域代数等)的性质进行了统一的研究，促进了代数数论、代数几何、代数拓扑、李群、李代数与泛函分析等数学分支的发展，特别是泛函分析，可以看作是数学许多分支的内容与方法的统一处理，它概括了变分法、微分方程与积分方程、实变函数论、函数逼近论以及算子理论中的某些个别的论证，给出了一般的论证方法，这一学科表现了数学方法的本质方面的内在联系与统一性,它的发展受到了近代理论物理——特别是量子力学的重大影响,并在那里得到了重要的应用.以后,数学家又建立起格论、泛代数、范畴论,以统一代数以至整个数学,无非是由被称为母结构的代数结构、序结构与拓扑结构的有机结合形成的一个层系.当然这是理想化的处理,但经过这样的处理,我们可以更好地理解数学的本质,认识到数学的统一性,以及数学的多样性.总之,对数学世界的统一性的认识过程,是一个曲折的螺旋式上升的过程,对数学统一性认识的每一次进展,都是人类对客观世界的数量关系与空间形式的规律性理解的一次飞跃.

数学统一美在数学中有很多体现.数学推理的严谨性与矛盾性体现了和谐;表现在一定意义上的不变性,反映不同对象的协调一致.例如,数的概念的每一次扩张与数系的统一,运算法则的不变性:几何中的圆幂定理是相交弦定理、切、割线定理的统一形式;拟柱体体积计算公式是柱、锥、台、球等多种几何体体积的万能计算公式;还有三角中的万能公式,解析几何中的圆锥曲线的统一公式等都是数学关系和谐统一的明显例证.数学方法论的化归思想、数形结合思想等也体现了数学和谐统一美.

数学的统一美,既表现在宏观上,也表现在微观上,表现在各分支间、分支内部以及分支与整体之间的互相贯通、和谐协调与相互转化上.当我们考察代数学时可以看到,它的各个分支或本身以集合为研究对象,或者通过集合来直接定义,也就是说现代数学是奠基在集合论之上的.由 19 世纪 70 年代德国数学家康托创立的古典的集合论发展到 20 世纪的公理集合论,对于数学的统一有着深刻的影响,仅是为了消除集合论中的悖论的工作,就极大地推进了对数学基础的研究.在现代数学中,各个分支的绝对界限已经取消,各分支的成果与方法被互相利用,正是这种和谐协调的现象使数学获得发展,使一些重大的数学问题得到解决.1983 年,法尔廷斯(G. Faltings)应用了代数几何的方法与结果,证明了属于数论领域的莫得尔(Mordel)猜想,法尔廷斯由此获得了 1986 年菲尔兹奖.另一名菲尔兹奖的获得者是我国数学家丘成桐(1949—),他于 1976 年解决了卡拉比(Calabi)猜想,这表明微分几何进展与偏微分方程研究的紧密联系.几个世纪悬而未解的费马(Fermat)大定理也于 1996 年被英国的维尔斯(A. Wiles)用代数几何解决了.现代数学中各个分支间这种"你中有我,我中有你"的现象,很好地说明了数学的统一性.这种情况,在高等数学与初等数学中也到处显示出来,比如平面解析几何中,椭圆、双曲线、抛物线曾分别给出定义,但这三者也可以在一个定义"与定点和定直线距离的比是常数 $e(e>o)$ 的集合."之中统一起来,在仿射几何中圆与椭圆是仿射变换下的等价类,在射影几何中，圆、椭圆、双曲线和抛物线是射影变换下的等价类，互以对象变来变去.

对于形形色色的凸多面体，它的顶点数 V，棱数 E 及面数 F 之间的关系，早为笛卡儿、欧拉等数学家所注意，1750 年欧拉发表了公式

$$V-E+F=2$$

但人们经过深入研究，并不是所有的多面体，数 $V-E+F$ 都是 2，于是定义

$$x=V-E+F$$

为欧拉示性数，并且发现示性数 x 相等的两个多面体都可以由其中一个连续变形为另一个，即 x 为拓扑不变量.

数学中的统一，如同客观世界的统一，是多样性的统一，对于数学理论与方法都是如此. 以“距离”这个概念来说，中学数学里有两点之间的距离，点到直线的距离，点到平面的距离，两平行线之间的距离，两平行平面间的距离，直线与平行平面之间的距离，以及高等数学中由范数导出的距离，由内积导出的距离等诸多距离概念. 可以统一定义为：

设 A 为非空集合，如果其中任何两个元素 x,y，按照一定的法则对应于唯一的一个实数 $\rho(x,y)$，且

(1)$\rho(x,y)\geqslant 0$，当且仅当 $x=y$ 时 $\rho(x,y)=0$；

(2)$\rho(x,y)=\rho(y,x)$；

(3)$\rho(x,y)\leqslant\rho(x,z)+\rho(z,y)$ 对任意 $z\in A$ 成立，则称 $\rho(x,y)$ 为 x,y 的距离，而(A,ρ)称为距离空间. 这样“距离”的高度统一抓住了许多事物的本质与规律，对开展研究更多的数学对象提供了条件. 又由于距离空间的极限概念的局限性，因此它又被拓广为一般的拓扑空间，距离概念的一系列拓展，像一首和谐乐曲不断地展开其新的乐章.

17.2 力学中的统一美

下面谈谈美学在力学中的体现.

1. 平衡性

无论是在静力学或是动力学中，所有的力学分析都以研究对象的受力平衡为根据. 力学理论认为，一个质点、物体甚至一个系统只有达到了平衡才可能是稳定的，基于这一准则建立了力的平衡方程. 对一般的力学问题，其基本方程有三类：平衡方程、物理方程、几何方程，而平衡方程是首要的. 用力学来解决一个实际问题，首先是对该问题进行抽象简化，建立力学模型，分析其受力状况，再

列出其平衡方程，然后求解. 在以上步骤中，列出平衡方程是最为关键的一步.

2. **对称性**

在自然界和日常生活中，对称的宏观物体能给人视觉上的舒服感，而对称在力学中也普遍地存在着. 在材料力学中，对于一根结构尺寸、荷载分别对称的梁，其弯矩图必定是对称的. 这也可以作为检验弯矩图正确与否的一个标准. 一个结构对称，荷载对称的力学模型，其对应的力学量中分为对称分量与反对称分量两种. 在此情况下，反对称的力学量必然为零，否则便违反了对称原则. 在力学分析中，当研究对象具有对称性时，我们可以只取其一半或四分之一部分进行分析，这使我们的研究得到极大的简化.

3. **和谐性**

解析法、数值法、实验法是力学研究的三大方法，而有限单元法则是数值法发展史上一个里程碑. 在有限单元法出现以前，人们对数值法只应用于解决一些计算量不太繁重的问题，使它的发展受到极大的限制. 有限单元法是随着电子计算机的发展而诞生的，它以大型问题为对象，未知数的个数可以成千上万，为解决复杂的力学问题提供了一个有效的工具. 有限单元法中最为关键的一步就是对于不同的问题构造相应的插值函数，随着有限元程序的通用性与方法的规范化，这一关键性尤为明显. 而构造的插值函数必须满足一定的条件，有限元解才是收敛的，即插值函数多项式必须满足完备和协调条件：多项式必须是对称的、平衡的，把几个美学要素都凝缩到这一单元上来.

4. **统一性**

如果一门学科缺乏统一性，那它就没有系统化，从严格的意义上来说，不能称之为一门学科. 静力学与动力学是理论力学中的两大研究领域. 两者之间有着显著的区别，但作为一门学科的两大基本类型，它们应当是统一的. 这一问题由著名的达朗伯(J. R. D'Alember，1717—1783)原理解决了，利用这一原理，可将动力学问题形式上转化为静力学问题，这样无论静力学抑或是动力学问题，都可用研究平衡问题的方法求解. 这就使理论力学两大块很好地统一起来. 对于各类力学基本模型，即杆、梁、板、拱、壳、块体，各有各的理论与分析方法，从这一角度看，它们是彼此独立的. 然而，它们之间之所以可以区分开来，是由于结构尺寸的不同，而结构尺寸又可根据研究对象所处的受力环境不同而作相应的简化与转化的. 当实际需要不同可忽略某一方向的影响时，可将其视为另一基本模型. 实际上，各种基本理论与分析方法是完全可以统一起来的.

如上所述，美学与力学有着密不可分的联系，两者是统一的. 但两者也有对立的一面，例如当你运用力学知识对一设计产品进行优化时，往往会发现当你满足了力学强度，却又破坏了设计外形上的美观，有时两者是难以调和的．作为力学工作者，应从实际需要出发，把两者很好地结合起来，使设计臻于完美．

可见一名力学工作者，除了具备扎实的专业基础外，还应对美学具有一定程度的了解与探知、体会．当我们进行力学研究时．有时不仅需要从力学方面考虑，还要结合其他科学知识作出判断、设想，尤其是当你站在多叉路口上时，仅用力学知识无法作出选择，转而考虑问题的其他特性，会使你有意外的进展．

第18章 黄金分割的哲学——历史背景

黄金分割是一个古老的几何问题，大约有两千五百多年的历史，载于数学经典《原本》(Elemenis，又译《几何原本》)以来，引起各个历史时期学人们的广泛兴趣，在科学、美术、建筑、技术等领域有着普遍的应用，哲学家和美学家也曾反复研讨. 这里主要从数学角度探讨黄金分割美学问题，而美学在很长时期内是哲学的一部分，故也有回溯其哲学背景的必要，庶几能在某种程度上解释为什么这个问题引起如此多人在如此长期内的赏识，以及为什么使不少美学家感到困惑，它的美究竟在哪里?

18.1 历史概述

将一段线段作黄金分割(golden section)，或者说将线段分成中外比、中末比、外内比(extreme and mean ratio)的几何作图问题，最早的系统论述见于《原本》卷Ⅱ第11题："分已知线段为两部分，使它与一小线段所构成的矩形等于另一小线段上的正方形."若将这些量的关系用等式表示，可看出就是中外比问题. 卷Ⅳ第10题："作一等腰三角形，使底角是顶角的两倍."即作出36°及72°角，与作正五边形及正十边形有关，也需要中外比. 卷Ⅵ第30题："截已知线段成中外比"，正面提出这一问题. 卷Ⅶ第9题又再次点明正十边形、正六边形与中外比的关系.这些文字透露了两个方面的事实:一、欧几里得以前的希腊数学已经从好几种角度触及和至少部分地解决了中外比问题,提供欧氏很好的素材;二、欧几里得本人对此也很赏识,在这本以逻辑严谨、精炼简洁著称的大作中竟唯恐遗漏、不忍割爱,反复介绍,视为至宝. 其实,毕达哥拉斯学派早就认为"美是和谐与比例",研究过一些著名的比例,如完全比例、音乐比例等.尤其值得注意的是,他们以正五角星作为其秘密组织的会徽和联络暗号,想必已窥破正五边形和中外比作图秘诀,才如此自我欣赏和互相标榜.

比例也引起艺术家的兴趣,相传前五世纪时,雕塑家波鲁克雷托斯(Polycletes,公元前5世纪)研究人体的数值比,著有《法规》一书,此后,不少艺术家屡次探讨人体美的比例问题.

继起的欧多克索斯(Eudoxus,公元前408—公元前347)是古典希腊数学最杰出的代表,他对数学的一大贡献是引入量的概念,定义两个量的比及比例(即两个比相等的关系),例如线段的比、面积的比等,突破了整数比的局限,可以处理不可通约量(即无理数),具有划时代的意义.他的许多数学定理被欧几里得收入《原本》之中,据说Ⅴ,Ⅵ,Ⅶ卷均以他的思想为基础写成,特别是第Ⅴ卷比例论,有人誉为希腊古典时期数学的核心内容,影响甚为深远.

在其他古代文明发源地中,古埃及的画师通行九宫格式的法则,人物画的身体比例一般按13×22格来摆布,与中外比近似;最大的胡夫金字塔,高度和宽度的比是146∶232≈5∶8=0.625,也相当接近于0.618.古罗马的维特鲁维乌斯(Vitruvius,1前2世纪—前1世纪)主张,比例、对称、和谐是三个主要的美学标准.

中国古典数学巨著《九章算术》(1世纪成书)第二章的"今有术",写成现代形式为

所有率∶所求率=所有数∶所求数

就是比例问题."率"是古算所研究的最基本数量关系,刘徽在《九章算术注》中称:"凡数相与者谓之率、率者,自相与通、有分则可散,分重叠则约也,等除法实,相与率也."句中"相与"是一种线性相关,"率"是按某一公度作标准.

欧洲人沿用印度人的说法,称比例为"三数法则"(rule of three)或"三率法",而阿拉伯人把它叫作黄金法则(golden rule).

在中世纪的欧洲,奥古斯丁(Augustinus,354—430)给美下的定义是整一或和谐.他认为物体美意味着"各部分的适当比例,再加上一种悦目的颜色",相信只有数学才是衡量一切美的尺度.他用几何学的眼光来分析建筑和人体美,非常关心比例问题,推动了这方面的研究,为以后文艺复兴时期的"神圣比例"

积累了材料.

文艺复兴运动(14～16 世纪)之初,古希腊原著纷纷被译成拉丁文,加上中国造纸术和印刷术的传入,方便了古希腊的学术思想在欧洲广为传播,毕达哥拉斯-柏拉图强调数量关系的传统在知识界渐居统治地位.因为随着中世纪神学哲学的动摇和解体,只有数学能给人们的信念提供唯一稳固的支柱.很多科学家和艺术家坚信,上帝以几何学的原则来建造宇宙之美,几何比例与美的关系问题成为科学美的研究核心,并形成艺术中一种重要风格.画家弗兰西斯卡(P. Francesca,约 1416—1492)在其名作《耶稣受鞭刑》上,采用大小框式的构图,各部分反复运用了中外比.弗氏的学生巴巧利(Luca Paciole,约 1445—约 1514)更是一位突出的代表,1509 年出版了《神圣比例》,揭露自然现象之间存在比例关系,他称比例为"母亲""皇后",认为世间一切美的事物都必须服从中外比这个神圣比例的法则.例如,没有它,"正五边形就无法构成……也无法想象".他的学生和朋友达·芬奇在《绘画论》中也使用"神圣比例"一词,认为美感完全建立在各部分之间神圣的比例关系上,各要素必须同时发生作用才能奏效.后人分析,达·芬奇研究人体比例更早,巴巧利的著作似应受达·芬奇思想的推动,由两人共同完成.他们的工作是古希腊中外比与 18 世纪黄金律的中介.

开普勒(J. Kepler,1571—1630)深信上帝依完美的数的原则创造世界,他赞同中外比享有特殊地位,称之为神圣分割.他认为中外比是几何学中的珠玉,而勾股定理则是黄金,两者可称双宝.

后来英国的博克(Bock,1729—1797)对"美在比例"之说提出尖锐质询,提出"美并不要求推理作用的帮助,美和计算过程及几何学都不相干."这从反面把问题引向深入.

阿道夫·蔡沁(Adolf Zeising,1810—1876)是黑格尔的学生,1854 年出版《人类躯体均衡新论》,正式提出黄金分割原理,1855 年发表《美学研究》,对此进行理论阐述.他做过大量的人体测算,发现肚脐是直立时人体的黄金分割点;膝盖是下肢的黄金分割点;肘部是上肢的黄金分割点……植物叶序依螺旋线排列,叶子在螺旋线上的间距也服从这个原理,因此黄金分割是动植物形态的一个结构原则.他还研究了古代一些建筑、绘画、雕塑名作中的比例问题,得出的结论是:黄金分割是解开自然美和艺术美奥秘的关键.他明确地将这原理搬到矩形的长与宽的关系上,即"黄金分割矩形".

德国费希纳(G. T. Fechner,1801—1887)研究实验美学,曾作出 10 个矩形(边长比由$\frac{1}{1}$到$\frac{2}{5}$),令 300 名参观者挑选最美的一个,结果选择比值为$\frac{21}{34}$(≈

0.617)矩形的人最多.

英国柯克(1867—1928)认为文艺复兴时期艺术家们曾自觉不自觉地运用了黄金分割原理,而且使几何学上的对称、精确性与充分的自由完美地结合起来.同时,他还联系生物形态学,指出“黄金分割可说研究的是形式而非功能,是形态学而非生理学.所以斐波那契数列(Fibonacci,1170—1250)就意味着在考虑机能和生长上、在正确理解形式及比例上都是根本的.它暗示着生命原理和美的原理之间的某些关系,如果深究黄金分割这个原则,则这两方面的原理都会得到说明.”(《生命之曲线》)

汉毕琪分析公元前447年到438年之间建成的巴特农神殿(这是古希腊极盛时期,在雅典城邦南部卫城山冈上修建的供奉庇护神雅典娜的殿堂),它的正立面,乃至柱头上的细部,都是黄金分割矩形;基卡则著有《自然与艺术中的比例美》,都是柯克工作的延伸.

荷兰斯梯尔抽象派画家,以皮埃特·孟德里安为代表,声称“在我的画里看不到正方形”,而只是横、竖线的韵律和组合,二次大战前为一些成功的自由设计建筑物的外观设计所借鉴.

一批立体派画家,醉心几何形状的比例和匀称,20世纪早期组成了黄金分割画派(Section d'Or),以雅克·维隆为首,主要成员中有著名画家10余人.

在建筑学界,“动态对称”理论的支持者们信奉:造成美感的比是无公度的(即无理数),依靠几何作图而得使黄金分割美学得到推广.

1933年,美国数学权威伯克霍夫(G. D. Birkhoff,1884—1944)出版《审美的准绳》,指出:总体和它的局部,主要尺寸之间都有相同的比时,好的比例就产生了.这也是黄金分割美学的拓展.

法国柯布西埃(Le Corbusier,1887—1965)是近代建筑大师,1948年出版《空间的新世界》,将人体模型(身高为6尺)框入网格中,各矩形均为黄金分割尺寸,形成比例体系他称为“模度尺”.这些比值关系在建筑设计中大显神通,他借助这个体系,搞出了著名的马赛公寓(1952年建成,17层)等,他说,“数学使人们的生活变得舒适了”,他的实践是很有说服力的.

直到最近,黄金分割的魅力一如既往.

美国数学家基弗(J. Kiefer,1924—1981)在1952年提出了来回调试的优选法中的“0.618法”以及“分数法”,都做黄金分割做寻优试验,取得了令人惊异的成效,理论上也是漂亮的.

1974年,英国物理学家潘鲁斯发现,大小两个黄金比矩形可以没有平移周期性地铺满整个平面,真是令人赞叹.

1976 年，被誉为“当代建筑艺术一大杰作”、加拿大多伦多的世界最高的钢筋混凝土电视塔竣工，塔高 553.3 米，工作厅位于 340 米左右的高空，$340:553\approx\frac{8}{13}$，这又是黄金比.

1982 年，物理学家舍赫特曼发现，铝锰合金 5 度轴对称的点衍射花样，是一种未为人知的新的准晶体结构，锰与铝原子成反对称位置，出现的相对概率为 $1.6\pm0.2\approx\frac{1}{2}(\sqrt{5}+1)\approx1.618$. 又由计算机模拟表明，准晶格点的平行面族相对间距交替变换，有如斐波那契数列两邻项值.

我们引用约翰内斯·波切内克《形式美之规律》的结果：以 89，55，34，21，13（斐波那契数列中的项）构成人体要素，“无人能从比值的角度去真正解释这一令人愉悦的原因”那么谜底何在？确实，斐波那契发现的这一数列真是太美妙了. 它的相邻两项之比，不断逼近黄金分割的真值，形成一个无限过程；在有限的情况下，这种分数值是黄金数的近似值，应用更方便. 所以这个数列和黄金分割真是花开并蒂，争奇斗妍，异彩纷呈，相映成趣. 我们探究黄金分割的本征特性，不可不注意斐波那契数列在其中扮演的重要角色. 据悉国外已经出现了名为《斐波那契数列》的定期刊物，不断报道斐波那契数列在理论上和实际生活中的各种新成果、新应用，研究它的各种未被揭示的奥妙.

18.2 哲学背景

古希腊哲学，从公元前 6 世纪开始的 1 000 多年时间，主要是奴隶主阶级的哲学. 第一阶段是公元前 6 世纪，城邦奴隶制形成时期，哲学主要研究自然界，同最初的自然科学萌芽相结合. 第二阶段是公元前 5 至 4 世纪，奴隶主民主制繁荣时期，思想活跃，继续深入探索世界本原问题，并对伦理学、政治学、逻辑学等方面也有所注重. 第三阶段是城邦奴隶制没落时期. 本章涉及的中外比问题萌芽和形成，约略与第一、二阶段相当. 事实上，哲学就是当时包罗万象的科学，是科学的科学，它的最高任务是探究世界的本原. 所以探讨中外比问题的产生，必须看到这样的背景，从而明白它不是一个孤立事件. 恩格斯说得好，“在希腊哲学的多种多样的形式中，差不多可以找到以后各种观点的胚胎、萌芽”.（《马克思恩格斯全集》卷 3，第 468 页）所以中外比问题的发展，也与这个时期的思想受胎、孕育有关，断非无源之水，无本之木.

这个问题从数学方面去看，主要只涉及自然哲学. 古代自然哲学的特点是自发地、朴素地、辩证地把自然界当作有联系的和活生生的整体来解释，它实际上同自然科学融合在一起.本章与美学也关系甚密，但主要是个科学美学问题.在古代，自然科学和科学美学都处在自然哲学的卵翼之下，所以应抓住这个主要矛盾.

文艺复兴时期，自然哲学在保留古代自然哲学的概念和原则的同时，又以新的自然科学知识为依据，发展了唯物主义和辩证法思想.虽然17世纪数学已从自然哲学中分化出去，但在人们的观念中仍认为两者有密切关系.18世纪，欧洲启蒙哲学中的自然哲学提出了各门科学间具有包罗万象的联系的思想.19世纪辩证唯物主义和历史唯物主义的出现使得自然哲学结束了前述的历史使命，但近百年来自然辩证法的发展开辟了更广阔的前景.恩格斯在谈到自然哲学在历史上的作用时指出：在我们能够依靠经验自然科学本身所提供的事实以前，为自然界描绘总的图画是自然哲学的任务，“而自然哲学只能这样来描绘：用理想的、幻想的联系来代替尚未知道的现实的联系，用臆想来补充缺少的事实，用纯粹的想象来填补现实的空白.它在这样做的时候提出了一些天才的思想，预测到一些后来的发现，但是也说出了十分荒唐的见解，这在当时是不可能不这样的.”(《马克思恩格斯全集》卷4，第242页)我们对待前文和本节所引古代关于中外比的种种议论，应当作如是观.

在生产力发展的前提下，古希腊哲学家抛弃了在自然面前无所作为的态度，他们“至少敢于凭理智来面对宇宙，而不肯依赖于神、灵、鬼、怪、天使以及其他神秘力量”，努力寻求自然现象的合理解释.要把对自然作用力的神秘、玄想和随意性去掉，并把似属混乱的现象归结为一种井然有序的可以理解的格局，关键是数学的应用.反过来，数学在天文、测地诸方面的成功运用，使人们建立起自然界是有序的信念，直觉自然界是和谐、统一、简单和明确的.毕达哥拉斯学派(指毕氏弟子中从神秘宗教中分离出来专事科学研究的一派)是首先提出这种合理性和数理哲学性自然观的人.不错，他们也从宗教的神秘方面吸取一些灵感，但这主要是为了净化灵魂.他们纯凭心智来考虑抽象问题，发现某些不同现象却有相同的数学性质，于是认定数学性质便是这些现象的本质所在.进而臆测所有物体都由点或“存在单元”按相应的各种几何形象组合而成.在他们心目中，数既是点又是物质的元粒，数是宇宙的实质和形式，是一切现象的根源，“万物皆数也”，数为宇宙构造提供了一个原型.所以数的和谐原则是最早的科学美学原则.由此可见，他们热衷于一些特殊的比例，正是出自要用数来探究自然现象意义的大动机，也包括寻求数的和谐的新例证的意图.

之后，留基伯(Leucippus，公元前440年左右)、德谟克利特(Democritus，公元前460—公元前370年左右)提出了原子论，列宁曾把以后唯物主义的发展路线称为“德谟克利特路线”. 在某一方面他们与毕氏学派一样，即也认为一切自然现象是由数学规律严格确定了的. 可见不能简单地断言万物皆数与原子论毫无共同之处，它们都借重数学的发展.

欧多克索斯探索不可公度比的美学意义、内在的数学和谐与外在的数学形式美，与毕氏学派的渊源很深，在哲学上还受到柏拉图的影响.

柏拉图主张，只有通过数学才能领悟物理世界的实质和精髓，世界按照数学来设计，“神永远按几何规律办事”，这是毕氏思想的发展. 经过柏拉图极力宣扬，影响甚为深远. 他比毕氏更走极端，要用数学来取代自然界本身，这就陷入了唯心主义了. 例如，他利用所谓柏拉图多面体（即正四面体、正方体、正八面体、正二十面体、正十二面体，其实并非他自创的）来说明其数学宇宙观，鼓吹上帝创世的四元素火、气、水、土，分别对应着四种正多面体；只有第五种正多面体（正十二面体，每个面是正五边形）是天上独有的，叫作“精英”. 此说固然荒谬，但从一个侧面可以提示我们，柏拉图偏爱这种形体，以及后人为何特别钟爱黄金分割，盖因“此曲只应天上有”.

事实上，古希腊从毕达哥拉斯时代起，几乎所有学者都说自然界依数学方式设计，这种信念一直到人 19 世纪末还占优势. 而早期希腊数学家都是哲学家，深信数学对哲学和了解宇宙的重要作用. 古希腊人珍视数学为一门艺术，他们在其中认识到美、和谐、简单、明确以及秩序. 即使哲学上与柏拉图大相径庭的亚里士多德，也明确地提出：“那些认为数理诸学全不涉及美或善的人是错误的……美的主要形式是秩序、匀称与明确，这些唯有数理诸学优于为之作证.（《形而上学》）中外比之成为美学问题，确实出于这样广泛的思想基础和共识，它是优于为美作证的一个典范.

罗马人一味务实的精神限制了他们的哲学思索，代价是一千多年间没有出现一个像样的数学家. 公元前 14 年维特鲁维乌斯的《建筑十书》虽说是提到了人体各部分的比例，但尚未建立与中外比之间的联系.

在黑暗的中世纪，基督教神学占统治地位，人们对物理世界缺乏兴趣，所有的知识都来源于研读圣经. 经院派学者，以及 12 世纪以来成立的大学都为教会利益服务，“数学显然不能在一个只重世务或只信天国的文明中繁荣滋长”. 所以前期（从 5 世纪到 11 世纪）是科学的衰退期，后期（12 世纪到 14 世纪）科学活动的核心是对亚里士多德的哲学和科学的理解、吸收、批判. 但这期间新柏拉图主义一直延续到文艺复兴为止，它仍主张无限与有限、精神与物质的二元对立，但认为对立本身导源于统一（太一或神），即将包含物质在内的事物整体理解为来自于神又归还于神的一个整体，这种认识很容易与数学研究相结合而从神和观念中寻求真理.这个学派在4世纪得到发展.经过圣·奥古斯丁开始对基督教产生影响.12世纪以后又经阿拉伯文化圈保存下来.比例论在中世纪能有一定的生机和发展与此是有关的,当13世纪出现批判亚里士多德决定论思想方法的运动时,比例论也是理论武器之一,发挥过进步作用.中世纪末期的学者斐波那契足迹远至欧、亚、非三洲,接受了古希腊、阿拉伯甚至印度、中国的数学知识,在欧洲成为集大成的人物.《算盘书》(1202)以及他本人的独特成果,如对无理量的新认识,对斐波那契数列的创造,在自然哲学上都有新的继承和发展.1260年卡帕纳斯(Campanus)证明了中外比的值是无理数,表明当时数学抽象思维和逻辑方法都上升到一定的高度.

文艺复兴时期是由封建主义社会向资本主义社会过渡的阶段.其哲学思潮包括互相联系的三个方面,即人文主义,自然科学和唯物主义,宗教改革运动.恩格斯说:"整个文艺复兴时代,在本质上是城市的从而是市民阶级的产物,同样,从那时起重新觉醒的哲学也是如此."(《马克思恩格斯选集》卷4,第249～250页)人民的思想从禁锢中解放出来,注重师法自然,实验与数学相结合.自然科学和美学都没有从哲学中独立,大师们个个都是科学的"艺术家",自乔托(Giotto,约1266—1337)以后,艺术家一直探索比例之美就不是偶然的了,在这个时期,数学与艺术很好地结合着.

先看15世纪,古希腊著作在欧洲被大家所了解,认为依数学设计的自然界和谐优美,合理简单有秩序,这些思想占据统治地位.1435年,阿尔伯蒂(L. B. Alberti,1404—1472)在《绘画论》中写着:"我希望画家应当通晓全部自由艺术,但我首先希望他们精通几何学".画家尚且如此,何况是科学家呢.哥白尼、开普勒、伽利略、笛卡儿、惠更斯(G. Huygens,1629—1695)和牛顿都是毕达哥拉斯主义者,莱布尼兹说:"世界是按照上帝的计算创造的",把上帝推崇为全智全能的数学家.所以说,这时期的科学家又是神学家,脱胎于中世纪又带上中世纪思想烙印.寻找大自然的数学规律成了合法的宗教活动,数学知识作为宇宙真理,颠扑不破,甚至高于圣经中的文字.几何比例与美的关系问题,比例的宇宙学解释,自然界中最完美的人体的尺寸比例必合乎数学法则,就成为科学美学的最热门话题,黄金分割美学迎来新的时代.

绘画反映事物的外在形式美,而科学美学则从量的方面反映事物的内在本质美.达·芬奇郑重宣布,他不相信经院派的知识,而只有紧紧依靠数学,才能穿透那不可捉摸的迷宫.

巴巧利之所以要为中外比冠以"神圣比例"名称,达·芬奇之所以表态支持,丢勒之所以在比例上大做文章,既因他们从前人继承了丰厚的有关知识,还因他们讨论过用直尺和开口固定的圆规作正多边形问题,尽管只得出近似法.

真正有资格讨论在这种限制下的精确画法的人，是塔塔利亚(N. Tartaglia, 1499—1557)、卡丹诺(G. Cardano, 1501—1576)、费拉里(L. Ferrari, 1522—1565)这些数学家.中外比又重新又引起兴趣，与此或许并非无关.开普勒为什么对中外比视若拱璧？是因为中外比如此的协调、对称与神圣，给出了“上帝”存在的有力证据.

笛卡儿说“美是一种恰到好处的协调和适中”.中外比当之无愧地符合他的定义.黑格尔把科学与艺术截然分开，但仍承认主客体的同构，生物体的和谐统一，美和真的对立统一.

随着牛顿力学的兴起，上帝在缔造宇宙美中的作用越来越小.到19世纪，科学家心目中的上帝不过是自然的代名词罢了.人们转而向牛顿力学(成功运用数学的典范)体系去寻找美的根源，设想：宇宙美的原因是不是数学的？所以“美在比例”的观念在新的科学背景下东山再起.蔡沁可说秉承了黑格尔唯心主义辩证法，为了给古希腊波鲁克雷脱斯《法规》的黄金分割思想奠定科学的理论基础，他采用归纳法，对自然物和艺术品开展调查研究，虽然举出大量例证，使人们大受启发，可惜仍讲不清所以然.

费希纳的工作是开展广泛的心理学测试，为美学研究与自然科学研究相结合做了有益的开端，这当然是颇有哲学意义的工作.

柯克认为黄金分割只强调了一致而没有说明差异，而斐波那契数列则意味着在考虑机能和生长上、在正确理解形成及其比例上都是根本的，美国艺术家亨布里提出静态对称(整数比)和动态对称(比值为无理数)概念，苏联日勒多夫斯基提出“黄金分割函数”“活方形”概念.这都是一些新观点，反映了20世纪这方面的新成果，具有一定的哲学价值.

20世纪科学哲学有了很大发展，研究的内容涉及科学知识体系的方法论特点，逻辑基础及与数学的关系，科学在文明中的地位，科学在理论上的变革等.第一代科学哲学家往往与逻辑实证主义有关，总体看来有经验主义倾向.这影响到对黄金分割的分析仍不够深入和准确.第二代则从历史方面关心科学，本章即受到这种传统的启发，在这方面花的篇幅比较多.其实，心理学、科学社会学等也是科学哲学应当关注的.例如，黄金分割作图的一大应用是绘制五角星，这个图案两千多年来成为很多国家、政党、军队、团体的国徽、党徽、军徽、会徽、旗帜、标志中的重要成分，人们对它的喜爱从不稍减，除了其中的科学奥妙吸引人们的遐思以外，应当还有更深刻的心理因素在内，即审美心理学的问题.

总之，为了全面透彻地分析黄金分割的美学问题，需要以辩证唯物主义和历史唯物主义为指导，进行多学科的通力合作，尤其需要跨学科的交叉研究，这是没有疑义的.

黄金分割的数学——美学解析

第19章

19.1 解析

比(ratio,比率)的概念,欧几里得根据欧多克索斯的成果加以定义.这一概念经韦达等人发展,对近代函数概念的产生有重要作用.1692年莱布尼兹首先采用函数概念.而戴德金(J. Dedekind,1831—1916)的实数理论原理则吸取了欧多克索斯关于量的比相等的理论并使之完全算术化,戴氏也给出了现代的函数概念,即“函数 $f:D\to M$ 是从集 D 到集 M 上的映射”.所以,欧多克索斯的理论是可以和现代实数论相提并论的精密理论,无怪乎在两千多年时间内是那样光彩夺目,中外比作为其中一朵奇葩更受青睐了.

数学理论之美与造型艺术之美,前者使人赏心,后者令人悦目,其审美联觉则作用于各个感官和大脑,让人心旷神怡.黄金分割一枝独秀,集理论和外形之美于一身,因而更耐人寻味.

所谓中外比,是将线段 AB 分成 AC,CB 两部分(图1),一部分作为比例的外项,一部分作为比例的中项,即 $AB:AC=AC:CB$.在数轴上取点,不妨令 AB 为单位长,使 A,B,C 的坐标分别是 $0,1,x$,则

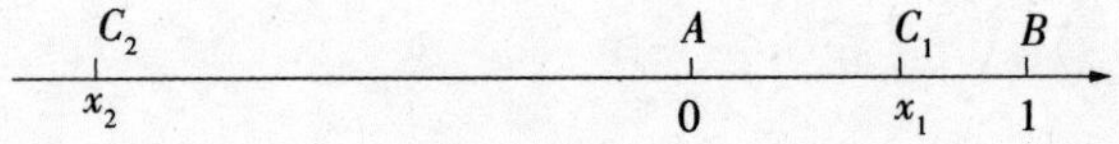

图 1　黄金分割

$$1:x=x:(1-x)$$

$$\Rightarrow x^2=1-x \quad \Rightarrow x^2+x-1=0$$

$$\Rightarrow x=\frac{1}{2}(-1\pm\sqrt{1+4})=\frac{1}{2}(-1\pm\sqrt{5})$$

$$\Rightarrow x_i=\frac{1}{2}(-1+\sqrt{5})\approx 0.618,\ x_2=\frac{1}{2}(-1-\sqrt{5})\approx -1.618$$

可知这样的分割点 C 有两个，C_1 是内分点(位于 A，B 两点之间)，C_2 是外分点(位于 AB 的反向延长线上)．一般所说的黄金分割点是指内分点，今后记它的坐标为 $G=\frac{1}{2}(-1+\sqrt{5})$．

G 完全是理性思维的产物．试想，在日常生活中，一条均匀细棒或作尺或作秤杆，上面只需刻上等分的点，怎会想到这个黄金比？偏偏古希腊人喜欢抽象，把它看成线段，而且以之为边作正方形或矩形，于是出现了《原本》卷Ⅱ第 11 题的等量关系，导致这个比例的产生．《原本》首先以如下直观的方式揭开她的面纱，他的作法是经典的．以 AB 为一边作正方形 $ABDE$，取 AE 的中点 F，联结 FB，在 FA 的延长线上截 $FG=FB$，以 AG 为一边作小正方形 $AGHC$，则点 C 即为所求之分点(图 2)，容易证明 $AB\cdot CB=AC\cdot AC$，问题解决．在这里他还借助几何解决了

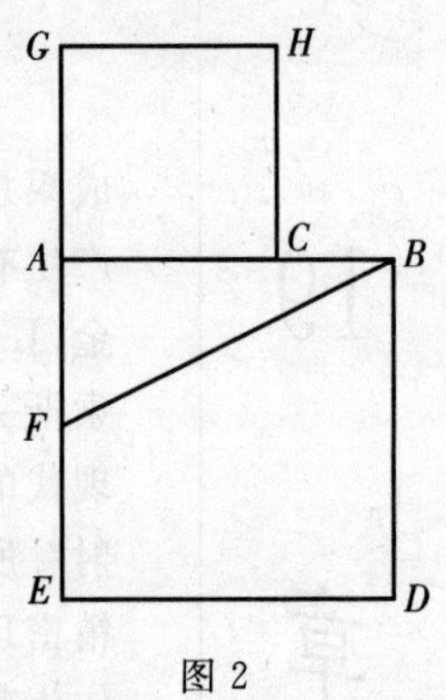

图 2

$$1-x=x^2$$

或更一般的 $a(a-x)=x^2$．这种一元二次方程的求根问题．

古希腊人长于几何，他们常将代数问题几何化，而不像古代中国人长于代数，常将几何问题代数化．我们必须承认，这两种转化方法都是巧妙的，无分轩轾．古人这样苦心孤诣寻求事物的相互联系，一旦找到了，喜悦之情当然是难以言表的，他们从黄金分割中欣赏的是一种统一性之美．《原本》中其他几道与中外比有关的问题，其表现形式各不相同，而实质也是一个，使我们感受到这种多样性中的统一性，统一性中的唯一性．这统一性、唯一性恰巧是科学美学中两条

基本的审美标准，黄金分割已经具备了.

欧几里得之后的托勒密(Ptolemy，约 100—约 170)，在他的名著《数学汇编》(Syntaxis Mathcmatica)中，提供了另一种作图法. 作为对早期三角学的贡献，他来计算圆弧所含的弦之长. 为了计算 36°弧和 72°弧对应的弦长. 如图 3 所示，取半径 AF 的中点 D，截 $DC=DB$，则△ABC 的 AC，AB，BC 就分别是圆内接正五、六、十边形的边长. 若 $AB=1$ 则 $AC=\frac{1}{2}(\sqrt{5}-1)G=2\sin 36°$，$BC=\sqrt{1+G^2}=\frac{1}{2}\sqrt{10-2\sqrt{5}}$ 这里求 AC 线段的方法与欧几里得的方法本质上是一样的. 附带地，△ABC 各边都有特定的含义. 我们再一次地看到了黄金分割的统一性这样完美地寓于多样性之中.

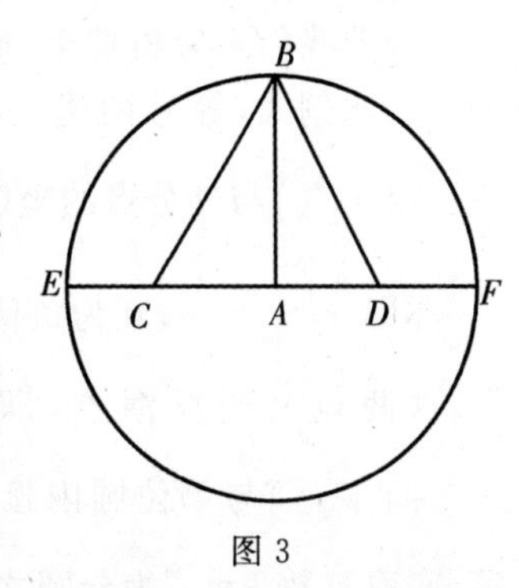

图 3

下面让我们分析黄金分割的简单性之美. 质朴浑成、单纯洗练的妙处，这里正是如此. 我们知道，组成一个比例式，本来需要四个量 $a:b=f:d$. 若减少为 2 个量，可有 $a:b=a:b$，这式子只是重复原样，没有什么意思. 但 3 个量是可以形成比例的(允许一个量运用两次)，如 $a:b=b:c$，它显示了一种变化，有新的含义和信息. 而“中外比”更高明，实际上只运用了 a 和 x 两个量，立成 $a:x=x:(a-x)$，真是少得不能再少，却淋漓尽致地发挥了每个量的作用，确是巧夺天工. 诚然，如果为简单而简单，则将线段 2 等分、3 等分……未尝不好，然而却太显平淡，没有变化. 由此可见，简单中的变化才有奇趣，带来美感，仅此一斑就知黄金分割真是匠心独运，鬼斧神工.

现在我们来谈黄金分割的和谐之美. 作为比例式，它浑元一气，四平八稳，面面俱到，这是整体的和谐. 再看内部结构，按本来意义，既然是分割，就表现为对统一体的割裂、肢解、破坏. 然而，黄金分割却割而不断，比例各项有整体、有局部，互相呼应，互相依赖. “全段比大段等于大段比小段”，互有定例，彼此遵从，我中有你，你中有我，按部就班，恰到好处. 中国古代形容美人，有“增之一分太长，减之一分太短”之说，这种数学式的精确性用在黄金分割身上是当之无愧的. 这是中外比本身固有的和谐. 如果我们再联系前文提到的人体比例问题，大量统计数据表明人体很多“部件”之间遵循这种分割，而人体是这样的和谐，从这里我们看到了大宇宙与小宇宙的同构. 过往的美学家认为是由人体的比例美产生移情而使人们珍爱黄金分割，应当承认这种说法是有一定道理的，但我们更愿意强调黄金分割所蕴含的内部和外部和谐这一美学特征，而不必借助移情说.

接着我们来分析黄金分割的对称美. 它是和谐的又一种表现形式. 首先，作为一个比例式，等号两边是均衡的，这是左右对称. 其次，内分点的坐标 $x_1=\frac{1}{2}(-1+\sqrt{5})$ 与外分点的坐标 $x_2=\frac{1}{2}(-1-\sqrt{5})$ 有关系式 $x_1\cdot x_2=-1$，即 $x_1=\frac{-1}{x_2}$ 亦即 $x_2=-\frac{1}{x_1}$，互为负倒数，不妨称之为反对称，或上下反对称. 若不计负号，这两点又叫反演点，即一种特殊的对称关系. 再次，关于黄金数 $G=\frac{1}{2}(-1+\sqrt{5})$ 与单位圆内接正十边形边长的关系，可以这样推导：将单位圆 5 等分，取复数 $z=e^{i\theta}$ 为分圆之点，得

$$z^5=1\Rightarrow z^4+z^3+z^2+z+1=0$$

令

$$y=z+\frac{1}{z}\Rightarrow y^2+y-1=0\Rightarrow$$

$$y=\frac{1}{2}(-1+\sqrt{5})$$

但 $y=z+\frac{1}{z}=e^{i\theta}+e^{-i\theta}=2\cos\theta=2\cos 72^\circ=2\sin 18^\circ$，这正是十边形的边长.

上述推导过程中，如 $z^4+z^3+z^2+z+1$，$z+\frac{1}{z}$，$e^{i\theta}+e^{-i\theta}$ 等，都可以说是对称式，具有对称美.

黄金数 G 与优选法的关系当中，还可以看到下述的对称美，将 $[0,1]$ 区间作分点 $1-G=G^2$ 和 G（图 4）. 那么，不管是丢掉左段 $[0,1-G]$ 还是右段 $[G,1]$ 余下的长段就包含一个分点 G 或 $1-G$，它所处的位置恰与原来两点之一，即 $1-G$ 或 G 在 $[0,1]$ 中的位置比例是一样的，这也是一种对称. 即若丢掉的是左段，则剩下的部分的小段长度为 $G-(1-G)=2G-1$，剩下的全段长度为 $1-(1-G)=G$，两者之比为 $\frac{2G-1}{G}=\frac{G-(1-G)}{G}=\frac{G-G^2}{G}=\frac{1-G}{1}$，若丢掉的是右段，则剩下的部分中，大段长度 $=1-G$，剩下的全段长度为 G，两者的比 $\frac{1-G}{G}=\frac{G^2}{G}=\frac{G}{1}$. 人们利用这种对称性处理单因素的单峰

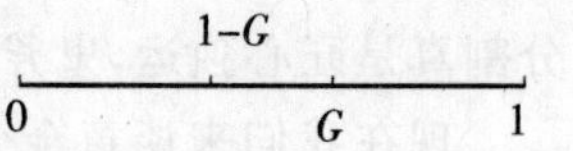

图 4

函数的寻优问题，按上述办法找分点和截去无用的区段，来回调试，收效最快，要做的试验次数最少，使我们深切感到这种方法的优美.

G 还有一个罕见的性质：若记〔nG〕表示 nG 的整数部分，例如〔$3G$〕－〔3×0.618…〕＝〔1.854…〕＝1，易知 nG－〔nG〕恰为 nG 的小数部分，可以发现，G－〔G〕，$2G$－〔$2G$〕，$3G$－〔$3G$〕，…，nG－〔nG〕这些数基本上分居于将〔0，1〕区间 n 等分的各个间隔内，到 $n=52$ 为止，只有 3 个例外. 这种分布情况也可说是一种对称美，它表示 nG－〔nG〕带来的公平机遇，使人感到均衡、匀称之美.

接下来我们分析黄金数 G 与无限性的美学的关系.

先看 G 的无穷连分数展式. 由 $G^2+G-1=0\Rightarrow G=\frac{1}{1+G}$ 连续使用这个关系，得到

$$G=\frac{1}{1+G}=\frac{1}{1+\frac{1}{1+G}}=\frac{1}{1+\frac{1}{1+\frac{1}{1+G}}}=\cdots=\frac{1}{1+\frac{1}{1+\frac{1}{1+\cdots}}}$$

这个连分数，1624 年为吉拉德（A. Girard，1595—1632）发现，一个世纪以后由西姆松（Simson）证明其收敛性. 很显然，这样一个无穷无尽的过程，给人以悠远、崇高、壮美之感. 在无穷连分数中，它当然是最简单的一个，因为全由 1 组成，不妨对比一下，邦皮里（R. Bombelle，1526—1572）在《代数》一书中首创用连分数逼近平方根，为求 $\sqrt{2}$ 的展式，他由

$$\sqrt{2}=1+\frac{1}{y}$$

$$\Rightarrow y=1+\sqrt{2}\Rightarrow y=2+\frac{1}{y}\Rightarrow 1+\sqrt{2}=2+\frac{1}{y}$$

$$\Rightarrow\sqrt{2}=1+\frac{1}{2+\frac{1}{y}}=1+\frac{1}{2+\frac{1}{2+\frac{1}{y}}}$$

果然比 G 的展式复杂.

G 的另一个无穷展式是用根号表示的

$$G=\frac{1}{\sqrt{1+\sqrt{1+\sqrt{1+\cdots}}}}$$

事实上，若数列通项

$$a_n=\underbrace{\sqrt{1+\sqrt{1+\sqrt{1+\cdots}}}}_{n\text{层根号}}$$

则得递推公式 $a_n=\sqrt{1+a_{n-1}}$，于是

$$a_n^2=1+a_{n-1} \tag{1}$$

易知 a_n 递增有上界，故极限存在. 在式(1)两边取极限，得到 $a^2=1+a$，故 $a=\frac{1}{2}(1+\sqrt{5})$，则 $G=\frac{1}{2}(-1+\sqrt{5})=\frac{1}{a}$，它同样是最单纯而漂亮的，面对这无穷层根号谁不叹为观止呢.

G 与无穷斐波那契数列 1，1，2，3，5，8，13，21，…的关系也体现着这种优美与壮美. 这数列有递推公式 $u_n=u_{n-1}+u_{n-2}(n\geqslant 3)$，可以证明 $\frac{u_{2k}}{u_{2k+1}}$ 递降有下界，$\frac{u_{2k+1}}{u_{2k+2}}$ 递增有上界，则 $\frac{u_n}{u_{n+1}}$ 的极限存在. 利用

$$\frac{u_n}{u_{n+1}}=\frac{1}{\frac{u_n+u_{n-1}}{u_n}}=\frac{1}{1+\frac{u_{n-1}}{u_n}}=\frac{1}{1+\frac{1}{1+\frac{u_{n-2}}{u_{n-1}}}}$$

两端取极限，得

$$A=\frac{1}{1+\frac{1}{1+A}}\Rightarrow A^2+A-1=0\Rightarrow A=\frac{1}{2}(-1+\sqrt{5})=G$$

真是妙不可言.

斐波那契数列的通项公式叫作比内公式，即

$$u_n=\frac{1}{\sqrt{5}}\left[\left(\frac{1+\sqrt{5}}{2}\right)^n-\left(\frac{1-\sqrt{5}}{2}\right)^n\right]$$

其构成饶有兴味，体现着对称美；它以无理式的外形出现，实质上却表示整数，也是令人惊喜的美学现象.

以上我们进行了多处数学推导，体现了黄金分割的逻辑美. 现在再补充两点. 1260 年卡姆潘努斯用反证法证明 G 为无理数. 我们利用图 5 的黄金分割矩形套正方形序列，即从矩形中依次截去以矩形短边为边长的正方形，则各个正方形边长依次为 $a,b,a-b,2a-3b,3a-5b,5a-8b,\cdots$（其形成的规律是前项减后项，得新的小正方形边长）. 若 a,b 为正整数，即 $G=\frac{b}{a}$ 为有理数，则上面的无穷递减数列每项都是正整数（由图上可知每项确是正整数），但这带来了矛盾，因为从正整数 a 递减下来，一共只有有限个正整数，不能形成无穷数列. 而图上显示应有无穷个正方形，这个矛盾表明 G 不是有理数.

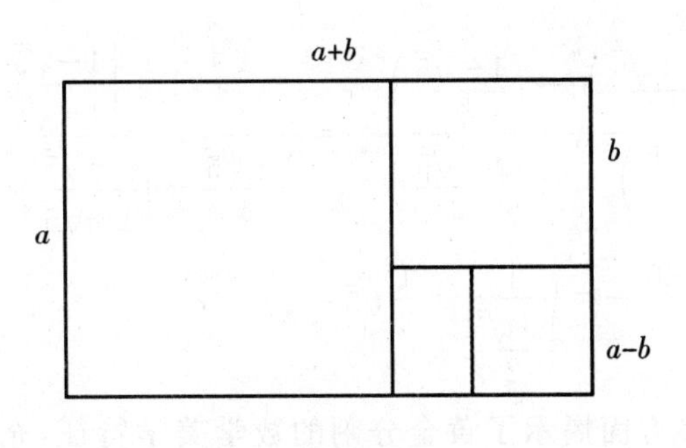

图 5

借助图 5,我们还来解释一下这个序列中正方形(由大到小)为什么会有无穷多个的问题.简单地说,是从大矩形中截去正方形后,剩下的矩形与大矩形相似,于是下一轮的"截"和"留"可以如法炮制,这样不断地操作下去,永无穷尽.详细点说,我们可以论证这样每次截下的正方形,其面积的总和恰好填满原来的大矩形.事实上,若取 $a=1$,则应有 $b=G=\frac{1}{2}(\sqrt{5}-1)$ 那么这些正方形的面积依次为

$$1,G^2,G^4,G^6,\cdots$$

其总和

$$1+G^2+G^4+G^6+\cdots=\frac{1}{1-G^2}=\frac{1}{1-\frac{1}{4}(\sqrt{5}-1)^2}=\frac{4}{4-(5-2\sqrt{5}+1)}=$$

$$\frac{2}{(\sqrt{5})-1}=\frac{1}{2}(\sqrt{5}+1)$$

而原来大矩形的面积 $a(a+b)=1\times\left(\frac{1}{2}\sqrt{5}+\frac{1}{2}\right)$,两者确实相等.

利用这个图,我们还可以说明为什么 G 恰好是斐波那契数列前后两项之比的极限值,这在前面已经证明过了.现在也取 $a=1,b=G$,那么每次截去正方形后,剩下的矩形其长边之长形成的序列为

$$1,G,1-G,2G-1,2-3G,5G-3,5-8G,\cdots$$

其规律是前项减后项得后项的后项,那么它的通项是 u_nG-u_{n-1} 或 $u_n-u_{n+1}G$,由于边长趋于零,即 $u_nG-u_{n-1}\to 0$ 或 $u_n-u_{n+1}G\to 0$,于是

$$\frac{u_{n-1}}{u_n}\to G \text{ 或 } \frac{u_n}{u_{n+1}}\to G$$

关于这一事实,我们用斐波那契数列通项的比内公式也可直接来证

$$\frac{u_n}{u_{n+1}}=\frac{\left(\frac{1+\sqrt{5}}{2}\right)^n-\left(\frac{1-\sqrt{5}}{2}\right)^n}{\left(\frac{1+\sqrt{5}}{2}\right)^{n+1}-\left(\frac{1-\sqrt{5}}{2}\right)^{n+1}}=\frac{1-\left[\frac{1-\sqrt{5}}{1+\sqrt{5}}\right]^n}{\frac{1+\sqrt{5}}{2}-\left[\frac{1-\sqrt{5}}{1+\sqrt{5}}\right]^n\left(\frac{1-\sqrt{5}}{2}\right)}\to$$

$$\frac{1-0}{\frac{1+\sqrt{5}}{2}-0}=\frac{1}{\frac{1+\sqrt{5}}{2}}=\frac{1}{2}(\sqrt{5}-1)=G$$

以上我们从多方面揭示了黄金分割的数学美学特征，充分表明 G 的简单性、统一性、和谐性、对称性、无穷性、逻辑性、唯一性、完备性、因果性……都是相当高级的，有些地方甚至是无与伦比的.黄金分割是一种变换，但却千变万化，殊途同归，具有尽可能广泛的变换中的不变性.不论从哪一个角度欣赏，它都玲珑剔透，恰到好处；不论从哪一方面分析，它都内涵深厚，含意隽永，具有恒久的魅力.

19.2 结语

在人类认识世界和改造世界的历史上，黄金分割是一个很好的例子，表明人们通过广泛的实践和理性的思考，可以获得何等深刻的洞察力和想象力.黄金分割所体现的科学与艺术的统一，感性与理性的暗合，直觉与推理的不悖，形象思维与逻辑思维的完美结合，数学与哲学的交互影响，以及黄金分割在各方面日益扩展的应用和人们对它的理论分析的日趋深入，充分反映人类理性思维的形形色色的产物（如科学技术发明创造，文学艺术作品、人文社科理论成果……），其中必有深刻的内在联系和共性，数学规律就是它们之间的桥梁、纽带之一.不独如此，数学作为定量分析的工具，在揭示各种关系方面又是极为灵敏的“仪器”；何况，数学本身也是理性思维的一种形态（例如，数理逻辑正是反映思维规律的科学），它的本质特征是高度的抽象，从而具有极高的概括性和普遍的适用性，可以作为研究意识形态各个领域和各种成果的各自具体的内在规律和本质特征的锐利武器，可以在自然科学、社会科学、人文艺术各门类相互之间做广泛的类比和细致的解析.

至于黄金分割这项数学成果，本来并非人文社科领域的产物，然而却幸运地在人类文明史的早期已被借用、推广、移植、杂交到其他领域，举凡造型艺术和技术产品，成为数学能够运用于这些领域的著名例证，这可说是它得天独厚之处，比较本书其他各章的数学规律要明显和直截了当得多，似乎不需要再做什么数学分析了，但是一旦真要探究它的美在何方这个美学界为之长期困扰和聚说纷芸的问题，仍得回到它的本质特征上来.

笔者选择这个主题，一方面是还历史以本来面目，即在古典自然哲学时期，人们本来是朦胧地把自然界看作统一的整体，把人类知识的各领域当成有机联系的部分，不自觉地将数学运用于其中并已取得过一些成就，现在是拂去蒙在黄金分割上面的神学灰尘，以及解脱掉以往囿于视觉艺术或自然事物（如人体结构、植物形态）一隅的束缚的时候了；另一方面，试图通过这个比较简单容易（指它的数学内容而言）的例子，体会一下运用近代工具进行哲学、数学渗进法研究的威力. 本章在数学语言中只运用了初等算术、代数、几何，以及高等数学中的极限、映射（变换）等概念，显然如果要进一步探讨黄金分割在视觉艺术的多种应用（不妨称之为“黄金分割函数”）的数学描述的话，还应引入集合论、拓扑学、范畴论、近世代数（如群、环、格、泛代数）、射影几何、微分几何、泛函分析等现代数学概念.“黄金分割函数”是一个十分宏大的论题，涉及更多的自然美、艺术美的知识，这与本章主要限于讨论黄金分割的科学美来比是更加棘手得多的任务，还需要吁请多方面的专家通力合作，综合研究.

（鸣谢：以上两章采用了已故著名世界数学史研究专家、辽宁师范大学梁宗巨（1924—1995）教授提供的若干历史资料，谨致深切的怀念！）

第20章

化学中的美学因素

化学是一门实验性强、联系社会生产和社会生活十分紧密的科学，其中充满着丰富的美的素材．美学是研究有关人类审美活动规律的学科，也是审美意识的理论形态．从美学的角度考察化学科学的方方面面，化学中的美有两层含义：一方面是指客观物质世界在化学运动过程中所产生的美的属性；另一方面是指化学理论体系中能引起人们审美体验的形式和内容．

20.1　化学美的种种表现

(1)化学中的形态美：化学中能以具体的、美好的形态、形象为人所感知、令人陶醉的东西随处可见．化学物质、化工产品的颜色状态，如晶莹华贵的金刚石，美如蓝宝石的胆矾($CuSO_4 \cdot 5H_2O$)，洒脱如珍珠的水银(Hg)，鲜艳柔软的腈纶，状如鱼卵的尿素等，赤橙黄绿青蓝紫，千姿百态．化学教学模型，化学实验装置，化工生产设备，其造型匀称，色彩调和，比例适当，组合错落有致，无不显示出优美的形态，最大限度地给予了人们美的享受．

(2)化学中的形式美：化学不同于其他自然科学，它有自己独特的语言——化学用语．化学用语是化学科学发展过程中高度提炼、高度规范出来的“化学世界语”，它是传递化学信息的一种超级符号.如元素符号、分子式、离子式、电子式、结构式、电子排布式、轨道表示式、化学方程式等.尽管它们只是一些符号、点、线、方向位置的组合变化,但它包含着丰富的内涵,透过这些简单的符号就能感受化学运动变化实质及规律.如热化学方程式

$$Fe_2O_3(s)+3CO(g)\longrightarrow 2Fe(s)+3CO_2(g)$$
$$\Delta H^0=-26.7\ kJ$$

不仅表明了反应物、生成物、反应物和生成物的状态、反应的条件、反应放出的热量,而且还内涵了反应前后质量守恒、能量守恒、电子得失相等,同时又体现了工业炼铁的基本原理.这些符号,形式简单、对称和谐,但内容丰富、实用性强,符号的意义与客观化学运动规律准确一致,充分体现了它独特的形式美.

(3)化学中的结构美:化学物质是内在的结构美与外在的形态美的统一,其内在的结构美很大程度上决定了其外在的形态美.六方(如 Mg,Zn 等)、面心立方(如 Ca,Cu 等)、体心立方(如 Na,K 等)的金属晶体紧密堆积结构;直线型、平面正方形、正八面体等络离子空间结构;s,p,d,f 电子云的空间结构;有机物结构的链状、环状、螺旋状(如 DNA)结构等,如此复杂、多样、奇异、和谐,无不令人叹服,并从中领略到结构之美.

(4)化学中的理论美:化学理论美从本质上体现了自然界的“真”(规律性),是真、善、美的统一.质量守恒定律,反映了化学反应量的规律;氧化还原(反应)理论、酸碱中和理论体现出了化学反应既对立又统一的和谐;化学平衡与平衡移动原理内涵了运动与静止、量变与质变的辩证关系,这些都是科学的“真”.而正是这些科学的“真”,同时也展示了客观物质世界内在的美.1869 年,门捷列夫发现并创立了元素周期率和元素周期表,由于其分类科学反映了元素的内在规律,因而引导了人们对元素世界进行目标明确、有的放矢的研究,今天进一步分析研究它,其排列之有序、组合之精巧、分区之准确、包容之完备,真是万物内在美的化身,具有永恒吸引人们去探索与追求的魅力.

(5)化学中的变化美:化学物质是化学变化的产物,化学物质之美是化学变化之美的终极表现.化学变化之美表现在其过程中的色态万千、奇异深邃、变化纷繁的美好形象和有规可循的内在结果.节日焰火的五彩缤纷;彩色照片的色调优美,栩栩如生;即将熄灭的木炭在盛有氧气的集气瓶中死而复燃,并发出耀眼的白光;在盛有 NaS_2O_3 溶液的烧杯里滴入几滴 $AgNO_3$,很快便有白色沉淀($Ag_2S_2O_2$)生成,紧接着沉淀变黄、变棕,最后变黑(Ag_2S);向一盛有混合均匀碘粉与锌粉的烧杯里滴入几滴水,顿时浓烟滚滚……诸如此类的化学变化,色彩明快、变幻无穷,美丽而又神奇.

(6)化学中的实用美:哪里有生命哪里就有化学.化学化工产品在人类生活中所扮演的重要角色,既体现了其自身的实用美,又体现了人们对美的追求.人们注重衣着美,选用合成纤维、合成染料、尼龙、涤纶、仿皮等;人们讲究饮食的营养,注重各种营养成分的匹配、微量化学元素的摄取.为了美化环境,采用琳琅满目的塑料制品、四季茂盛的塑料鲜花,特别制成的五彩灯光,再加上那空气清新剂散发的阵阵清香,真是令人陶醉.这一切的一切,无不是化学化工产品带来的实用美.随着科技的发展,人们追求美的欲望必将引起化学工业上新材料、新产品的层出不穷,进一步发挥化学化工产品实用美的功效.

20.2 分析化学中的美学分析

基础理论的研究对一门学科的重要性是不言而喻的,这种研究直接反映了人们对真的追求,促进了真与善的结合和真、善、美的统一,分析化学家对分析化学基础理论的研究也必然是真、善、美不断结合、统一的过程.

19世纪初,重量分析在化学分析工作中占着极重要的主导地位.朗帕弟乌斯(Lampadius)于1801年出版的一本关于无机物分析的大全里写到:"谁要是缺乏耐心等待几个星期或几个月以取得分析结果,谁就根本不必去开始一项分析工作".长期以来,一台高精度的分析天平,曾一度是分析工作者最引为自豪的实验装备.这一方面当然是由于任何分析工作都离不开取样和校正,但另一方面,这种传统观念是有其深广的历史渊源的.

随着时间的推移,为了适应社会生产力的发展,例如酸碱等基本化学工业原料生产的需要,一些较快速的容量分析、比色分析等分析方法在分析化学中开始迅速发展,直到20世纪初叶,湿法化学分析方法在分析化学中仍占着主导的地位.在第二次世界大战以前,各种仪器分析方法的发展十分缓慢,并且遇到相当的阻力.在分析化学教学中,熟练的手工操作技巧是衡量学生今后能否胜任分析工作的几乎唯一的标志.这种情况,随着近几十年电子仪器工业及计算机科学的迅猛发展而发生了深刻变革.分析工作由过去的操作劳动、时间密集型及主要建立在溶液化学反应基础上的状况,逐步向仪器化、自动化、计算机化的方向发展.科学的发展与技术的革命对分析工作者提出了更高的要求,包括更广阔的知识面与更坚实的理论与实验基础.

按俞汝勤院士的看法,分析化学的实验手段由重量分析到容量分析,再到仪器分析为主,经历了一个由简单到复杂,由缓慢到快速,由手工到自动化的发展过程,这大大提高了人们进行化学量测和获得化学信息的能力.大量的快速、智能化的分析仪器的出现更体现了人们“对完成形态的善”的成就.然而,分析化学的基础理论却远远落后于技术的发展,即人们的“求真”相对滞后了.奥斯瓦尔德(F. W. Ostward,1853—1932)发表《分析化学的科学基础》,就明确指出,分析化学的技术已发展到对当时来说是高水平完善的地步,但理论工作则大大不如.

图1 康德

康德(I. Kant,1724—1804),德国古典唯心主义哲学的创始人.1955年发表《自然通史和天体论》,首先提出太阳系起源于星云的假说,反对形而上学观点.但他把世界割裂为二:在自然界或“现象”中,一切都是必然的,这就是科学知识的领域;在超自然或“本体”中,必须假定自由的存在,这就是道德或意志的领域.在《判断力批判》中,他试图沟通这两个领域.他主张人类知识是有限度的,理性低于意志,企图为宗教留下地盘.他把美学的任务看作使纯粹理性和实践理性得到调和,使必然与自由趋于和谐.他认为美是主观的,不夹杂任何利害关系,不依赖概念,具有合目的性的形式.

后来各种形式主义和纯艺术论就溯源于此.

分析化学基础理论的研究近年来取得了长足的进步,它也是一个不断发展完善的过程.有人称分析化学是现代化学之父,因为任何一种化学物质在被用于一定目的之前,均必须知道它的成分.分析化学在建立原子论和许多化学基本定理的过程中,作出了卓越的贡献,然而康德曾说过:“在自然科学的各门分支中,只有那些能用数学表述的分支才是真正的科学”.对于康德的名言,如果不理解为低估实验工作的意义的话——实验的设计与数据本身就是应建立在严谨的数学基础之上,它无疑是表述了哲学家对客观世界认识的数量化要求.分析化学家们遵循这一思路,在当时的物理、化学成果的基础上,建立了一整套以酸碱平衡、沉淀平衡、氧化还原理论等溶液平衡及其他化学分析理论为基础的分析化学基础理论,这可以说是分析化学发展史上的一次飞跃!然而,随着分析工作的迅速仪器化、自动化、计算机化,传统的以溶液平衡理论等为基础理论已不足以指导日常分析工作,引发了所谓现代分析化学基础理论危机.Leihaisky的“不管你喜不喜欢,化学正在走出分析化学”名言曾经广为流传,随着分析化学被重新认识为化学信息科学这一性质,反映了分析化学进步到今天在提供化学信息功能上新的发展,可能是质的飞跃.那就是,分析工作者已不仅是单纯的分析数据的提供者,而是解决实际问题有用的化学信息的提供者.分析化学既然是一门化学信息科学,信息理论应理所当然地构成现代分析化学理论基础的一部分,而作为数学、统计学和计算机科学与化学接口的化学计量学成为现代分析的基础,可能是分析化学发展史上的又一次飞跃.

以溶液平衡为基础的分析化学基础理论的建立,促使分析化学由一门技艺发展为一门科学;以信息论和化学计量学为基础的分析化学基础理论的建立,极大提高了分析化学解决实际问题的能力,这两次飞跃,都大大促进了分析化学的发展.

20.3 有机化学中美的体现

有机化学对美的体现的首要表现为其无与伦比的创造性.正是由于有机化学家们对各种物质分子的性质与结构的深入研究,对各种反应机理的不倦探索,才使各种新物质材料的制造与合成成为可能,而在此过程中,有机化学家们更是创造性地不断提出解决方案,对现有的各种原理和原则进行挑战,使得各种理论与架构更加合理,符合美学的原理.

其次,有机化学的美体现在它的对各种物质分子构筑所体现出的整体美.在各种电子效应中,以及主、副反应的关系中都向我们不断表明物质分子作为一个整体的统一的美感,其整个分子的各个部分都严密结合,相互影响,相互制约.而各种新的分子的模型的设计与提出也必须符合其整体性原则,否则只能是永远无法实现的镜中之花,水中之月.

其三,有机化学的美体现在它对已知物质的改造与发展.各种物质分子的特性都通过各种结构体现出来.在体现好的、有用的特性的同时,也有一些无用、甚至有害的特性体现出来,只有通过对其分子的改造与优化,才可能使它们更有利地为我们服务.如:青霉素的药理作用十分显著,但其副作用也使病人饱受其苦,而正是通过有机化学家们的努力,才使多种药理作用明显、而副作用大幅降低的抗生素的产生成为可能.这正是有机化学中人工美的完美体现.

对于有机化学这一学科,科研工作者通过对自然界许多物质特别是植物产品的研究,发现了许多对人类身体健康的物质,但含量极其少.这时要得到这些物质,就需通过人工实验来合成,并对其结构加以改造,使结构更合理、更完美.这时就面临一个科学美的选择,使之符合新奇、符合美的标准.如科研工作者从一种叫青蒿的植物中提炼出一种物质,发现了一种对治疗人体疾病有特殊疗效的物质，通过实验发现真正起疗效作用的是该化合物中的一特定部分或基团.科研工作者通过反复实验，先由实验合成具有该医疗效果的基团的简单复质，然后再对之进行结构美化，终于在暗合科学美的原则设计系列选择后，实验合成出了一种比青蒿中天然物质更优异的物质——青蒿素.

一位中国科学家的美学观

第21章

当我们考察“杂交水稻之父”袁隆平(1929—)70年来的生活道路时，一个深刻的印象是，袁隆平的自然观、技术观和科学观是与他的价值观相关联的.他的价值观的核心是善，那就是对于人类有用，说到底，就是对人类的生存有利.在中国这样的发展中国家，人权、人道主义的标准，最根本的一条就是生存权.维护中国(以至世界)人的生存权，这就是最大的善.袁隆平的少年时代，饱经日本帝国主义侵华战争造成的生灵涂炭、饿殍载道的苦难，形成了强烈的救国拯民的愿望.对于社会的假、恶、丑现象非常反感，立志追求真、善、美.而科学(作为知识的体系和社会的事业)将三者统一起来，所以他走上科学研究的道路.就是说，决心不断完善自己(适应社会发展的规律)，去探索科学的真(自然的规律)，揭示、鉴赏和运用自然界的和科学、技术中的美(这一过程可简称为“臻美”)，以造福人类.

这是他在青年时期就加以整合的系统的价值观和人生观.

21.1 袁隆平的科学技术美学观

以往的采集或渔猎时代，人类的周围环境没有被改变，还是天然自然，所以他们赞赏的是天然美、自然美.因而中国古人造的"美"字即"羊"和"大"合体,把肥羊的味美作为美的典型.进入农耕时代,从早期的刀耕火种开始,人们改造自然,创造出人工自然物(如工具、房舍和栽培植物).庄稼(粮食作物)是最重要的劳动成果,因而"禾"字也加入了美的行列.例如"秀"字由"禾"和"乃"合成,它描绘的是植物(庄稼)扬花抽穗,孕育了后代,预示着丰饶的收获,于是这个字被赋予了秀美、秀丽的含义.这表明,人工自然和人工自然物也让人们从中找到美的成分.特别是禾本作物开花之时,它虽不如鱼、羊之鲜美,倒也清香甘美.以致人们观赏风景时,都发生"秀色可餐"的联想.本章主人公多年与稻为伴,美的感受应当更深.

袁隆平高中毕业时面临人生重大抉择,他没有听从父亲要他留在六朝金粉的南京升入名牌大学的意见,执意来到天府之国的重庆北碚这一景色优美的城镇,进入后来改名为西南农学院的相辉农院.原因是要终身从事农学,而四川是他少年时成长之地,蜀道险峻,三峡雄奇,人杰地灵,钟灵毓秀,天然环境具有独特的魅力.南京虽然号称虎踞龙盘,其实长江下游两岸地貌低平,没有四川的气势.袁隆平向往的自然美标准,显然是挺拔、壮美.农业受大自然制约,风险较大,未知因素较多,作物生长周期较长,科研成绩的验证较慢,正好比危乎高哉的崎岖蜀道,充满艰难险阻,具有更大的挑战性.

天然(野生)的动植物,生存竞争、自然选择、优胜劣汰,与大自然相适应,遵守着大自然的规律.物种丰富多彩,天然的环境下保留着宝贵的基因库,提供了培育新品种最好的素材.袁隆平陶醉于大自然中.来到湖南安江(黔阳)后,顺其自然,尊重自然,一心寻找其中变异材料,欣赏它那奇异性.因为新奇正是美的标准之一.

在生活中的袁隆平,蓄着寸头,穿着随便,物质需求极为简单.待人处世,步步蹈实,真诚坦率,朴素无华,几十年如此.这里是平凡、质朴.这是一种境界,因为他是自然美的鉴赏者,正如一位画家,用慧眼去发现自然美,用巧手去表现自然美,不需要借助本人形象,更不说矫揉造作梳饰打扮了.

袁隆平对人工自然即栽培作物、田土房舍等也是寄以深情,这可说是对技术美的鉴赏.为了在显微镜下观察细胞壁、细胞质、细胞核的微细构造,他苦练徒手切片技术.生活中的他何尝不是这样?一些凭借技能、技巧的事情,他努力钻研和练习,如游泳、拉小提琴,乃至板书(书法),也达到相当的水平.早期受米丘林学说的影响,做了无数的无性杂交、嫁接培养试验,不惮其烦地把不同种、属、科的植物拉到一起,所需要的技巧有时也是很高的,想象力也颇奇特,生长出奇形怪状、闻所未闻的杂交品种,表面上也觉得美.可是实验结果,获得性不能遗传.不能与目标中的真和善结合起来,不免有"镜花水月"之感,美便大打折扣了.这是他为何不在这条也得到人们赞誉、还出席过全国农民育种家现场会议的老路走下去的原因之一.

上面我们分析了技术美的一个方面,涉及技能、技巧、技艺等问题.技术美的另一方面,是速率、节奏、周期等,即时间性、过程性、机械重复性的恰当安排.袁隆平觉得在"水、肥、土、种、密、保、工、管"(农业"八字宪法")后面还要加上一个"时"字,正是他对时间性特殊的敏感(或美感)的表现.书法、绘画、雕塑、建筑等是空间的艺术,声乐、器乐等则是时间的艺术,戏剧、电影等是两者的综合.一位科学大师特别是技术专家,如果缺乏对过程的把悟那是难以想象的.牛顿的三大定律、爱因斯坦的相对论,乃至遗传学领域孟德尔(G. J. Mendel,1822—1884)、摩尔根(T. H. Morgan,1866—1945)、沃森(J. D. Watson,1928—)和克里克(E. H. C. Crick,1916—2014)的成果等,更不用说瓦特(J. Watt,1736—1819)的蒸汽机、狄塞尔(R. Diesel,1858—1913)的内燃机,它们无不反映变化的过程,含有时间的因素.

袁隆平作为理论和实践相结合的典范,在这方面确有高出同行的见识.这倒不仅仅是他在科研中对杂交授粉的及时,而是摸索出来一整套加快节奏的时间安排.在杂交稻攻关的前 10 年,他坚持春在长沙、秋去南宁、冬赴海南,一年三代,甚至在南北奔驰的旅途(火车、轮船、飞机)上,将采摘的种子浸种,利用体温催芽,哪儿温度高就到哪儿去,把科研进度尽量加快.从 1973 年春,他在海南岛亲自配制了第一批杂交稻种(10 千克)分给湖南、广西先行试种,1974 年、1975 年便在湖南进行多点栽培试验示范,取得较全面的技术数据,为大面积推广做好了准备,在全世界农业技术创新的速度和效果方面创造了奇迹.

20 世纪科学大师出自各人的体验谈到科学美.法国数学家、物理学家和科学哲学家庞加莱是代表人物之一.他认为科学美根源于自然美,特点在于其"深奥的美",这种"深奥"性,是"潜藏在感性美之后的理性美."他列举的理性美有雅致(elegance)、和谐(harmony)、对称(symmetry)、平衡(balance)、秩序(order)、统一(unity)、方法的简单性(simplicity of the means)、思维的经济性(economy ofthought)等.

在袁隆平的科学观中,也有类似的审美观念吗?虽然他没有这样明确地总结过,但是不难找到这些成分.首先,是他在 20 世纪五六十年代李森科(T. D. Lysenko,1898—1976)主义(伪科学)在中国也被极"左"思潮奉为经典的情况下,能够不为表面的气势汹汹所吓倒、所迷惑,而同时阅读孟德尔、摩尔根学派的理论.并发现孟德尔、摩尔根的理论在早期虽然对遗传的物质基础缺乏实证,却有定量的计算分析,有整套的定律,符合观察和统计的事实.它是雅致、和谐、有序的.加上沃森、克里克的 DNA 双螺旋结构理论之后,不但物质基础找到了,而且其空间形式是那样的对称、平衡和奇特.谈家桢(1909—2008)教授把当时国外对遗传密码的解释喻为“三字经”,用“人之初,性本善……”来形容 DNA 携带着亲本的特征遗传给后代,这是多么形象、具体和明白.所以袁隆平能够直觉到这套理论的科学美,而轻易地抛弃原来课本中、课堂上已经先入为主的李森科谬说,这在同时期农科师生中属于觉悟比较早的一批.这是科学美对他的感化作用.

21.2 对科学技术发现的影响

然后我们看到科学美对他的指引作用.作为基本点的,是他对杂种优势的理解和感受,特别是两个亲本为远缘、进行核置换,差异大导致变异大,出现奇异的品种.不育系和保持系便从这一思路得以成功.而恢复系则体现着与前者的平衡和对立统一,就是应当缩小原来的“核、质”差别,这是对称性的思路,它与科学美的要素又不谋而合.

1986 年,他在《杂交水稻育种的战略设想》中,提出“三系法为主的品种间杂种优势利用,两系法为主的籼粳亚种间杂种优势利用,再到一系法为主的远缘杂种优势利用”三个战略发展阶段,显然是科研思路的另一次重大发展.这里既有对矛盾运动的辩证分析,又有 10 多年间经验教训的认真反思.我们要补充的便是从美学上看,三系法确实比较繁复,还欠缺简单性和思维的经济性.而且科学美的高境界是对于统一性的寻求,爱因斯坦后半生全副精力用于统一场论的建立(征程遥远,没有成功),布尔巴基数学学派群策群力试图用结构的观念统一数学(也没有完全成功),陈景润要证明“1+1”而实际上只达到“1+2”,都反映了这种美学追求.袁隆平朝着一系法的努力与此类似,由于目标的大小定得比较恰当,步子相当稳健,最有望较快获得成功.

最后我们结合袁隆平的科研历程来探讨科学美的方法论意义.

科学研究中与逻辑思维相伴的还有很多非逻辑因素,例如个人的综合素质,特别是意志品质和文化素养等,而王国维总结的求学三境界,其最后一步“蓦然回首”,人们认为是讲灵感闪现,或称为顿悟.其发生机制至今未明,也无法用一般的逻辑思维解释.我们认为,非逻辑因素在这里发挥作用,其中一个重要的原因是潜意识中对科学美的审美感知在起着选择和建构(组合、导通)的作用.科学史上的例子前文讲过不少.

袁隆平的科学美选择,并非来自梦中潜意识状态,而是有“众里寻他千百度”的实际行动,这与前文的事例似乎有别,其实只是表现形式不同罢了.第一次是1960年7月,他在早稻试验田里发现那株“鹤立鸡群”的天然杂交稻.当年并没有明显意识到应当选择这个方向,只是感到新奇、符合美的标准.而在第二年试种,扬花灌浆时去观察,带着失望转身离开时,突然顿悟,即杂交种的美是符合理性的,是孟德尔、摩尔根理论的反映.更重要的,是他潜意识中对水稻这种自花授粉作物也具有杂交优势这条思路的导通,是对符合科学美的材料的选择和建构.第二次,是1964年7月,当他已暗合科学美的原则设计出三系法之后,“众里寻他千百度”,终于发现了雄性不育株!科学美的新奇标准又一次奏起凯歌.第三次,是1970年秋,李必湖等人在海南岛按照他的美学建构方案,找到雄花败育的天然野生稻.袁隆平(图1)对这一必然中的偶然事件的解释很清楚:“当时全国研究水稻雄性不育性时间比较长的,只有李必湖、尹华奇和我,所以宝贵的材料只要触到我们手里,就能一眼识破,别人即使身在宝山,也不见得识宝”.确实,科学美是理性美,不是人人能够感受的,它需要专家的慧眼识别.

图1 袁隆平在田间观察杂交稻的成熟情况

袁隆平培育了较常规稻增产20%左右的籼型三系杂交稻,被尊为世界“杂交水稻之父”.1976～1998年已在全国推广2.2亿多平方千米,增产稻谷3亿多吨,被誉为“第二次绿色革命”.他现又培育出两系杂交稻并正在进行超级杂交稻研究.

袁隆平成功的另一原因,是按科学美来建构方案、建构理论.马克思在讲到蜜蜂构筑蜂巢与建筑师设计房屋的区别时,这样强调:“动物只是按照它们属的那个物种的尺度和需要来建造.而人却懂得按照任何物种的尺度来生产,并且能处处把内在的尺度用于对象.所以,人也按照美的规律来建造.”请注意最后一句话,它正是本章的理论根据.袁隆平的做法,如三系法到一系法的战略,又如“核质杂种”超高产育种,都是这一思路的反映.还有,他对别人成果的评价同样含有科学美的标准,如湖南农学院的遗传工程稻(玉米稻)的初期成果,穗大粒多,但“株叶形态不好,植株松散,叶片宽长而披”,外形的欠美说明实质的不完善,“不仅造成田间的通风透光条件不良,降低群体的光合效率,而且还严重限制了有效穗数的提高,所以它的实际产量并不高.”袁隆平这一分析对本章观点也是一个很好的注解.

总之,袁隆平是世界农业技术创新大潮中涌现的杰出代表.作为一位科学巨匠,肯定有他匠心独运的过硬功夫.杜甫的《丹青引》用“意匠惨淡经营中”形容这种美学构思(意匠)的来之不易.本章进一步基于革命导师、科学大师的理论和他本人的实践,对他科技创造活动中意匠形成的奥秘做了一番探讨,以作为本书前面几章理论的一个佐证.

控制论与美学

第22章

1948 年，控制论创始人维纳（N. Wiener，1894—1964，图1）发表了一本专著《控制论——关于在动物和机器中控制和通讯的科学》，宣告了控制论这门学科的正式诞生. 它不同于其他学科的研究方法，它不是从事物或对象的物质和能量的特点方面加以考察，而是侧重分析信息、调节过程和系统的行为或功能的性质，主要抓住了生物机体、机器装置和社会性质不同的系统的共同特征，如将“信息交流”“定向控制”“反馈调节”“自组织”和“自适应”等这些共同规律抽象或形式化，使之成为适用于各学科的共同语言、模式和方法，为许多学科的沟通提供了新的桥梁和方法.

图 1　维纳

维纳生于美国哥伦比亚，犹太血统. 少年时被称为“神童”，14 岁入哈佛大学研究生院，18 岁获博士学位. 一度留学英国受罗素指导，攻读数理哲学. 更喜欢应用数学，创立了“控制论”，综合了在生物学、工程社会学等领域的通信与控制问题. 至今控制论仍在继续发展，对各门学科影响很大.

22.1 关于控制论美学

用控制论观点来研究美学，即把审美活动过程看作一个为着一定目的能够自行调节的系统，一种信息运动. 审美活动是客观事物输出美的信息，通过审美感官的传输通道，被审美主体接收，加工处理、输出审美效应，对美作出反馈，相互作用的过程. 这个过程可简化为(图 2)：

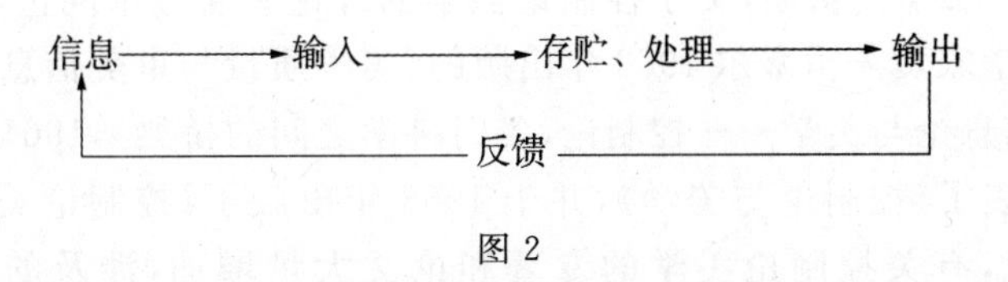

图 2

所谓“反馈”，是指系统的输出信息反作用输入信息，并对信息再输出发生影响，起到控制和调节作用. 更具体地说，反馈就是把施控系统的信息作用于被控系统后产生的结果再输送回来，并对信息的再输出发生影响的过程. 此过程可用图 3 表示：

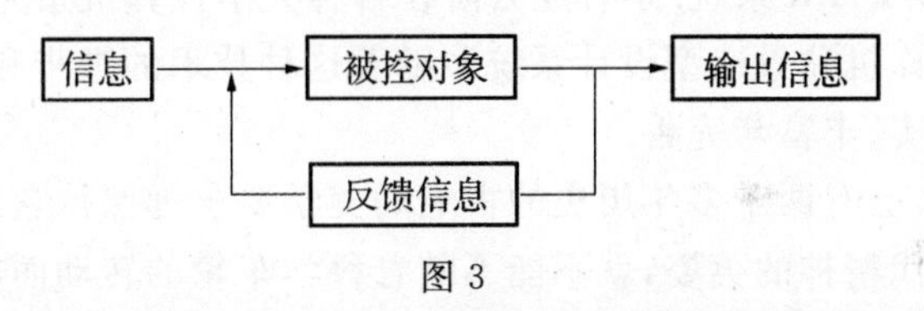

图 3

运用反馈原理来研究审美创造，则会启示我们，审美创造是多项反复进行的信息流程，如发现偏差则进行纠正，把这信息反馈到相应环节，就需要调整输入，转化输出因素的比率和构成，改变原有的构思. 如用控制论的观点分析美感的差异性，会使我们认识到，不同的审美主体对同一审美对象产生不同的审美感受，是由于各个人贮存的审美记忆和加工处理的审美能力不同，即他们不同的审美理想，不同的个性特征，不同的生活经历以及不同的心境和情绪，这就决定了他们在审美活动中会从审美对象中获得不同的审美信息，吸收不同的审美因素，由此产生审美效应(美感)的差异性.

控制论与美学相结合的产物，是用控制论的观点和方法、原理解释审美现象的一门新兴的边缘学科. 20 世纪 50 年代中期和末期，欧美一些国家的学者们就已经在具体探索将控制论应用于美学上的途径. 他们指出，控制论是对各种类型的机器进行研究的理论，这里就存在机器能否创作艺术作品的问题，如果按照“美学信息”的规律和特点.用控制论的方法去编制一定的程序,使电子计算机创作音乐、诗歌、绘画等作品,并非不可能.早在1955年,希腊作曲家和建筑师克塞纳克斯便进行过控制论音乐创作的实验,他把概率论作为作曲原理引入音乐,并使用随机过程和算法手段在计算机上以数字模拟变换技术组成音的合成.法国著名美学家波尔·苏里奥在索本创建的美学研究所中也通过电脑做过艺术创做的大量实验,这些实验为控制论美学的正式建立奠定了良好的基础.

20世纪60年代初期,关于控制论美学的理论专著逐渐问世,其中有影响的是德国科学家贡茨霍塞尔1962年出版的《美学质量与审美信息》,以及1965年撰写的《信息论与美学——控制论,各门科学之间的桥梁》,1964年奥地利学者弗兰克发表了《控制论与美学》,并于1968年出版了《控制论美学概论》,20世纪70年代,有关控制论美学的专著和论文大量增加,涉及的问题也更为广泛.

1982年,浙江大学计算机系人工智能研究室便研制成功“计算机智能模拟彩色平面图案创作系统”,并为杭州印染厂进行花布图案设计.学科带头人潘云鹤成为中国智能CAD领域的开拓者,还研制了广告装潢、建筑布局等多个新颖实用的CAD/CAM系统.学者庞云阶在吉林大学计算机系完成了“计算机书法系统”和“计算机盆景造型设计系统”.随着这种技术的进步和发展,控制论美学正在迅速充实、丰富与完善.

无可置疑,已有两千多年历史的古老的美学要永远保持它原有的魅力和继续焕发体现时代精神的英姿,就不能不随着科学车轮的转动而在研究方法上进行某些调整、变革和更新,像控制论既是崭新的现代科学又可作为触媒(催化剂)的科学研究方法的出现,必然会给科学界带来而且已经在某些方面带来了重大的突破,还会进一步适用于生产、生活和社会的其他领域.

22.2 美与有序动态信息

信息是什么?只有对信息作出准确的揭示,才能有利于信息的开发和处理,有利于对美的本质的探讨.信息是生活主体同外界客体之间交流的对象性的动势序.任何动态系统都具有动势和有序.因为它是运动的,所以具有方向性动势.因为它是系统的,所以是有序的.有动势而无序则动势是无目标的、紊乱的;有序而无动势,则是停滞的平衡,没有发展和变化.各种信息均来源于客体(也包括人类自己)动态系统的整体或某方面子系统的动势和有序状况.

据《当代科学与美学的变革》一书称，美是整体的现实的生活所传播的信息. 它适应了人类信息输入和处理器，构成的是有序的动态信息，使其在对这有序的动态信息审美中获得了自由的畅快的施展和证实，这是审美愉悦的一个源泉.

当美的信息从感觉系统输入大脑后，人类的形象思维能力正是为了生存和发展的需要而对感性世界信息作出及时处理. 比如对事物美的欣赏的判断就是立即直觉地作出的. 形象思维的直觉性却往往和自己理性分析判断一致.

神经心理学的实验说明，记忆是思维的基础，记忆痕迹以物质形式保留在脑内. 新信息输入时，两相比照，使新的审美符合自己的情理. 所以形象思维具有逻辑思维不可替代的功能.

事物的美是以整个人类为其对象的，生活美动势序是通过反馈而不停发展的，所以美具有客观性. 人类对象性地输入信息，又目标地处理、输出美信息，实现美动势序的落实. 更高一层的美在开始时总是新的萌芽状态，但它却是特殊的普遍，偶然的必然，相异的相似，未来主导新美动势序的信息. 美，这一人类生活自控的形象反馈信息和社会其他反馈信息一起组成了推动和控制人类实践和社会生活发展的信息流.

以上我们引述的是现代控制论和信息论用于美学研究及艺术创作的某些成果(理论的和实际的). 其实，当代思维科学的发展还不能适应形势的需要，人们对大脑和人体的奥秘还了解得很不够，因此对于人的审美的生理和心理机制远远没有搞清楚，好在控制论提供了黑箱方法和功能模拟方法. 就是说，尽管人的大脑还像一个黑箱，内部情况不清楚，但从对它的输入和输出信息进行比较分析，仍然能了解它的很多特点和工作方式，并通过反馈实施控制，进行优化，从而作出解释和论断. 计算机模拟艺术创作，就是在这样的基础上结合人脑和电脑的功能来实现的.

互联网上的美学

第23章

如今，国际互联网(Internet)实现了联络世界各地的意想不到的巨大功能，对人类的交往方式、生活方式产生积极的变革作用. 以信息网络为媒介、载体的"信息交互式综合艺术"，是以往任何单一艺术形式不具有的新型艺术. 它集科学技术、文学、哲学、艺术、地理、经济、社会于一体，简直是一部活的百科全书，但它以艺术的形式呈现在每一个终端上！上过互联网的人都有体会，互联网是个百问不厌的学识渊博的艺术家，网上的每个主页都精心设计过字体、字号、颜色、背景、图标、提示等，无不表达着主人的创作情趣. 同时，更为重要的也许是，网络打破了少数人对艺术的垄断、霸权，从20世纪末起，比如，任何人都可以用HTML和Java Script语言书写自己的www主页，人人都可以不同程度实现当艺术家的美好梦想——这是一个了不起的社会进步，真正体现了艺术为人民的宗旨. 只要有了入网的权利，就有了展示自己的艺术的空间. 这种展示不局限在某个乡村、某个部门、某个城市、某个省、某个国家级，而是全球展示，它面向全球网络上的所有网民，摒除了偏见和特权，不论语言，不论肤色，不论信仰.

随着科学技术的飞速发展，以激光焰火、电子计算机为制作工具的音乐和电影，如《侏罗纪公园》中活灵活现的恐龙，《阿甘正传》中阿甘打乒乓球，《勇敢者的游戏》中的动物狂奔，《龙卷风》

中的魔鬼般的旋风,《山崩地裂》中的摄人心魄的火山爆发,更有全部采用三维动画技术的《玩具总动员》,以无比的成功向世人证明新的艺术形式的威力.而我国直到20世纪80年代末才开始首次制作计算机动画片头,仍不时有人斥之为雕虫小技,进不了艺术的殿堂.

科学技术与艺术相结合,在一部分知名科学家那里,一直在默默地实践着.这种有益的探索正在汇成潮流,对科学、对艺术都将产生一定的影响.现代的科学必须与艺术等人文学科结成联盟,相互影响,诞生出新科学,诞生出新艺术.

历史上科学与艺术的每一次碰撞、结合,都促进了艺术的繁荣.李雁在《科技日报》上发表的"科学、艺术与艺术拓扑"一文中指出:"现代美术无论是作为一种'空间艺术'还是作为一种'视觉艺术,在形态问题上,它对空间和人类视觉系统的认识都远远落后于现代科学."现时代,科学与技术分道扬镳,艺术落后于科学,科学也落后于艺术.艺术落后于科学是指艺术界没有把握科学的进步,一定程度上背离了理性精神;说科学落后于艺术是指科学家为利益驱使,丧失了艺术家的气质,牺牲了艺术地生存的权利,逐步异化为奴隶和机器.在20世纪已经结束之时,科学家与艺术家有相互学习的必要.

23.1 网页上美的享受

随着计算机网络的日益普及,互联网成为人们工作、生活密不可分的部分.对于一个普通的用户而言,想到网络,立刻就会联想到各种色彩、风格的网页,高度集成的信息等.可以说,网页是引导普通人进入网络的大门.现在,我们可以用各种工具、各种方法实现各种类型的网页.单纯就网页的制作而言技术含量并非太高.稍微具有计算机编程经验的人,可以很快地学会编制网页.但是,如何设计布局合理、风格鲜明的网页,却并非一件易事.网页的设计,如同其他产品的设计一样,体现了网页设计者的审美观点.在很大程度上,网页的设计与小说散文的创作极为相似.在网上浏览时,不同的人对于不同类型的网页可以有不同的喜好.但一般而言,简明、流畅,信息齐全,布局合理的网站较为被大众接受,本世纪初,如著名的Yahoo,AO1,Netcenter等一般以文字为主,辅以少量的图片,布局也较为简单合理,颜色不会过于鲜艳.这一类网页以其功能的实现为主要目的,装饰性成分较少,体现的是朴素与实用.而有些网站其功能更为专一,则其形式也有所不同,如网易虚拟社区则与普通超文本语言编制的网页有较大区别;另有一些站点,则较多使用色彩、各种图片、动画以及各种Activex控件或Java Applet等,使网页活泼生动,风格鲜明.现在较为流行的个人网页中，不乏精品之作. 但也有相当一部分的网页不是由于内容贫乏、陈旧，就是因为功能、设计不完善而不尽人意. 还有一些网站如《中国时报》英文版 China Daily 的网站，则以深具政治含义的红色作为整个网站的主体色彩，体现了该网站特定的地位和功能.

另外，网页的设计必须考虑到网络的效率、安全因素. 设计网页不能一味追求感观上的美，比方说，一个网站的网页虽然拥有众多精美的图片，使其网页绚丽夺目，那不一定适应实际的网络情况. 今天绝大多数上网者抱怨的仍然是网络的低速率，而过多的太大的图片必然造成网络传输的拥挤，对阅读者造成极大的不便. 另外安全性也是值得考虑的因素. 总而言之，在设计的同时，应当把对网页美的追求与实用性、安全性和效率相结合，这一点是值得众多计算机从业人员注意的.

此外，计算机行业中的软件开发过程也是一个创造性的工作，其追求的是一种实用的美学. 对于用户而言，对一个软件产品的基本要求首先是这套软件产品能够满足用户的需求，提供必要的功能. 另外，这样一个软件也应当是易于使用，易于维护的. 尽管美国软件巨子微软公司在反垄断案中败下阵来，其 Windows 系列的产品仍以其精美的图形界面和易用性吸引了大量用户. Windows系统产品，无形中也使众多用户习惯了一套已广为默认的观念，比如，点击、双击、菜单、界面等. 因此在开发软件产品时，很重要的一点就是应当使软件产品符合用户的习惯. 在这样的前提之下，作出适当的创新往往会带来很好的效果. 比方说，著名的 MPS 播放软件提供播件功能，用户可根据个人喜好，使应用程序有不同的外装，深得用户喜欢. 还有比方说 Media Ring Talk，一个 IP 电话软件，其外形酷似一部色彩绚丽的电话机，给用户一种拨打普通电话的感觉. 而有许多软件，强调功能，同时界面也较为规范、统一. 这种规范、统一往往也是出于方便用户使用的目的. 同时，这种规范、统一体现的也是一种实用、简单的美. 比方说一些财务软件、办公软件，往往装饰性的成分不占太多，偶尔有些装饰性的图标等，只起到点缀画面的作用. 作为开发者而言，为用户设计的使用界面应当根据不同软件的使用对象、功能等有所区别. 对于一些简单的个人使用软件，可以适当地增加体现个性化的成分，满足部分消费者的消费需求. 而对于强调功能的软件，实用必须首先考虑. 在某些时候，装饰性的成分可以为软件产品添色不少，同时规范、统一，朴素实用的美也容易为广大用户所接受.

随着电脑走进普通人的生活，对于电脑产品的造型设计，也越来越引起人们的注意. 很长时间以来，电脑产品的外形设计没有太多变化，色调以淡灰白色为主，外观上也是轮廓分明. 生硬的机箱、显示器，以及一大堆复杂的接线，使许多初学者觉得难以靠近.1996 年以来,苹果电脑公司 iMac 问世,五彩系列的造型向传统 PC 的外观发动了有力挑战.此举引发众多厂商争相效尤,相继推出仿效、创新的产品.现在各类媒体上的电脑广告无不体现着电脑产品颜色、形状设计上的美,或典雅尊贵,气度不凡;或灵巧可爱轻松活泼.电脑厂商为此也是煞费苦心.比如国内著名电脑厂商联想公司推出天鹊系列之前,由专门人员为该系列家用电脑花了几个月时间量身定造,效果自然不俗.可以看出,计算机产品与其他任何产品一样,不光是卖技术,对产品的外形、包装也同样有要求.像苹果公司凭借独特新颖的 iMac 系列力挽狂澜,扭转了其亏损的局面.各电脑厂商在对产品设计中,对于产品外形等的改进无疑刺激了用户消费欲望,增强了产品竞争力,因此研究计算机硬件产品的艺术设计中的美学问题,无疑是具有非常重要的现实意义的.

23.2 IT 行业的美感

今天在纷繁的媒体当中,我们经常看到许多 IT(InformationTechnigue,信息技术)行业冒出的奇迹般的人物.同样计算机行业也吸引着众多的年轻人.从事这个行业的工作,其魅力何在呢?

程序员,无疑是 IT 行业中的重要成分,程序设计给人的感觉是一项极具挑战性,需要发挥个人创造力的工作.众多的 IT 行业的神奇人物似乎都是从一个衣衫不整,整日盯着显示器,敲着键盘的程序员摇身一变而成的.程序员往往会为了工作废寝忘食,为了一个小小的突破会兴奋不已.这确实体现了 IT 行业工作的一个特点——对自己的挑战,创新的勇气、能力.正是这一点吸引了不少的人.程序员这种近乎痴迷的工作热情,在常人看来,有些不可理解.但就其本身而言,这种创造性的劳动无疑是美的,对这种美的自我陶醉使他能够忽略其他许多事情.这种高强度的劳动,无疑也是最能使劳动者感到愉悦的过程.因此 IT 行业的管理者不能不考虑如何调动其从业人员的工作热情,以提高生产的效率.良好的工作环境,有效的管理机制无疑有利于调动从业人员的工作积极性.管理者应当考虑如何使劳动者在劳动过程中体会到从事这一行业特定的美学感受,这对于实现最大的效益具有直接的作用.如果一个程序员体会不到工作中的乐趣,那么开发工作立刻就变成了一种死板、枯燥、重复性的劳动.那么这时程序员与打字员又有何区别呢.

计算机行业强调人的创造性,也强调组织的规范性,团队的合作等.许多软件公司既要求其员工有很强的创造力,也要求员工遵守适当的规章制度.以软件开发为例，一个小型的应用程序的开发可能有很大的随意性，而对于大型的软件的开发，强调的是合作、规范. 在开发的过程中，规范的文档，统一良好的编程习惯对于整个开发过程有很大好处. 在团队的合作中方能显示个人的能力. 很多时候，单凭个人的力量是很有限的. 而在团队的合作中，也会令团队的成员体会到合作之中的美感，共同分享成功的愉悦感. 这些感受无疑将提高生产的效率，为企业创造更多经济价值. 知识经济时代需要“知识管理”，看来 IT 行业是最早实施这种新型管理的部门之一，其特征有如上述.

总而言之，计算机行业同其他行业相同，在其生产过程中也有着审美的规律，创造的规律和欣赏的规律. 研究这些规律，不仅仅是美学家的任务，更是整个计算机行业人员应当考虑的. 掌握美学规律，必将为促进整个计算机行业的发展作出重大贡献.

23.3 人工智能的美妙前景

近二十年来在软件工程中出现了奇妙的面向对象技术. 这是一个极好的技术美的例证. 传统结构化程序设计方法是面向过程的程序设计方法，是完全用程序语句实现整个计算过程，设计开发者必须编制所有语句. 而面向对象程序设计方法是将计算过程看成分类与状态转化过程，模拟人类认识问题的较高层次，而传统设计方法模拟的反而是人类低层次的逻辑思维过程. 这样一来，可以说面向对象技术是美的技术. 当今各种可视化面向对象开发软件使开发人员使用起来很像画家在绘画，雕刻家在塑造自己的作品一样，其优美的界面，灵活的设计风格简直就是享受. 特别是在界面设计当中，其过程几乎同艺术家工作过程一样. 当你觉得界面某个部件大小不合适，只需滑动鼠标调整到满意大小即可，完全不用考虑程序代码. 所以用此种软件开发的程序外观极美，而在过去这几乎不可能，因为编制同样的界面其耗费的人力、时间至少是现在的成百上千倍，且无法保证可靠性. 现在大多数应用软件都有这一特点，界面优美，使用方便自然，符合人的审美习惯. 像一种电机设计软件，设计使用者只需根据需要轻点几下鼠标，按几下键盘，选择一些指标，就可让计算机设计出样品，并能让其仿真运行，得到性能参数，甚至包括电机运行的噪音都可通过仿真得到，就如同真的制造出一台电机一样，电机设计者几乎可摆脱乏味的数值计算，整个设计过程完全可视化形象化. 另外一些图形处理软件、三维动画软件，其艺术性更是明显. 软件本身的美与其所创造的美都可称为现代技术的奇迹.

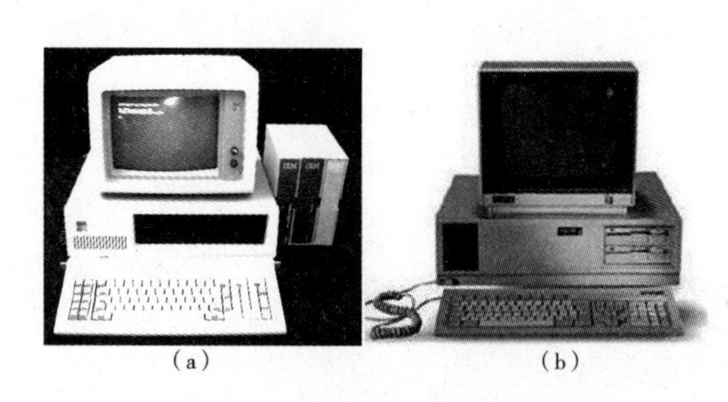

图1　美国首台IBM个人电脑(a)和中国首台长城个人电脑(b)

美国的个人电脑(PC,图1(a))是IBM公司1981年推出的,即IBM5150,中国急起直追,在1985年由长城公司的王之率领小分队研制出长城0520CH个人电脑(图1(b)),在汉字处理能力等方面,超过国际上同年的电脑.

当今智能自动化领域中的模糊数学、神经网络、自学习专家系统理论也是努力体现、模仿人的形象思维、抽象思维,更符合人的自然属性. 例如模糊数学建立于模糊集合之上,不同于传统数学理论中的康托集合,引入隶属度函数来描述不确定性,以数学形式来反映人脑的抽象模糊性. 而神经网络则从人脑的物理化学机理出发,模拟人脑. 总之这些理论不同于以往的微分方程、函数,用精确的定量的数学式描述系统,而是用模糊的,甚至仅是定性的数据、图形结构来研究,当然并不是完全脱离传统数学. 这些理论有人更容易理解的内容,同时结合传统数学工具理论,已取得显著成果. 在图像识别领域,神经网络理论得到大量应用. 有趣的是,用这类理论开发的系统需要进行学习、训练,甚至要“遗传”“变异”,有许多拟人化的方法,面对这类人工智能系统,就好像在练习声乐,训练手艺,教授知识.

这些被说成“软计算”(soft computing)的科学技术新成果,准确的名称是模糊逻辑控制(fuzzy logic control)、神经网络(neural network)及遗传算法(genetic algotrithm). 前两种反映了人脑的思维特征和生理特性,后一种是将问题的可能解进行合理地编码而形成实施进化的种群,即通过选择、交叉和变异等模拟生物基因操作的步骤,种群逐代优化而趋近于问题的最优解. 这三种方法互为补充,有机组合,可以有效地处理非线性复杂系统,模拟右脑功能,是理性与非理性的结合体,在智能信息处理中发挥关键作用,是新世纪“智能数学”的基础,也将成为研究科技美学的手段之一.

可以预见,未来将出现更多更美的技术、理论,体现美学与传统理论的结合,反映人脑的形象、抽象思维形式,从而实现人工智能研究的突破. 这一节内容也是对上一章的一个补充.

机电技术和美的感受

第24章

机械和电气系统发展史中的科学活动和科学成果蕴含着科学美.在电学理论中,同样充满了美的因素.麦克斯韦(图1)方程组将法拉第电磁感应定理、安培(A. M. Ampere;1775—1836)定律、欧姆(G. S. Ohm,1789—1854)定律等分散的、孤立的电磁学定律统一成为一组优美的数学公式,所以被誉为“神仙写出的公式”.爱因斯坦承认自己的特殊相对论源于麦氏方程组,称颂麦氏理论是“自牛顿时代以来物理学所经历的最深刻最有成效的变化.”这个方程组理论中还提出了电磁波存在的预言,在麦氏去世9年后,赫兹用实验演示了电磁波的直接发生,从而促使了无线电技术的横空出世,揭开了信息新时代的序幕.基尔赫夫(G. R. Kirchhoff,1824—1887)第一定律(电流定律)$\sum I=0$和第二定律(电压定律)$\sum U=0$,以其简单的形式,总结出电工学中最基本,最重要的规律.“人们总想以最适当的方式来画出一幅简化的和易领悟的世界图像.”这种简单性,使人豁然开朗,浮想联翩,产生无可比拟的审美愉悦.

图1 麦克斯韦

麦克斯韦继法拉第之后在电磁学上作出不朽贡献.他的长处是数学思维,理论推导,使他成为最伟大的数学物理学家之一,他的电磁波方程也是数学美的典范.

他把哈密尔顿的四元数区分为数量部分和向量部分,引入聚度和旋度的概念,还指出算子∇重复进行就得出

$$\nabla^2=-\frac{\partial^2}{\partial x^2}-\frac{\partial^2}{\partial y^2}-\frac{\partial^2}{\partial z^2}$$

他称之为拉普拉斯算子.在数学物理中,包含$\nabla^2 q$的各种方程实际上都是断言:自然界该现象的行为永远是要恢复均匀.

24.1 从科学美到技术美

火力发电厂需要大量的冷却用水.一座容量为 500 μw 的凝汽式发电厂仅其汽轮机冷凝器所需冷却水一项,每小时就可高达 100 000 吨之多.于是在我国缺水的北方为了循环利用冷却水,发电厂都建有巨大的双曲形的冷凝塔.

英国经验主义美学家博克说:"美必须避开直线条,然而又必须缓慢地偏离直线."同时人们在生活中,往往有这样的体会:斜线给人以兴奋感、快速感,因此这种高耸巨大而且线条优美柔和的冷凝塔,是刚与柔的和谐统一,是稳定、力量、美观和实用几个方面的综合.目睹这样雄伟的建筑,往往使人心潮澎湃,赞叹不已.

科学美的对称的形式辉耀着华彩,给人以美感.人们对对称会产生美感是和长期的实践紧密相连的.我国的一些电力专家正在研究的"四相输电"新技术中的对称,并发现了许多意想不到的优点.

四相输电具有输电容量大、电压损耗少等特点.在此,仅就由对称的四相而产生的输电和抑制谐波的优点做简单介绍.

四相架空线的正方形排列紧凑,杆塔受力均匀,且不需换位,这在长距离输电线路中将节约大量的用于导线换位的开支(导线换位的目的在于使各相导线的各种参数平衡).

在沿用至今的三相中性点接地输电系统中,电网的三次谐波含量最大且通

过大地构成回路.因此对输电线路附近的通信系统带来较大的干扰.而在四相输电系统中,a,b,c,d相的相电压和相电流依次相差90°.电角度.ac相和cb相反相,只有4的整数倍谐波能通过变压器中性点和大地构成回路,其他偶次和各奇次谐波对通信的干扰将被抑制.这样一项创新实现了审美和实用的统一.

在张帆等作者看来,在手工业生产的时代,一切人工制品——不论是建筑,还是工艺制品——的美,都可以看作是艺术美,因为人们最初就是把艺术看作按一定规则创造事物的本领,在当时条件下,技术是建立在生产的直接经验和直观感受的基础上,艺术的想象和技术的发明可以相互转化,而任何技术的发挥都要靠双手使用工具的技巧,由于它物化了人的个性,也就使手工制品获得了艺术表现力,在这里技术和艺术还没有明确的分界.

工业发展的现实,迫切地要求从自身的规律出发去解决产品物质功能和精神功能,实用价值与审美价值相统一的问题.

法国美学家苏里奥在他1904年发表的《合理美》一书中指出,完善的实物用品也存在真正的美,美存在于完善性之中,因为任何事物总是在适合其目的的时候本身才是完善的.如果对象形态鲜明地表现出它的功能,它就具有美,美和效用应该吻合,这是科学技术时代美的形态的新发展.

技术与生产的直接联系使技术产物可以具有审美的属性:首先,技术产品的取得是符合于某种自然规律的结果,因此使它具有合规律性的特征;其次,它是为满足一定物质需要和使用目的而制造的,因此包含了人所设定的目标.人的生产劳动是有自觉目的的过程,从历史的角度看,目的的提出不是主观随意的,而是在实践中经过不断验证和不断充实的结果,因此技术产品具有符合社会目的性的特点.再次,技术产品是人的劳动的物化,劳动通过工具的创造和使用形成了一种动态工具结构,它不仅传递着人类的实践经验,而且塑造着人类的文化心理结构,规范着主体的活动方式,在技术产品中凝聚了人的创造力和智慧,表现着人的理想和情趣.这里所表现出的真(合规律性)和善(合社会目的性)的统一,正是审美价值的源泉.

著名意大利建筑大师奈尔维(P. L. Nervi,1891—1979)指出:"在我们所见到的所有作品中,虽然它们分属于许多不同的领域,但却可以强烈感到它们有一个共同的特征,那就是,它们都尽可能忠实地服从于自然的法则,而同时又都具有艺术上的表现力".它体现了自然的规律性与人类的社会目的性,这里所表现的感性直观形式就是美,所以美是合规律性与合社会目的性的辩证统一,它是人类对自身所取得的自由的感性直观.

24.2 技术美的考察

在世界范围内确立了一种与新技术、新材料、新工艺密切相关的新的产品形态时，就体现了功能的内在逻辑和力学结构达到了空前的机械、能源、形态的统一. 谁能否定它们蕴涵并展现的技术美呢？我们不难发现这种技术美的独特：首先它与日月星辰、山岳湖海、飞禽走兽等自然物所展示的自然美不同，前者是“人工之造化”或称“人工自然”之美，而后者是“自然之造化”，或称“天然自然”之美；其次，它同诗歌、乐舞、书画等意识形态艺术作品所展示的艺术美不同；第三，它同手工业的工艺美术制品也有所不同，后者一般囿于精细雕琢或外加装饰，而前者体现技术的力量，体现内在能力所构成的严谨空间结构与简洁明快的外观形象融为一体的新的人造美的形态. 这种美不是美学理论家的凭空臆造，更非唯美主义者僵化理念的产物，而是科学技术发展的成果之一，是我们所处时代所产生的具体的、活生生的、实实在在的美. 不过，它也需要由技术美学家进一步从理论上阐明，例如张帆总结了如下三个基本特征.

依存美是技术美的第一个基本特征. “依存美”是借用康德的用语. 他认为：“有两种美，即自由美和附庸美.”这两种美也可译作纯粹美和依存美. 研究技术美可以借鉴他的这一珍贵思想. 技术美同自然美、艺术美的不同点之一就在于它是一种依存美. 依存于什么？抽象地说，依存于社会的目的性，依存于科学技术发展的水平以及由此而形成的社会物质生活的过程；具体地说，依存于产品的实体以及由此组成的客观的空间系统.

功能美是技术美的第二个特征. 所谓功能美就是指功能的形态化所体现的美. 这是社会目的性与客观规律性的统一，或者说善取得了真的形式在生产过程和产品上的具体实际的体现. 功能与美是不同的价值领域，这两个不同的质融合在一起必然含有两方面的含义：(1)美的形式依附于产品的功能而存在，而不允许离开功能而先入为主，随心所欲地追求与功能相悖的纯粹形式美. 一台报废的机器，不论它的形式还有多美，也只能算作纯粹形式美，而丧失了功能美的价值，因此它所具有的审美价值也不属于技术美的范畴. 正如日本美学大师竹内敏雄所指出的，功能美并不是对产品赋予无缘的外加美，而是产品就本身而论从自身内部应该能够发扬的美在其所有的相协调的样式上展现的. (2)功能本身又不直接构成美. 也就是说我们不能推论：“有用即是美”. 同样功能的产品其形式不仅会有差异，而且会有美丑之分，高下之别. 所以当功能问题解决之后，美不美的关键转化为究竟选择什么样的形式. 功能和审美形式交融统一起来，才是理想的功能美. 譬如飞机、汽车、高速列车、高速船具有流线的美丽外观，并风驰电掣般前进，不只使它本来的效用受到很高的评价，而且在美的观照上也值得特别地赞赏.

流动性的时代美是技术美的第三个特征. 按照马克思的观点，世界上没有绝对不变的东西，唯有发展. 技术美既是对千千万万技术产品具体形象做出的抽象逻辑性概念，同时又是随着科学技术以及由此推动的价值观念、审美观念的发展变化的历史的流动性概念. 某一新技术、新材料、新工艺的出现必然开拓、发展技术美的新的具体形态.

但需要指出的是，虽然技术美首先是以产品为主体呈现出来的，而考察技术美的时候，也不应忽视几个相联系的问题. 其一，不应将技术美仅局限于产品本身的形态. 产品与产品之间必然构成人类劳动和生活的空间环境，因此研究大工业生产劳动为核心的社会实践过程的技术美，并不比产品本身的技术美显得次要. 其二，不应将技术美与自然美、艺术美完全隔绝起来加以孤立地研究. 任何技术产品总存在于一定的自然或人化自然的空间中，技术美与自然美、艺术美在美的本质上是贯通的，而且更多的情况下技术美、自然美、艺术美浑然一体，相得益彰.

24.3 技术系统中的造美与审美

我们花了很大力气去说明技术美的问题，因为它是技术美学中的一个极端重要的内容. 有了这个基础，我们才能考察技术系统中的另一重要问题：造美与审美.

所谓"造美"，指的是物质生产系统中"按照美的规律建造"的活动. 而"审美"，则是主体对于对象形象、形式的体验、评价，其中既包括对于美的形式的愉悦和接受，也包括对于丑的形式的抵制与否定. 从发生学上说，人类有了实践性的造美活动，在造美活动中建造起自身的审美感官、审美意识，才有精神领域的审美活动. 造美是实践性（着重于物质性）的活动，审美则是精神性的活动.

但造美绝不只是建造客体世界而不建造主体世界的单向性活动. 人类在"按照美的规律建造"客体的同时，也按照"美的规律建造"自身的审美感官、审美意识. 前者发展着客体的美的形式，后者发展着主体的审美能力. 因此造美活动是一个双向对应，双向发育的概念. 而审美活动则以想象的方式代替了实践性的方式，想象中的因果关系代替了造物活动中的现实因果联系.

下面我们要强调造美的精神性阶段. 与产品的构成相关的意识过程是设

计,包括以产品为对象的工业设计和环境建筑设计.设计是人类生产活动有意识、有目的的思维表现.设计以观念的构思形成产品的表象,作为生产的前提,使生产活动依据人的自觉目的来进行,因此是推动物质文化发展的重要手段.产品设计的范围通常分为:家庭用品、办公用品和生产用品.其中包括有:家用电器、生活机具、照明器具、服饰家具、文化用品、交通工具、医疗器械、仪表仪器、音像设备、机床工具、电脑硬件、重型机器等品类繁多的系列产品和产品群.上述产品的未来设计方向为:家庭自动化(Home Automation)、办公自动化(Office Automation)、工厂自动化(Factory Automation).至于以电脑技术为中心的信息产品的软硬件设计及信息文化的空前发展,将随着信息革命的发展而不断扩展其领域.产品设计的方法是指产品开发的手段和途径.为创造人类新的生活方式,设计必然要统摄综合一切,包括以人机工程学、工程心理学、技术美学、市场学、价值工程,机械电子工程和信息科学等作为设计方法论的理论构架.同时设计贯穿于造型领域的行为方式,必然沿用实用艺术的直觉经验方法,善于运用创造性思维.产品设计程序一般采用四段设计方法:首先借助超越时空进入非现实领域幻想的功能形态的想象设计,常以想象速写、设计素描、模型方式捕捉形象表达构思;初步设计是经过市场调查和需求分析,从现实与可能上把想象向具体实践转化而构思出富有远见的产品开发计划,并以硬件模型、效果图、三视图和样机方式竞选最佳方案;完善设计是指进入正式生产前的技术、工艺、生产、销售、财务的系统化设计.可以说,产品生态循环的整个过程都受控于设计.

机电产品是工业设计的典型代表之一.机电产品泛指各种机械电子产品(这里以日常应用的家电产品为例).日用机电产品的种类很多,目前大体包括:家用电器类如洗衣机、吸尘器、电扇、空调机、电冰箱、电熨斗、电饭锅、电子钟……音像设备类,如收音机、录音机、电唱机、电视机、录像机、电子琴……照明设备类如壁灯、台灯、门灯、吸顶灯、庭院灯、装饰灯……还有电子计算机类,电教设备类和电子游戏设备类等各种产品.它们以电气或电子装置创造出新的使用功能,它们作为设计文化,其造型从时代精神上完全超越古旧器物的艺术美模式,形成了现代主义美学风格.构成其造型风格的现代主义特点,主要有以下六个方面:第一,产品使用功能的最佳体现和充分发挥是其造型的最高目标.也就是说,造型就是创造最好的功能.如冰箱的冷藏保鲜,洗衣机的自动除污洁净的方式,电视机的收、听、看的使用效果和录音机的音响高保真要求及分散、组合、便携等多功能水平,都是造型的种种要素,不能为了审美形式因素影响了使用的功能效益,所以功能美是造型的核心.第二,产品结构的方式是其实现功能和构成外在形态的骨架.由功能结构直接转化为造型形式是设计中常用的手法,而不以任何装饰掩盖其功能结构,从而充分显示出结构的巧妙、简捷独到的美.像电风扇直接可以看到扇帽、扇叶、支架、底盘连接固定的结构方法,它本身就正是造型美的形式内容.第三,在创造功能,显示结构方式的产品造型上,尽量应用简洁的几何形体,避免物象的模拟,更不要妨碍材料真实体现的任何机理,从而给人一种简洁的几何抽象的造型美.如冰箱的线角一般不用曲线,而在箱体最为宽阔的地方也不用图案、线纹等进行装饰.第四,机电产品大多应用工程塑料、金属材料,以机器生产,用先进的技术工艺加工,它不同于手工加工等自然材料做成的器物那样具有情感随着流露的趣味特征,它所呈现的往往是一种精确、严格、蕴含着理智、简洁的科技特色.第五,机电产品的色彩单纯,以黑、白、灰、银为基调,只在商标,厂名的小面积上才施一点鲜艳的色彩,成为不可多得的点缀.形成了一种精灵、素雅、神秘的格调.第六,机电产品从 20 世纪 60 年代以来,受到后现代主义思潮的影响,也出现了对活泼、随意、自然有机形态造型和鲜艳色彩追求的趋向,透出力图从冷漠、机械、纯化的现代主义风格模式中走出来的意向.这几点,我们在后面几章将以更多的案例和理论加以阐明.

汽车设计与制造中的美学

第25章

最早的汽车是用蒸汽机驱动的，相当笨重. 1886 年，德国人高特立勃·戴姆勒(Gottlieb Daimler，1834—1900)和卡尔·本茨(Karl Benz)制造出了世界上第一辆以内燃机为动力的现代汽车，从此，人类社会便架在这"四个轮子的玩意"上向前飞速进步. 最初的汽车只是简单地将发动机放在马车上，以机器取代牲畜给车辆动力. 当时汽车与马车样式上大体相同，根本没有车身，更谈不上讲究造型. 随着社会的不断进步和人们对汽车要求的不断提高，汽车穿上了美丽的"外衣"，即车身. 从此，"外衣"随着汽车工业的进步不断更新，不断完善，发挥着重大作用，汽车车身也就开始了其发展的历程.

早期的箱型车，如福特公司的 T 型车，车室四四方方，造型简单，乘坐较舒适，但从空气动力性能上看则不理想，其前风窗玻璃附近、车顶，特别是汽车后部都会产生涡流，增大了汽车的气动阻力. 为了减小气阻，人们采取降低车体高度，汽车各棱角逐步变圆，前风窗玻璃倾斜等措施，从而出现了箱型车的多种变型车. 但这些措施对减低气动阻力作用并不太大.

1911 年冯·卡门(T. von Karman，1881—1963)通过水洞实验，发现物体后部产生的涡流，并认识了在物体后部作用有很大的由涡流尾流产生的压差阻力. 由此人们发现，流线型外形能明显减小气动阻力. 1934年，美国克莱斯勒公司最先推出甲虫型车——气流牌,由于其侧面外形很像甲壳虫而得名."甲壳虫"以其小巧、可人的外形和良好的经济性,而深受用户喜爱.同时由于具有流线型的后部,可大大减小气动阻力.

"甲壳虫"的出现,正是人们通过技术研究找到了"真"(理)后设计制造的,其中蕴含了"真"(理).然而,这"真"并不是永恒不变的真,它随着人们认识的不断深入和科学技术不断进步而有所发展.人们渐渐发现,在车速不大的情况下,气动阻力的影响并不很重要.而随着汽车空气动力学研究的深入和汽车制造技术的提高,人们对通过"甲虫"造型来减小气动阻力的依赖性越来越小.相反,舒适的空间、安全的操纵才是最实用、最重要的.甲虫型车虽说具有减小气动阻力的优点,但其乘坐空间狭小,风压中心前移,产生横风不稳定现象等缺点使人们不得不考虑寻找它的替代者,于是船型车应运而生.船型车不仅具有较好的横风稳定性,而且首次将人机工程学应用于汽车的设计中,使乘坐舒适性大大提高,我国的"红旗"轿车便是这种类型.随后人们又不断推出鱼型车、楔型车,今天的汽车造型更是不胜枚举.

以下我们综合近年出版的《汽车之友》杂志及有关汽车的论著,分别谈谈汽车的各种美.

25.1 功能美的体现和体会

一辆车美的标准并不取决于它的装饰配件,而是取决于整个有机组织的和谐完美,取决于它功能的合理性,车的外观造型必须符合人的审美心理,符合内部结构,符合功能的体现,所有的部件都是一个完整的有机组织的完美因素,体现时代感.一辆现代日常用车,应当技术精湛、美观,造价低廉,在经济原则、力学理论、商业竞争最密切的联系下,工程师使车达到表面光洁、简单明快、风格别致,使人的感受焕然一新.汽车的造型除了功能需求外,也是为着保持视觉的平衡.因为汽车造型的发展方向是满足人们的美观要求,颜色的配置同样与心理平衡密切相关,公线、包块及其排列组合的方式必须给人以平衡感.人类从制造简单工具起要使工具、器物发挥工作效能,就不得不注意如何适应人体本身的活动特点和要求.适应人的需求的东西,就有美的存在.人体工程学作为一门自成系统的交叉性实用科学,它涉及的范围很广.产品必须适应人机工程学的要求,使其与生理、心理一致.要把汽车设计得既美观、又实用,技术美学与工效学应是密切结合的.它还要把产品设计搞成艺术设计,技术美学负有技术艺术设计的任务,要把汽车设计得既符合国际上流行的样式,又有创新,要有美的时代性,还要有美的预见性(图 1).

图 1　我国最早参加国际大学生汽车赛事的湖南大学汽车专业学生自行研制的赛车

汽车发动机的美学发展过程与此类似.

最初人们在马车上装上发动机只是为了获得更快的速度,更大的载重量,更广的适应范围,总之,一切为了实用.渐渐地,随着科学技术水平的不断进步,人们已不仅仅满足于这些,开始在美学方面下起工夫:发动机露在外面太难看了,用盖子盖起来;车后的黑烟太难闻了,各种点火控制装置、催化装置应运而生;"嗒嗒"的马达声太难听了,于是降低噪声又成为工程师们工作的重要方面.

汽车动力从单纯的能量利用到节能型、环保型发展.最初汽车动力的发展,是为了适应人们对汽车"应用之美""速度之美"的要求.追求汽车动力的功率,速度要大而体积要小,这样汽车发动机越来越小巧,功率大,效率高,性能好;但当大众对"自然美"的追求日益增长,当大众意识到资源枯竭、环境失衡的严重性时,人们开始具备了更高的"自然之美""生态平衡之美"的审美需求,这样就使得汽车的动力装置不能只停留在原有的发展轨道上,而必须实现发展理念上的飞跃,也正是这种审美需求促使汽车动力向新能源、环保能源上转变,应运而生的天然气汽车、电动汽车、太阳能汽车使汽车动力的发展进入了新的时代.与此同时,低排量、低油耗、小体积的汽车发动机也成为人们的首选.正是大众对"社会-自然"平衡的美的需求,推动了汽车动力的技术发展,也正是这种审美观为汽车动力的发展提供并规范了一条可持续的、"完美"的发展轨道.

早期生产的发动机只具有简单的必备的 I 级系统:曲柄连杆机构、气缸体和气缸套,而且转速低、噪声大、排气污染严重、操作不方便,容易导致意外事故的发生.后来人们在使用中逐渐改进了它,设置了高转速的传动系和消音装置,通过精密设计制造化油器,达到使排污减小的可燃混合气的室燃比,为了保证在各种工况下柴油机的性能都处于良好的状态，汽车柴油机多装有供油提前角装置；最初的发动机由于功率小，一般是用手启动的，但是随着内燃机的科技向前发展，人们在寻找一个易启动的方式——电启动，有些发动机为了达到启动的可靠性，兼设计了脚启动和电启动，有些还用了压缩空气启动方法．为了满足发动机高速、全负荷的工作带来的过热和摩擦损耗，工程师们设计了冷却系和润滑系，在使用中不断完善电源及电器设备．

以上是对发动机整个体系的整体优化设计，即美的完善过程．在发动机的发展史中，具体到零部件的设计时美在其中也有突出的体现．例如：在内燃机的平衡体系中，当内燃机在稳定工况运转时，如传给内燃机支承的力的大小和方向都不发生变化，则可认为该内燃机是平衡的．对于不平衡的发动机，由于支承上受到不断变化的力的作用，会引起机架以及整个动力装置（如拖拉机、汽车、工程机械）的振动，可能使内燃机上的紧固件松脱，管道连接部件断裂．一些内燃机的磨损增加会使驾驶人员感到疲劳和不适．所以为了平衡往复惯性力和离心惯性力，采用对称式的双轴平衡法同时在曲轴平衡块的设计时，尽量以对称形式布置，其活塞工作的顺序也是左右对称的，如四缸的工作顺序为：1－3－4－2，六缸的二级顺序的排列方案有：1－5－3－6－2－4，对于配气机统一，进气门和排气都是分别位于气缸缸头的两侧，既可以达到力的平衡，又实现了外在形式的对称美．

1976 年，美国克莱斯勒公司首先创立了由模拟计算机对发动机点火时刻进行控制的控制系统．1977 年美国通用汽车公司开始采用数字点火时刻控制系统，称为 MISAR 系统，是一个真正的行算机控制系统．同年，美国福特公司开发了能同时控制点火时刻、排气再循环和二次空气的发动机电子控制系统．电子喷射系统由德国波许（Bosch）公司于 1967 年研制成功，它用电子电路控制喷油器的喷油量，与化油器相比，具有明显的优越性．汽车电子控制开发最早、最主要部分是从发动机控制开始的．而发动机的电子技术又首先以控制点火时刻开始的．它以单一项目的控制，发展到多功能控制，最后发展为发动机集中系统．由于电子技术在发动机控制中取得了成功经验，汽车厂家越来越自觉地在汽车上开展全面应用．现在电子控制技术已渗透到汽车的各个组成部分．有关资料表明，1993 年世界生产的轿车上有 90％左右已采用 ECO．可以说，汽车已进入电子控制时代．

智能性的变速器可使您在都市丛林中轻松地穿梭，又可以令你在高速公路上享受驾驶的乐趣和运动的刺激．经过计算机模拟计算而设计的车身，可使汽车在发生碰撞时发动机舱均匀变形，从而获得最低的碰撞减速度，以最大地减少对乘员的伤害.同时加上安全气囊的保护及ABS防抱死系统的帮助,这些都在尽可能地保证着乘员的安全.智能性气垫坐椅不仅可以记忆下你最舒服的位置,并且可以通过气压的调节,使坐垫内的气垫气压达到适当的压力,以提供给乘员最舒适的支承.装有太阳能电池的天窗可使你的爱车在烈日下保持良好的通风,让你在进入车内时凉风习习.合理的坐椅设计及安排,不仅使你拥有宽敞的乘坐空间,也可进行调整以获得更大的载货空间.汽车上让人获得美的享受的功能还很多,它们可使你得到时间的节约,驾驶的乐趣,可靠的安全和乘坐的舒适,使你真正地感受生活及生活中的美.

下面谈谈汽车中的材料结构美.新材料的应用必然突破原有结构,它是构成产品美的物质基础.大量新材料在汽车产品中的应用,是汽车日趋完美的重要因素.新材料在发动机的应用使得发动机的效率更高,运转更宁静,使用寿命更长.同时耐热陶瓷材料及纤维增强树脂的应用是我们获得更优良的发动机的基础.现代电动汽车发展的瓶颈口——蓄电池问题,很大程度上要依赖于新型材料的出现.我们现在极为关注的氟利昂问题,解决它还是因为有了新的性能优良的制冷剂的发明.新材料的产生是使汽车在社会中处于和谐地位及美的产品的重要保证.

现实生活中,我们时刻都在享受着新材料给我们所带来的好处.例如塑料,它不仅廉价,而且易于成形,从而可制造出复杂的一体成形零件.它还有良好的耐腐蚀性,抗石击和抗刮伤能力,同时它还具有较小的冲击能力,从而大量应用于内饰件中.它的耐腐蚀性和抗刮能力可使你的爱车在各种路况及环境中放心地奔驰;较小的冲击能量从而带来的良好的质感,使你在车厢内感到温馨的呵护.更新一代塑料的出现,使它不仅应用于内饰,也开始应用于车身大型覆盖件.塑料在汽车中的应用越来越广,所占比例也越来越大.克莱斯勒公司最近推出的CCV型概念车,为我们讲述了未来的汽车车身:整车车身大部分由塑料构成,犹如玩具般制造.我们已可以享受铝质车身带来的整车重量下降从而导致动力性和燃油经济的提高,我们也将更贴切地享受塑料给我们带来的各种好处.由此可见,美的材料带来了美的产品和美的享受.汽车中的材料美,不仅是对个人,也是对社会的一种协调.

现在看汽车中的有机结构美.任何一个产品都应该是和谐的有机整体.人机工程应用于汽车中就是一个典范.

汽车坐椅在设计与制造过程中,不仅需要弹性特性合适、透气良好的材料,还要认真考虑坐椅的形状,以便达到对人体的最佳支承.汽车内饰中前仪表板、中央控制台,不仅仪表众多,各种按钮也随着整车功能的增加而增加.这就需要精心布置各仪表的位置,以便驾驶员可以最轻松地读到信息.同时,经过大量调查与统计得出最关键及最需要了解的仪表信息.并将表达该信息的仪表放置于最易看到的位置.对于汽车中的空调出风口是经过大量测试得出人体各部分对冷气的反应程度,并考虑到驾驶员的状态等因素,将其最合理地安排在内饰板上.各种功能按钮,按使用频繁程度及人手的最佳触摸距离,同时考虑到分门别类得出最理想的安装位置.在换挡杆位置的设计中,有时因考虑到增加座位,因而将换挡杆设计在方向盘转向柱附近.这样换挡功能在没有变化的情况下,只需人的换挡习惯稍加变动,却增加了一个座位,这便得到了功能与实用的和谐的有机结合,也是汽车中的有机结构美.

25.2 色彩设计面面观

对于汽车来说色彩的变化是十分活跃的,像小汽车这样的个人交通工具,由于每个人的爱好差别较大,其商品性较强,色彩的象征性、时代性较为明显.一般小轿车的色彩要求华丽、光亮引人注目.生活用小汽车,主要用于上下班代步、采购生活用品和接送上学、上幼儿园的小孩等,应选用活泼、鲜艳、醒目的色彩.高级礼宾车的色彩要求庄重、华丽、高贵,甚至选用黑色而不宜采用鲜艳俏丽的色彩.

就公共汽车、电车等大型客车而言,它的功能用途是为大众服务,色调的选择受到限制,色彩设计受到多方面的条件约束.首先是功能设计:(1)识别性、醒目性——公共汽车或电车的色彩应具有容易被发现的色彩和配色,以便让乘客很远就能看到,在心理上得到安定,并做好上车的准备.(2)标志性——公共汽车或电车应具有标志性特征,以便与其他车种和车次相区别.(3)扩张性、前进性——从安全方面考虑,公共汽车、电车采用扩张性和前进性的色彩,有利行人和乘客及时避让,以免事故发生.(4)色数最少——公共汽车、电车要有明显的识别性和标志性,最好是只用一种色.但是由于车身上应用各种材料和不同的着色方法,很难使汽车只有一种颜色.另外由于车身各部分功用的需要,如玻璃窗、进出门、安全门、快车、慢车、区间车、车次标志等,必须采用不同的颜色以表示出明显的区别.因此公共汽车、电车上的颜色可能是多种多样的.

作为着色的技术条件和工业产品色彩设计的第一基本要求来说,要把色数减少到最少的程度.其次是环境条件.城市公共汽车、电车应与城市环境所形成的底色有较明显的对比,长途公共汽车应与自然环境有明显对比.在寒冷地区多采用暖色,以达到与环境色互补,使人的视觉和心理感受得到平衡.在炎热的地区采用冷色调.公共汽车或电车的色彩不仅在日光下,而且在各种灯光照射下,甚至在黑夜,在雨天、雾天、雪天,应具有良好的识别性和装饰性.第三是技术条件.着色工艺简单.对于生产厂厂家来说,车体上使用的色彩最少,车形愈简洁,涂饰工艺就愈简单,容易实现批量化生产,经济效果好.调色容易,最好采用油漆生产厂厂家已调制好的颜色.这样着色过程简便,在批量生产中也会取得色彩一致的效果.在修补表面缺陷时,便于获得同样的色不至于出现很大的色差,选用的色料最好能随时买到.色料应有良好的耐候性.公共交通工具常在露天运营,不管在任何季节、任何天气,其色彩应该经得起日晒雨淋,不怕酷暑严寒,具有不退色、不开裂、不脱落,耐脏、耐洗、耐磨、耐腐蚀等性质,保持长久的色泽效果.公共汽车和电车的外部主体色彩以光泽度不太强为宜.车身上过于光亮,由于反光的作用和周围的环境色的映照而失去车身原来的颜色,甚至连车的形状也看不清楚,不便乘客和行人对车的识别.第四是其他条件.就色彩设计的效果来说,主要是强调车身部分.车的前面有驾驶窗玻璃、刷雨器、灯、水箱护栅、商标、保险杠等,结构复杂,材料和色彩的种类较多,且功能性较强.车身部分,表面比较简洁,能够较好地发挥色彩设计的效果.为强调车的稳定性,往往在车身上采用两套色或用色带进行分割,以取得上轻下重、重心降低、平衡可靠的感觉.利用色带粗细曲折变化,给人以流动、方向性和速度感.

色彩设计应该有良好的传达性、记忆性、舒适安全性和联想性.色彩良好的传达性是最经济、最有效的宣传广告.这不仅让人一目了然地看到车,还会长久地记住车、想起车,乐于乘坐这种车并产生美好的回忆.

这里再谈一点色彩心理学.公共汽车、电车的外部不宜用带有强烈刺激的色彩,如红色、黄色、黑色.红色和黄色给人一种恐怖、动荡、威胁、不安、危险、不可亲近的感觉.黑色给人过分的沉重、坚硬、冷冰、悲哀的感觉.但作为长途公共汽车,也可以采用红色和黄色,以便使车在大自然的绿色环境下被人发现,同时还取得较好的视觉平衡效果.

大型客车的色调,宜用明度与纯度较高,活泼明朗的鲜艳色彩构成主调,因面积大,采用单一色,可能显得单调乏味.采用具有强烈对比的同类色或调和色进行调节,一方面,使色彩丰富动人;另一方面,在感觉上可取得车上比例协调,稳定安全的效果.

汽车内室的色彩设计,应根据不同的情况,采用不同的色调,驾驶室内对色彩的要求是,色彩无刺激、无强烈的反光,室内清新、柔和,仪表板上的各种文字、刻度、指针、符号应清晰、易辨,各种操纵件的色彩应与材质相结合,使人感到柔和、舒适、无反光.因此驾驶室的顶篷宜用中明度、中纯度的浅色调,如奶白、珍珠白、象牙色、浅灰色、浅蓝灰色等，给驾驶员一个舒适的工作环境，有利于集中精力，安全准确地驾驶.

货车外部色彩一般采用单色处理.以前为突出货车的力度、稳定性和耐脏等特点，多采用明度和纯度较低的深色调.现代货车的色彩有了较大的变化，明度较高的乳白色、米色、砂色、浅蓝色都在各种货车上得到采用.

工业设计与技术美

第26章

在前几章已经讲过一些具体的技术美学问题的基础上，本章从更普遍的理论方面进行阐述，先谈工业设计的历史.

18世纪末，英国发生了工业革命，机械化生产逐步代替了手工劳动.但是当时由于刚刚兴起的机械技术没能解决机器设备对人的机体的生理和心理上的适应性.所以许多机器产品或者粗制滥造，或者只注重产品本身的功效而忽视了产品的外观艺术性.到19世纪中叶，这个矛盾日益尖锐化，导致了英国莫里斯发起的“手工艺运动”(Arts and Crafts)和继之波及欧洲大陆的“新艺术运动”(Art Nouveau).

26.1 工业设计的兴起

英国“手工艺运动”的倡导者威廉·莫里斯(W. Morris，1834—1896)和拉斯金(J. Ruskin，1819—1900)揭露机械化初期技术发展的非人性以及与艺术对峙的现象，认为机器是丑陋的“多面兽”，它冷酷无情地吞噬了劳动者的艺术创造性，因此工人生存在这样丑恶环境中决不能构想出美的产品.莫里斯主张用手工艺生产方式替代机械化的大生产，他同伙伴拉斯金对机械产品的厌恶达到仇视工业本身的程度.莫里斯的主张显然违反了社会发展规律.虽然他亲自开作坊，组织手工工匠制造一些工艺美术实用品，但由于手工业产品在数量和价格上都抵不过机械化的批量生产，所以这必然被以商品竞争为特征的资本主义大生产所取代，而他的理论和实践只不过是中世纪艺术的回光．然而有一点是他没有意识到的，这就是他首先提出了技术时代的技术与艺术、劳动与审美如何结合的课题，而这又正是历史所面临的必须解决的问题．莫里斯等人对资本主义工业生产方式的批判是有积极意义的，关于技术与艺术结合的思考，其贡献是不能抹杀的，因而在工业设计史上，莫里斯被尊称为“工业设计之父”．拉斯金是艺术家和经济学家，主张社会正义，见解接近于空想社会主义者欧文，在美学观点方面对公众也有重大影响，但经营的事业多告失败，反映了经济规律的不可违反．

19 世纪末 20 世纪初，风靡欧洲大陆的新艺术运动是用传统古典的艺术形式框套机械产品，进而寻求工业产品新形式的运动，因而也可以说是一种从纯艺术、工艺美术向工业设计接近的运动．新艺术运动在先进技术与过时外观形式的矛盾、折中、徘徊中寻求新的出路．一方面，它用纯艺术的眼光，缅怀古典的传统形式，主张以自然界动植物的具象纹样为素材和弯曲的线条来装饰机械产品，让工业产品穿上手工艺的外衣；另一方面，工业技术以其强大的生产力生产着新的技术产品，充斥整个社会物质生活领域，冲击着传统艺术观念的桎梏．如果仍按照艺术家所坚持的产品的古典形式，机器生产几乎就不可能发展，产品也不可能以其低廉的价格满足社会的需要．“青山遮不住，毕竟东流去”，新技术、新材料、新工艺以其自身的规律开辟相应的合乎功能的形态美；同时新产品进入人们生活的现实改变着人们物质生活条件，也建造了人们新的审美标准，启迪着艺术家们对产品的功能和形式的关系进行重新的思考，从而促进工业设计理论和实践的变革．比利时画家、设计师威尔德(H. van de Velde，1863—1957)第一个从理论上提出技术第一的原则，认为“技术是产生新文化的重要因素”“产品设计结构要合理，材料运用严格准确，工作程序明确清楚”“根据理性结构的原理所创造出来的完全适用的设计才能实现美的第一要素，同时也才能取得美的本质”．显示出他是理性主义设计的先驱．威尔德一度成为德国新艺术运动的领袖，导致 1907 年德意志制造联盟(Deutscher Werkbund)的诞生．

从“德意志制造联盟”到包豪斯是工业设计理论的形成期．前者的代表人物穆特休斯(H. Muthesius，1861—1927)认为工业产品不能再继续模仿古旧的、不伦不类的形式，而应把创造机械的样式作为设计的目标，要形成“一种统一的审美趣味”；产品的丑陋并非机械生产的过错，机械并不具备制造产品的意志，问题的关键在于人如何设计它；技术与艺术也并非对立的，在设计中可以将两者结合起来创造出优质的产品．他主张把握技术、功能、材料，注意经济法则，置功能于第一因素，讲究注意标准化的艺术造型，就能使产品优质化. 1919 年 4 月德国建筑师-设计师格罗披乌斯(W. Gropius，1883—1969)在德国魏玛筹建国立建筑学校，简称“包豪斯”(Bauhouse). 在设计理论上，包豪斯提出三个基本观点：(1)技术与艺术的新统一. 格罗披乌斯认为技术与艺术并非注定分离，工业设计好比连接两个思想极端的桥梁：一端是技术，另一端是艺术，它是人类精神审美享受，后者同前者同样重要，它们相互依存，工业产品在艺术上成功，永远同时又是技术上的成功；(2)设计的目的是人而非产品本身. 产品应从功能和审美两个方面去满足人的物质和精神的需要；(3)设计必须遵循自然与客观的法则来进行. 格罗披乌斯的这一设计思想标志着现代设计理论的形成.

26.2 工业产品造型设计

工业设计(industrial design)是一种软科技，是一门独立的学科. 设计科学是一种“适应性系统”，即“人为系统”，是以一定目的、一定的方式来达到与客观条件和内部关系相适应的人为适应性系统，是一个带有创造性目的论色彩的新事物. 工业设计的美学实践是随着工业的不断进步而变化的. 狄德罗说过：“美与关系俱生、俱变、俱衰、俱灭.”设计的美也是在适应性系统中演变的，由于任何演化过程都是相对短的，所以设计系统内部和外部的适应性只能是相对的，而任何工业产品的美学目的和价值也都是相对的或暂时的. 工业设计的美学追求，正是在不断地适应环境创造适应人们生存的方式过程中完成的. 理性是文明的产物，而作为工业文明的一种现象的工业设计，它的美学也具有理性精神.

工业设计中的一部分——工业产品造型设计极好地体现了技术和美学的结合. 工业产品是以工业化生产方式进行批量生产，并符合标准化、通用化和系列化要求的产品. 产品设计与技术密切相关. 在产品设计中，不是单纯追求审美价值，更重要的是追求一种技术与艺术的完美结合. 随着工业文明的出现，也出现了不同于手工业时代的美的形态——“工业美”. 工业产品的美应该体现在效用与外观的合理结合上，但对于工业设计中究竟应该以形式追随功能，追求一种理性的美感，还是注重形式，在工业设计史上经过了一番激烈的争论.

产品外观设计的确立和发展是由当代科学技术与大工业体系日趋成熟，国际市场竞争机制日趋完善决定的. 撇开一个产品的功能，构成产品外观的技术要素主要有材料、色彩、结构等方面.

不同产品对材料有不同的技术要求，人们对不同材料又会有不同的视觉感受和触觉感受. 比如同样是锅，不锈钢的和砂陶制的给人感觉就完全不同，前者硬、冷，具现代感；而后者暖、重，具古朴、原始的感觉．不同的材料又有不同的加工成型技术，有的材料只能锻压成型，有的只能压塑成型，这样产品外观设计便与生产技术相联系起来．新材料的不断涌现再加上生产技术不断改进，材料的加工方式不断完善，从而使产品外观有更多的可选择性．作为产品外观设计师，一般不要求亲自创新这些技术，而要会充分应用这些技术为自己的设计服务．

色彩也是构成产品外观的重要因素．人们常说到色彩感觉，既然主要是感觉上的东西，与技术又有什么联系呢？色彩感觉只是人们对色彩的生理和心理反应，而色彩的表现特别是产品外观色彩的表现是与技术分不开的．产品是靠有色材料或涂料来表现其丰富色彩的，就是同一种颜色，由于材料性能或喷涂技术的差异，表现出的质感也大不相同．比如同一种蓝漆在喷的时候给的压力小，漆的颗粒较大，就会出现磨砂质感的蓝；给的压力大，漆的颗粒小，就会出现较光亮的质感．还有大家都熟悉的，在同一种材料中加入不同成分可出现不同的色彩，这些都是技术在色彩形成中的应用．在具体对产品进行外观色彩设计时，过去设计师可能主要靠脑和手先想象再画出来，这样出来的色彩方案是有局限的；现在随着电脑的普及，设计师们开始用计算机辅助色彩设计了．比如我们可以用计算机建立个较为精确的光照模型，再在光谱中找到我们想要的色彩，然后电脑就会自动应用基本光学定律，计算出光与色层的相互作用，在屏幕上展现出逼真的产品色彩效果．这种电脑技术在产品外观设计中的作用会随着科技日益进步、社会不断发展变得越来越普及和重要．

对产品外观而言，结构要素与材料、色彩一样，是个很重要的技术构成部分．一个产品不管被设计成什么样的造型都必须符合一定的结构要求才可能实现．产品结构分为内部结构和外部结构，一个完整的产品外观设计包括了对外部结构的设计，这要求设计师们具有一定的机械及模具方面的知识，对自己设计的造型在结构上能否实现做到心中有数．还有的设计师直接把对结构的改进设计当成产品外观设计的切入点．许多经典的产品设计在外观上看上去没什么特别的，但因为结构巧妙而受到青睐．现在还有一种观点，认为好的产品是可以供人们任意拆卸、组装的，因此要尽量少用甚至不用螺钉，这就更要求结构和构件的巧妙了．

26.3 设计美与社会美

工业设计的目的是为人服务，运用科学技术创造人的生活和工作所需要的"物"．物与物组成环境，人与人，人与物，人与环境又组成了社会．所以设计的目的就是使人与物、人与环境、人与人、人与社会相协调,其核心是为人.

人既是生物,人又是社会的人.因此人的需要就具有双重含义.

作为生物的人,对物的需要要从下列三个方面进行研究:

(1)研究人的生理科学,使设计的产品与环境满足人生理上的需求及不断发展的新生活方式、新工作方式的需要.

(2)研究形成产品与环境的诸因素,如材料、结构、工艺技术、价值工程、系统工程、环境科学等,使产品与环境符合人的需求.

(3)研究产品的流通方式和结构,如包装,广告等信息传播手段,沟通人与产品的交流.

作为社会的人,对物与环境的需要必须研究下列三个方面的因素:

(1)研究审美功能就必须研究心理学、美学.

(2)研究象征功能就必须研究哲学、社会学、人类学等.

(3)研究教育功能就必须研究心理学、语义学、教育学、设计伦理学等.

研究上述诸因素,才能加深理解工业设计的宗旨.随着科学技术的飞速发展和人类对自然及自身认识的深化,上述因素的研究也必须加深、拓宽与综合.工业设计为人服务的归宿是创造一个更合理、更完善的生活方式和空间.从这个角度认识,工业设计是创造行为,是为人类的明天,而不只是把技术转化为产品的行为,它既非艺术,也非技术.不能让设计被动地依附于技术,也不能视技术为艺术的仆人.同样不能让艺术家指挥设计,也不能把艺术视为设计的点缀.设计是将材料、技术这些无生命的物质赋予灵魂,使之成为有生命的“物”——人的对象化.这个结果是使物——产品符合人的理想,而不是破坏自然,腐蚀自然的物.设计是文化,是人类对自然理解后的意识,是人类科学技术和文化水平的集中反映,它综合了人类科学技术和艺术的成果,但设计不等于“技术加艺术”这样一个简单的公式,它是一种更高层次的精神活动.

设计美不同于自然美,不同于艺术美,它是多种因素有机统一、协调的结果.主观上它属于社会美范畴,客观上它反映科学美和技术美,它是一种观念,是基于一定的生产力与生产关系之上的人类精神活动的感受.它不是自然物,不是材料、科学技术,也不是美的形式法则所单独决定的,更不是某个社会阶段的伦理或生产方式,而是上述诸因素的融合.也可以说,设计美是人类认识自然,认识社会,并通过实践达到统一的结果.它包含了人类对自然科学和社会科学理解和实践的总和.

五官的感觉从生理器官演化为文化器官.从听声音的耳朵变为感受音乐的耳朵;从辨别明暗、形体的眼睛变为可以感受色彩、形式的眼睛……人的审美心理结构实际上是人类创造物质文明的同时所创造出来的内在精神文明的一部分.因此,抽象形式美的形成是从掌握自然的形式规律升华到对美的形式的把握.它们与人类社会生活紧密相连,并在人脑中积淀下来.人在情感上均衡、节奏、韵律、和谐、对比等形式的审美需要,是人对自己的一种历史的文化心理的认识和改造.随着科技的进步和人对自然的改造能力和方式不断扩展,不断有新的领域被人类文明所浓缩、升华为新的抽象形式美.同时形式美的不断丰富,又促发更多的设计灵感.

26.4 技术理性与技术美

"技术理性"是自工业革命以来随着技术在人类生活中越来越占据重要地位而形成的一种文化观念.技术理性强调以人类物质需求的先决性为前提.科学技术要探究的是自然规律,它是崇尚理性的,因而导致整个社会的理性化;又由于现代科学趋向数学化,进而影响到人们的思维方式和生活方式,"量化"几乎成为思维与生活中的一条重要原则.

技术理性有其巨大的正面价值.正是它推动现代科学技术的发展,推动了社会的进步,为人类创造了巨大的物质财富.但是技术理性的片面发展和被过分引申,又造成许多负面价值,诸如人文价值失落、环境恶化等.这些性质必然影响到技术美.美学家陈望衡认为:

(1)技术美在内在意蕴上更多地趋向理性,而在表现形式上更多地显现为抽象.

任何美的形态其内蕴具有理性和感性两方面,各种美产生的根据有所不同,在内化成人的本质力量时,其理性与感性的比重及其所指均有所不同,技术美所内化的本质力量中理性比重远远超过感性.现代技术与科学那种密不可分甚至界限模糊的关系使技术美更多具有科学美的意味.比较艺术雕塑和收录机两件物品,应该说两者都能给我们以美感,但雕塑所具有的美就感性得多,收录机的美就理性得多;前者较易激发我们的审美情感,后者则不那么容易激发;前者的美,感性、具体,通向生活实际,后者的美则理性、抽象,远离生活实际.

这就牵涉到美的形式表现了,技术美的表现形式通常是抽象的,多取几何的形态,除了少数有意模拟生活形态的工业品外,绝大多数工业品是不能在生活中找到类似者的.人们欣赏技术美,并不希望从中感受到生活的感性方面.请设想拥有一台冰箱,如果这台冰箱的造型是人体,人们未必会喜欢它.

(2)技术美的审美效应期望是普遍的、大众的、共同的,从本质上来说,技术美是一种共同美.

技术理性作为现代技术的文化观念,着眼点正是人类共同的物质需求,是共同的人性.而经济效益的考虑又使生产上尽可能追求最大批量.批量生产当然不能不坚持标准化、通用化的原则.对现代企业家来说,虽说不应忽视消费者的特殊需求,但立足点总是最具普遍性的大众需要.为此,设计师在向大众进行消费需求调查时,要善于在多元化的消费倾向中找到共同的消费需求,以作为设计之本,达到功能和审美的最大共同值.在这个位置上,设计师的个人审美情感必须与消费者的审美情感取得认同,个人功能期望必须与消费者实现统一.英国著名设计师迪克·鲍威尔说:"工程和技术应当是市场的奴隶.是消费者决定了产品应该是什么样子,而我们始终是反映消费者的欲望,使他们的要求变为现实,我们不得不使技术屈从这一目的."这旗与艺术创作大不一样,艺术创作总是来源于艺术家个人的自由心灵,孤芳自赏的艺术作品并不妨碍它成为伟大的作品,而孤芳自赏的设计绝对不是好设计.

技术美的缺点就这样凸现了.它的偏重理性势必造成感性不足,情趣不足,活泼生机不足,显得过于"冷",因而它有对人性抗拒的一面.由于它偏重共同美,势必造成一般化、普遍化、程式化,而不能体现审美最宝贵的个性、创造性、自由性.

基于"技术理性"具有反人性的一面,20世纪一些具有远见卓识的学者对"技术理性"进行了批评,并提出"技术人道化"的主张.德裔美籍学者费洛姆认为现代的技术美正处于十字路口,我们应想办法将它引向人道化的道路.在他所提出的具体个案中,"激活个体"是最富有美学意义的.目前许多学者正在从事这方面的研究,工业发达的国家也在进行这方面的实践,这些又势必影响技术美的发展.

关于反人性的提法似乎又回到了前述莫里斯等人的观念.实际上,人类的生物性和社会性导致人性中很多的共性.据最新研究成果,人与人之间的基因差异只有0.2%,其他99.8%都是共同的.所以就"生活"的基本含义"衣、食、住、行"而言,在人工自然物已占其绝大部分的情况下,尽管有"形"的差别,"质"却是很一致的.人们普遍接受这些东西,也欣赏其技术理性的方面.关于"激活个体",这在步入信息社会和知识经济的时代,问题是可以解决的.首先,生产力的庞大使得人员富余,劳动力市场提供各类设计和生产人员;其次,信息的灵通可以到处寻觅适合的买方和卖方.在双方的配合下,对产品的个性化、灵巧生产、快捷多变等方式都已一一出台,共同美中间的个性美会更好地体现出来.

土木建筑与美学

第27章

中国初始期文明选择土木结合的“茅茨土阶”的构筑方式，体现了就地取用土材、木材的现实性，体现了适合中原地区半干燥气候的环境适应性，体现了以原始农业所用的砍伐、挖掘工具充当构筑工具的便利性. 即综合体现了自然环境的、材料资源的、技术手段的天然合理性. 之后，在此基础上其构筑方式不断发展，继而演进成木构架体系，并经历了古代全过程. 近代则受西方建筑影响较大，特别是建筑技术方面.

27.1　中国传统构筑方式的美学审视

以土木为主要建筑材料，以木构架为主要承重结构的构筑方式，决定了中国传统建筑（图 1）单体立面的“三段式”：即上段——屋顶；中段——屋身，包括墙柱和外檐装修；下段——台基. 以下就这几部分浅析中国传统建筑中蕴含的功能，技术和美学的统一.

台基主要是出于防水避潮的功能而形成的. 古代通过土的夯实，阻止了地下水的毛细蒸发作用，通过阶的提升，排除了地面雨水对木构和版筑墙基部的侵蚀，有效地保证了土木结构的工程寿命. 同时，古人的席地而坐也迫切地需要提升地面以避湿润. 这两方面的防水避潮的要求，是促使台基出现的基本原因.

而台基对屋基也起着重要的防护作用和稳定作用. 基于功能的需要形成的台基很自然地充当了建筑艺术表现的重要手段，构成了建筑美的要素. 台基作为建筑物立面构成的三段组成之一，特别是在一些重要的殿堂中起到了显著的造型作用. 它为殿堂立面提供了宽敞的很有分量的基座，避免了庞大的屋顶可能带来的头重脚轻的不平衡构图，大大增强了殿屋造型的稳定感. 砖石构筑的台基也为殿屋造型突出了材质与色彩的对比. 大片的汉白玉石阶基与红柱、黄瓦相辉映，在蓝天衬托下组成了极为纯净的、强烈的、独特的色彩构成. 同时中国建筑很擅长运用台基来扩大殿堂的体量，通过放大台基的体量能有效地突出殿堂的宏大、庄重、高崇的气势. 官式建筑的台基形式，充分地体现了使用功能的需要和构筑技术的特点，呈现出实用功能、构筑逻辑和审美规范的和谐统一.

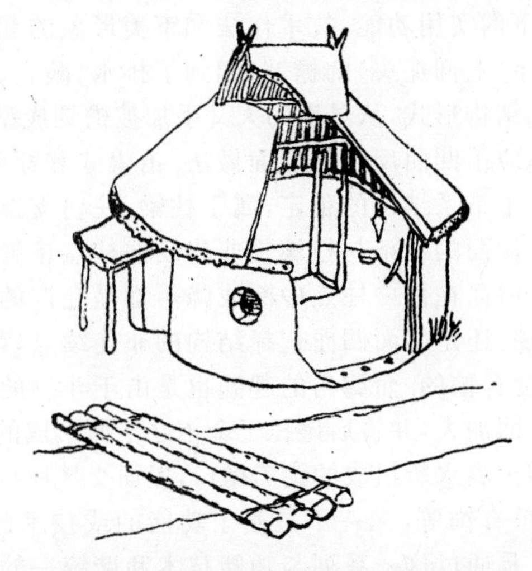

图 1　西安半坡先民居住建筑想象复原图

“墙倒屋不塌”的木构架体系，只靠构架承重，而墙体不承重，因此屋身立面的构成可分解为结构构成、围护构成和装饰构成.

(1)结构构成：屋身立面的结构构成，就是由展现于屋身立面上的大木构件组成. 主要是柱列，檐枋，斗拱和雀替(托木)，其中斗拱最形象地体现了结构机能和审美形象的统一. 斗拱是中国木构架体系建筑独有构件，它是用以联结柱、梁、桁、枋的一种独特的柱架，与整个构架的关联性十分密切. 斗拱的结构机能主要表现在承托和悬挑上，减少弯矩和剪力的作用. 随着斗拱的发展，更加增强了对其艺术效果的追求，作为结构构件中的斗拱逐渐增强了审美的装饰作用，成为大型殿堂显示其宏美、壮丽时不可或缺的部分. 斗拱不仅在做法上、组合上显现了合理的力学关系和清晰的结构逻辑，而且在造型上形成了合理的、规范化的形式，展示出强劲、雄迈的气势和富有装饰韵味的丰美形象.

(2)围护结构：主要有墙体和外檐装修.通常墙体都划分为上身和下碱（山墙的下段).下碱高度约为檐柱高的三分之一.这种划分成为中国式墙体的基本构图模式，究其成因，也是顺应构造上的防潮碱的需要.

(3)装修构成：无论是装修的整体构成，组合方式，比例尺度，还是装修的材质肌理，密棂格式，细部饰线都与装修的围护功能，材料色质，制作工艺紧密结合.在官式建筑中，内外檐装修与木构架建筑的屋身立面和内外空间都达到了十分融洽的协调，装修自身也取得了实用功能，木作工艺和装饰美化的高度统一.

屋顶是木构架建筑三大构成中最触目部分.程式化的官式建筑屋顶体现了在木构架体系条件下的实用功能、技术作法和审美形象的和谐统一.深远的出檐、凹曲的屋面，反宇（上仰瓦头）的檐部，起到了排水、蔽日、采光、改善通风等诸多功能.木构架的结构形式，从早期的大叉手加披檐到成型后的抬梁式、穿斗式构架，也推动和适应了凹曲反宇的屋面做法.抬梁式和穿斗式结构的共同特点都是以柱梁、柱枋来维系结构的稳定，属于柱梁、柱枋支撑体系，完全不同于三角形的豪式屋架.屋面的椽条与柱檩是非连续的柱点接触，柱点与柱点之间没有结构受力关系.屋面在任一柱点中断或降落都是允许的.无论是结构的非连续点促使屋面凹曲，还是屋面凹曲选择结构的非连续点，都表明这种结构特点与屋面形式是高度合拍的.而翼角的起翘也是由于斗拱的缩小，角梁悬挑的增大，促使老角梁断面加大，并将后尾托于金桁之下而形成的.至于屋面瓦垄所形成的线型肌理，勾头滴水所组成的优美檐口，屋面交接所构成的丰美屋脊，脊端节点所衍化的吻兽脊饰等，无一不是基于功能的或技术的需要而加以美化的.中国建筑屋顶正是通过这一系列与功能技术和谐统一的美化处理，创造了极富表现力的形象，消除了庞大屋顶很容易带来的笨大、深重、僵拙、压抑的消极效果，造就了宏伟、雄浑、挺拔、高崇、飞动、飘逸的独特韵味.

“以物为法”的务实理性精神，在建筑形象的创造上引发了“因物施巧”的设计意匠和设计手法，无论是建筑的整体形象、部件形式，还是细部处理，都可以看出当代匠工追求功能、技术和审美统一的努力.

27.2 建筑大师贝聿铭的美学思想

贝聿铭，1917年4月26日生于广州，其父贝祖贻曾任中国银行香港分行行长，后调职至上海.贝聿铭初中就读于上海青年会中学，高中毕业于圣约翰大学附属中学.1935年赴美国宾夕法尼亚大学攻读建筑学，后转学到麻省理工学院改学土木工程，1940 年贝氏以优秀的成绩毕业. 当时的中国遭受日本侵略，国势艰危，其父要他暂时留在美国，在史威工程公司（Stone and Webster Engineer Corp.）工作. 1942 年，贝聿铭到哈佛大学攻读建筑学硕士学位，由于战争原因直至 1946 年才毕业.

贝聿铭强调人化自然，其建筑融合自然的空间理念，主导着他一生的作品. 例如设计的“美国大气研究中心”的内庭，将内外空间串联，使自然融于建筑. 到其后期作品中，内庭依然是不可缺的美学元素之一. 唯在手法上更着重于自然光的投入，使内庭成为光庭. 如北京香山饭店的常春厅（1979～1982）、香港中国银行的中庭（1982～1990）、巴黎罗浮宫的玻璃金字塔（1983～1989）. 光与空间的结合，使得空间变化万端，“让光线来做设计”是他的名言. 在他的建筑设计中不仅考虑构造物本身，更关切环境.

贝氏的技术哲学观充分体现在其作品——香港中国银行大厦（1982～1991），它是贝氏所有设计方案中最高的建筑物. 著名的建筑评论家布雷克（Peter Blake）（美）赞赏香港中银大厦是自纽约市西格朗姆大厦以来最佳的玻璃幕墙大楼. 这栋大楼充分体现了贝氏在玻璃幕墙技术上的娴熟驾驭能力. 将高科技与艺术美融合一体是其长期追求的目标. 他所研究出的施工技术与空间技术在美国建筑史上写下了重要的篇章. 一项工程技术的发明总会伴随着失败的阵痛，当贝氏首次采用玻璃幕墙在波士顿汉考克大厦（John Hancook Tower）时，其所造成的问题几乎毁了他所有的功名. 经过此番教训，他在设计玻璃幕墙上技术创新，不断迈进，才有今天享誉全球的中银大厦作品，缔造了玻璃幕墙工程技术的新纪元.

“今天价值观混淆，建筑师更有责任为建立秩序而努力. 建筑是最公共的艺术. 建筑师……应该改善实质的精神的环境. 历史昭示，建筑是生活与时代的镜子. 希腊人的民主观念反映在卫城；罗马人的组织能力，可以从广场与拱道验证. 从设计一幢住宅，到规划一座城市，我们这一代有责任创造属于我们的建筑……”这是 1979 年贝氏接受美国建筑学会金奖时的演说辞，从这段话充分体现其建筑哲学观——建立秩序、改善环境、创造建筑.

在吴焕加教授的《二十世纪西方建筑史》中列举了 20 世纪西方最有名气的建筑 200 例，其中有两件作品被誉为最近乎“神来之笔”，可谓是“世界之笔”. 其一是现代主义大师柯布西埃的朗香教堂，其二就是贝聿铭在华盛顿国家美术东馆梯形地段的“对角线”.“建筑艺术对人间的赐予，是如此吝啬”.

建筑美学，诸如变化与统一、均衡与稳定、比例与尺度、节奏与韵律，以及虚实、含蓄、层次是传统美学的概念. 在西方现代美学中，破裂、分离、变形、抽象取代了原有的美学概念. 虽然如此，传统的美学概念仍然是广泛的人们所认可的

“黄金定律”.而贝聿铭的“美术东馆”正是两者结合的产物.

美国华盛顿国家美术馆分为两个部分，位于西侧的美术西馆是由被称为“末世罗马人”的古典派(学院派)建筑师柏约翰(John Russell Pope)设计，于1941年3月17日建成.由于藏品的增加，需要扩建场馆.

美术东馆的基地的北侧是宾州大道(Pennsylvania Ave.)是美国华盛顿极为重要的大道，是最富纪念性的大道.美术馆南侧是华盛顿最大的开放空间区陌区(The Mall).基地呈梯形.由于西馆是对称的西方古典建筑形式，而基地呈梯形，成了设计的特殊制约条件.

贝聿铭分析基地，勾画了远景的草图.首先，他尊重所有的既定条件，沿着宾州大道画了一条平行线，顺着西馆的建筑线在南侧定下另一条线.

因为西馆呈对称性，为了呼应这一古典主义的基本美学原则，同时延续西厢的中轴特性，于是将轴线向东延伸，轴线将通过等腰三角形的中心，梯形的对角线分割出一个等腰三角形，一个直角三角形，前者为美术馆，后者为视觉艺术研究中心.贝聿铭决定采用三角形作为母题，首先将直角三角形分开，以表示不同的功能，等腰三角形的三个角配置四边形的空间，作为展览用.以实现“馆中馆”的构想，不同的展品分开布置.美术东馆与视觉中心以三角形的中庭结合，使两者“既离又分”.为了打破中心南侧面向陌区笔直而又单调的立面，他用心设计三角造型，以创造虚实对应的丰富变化.东馆的建筑高度，大体与宾州大道上建筑物高度相同.外墙采用与西馆同样的大理石.

东馆面向西馆的西方面是美术馆主要入口，呈对称的“H”形布置，既崇高又典雅(图2).最大的入口向内退缩，左侧安放了著名雕刻家亨利·摩尔的巨大抽象雕塑，很明显地标明了入口.在东馆和西馆之间的广场上有七座小玻璃金字塔，既是美化广场的雕塑品，也是地下层采光天窗.金字塔北侧有一排喷泉.水由地面倾泻至地下形成瀑布.

图2　东馆西面入口

由入口进入东馆内，先进入门厅，然后进入阳光中庭，空间豁然开朗，使人们不自觉往上看，原本的室内空间成了“户外广场”. 人们乘电扶梯上楼可俯视中庭，是“动态的空间体验”. 电扶梯旁有雕塑，中庭还种植有四棵大树. 阳光可透过玻璃洒满整个中庭. 法国密特朗总统及邓小平同志访美时，中庭用来举办盛大宴会，用美术馆作为国宴厅，更凸显美国对文化的重视. 在大厅顶上，悬吊着红色、蓝色与黑色的雕塑，是大师柯尔德的作品，还有墙面上米罗的挂毯“女人”都使大厅充满艺术的氛围. 另外大厅中还有透明的天桥由东馆通往视觉艺术中心. 阳光、天桥、雕塑品创造了一个美妙绝伦的中庭.

在三角形角上的三个展览室，若按建筑物的造型，其内部会出现难以使用的锐角，贝聿铭将锐角空间设计为楼梯、贮藏等服务空间. 符合建筑的主从原则，也塑造出较为合理的六边形展室. 每个展室都有螺旋楼梯，螺旋楼梯采自然光，在光影下分外有雕塑感. 展室中设有台阶，台阶也可充当艺术品的展示台座，容许人上上下下，从不同的角度来欣赏作品，这是贝聿铭多视角动态空间的理念的再次实践，人们甚至可以坐在台阶上，更亲近、更亲切地与艺术品共处. 这种轻松的方式是历来美术馆绝无仅有的.

美术东馆的另外一部分，即直角三角形部分，为视觉艺术中心，是研究机构，不对外开放. 东立面是整片的水平窗，窗右侧封实的墙面为系统设备空间. 南立面是东馆的最有趣味的一面，有大片的石墙，有退缩的大玻璃，有细长的玻璃窗，有横贯的长梁，有视野极佳的露台. 而角度为 19.5 度的直角三角形的最小锐角乃是趣味的中心. 面对如此高耸锐利的石材转角，人们充满了好奇心.

整个美术东馆是传统美学和现代美学极其成功的交汇，传统的美学设计，现代的美术雕塑，再加上三角形这一古典美学符号的重复显现. 六边形展厅的点缀，使游人感到人置身于一个巨大的艺术雕塑品中间，而身边又是流动的艺术雕塑. 同时，由于对自然条件，对环境的尊重和重视，使得东馆成为华盛顿一处亮丽的风景(图 3).

1978 年 6 月 1 日美术东馆向外开放，贝聿铭以其独特的三角形与光庭赢得了举世的赞美，在美术馆的设计史上有划时代的意义. 1959 年莱特设计的纽约古根汉姆美术馆以大胆的圆形造型与中庭震撼世界，而贝聿铭的三角形美术馆则是一次巨大的挑战. 巨大的视觉冲击和成熟、老练、精细的设计使得东馆成为世界美术馆的典范. 因此贝聿铭于 1979 年获得了美国建筑师协会金奖.

对于华盛顿国家美术东馆，其艺术成就可以用“3P”来总论. 即以专业(Profession)的努力，设计出完美(Perfect)的美术馆，在人类文明史上创造了永恒的

(Permanence)价值.正是由于贝聿铭对专业的执着不懈的精神,对空间形式、建材和技术的不断研究,才是建筑水准不断提高的原因.这也是贝聿铭在建筑界将名垂青史、作品长存的原因.

图3　东馆鸟瞰图(西馆未入画面中)

27.3　现代建筑技术的艺术化

自19世纪工业革命以后,到今天的100多年间,现代建筑的发展变化就经历了三次重大的技术革命.

第一次技术革命是材料技术和结构技术的革命.

第二次技术革命是设备技术的革命.

第三次技术革命是信息技术革命.

这三次技术革命,都从根本上不断地改变着建筑造型的形象和人们的建筑观.第一次作为材料和结构技术的革命,使建筑空间造型不再受材料和结构的限制,钢筋混凝土结构、钢结构、充气结构以及张拉、悬挂、壳、膜等新技术的发展,使得建筑比以前任何时候都能建造得更高、跨度更大,造型也更加自由.

第二次作为设备技术的革命,对建筑的影响则由空间造型形态方向转向了功能组织.建筑不再受自然环境的限制,交通、朝向、采光、通风、温湿度调节等都可由人工来处理,建筑的功能组织关系发生了重大的变化.建筑的空间构成模式也与传统的“功能空间”不同,被划分成“目的空间”和“设备空间”两大部分.而第三次作为信息技术的革命,却预示着建筑由机械技术向高技术转化,由无机体向有机体方向变化的发展趋势.

与材料、结构技术的革命相比,信息社会里的高技术正渐渐地向“不可视化”演变,它改变了建筑的内在中枢.然而伴随着科学技术的进步以及计算机技术在建筑设计领域中的普及,人们的建筑观念也发生了变化.尽管高技术对建筑造型的直接作用有限,但其潜在的影响却不容忽视.在建筑创作中,人们正有意识地将技术作为一种建筑表现手段,与早期的直接再现技术不同,而是通过展示“技术”的运作方式和揭示“技术”的内在逻辑,将不可视的“软技术”可视化,以迎合人们日趋增强的崇尚科学技术的心理.

实际上,当今的许多建筑都已将信息技术融进设计理念和人的审美需求之中,试图通过结构形态、设备裸露和空间流线去展示技术.利用玻璃那梦幻般的透明特性去寻求现代科学技术的表现.而这种设计观念的变化,又使得美学(技术美学)重新成为时代的特点,并逐渐在社会上形成一种追求技术表现的审美价值取向.这正好应了20世纪初建筑大师密斯·凡·德罗的一句名言:“技术完成了它的使命,就上升为艺术”.

建筑技术的变革,造就了不同的艺术表现形式,同时也改变了人们的审美价值观.而伴随着技术的进步和审美观念的更新,建筑创作的观念也发生了变化.今天的建筑技术已发展成为一种艺术表现手段,是建筑造型创意的源泉和建筑师情感抒发的媒介.

建筑创作观念的变化,是随着技术审美观念确立而出现的.所谓“High-Tech”就是打破了以往单纯从美学角度追求造型表现的框框,开创了从科学技术的角度出发,通过“技术性思维”以及捕捉结构、构造和设备技术与建筑造型的内在联系的方法去寻求技术与艺术的融合,使工业技术甚或高度复杂的“软技术”以造型艺术的形式表现出来.

而最为人们所乐道的就是意大利建筑师伦佐·皮阿诺设计的日本关西国际机场.关西机场屋顶曲面的造型是依据空调气流的走势而确定的,这样既有利于室内空气的循环流动,同时在空间造型方面也有所突破.

以高技派建筑为代表的现代钢结构建筑，多用钢构架的造型和敞露结构构件的手法展示技术美，很多建筑还利用钢材抗拯强度高的特点，运用夸张手段在造型表现上，以斜拉杆件中张力所呈现出的紧张感和力度感给人以刺激．由于富于表现力的钢构架常常暴露在外，所以外露的构造节点自然构成了建筑形象的有机组成部分．于是构造节点便被赋予了特殊意义，而节点细部的设计，也就必然成为钢结构建筑设计中十分重要的一环．现代钢结构的构造节点，已由传统的隐性构造变为露明的，它们多由拉杆、钢索和销子、螺栓等构件组成，连接方式也已由铆接、焊接发展到便于工业化生产组装的螺栓式连接．它与古典建筑的柱头、纹样一样，具有明显的感官刺激作用，虽然不一定经济，但其高质量的工艺水平，却似乎更能表达信息时代的技术审美情趣．同时也给建筑师们更多的表现空间（图4）．

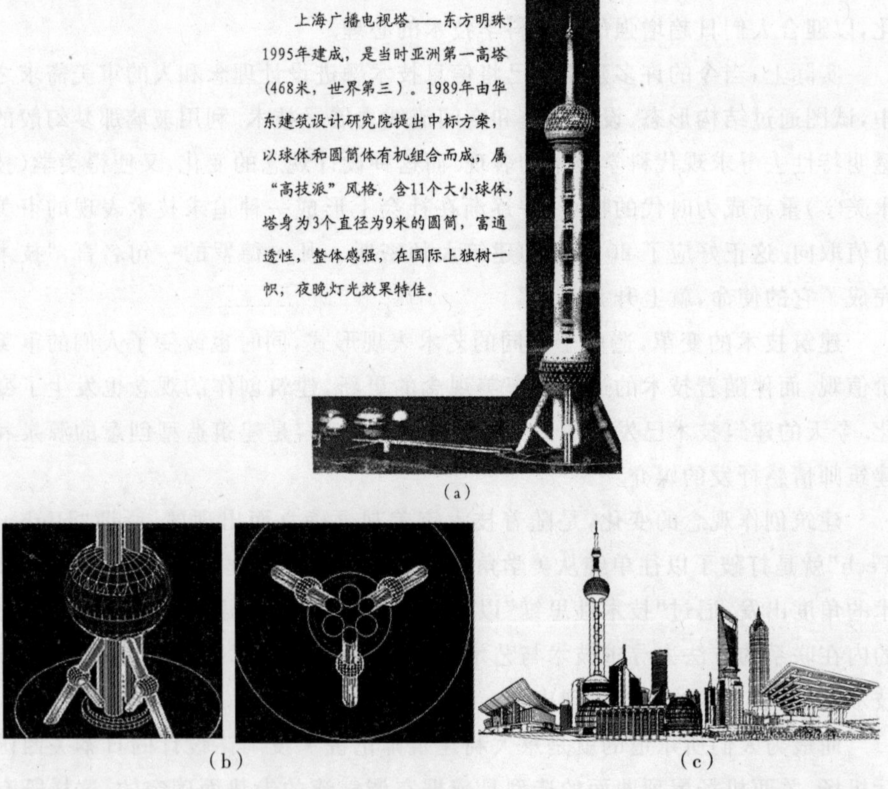

图4　上海东方明珠电视塔（b），（c）两图是运用CAD技术电脑绘制设计图；图（c）塔高有夸张）

当今建筑创作中技术表现的另一种倾向就是生态环保观念和可持续发展观念的介入，建筑技术开始"绿色"化. 许多建筑师都在以各种方式尝试着将"绿色"技术运用到建筑设计之中. 日光反射材料、光控遮阳构造及各种新奇的控制阳光辐射和热量进入的外墙做法不但有效地起到节能功效，而且还增添了建筑外观的魅力，给人以强烈的"科技感". 古拉·格雷姆肖设计的塞维利亚世界博览会英国馆的外墙，及诺曼·福斯特设计的法兰克福银行的自然通风系统，就是其中最有代表性的实例之一.

应当指出，这种技术表现并不是简单地利用人工设备和各种新型材料去建造一个"绿色建筑"，而是运用生态学的原理，以高信息、低能耗、可循环性和自调节性的设计理念去创造一个节能的系统，通过"技术性思维"来改变传统的设计观念.

近来一些年轻的建筑师，如西班牙的艾瑞克·米拉莱斯、日本的山本理显和伊东丰雄、长谷川逸子等人，在设计中常利用钢构架和金属材料所带来的"科技感"和"金属感"去隐喻某些虚构的意象，并招致了对结构、力学性能表现出无足轻重的"伪技术"的出现. 他们的建筑多以现代的结构技术和材料技术中获取某种暧昧的造型感觉或将钢构架当作一种造型标志，或追求光滑亮泽的金属材料所表现出的"浮游"效果，使用现代轻质金属材料的可塑性、延展性和高强超薄等特点，作为表皮来裹塑造出某些具有空间形式特征的建筑体块.

另一些人如美国的迈克·索金、勒贝斯·伍茨等则走得更远，他们的作品将机械装置、生物形态和未来时代的某些特征结合起来，带着强烈的乌托邦色彩，但并非"玩世不恭"，更接近绘画、雕塑领域中"技术艺术"家们的作品. 这说明技术在一定的场合之下，已发展成为一种展现和揭示现代社会现象的"道具"而被艺术家们所利用.

在这种风格的建筑中，技术只不过是一种工具，一种或隐或显的造型语言，而与建筑之如何建造并不相关. 这种对待技术态度的转变，说明了信息社会里，技术与情感相融合的发展动态和技术审美观念的多样化趋势. 同时也表明在某些情况下，技术已开始蜕化成装饰性的艺术，成为建筑师阐述各自的美学观和抒发主观情感的表现手段. 至此技术便开始被视作是一种富有一定寓意的艺术表现形式，而在这种技术表现的发展演变过程之中，技术在人们心目中也就渐渐地被"艺术"化了.

桥梁工程技术对美的讲求

第28章

土木结构工程实质上就是求得承载力、承荷的和谐、平衡、统一、秩序的一个问题.土木结构工程师在建筑师设计的形体中安放梁、柱等支撑整个建筑物载荷的结构的过程,就是一个在建筑体内寻访载荷的和谐、平衡、统一、秩序的追求美的过程.建筑环境和设备工程师则是在建筑内部创造出比外部自然界更加优美的环境.相对比外界要好的那四季如春、冬暖夏凉的室温,更加清新干爽的空气,更加适宜的干湿度和轻风拂面的风速.人们在这种优雅美好的建筑物中生活则更舒适、更满足.而在技术理论中,美的因素则更多了.技术人员把复杂、无序、杂乱无章的系统,按主要矛盾、次要矛盾、重点解决大问题、忽略小问题的原则,化简成为相对简单、统一、有秩序、和谐的模型,以便更加容易地解决现实问题.许多看似庞杂、无序的问题,最后总会得到一个相对简单的公式进行概括.下面我们以室外大型建筑桥梁为例,看看它的结构和美学问题.

28.1 桥梁工程之美

运用工程技术,使之发挥应有的实用结构物的功能而建成的桥梁,它的“美”究竟是什么呢?

桥梁既是使人们看到的能保持其峭然屹立的工程力学结构,同时又是具有“信号作用和多种含义象征与性格的一种标记”.这种标记映入人们的眼帘,并转化为感性认识,其结果,人们看到了技术的力量和力学上的平衡,同时接受到桥梁的信号与象征作用,从而感觉精神上的满足.也就是说,从工程上的稳定感和心理上的安全感而达到体内生理上的平衡状态,这时,恐怕就会脱口而出“这桥多美啊!”

几千年来,历代人民通过辛勤劳动和反复实验,并且勤于改进,勇于创新,于是在长河急流、风涛鼓荡之间架起了一座座坚固美观的长桥,飞跃两岸,畅通无阻.

我国桥梁专家茅以升曾饱含激情地介绍桥梁历史.

在远古时代,自然界便有不少天生的桥梁形式,如浙江天台山石梁,跨长六米,厚约三米,横跨飞瀑之上,梁上可通行人,是天台山风景之一.还有广西桂林的象鼻峰和江西贵溪的仙人桥,《徐霞客游记》记江西宜黄狮子岩石巩(即拱)寺:“寺北有矗崖立溪上……是峰东西跨,若飞梁半天,较贵溪石桥,轩大三倍.”树木横梁便成木梁桥,藤萝跨悬,是为悬索桥.人类从自然界天生的桥梁(即自然美)得到启发,不断仿效自然美景建造起许多造型美观的桥梁,从而促进了桥梁技术的发展.

桥梁是水上架空的建筑,除它所特有的实用功能和由于实用功能而确定了它的基本形式而外,它不能不受到周围环境的感染和影响而表现为某种程度的共性和协调;在另一方面,桥梁又置身于山川潆洄的林泉胜地,天然风景又要求它以特有的姿态为幽美环境增添风采.而桥梁本身就是实用与艺术的融合,如桥梁的平直、悬索的凌空、券拱的涵影,它们形象的本身原来就摇曳着艺术的风姿.

桥梁形式多样,我国古代人们为了追求美感,在桥上建有桥屋、亭阁、栏槛以及牌坊等附属建筑,重阁飞檐,有亭翼然,用之于多跨梁桥则感飞动有势:用之于伸臂式(图 1)桥则更给人以“飞阁流丹,下临无地”的壮丽景色.又如盘江、泸定等桥,高山急流上的一线悬索,两岸高筑楼台更增添了雄伟气概,与群山奔湍浑然一体.又如泉州万安、安平等长大石桥,全用厚墩巨梁,偃卧在江海浪潮上,给人以敦厚质朴之感,采用石凿武士和耸立石塔点缀其间,便觉十分协调.石拱桥的本身形态原即富有美感,古人常用“长虹饮涧”“新月出云”来描绘优美拱桥的形象.

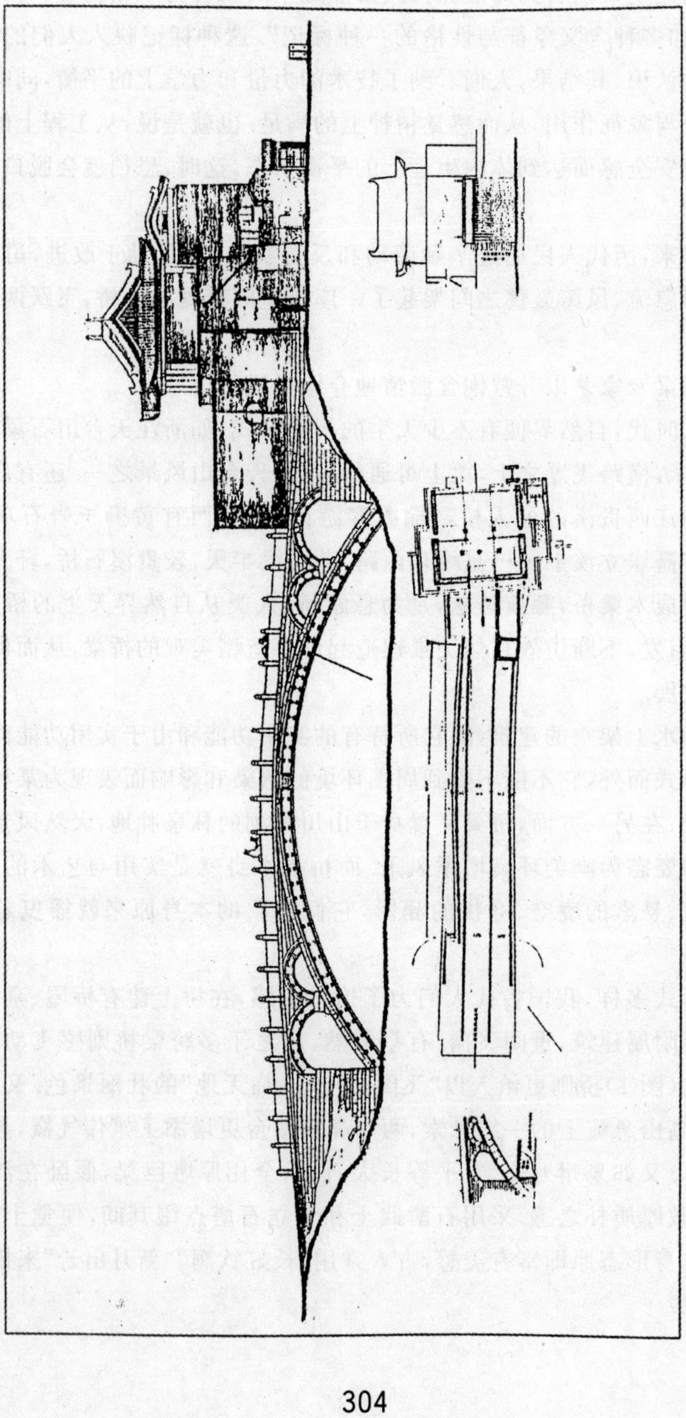

图1 河北赵县安济桥（隋代李春建造，图形取自《中国古桥技术史》）

对桥梁艺术上的追求促进了桥梁技术的发展.桥梁是技术性相当强的建筑物,尤其是在宽阔河流上,高山峡谷中,要和急流湍漩的水斗,要和卷地怒号的风斗,要和水底冲刷的泥沙斗,要和秋雨冬雪的寒冷天气斗,要和争分夺秒的时间斗,一桥之成都是一场对大自然的剧烈斗争.我国历代桥工匠师积累了相当丰富的实践经验,创建了多种形式结构,正是由于历代匠师对桥型美的不懈追求,竭精殚思才有了这些技术的卓越成就.例如,我国历代桥工哲匠对于石拱桥的造型设计、构造工艺,投入了极大的精力,敢于改革创新,敢于标新立异,反映于石拱的多种多样以及因地因时的灵活运用.

28.2 桥梁建筑审美的特点

1.桥梁建筑审美的直观性

人们在审视欣赏桥梁这个存在于现实自然环境和社会环境中的建筑物时,其外在的形象直接刺激人的视觉感官,引起神经系统的兴奋,然后经过调动、综合自己生活中积累的审美经验和联想,对审美对象——桥梁建筑产生丰富的美感,上述过程往往是在目视到桥梁建筑的瞬间形成的.

2.桥梁建筑审美的趋同性

对于桥梁建筑,它与一些带有鲜明社会内容的审美对象不同,它所具有的美的自然性、功能性有自己相对独立的审美标准和评判价值.也使之在结构设计方面,必须服从基本结构体系特点,从而使设计者个性发挥方面的空间较之一般房屋建筑要小,因而设计的美学难度颇大.

3.桥梁建筑审美的空间感

桥梁结构不同于其他结构,它的三维空间特点全部在人的视觉之内,没有什么隔断和封盖,人们可以上下、左右、前后,在无限的空间进行观赏,所以视点位置、角度不同,所见到的桥梁画面是变化的.

人们视觉移动过程中,必然引起桥梁各结构部分空间关系形象的变化,所以桥梁结构造型必须考虑空间关系,空间的形象必须是虚实相宜,线条简洁流畅.桥梁的空间感还表现在桥梁的体量感上,就是在量度方面的对比,如大小、长短、高矮等的对比关系.

体量的匀称以及体量与净空的比例关系,对桥梁美是至关重要的.德国桥梁专家 Fritz Onhardt 讲得好:“在大型桥梁中,纤细性占有举足轻重的地位,它既可减少压在河上的质量,又可增加大胆翱翔的印象,还能显示出一种使人感到优美而富有生气的魅力.”

4. **桥梁建筑审美的力度感**

桥梁作为一个跨越结构，其组成的各结构部分功能明确，裸露在外，直接映入人们的眼帘，主要包括承载和跨越结构的上部主体拱或梁，支承和传力的墩台，水下基础及附属结构.

在桥梁结构中，力的传递由直接承受荷载的构件以一定的规律传递给其他构件，如此下去，形成一个力的传递路线，所以在结构设计上为使力的传递路线简洁明确，应按一定的规则来配置构件，以求得在结构整体上的视觉平衡. 构件数量多的桥梁，从外观上也显得繁琐，而导致视觉上的混乱. 能明确而直观地辨认出力的传递路线，并以简单、明确的几何外形的构件所组成的桥梁，可评价为在力学上合理，在外观上漂亮的桥梁.

总之，桥梁结构为人类带来的“物质的享受”和“精神的满足”应是一致的，尤其是大型桥梁，其各种形态对人的心理作用可以和文学艺术相媲美.

提到线型之美，附带谈几句公路路线问题.

这些年我国公路建设得到巨大发展，公路等级不断上升. 随着交通量的增大和人们生活水平的提高，对公路要求也越来越高，高速公路除了要考虑路基的强度，结构层的厚度以及路线的线型，同时要考虑司机的行车舒适程度. 在选择路线时，尽量采用缓和曲线，而少用直线，因为使用过多的直线会使司机容易疲倦，而适当设点弯度，则使司机能随时处于警惕状态，减少交通事故，且使道路路线更加美观. 为了同样的目的，在路的两旁及路中线设置绿化带，起到既美化环境又能消除司机长途开车疲劳的作用.

营造舒适优美的环境

第29章

“暖通空调”(“采暖通风与空气调节”的简称)作为建筑设备的重要组成部分,其职能本身就是给人的工作、生活创造一个温度、湿度适宜,清洁、卫生、舒适的环境,而这正是技术美学的基础所要求的. 例如在暖通空调设计中,求房间的冷负荷. 这个问题实际上包括很多方面,例如日照时间、墙体的热容量、墙的朝向、房间的高度、室内机器、电器设备、人员密度以及活动情况等因素. 可是技术研究人员最后却找到了谐波法和系数法等相对简单的过程. 这一过程正是体现了方法的简单性这一美学因素. 中央空调不仅给人带来舒适、带来美,其设备的布置,也必须遵循美学原则:

(1)室内管道布置尽量美观,简洁是一种最好的美.

(2)风口、管道与装饰的完美配合,能起到一种带来美感的效果.

(3)管道作为一种最基本的工业设备,往往能成为一些设计师们的创作材料,产生所谓的“管道艺术”. 如法国蓬皮杜展览中心的设计师便别出心裁,将中央空调及给水排水的所有管道都放在室外,然后引入室内,并且将管道涂上鲜艳的各种颜色. 这样的巧妙布置,既节约了管道所占据的建筑空间,又能给室外的参观者留下深刻的印象,这也是将技术与美完美结合的典范. 由此可见,现代工业文明给人们带来的不仅仅是物质生活的丰富及冷冰冰的机器，我们完全可以通过巧妙的设计，赋予技术以美的面貌，让人们的审美对象扩大到工作中的方方面面——包括机器、设备、建筑物、工业产品等，这些以往在人们印象中无法引起美感的客体.

29.1 人机工程学与空调系统

暖通空调专业作为建筑技术中的一个重要分支，研究的是怎样用技术手段来使建筑环境更健康、更舒适、更美.在空调系统设计中就充分体现了技术美学的方法.

例如，在确定室内环境参数的过程中就根据人机工程学的观念.经分析，人的冷热感(舒适感)与下列环境因素有关：(1)室内空气温度；(2)内空气相对湿度；(3)人体附近的空气流速；(4)围护结构内表面及其他物体表面的温度.当然舒适感还与人体活动量、衣着情况及年龄、身体状况有关.进一步研究表明：空气温度和相对湿度是主要的影响因素；温度越高，相对湿度越大，人就越觉得热.我国根据“效用＋舒适”的原则，在《采暖通风与空气调节设计规范》中规定，舒适性空调室内计算参数如下：

夏季：温度　　应采用24～28℃
　　　相对湿度　　应采用40％～65％
　　　风速　　不应大于0.3米/秒
冬季：温度　　应采用18～22℃
　　　相对湿度应　　采用40％～60％
　　　风速　　不应大于0.2米/秒

那么为什么夏季室内气温比冬季室内环境温度定得高呢？因为夏季气温高于室内环境设定的24～28℃，所以需开冷冻机制冷、送冷风，而制冷耗电量很大，如果室内环境温度定得越低，则室外通过墙壁的传热量就越多，制冷量就越大，耗电越多；相应的，冬季室外气温低于室内环境设定的18～22℃，所以需供暖.如果室内环境设定温度越高，耗能量也越大.因此夏季室内设定室温比冬季定得高.这也体现了技术美学中“效用”的原则.

又如在最近流行的大温差送风空调系统中，夏季室内环境设定温度一般为26℃，相对湿度40℃，这种参数比传统的25℃，55％更舒适，更节能，也更“美”.

29.2 给水排水观念的变化

近几年来，国内许多学者和有识之士在总结我国给水排水事业发展的经验和教训的基础上提出了“水工业”的概念. 水工业由给排水企业，水工业制造业，水工业高新技术产业三大部分组成，并且这三大组成部分要统一协调发展. 目前我国的水工业已初具规模. 国内已建成了数千座城镇给水厂，90%以上的城镇居民都能喝上优质的自来水. 给水厂的大量兴建的目的就是满足城镇居民的基本需求，这是它们存在的社会价值之所在. 城市污水处理厂也开始大量建设，已建的污水处理厂处于正常的运行状态，水体污染在逐步得到控制，水环境和生态环境的改善前景乐观. 这就是水工业追求的另一目标：人与自然和谐的美. 水工业高新技术产业创造了一批又一批美观、性能优越的用水具、水处理设备、管道和供水设备，不但美化了各公用设施，也使家居环境上了新的档次，这便是水工业追求的第三大目标：满足感官的愉悦性.

从人类与水环境的相互作用看，给水实际是人类向自然界“借水”，即从自然界水体取水，经过净化加工处理，水质达到饮用水要求后，供给千家万户和工业企业. 排水是人类向自然界“还水”，即把用过的水通过城市排水系统收集后，送往污水处理厂进行再生加工处理，水质达到排放标准后，重新排放返回到自然水体. 从事水工业的科技人员充分认识到美学的自然性，致力于保持水体的生态平衡，保证水资源的良性循环，以求与自然环境和谐之美.

市政工程专业主要分为三个研究方向，它们分别是：给水处理及新技术、废水处理及新技术、建筑给排水新技术. 在这三个研究方向中都渗透着美学因素，遵循着技术领域中的美学原则. 我们设计一座自来水厂或污水处理厂，这属于工程建筑设计，它应该遵循建筑美学原则. 我们在设计中应该合理地进行水厂中各种处理构筑物和建筑的规划，使其与周围的环境保持一种和谐，而且对于水厂中的绿化我们在设计中也都是有规定和要求的，大家可以看到很多水厂和污水厂里的环境都是有如花园一般的，这样才能给工作人员一个良好的工作环境. 特别对于污水处理厂来说，由于有毒性气体及臭气通过绿化不但能净化厂内环境还能保护外界环境不受污染，这是符合劳动环境美学的. 在建筑给排水技术中，由于人们的审美观提高了，建筑的外形也越来越美观了，我们原来使用的黑色的较难看的铸铁管已经不能与建筑外形相协调了，于是就出现了轻便美观的 UPVC 管，这是技术美学在建筑给排水中的一大应用.

29.3 一座生态环保公园的启示

四川成都市活水公园(图 1)是一个以水的复活为主题的生态环保公园.从成都市的府南河上抽取受到污染的河水,经过公园的人工湿地系统进行自然生态净化处理,最后变为"达标"的活水,回归故里.

人工湿地系统处理污水工艺出现于 20 世纪 70 年代,与传统的二级生化处理方法相比它具有成本低,能耗低的特点.尤其是它依照自然过程,生态效益高,因此日益受到各国重视.该公园湿地系统占地 0.2 平方千米,设计日处理污水能力为 200 立方米,被污染的河水从府河泵入厌氧沉淀池,经物理沉淀及厌氧微生物分解,使得水中大部分悬浮物沉入池底或浮于地面,定期去除,部分可溶性有机物分解为 CO_2,CH_4,H_2O,N_2 或简单的有机物而被降解;从厌氧池出来的水经水流雕塑(公园人工景物)流入兼氧池,经兼氧(厌氧和好氧)微生物进一步降解,流入两套植物塘、植物床群处理系统.该系统由培植有各种水生动植物群落的 5 个植物塘、9 个植物床组成.水的污染物质在流经这个系统过程中经吸附、过滤、氧化、还原及微生物分解作用而逐步降解为可供动植物群落生长繁殖的养分;从处理系统出来的水经过几个流水雕塑依顺序进入 3 个鱼塘.为确保水中溶解氧能满足鱼类生存的需要,分别设置了 2 台回流泵,使鱼塘的水部分回流入植物塘进一步充氧,使水质达到标准要求;从鱼塘出来的水部分可泵回公园作绿化和景观用水,其余流入戏水池,再回流府南河中.

设计师将公园整体设计成鱼状,寓意人与水、人与自然鱼水难分之情.造园艺术沿着净水的生态过程铺开.在府南河取水处象征性地设置了两台木制水车和仿古的民居吊脚楼,作为公园标志性建筑.游人可在楼内喝茶并观赏公园全景.厌氧沉淀池处于鱼眼位置.池中有一组石雕和喷泉,石雕的造型是一滴水在高倍显微镜下的景象.系统中池、塘、床的连接采用水流雕塑,使水流摇摆、激荡,既达到曝气的目的,又具有形式美感.人工湿地系统的核心部分——植物塘、植物床群设置在鱼的腹部,其造型仿照四川黄龙五彩钙华池群.池间架设有乡土味的木栈桥.3 个养鱼塘和供亲水活动的喷泉和戏水池位于鱼的尾部.植物塘、植物床群种植了浮萍、凤眼莲、睡莲等经试验筛选出来的具有较强净化水质及生长能力,又有观赏价值的水生植物;园内山坡模拟峨眉山小气候和自然山地植被;植物塘、床及养鱼塘内放养观赏性鱼类及青蛙等,形成一个在水环境中共生的动植物群落.游人可以从水的流程中看到,上游水质较差,生物稀少,如厌氧池、兼氧池只有一些低等植物藻类和浮萍,没有鱼类.随着水的逐步净化,动植物群落等级愈高，生长愈兴旺，展示了水和生命的依存关系，为环境教育提供了生动的课堂. 因而每天都吸引一批批教师带着学生，家长带着小孩，围着池塘上"生态环境课". 一些中学生还要求到公园参与水的分析和保护工作.

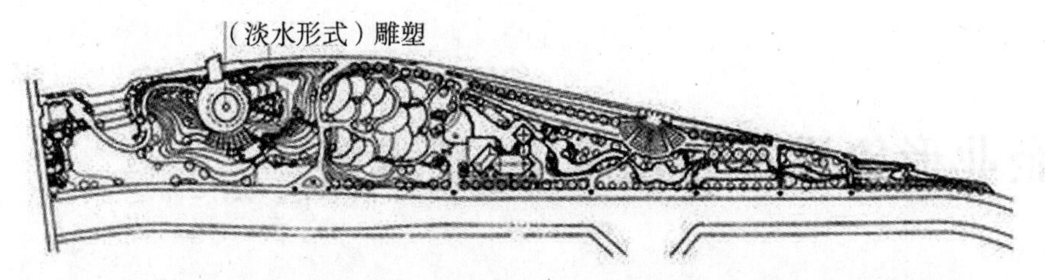

图 1　活水公园设计平面图，可以看到巧妙的鱼形整体，读者还可寻找其他细节

通过对活水公园设计和实践的分析，我们可以从中得到以下几点启迪.

(1)理想的人居环境应包含生态和文化两个方面. 两者是彼此依存，互相促进的. 文化环境常常以生态环境为载体，使其更具生命的活力和自然的美感. 而生态环境由于注入了文化的内涵，使其具有人文精神，具有可亲近性和灵性. 一个好的环境设计和有创意的造园艺术就要善于把两者融合起来. 建立活水公园创意本身就是水的生态和水的文化的结合，以水的净化这个生态过程为载体，蕴含着蜀人治水的文化传统(从秦代李冰的都江堰算起)，融进了古蜀的石文化(从蜀人以竹笼卵石及杩槎作堤堰，引出以卵石砌筑植物塘、渗滤池、养鱼塘、自然水沟和生态河堤，而不用泥土和水泥作胶结材料)，也融进了蜀人的巢居文化和茶文化(吊脚楼茶馆).

(2)科学技术与艺术的结合是活水公园又一特色. 净水处理技术能够和造园艺术巧妙地结合起来，这有赖于净水处理技术的选择. 如果采用传统的二级生化处理，恐怕就不能有这样的效果. 正因为人工湿地系统净水过程本身就是一个自然生态过程，这为造园的艺术处理提供了条件. 例如系统中水生植物群落的配置和鱼类的选择，既要求有净水的能力也考虑其观赏价值，一些净水过程用的建筑及池、塘等构筑物也尽量采用有蜀文化结构的材料及艺术造型；沉淀池的雕塑及喷泉、引水用的流水雕塑都是实用性与艺术性的结合之作.

在这场宏大的环境改造工程中，从领导到广大市民都接受了一次环境的教育. 人们不仅治了河，而且还领悟到一种深刻的理念. 水和城市、水和人类、水和一切生命是共生共灭、共荣共衰的. 正如水可以载舟也可以覆舟一样，水可以是"万物之本源"，也可以成为诸生的杀手. 活水公园形象生动地把这一理念传递给市民，使人们在游览中激发起对保护水环境，保护自然的责任和感情. 同时，人工湿地系统和净水过程本身也在传递一种新的观念——可持续发展.

第30章 企业形象设计与艺术美、技术美

与前几章偏于硬技术不同，后两章我们将稍稍谈谈软技术乃至软科学中的审美问题，先说最大众化的媒介——广告．广告的缘起，据考证可以追溯到原始社会末期．广告自产生起，就与艺术结下不解之缘，而艺术产生美，给人以审美的感受．

相传在古代希腊雅典城，有一则叫卖广告：

“为了两眸晶莹，为了两颊绯红，为了人老珠不黄，也为了合理的价钱，每一个在行的女人都会购买埃斯克里普托制造的化妆品．”

这则广告，以诗歌的形式出现，讲究节奏、韵律，不仅语调动听，而且文辞优美．

30.1 广告对美形式的追求

随着商品经济的发展，人类文化的逐步丰富，广告对美的追求(形式)也逐渐走向自觉，文学、书法、绘画、音乐、舞蹈等艺术形式都在广告中体现出来．

下面我们来看看轰动一时的美国前总统布什向英国民众介绍美利坚的广告：“在美国这块土地上，你可以看到迥然不同的景色，交叠起伏的绿色田野，平坦的白沙海滩、迪斯尼乐园，和以黑人乐曲谱写的明快而狂热的爵士乐．你可以一睹大湖区

和大峡谷的风景——现在你比以往有更多的理由来美国参观游览，没有比现在这个时候更好的了——总统发出邀请，你还等待什么呢？”总统亲自出马做广告，其效应更非这几句广告词可比.

作为艺术形式的音乐和画面，具有独特的表达规律和审美规律.运用音乐，可以为广告制造出感人的气氛，可以烘托出商品的独特个性，可以增加广告的抒情气息.运用画面，能够美化广告版面，增强商品形象的动感，使之形象化、抒情化，和文字相辅相成，收到声情并茂，图文并茂的表达效果.

法国的拿破仑白兰地酒的广告，也是一幅构思独特新颖的佳品.设计者大胆地删繁就简，整个画面仅有一瓶酒.画面的构思独辟蹊径，巧妙地将酒瓶的阴影转换为拿破仑背影的商标形象，观众从突出的阴影中可以产生名人名酒的联想.这种“出乎意料”的变幻，达到了以少胜多，令人回味的艺术效果.同样是名人效应，这里拿破仑的形象就比布什的动作含蓄得多，只起隐喻的作用.美国有一幅电视机广告画，白底上红、绿、蓝三色自由泼洒成美国地图的形状，画面上没有任何文字说明，只有 RCA 三个熟悉的字体，使人感悟到“这个著名电视机厂家的产品全美第一”的暗示意义，设计者匠心独运，寓意藏而不露，联想暗示的艺术手法达到了“此时无声胜有声”的艺术效果.

“广告是一种短暂的震撼艺术”.当人们将各种艺术形式赋予广告时，同时也赋予了它的灵魂与美.广告的文字是美的，音乐是美的，画面是美的.成功的广告，更是所有美的结合，当我们的眼睛为它所刺奋时，我们的心灵更为之而震撼.

30.2　企业导入 CIS

《周易·系辞上》：“在天成像，在地成形，变化见矣”.

企业的形象，是企业的生命力所在，没有良好的企业形象就不可能有良好的企业效益.

当代正出现企业导入 CIS(Corporate Identity System，企业识别系统)的热潮，这是市场经济发展的必然结果，它带来的不仅仅是企业本身的高识别率、高感召力和高美誉度，同时也促进了社会经济关系中的经营主体从以经济效益为目标，转向以消费者满意为目标.

然而，如何进行 CI(Corporate Image，企业形象)设计，把艺术与美有机地融进其中，满意消费者呢？这是所有 CI 设计者时刻思考着的课题.

据张鸿雁等介绍，台湾著名的 CI 设计大师林磐耸认为在 CI 设计中的开发作业中，以标志、标准字、标准色的创造最为艰巨，该三要素是企业地位、规模、力量、尊严、理念等内涵的外在集中表现，是视觉形象设计(VI)中的核心，构成了企业的第一特征及基本气质，同时也是广泛传播，取得大众认同的统一符号，CI形象识别都据以繁衍而生.

标志，又可分为企业标志和品牌，是企业或商品的文字名称、图案、记号或两者相结合的一种设计，用以象征企业或商品的特征. 标志作为一种特定的符号，是企业形象、特征、信誉、文化的综合与浓缩，它虽然只是一个代号，却传播着十分丰富的内容.

一个美的标志、成功的设计要求是设计者具备一种建立于人的视觉经验、心理经验上的创造性的思维实践即创意——一种把美学思想与企业理念完美结合的有依据、有理性的创造.

标准字作为一种符号和标志一样，也能表达丰富的内容. 专家们发现：由曲线(图1)构成的字体易让人联想到纤维制品、香水、化妆品等. 圆滑的字体易让人联想到香皂、糕饼、糖果. 角形字体易让人联想到机械类、工业用品等. 在标准字的设计中，最主要的是要注意各字的协调配合，均衡统一，使之具备美感和平衡.

标准色是企业的个性色彩，是企业经过特别设计选定的代表企业形象的特殊颜色. 设计者通过对组织文化、宗旨的深刻理解，把色彩美与企业恰到好处地交融，能够给受众以深刻的印象与强烈的震撼.

近年来，绿色和平组织以绿色为标准色，将它统一用在招贴画、宣传车等上面，再加上绿色意味着自然，象征着和平、宁静，结果给公众留下很深的印象，形成极大的号召力.

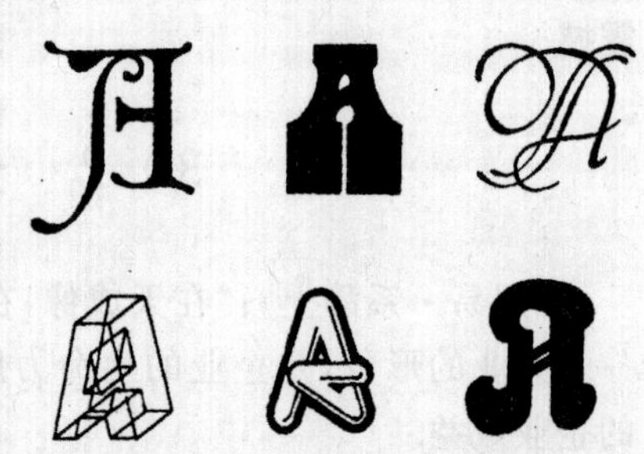

图1 “A”字的几种变体

心理学家经调查研究发现，各种颜色对人的感觉、注意力、思维的个性都会产生不同的影响. 五彩缤纷色彩的也就为组织塑造个体形象提供了基础，成为组织视觉形象识别设计的有效手段之一. CI中的VI部分色彩的选择，也便成为企业形象竞争的重要战略.

标准色的设计遵循着美学与企业宗旨、方针完美结合的原则，尽可能地突出企业的风格，显示企业的独特个性.

适宜的，充满美的震撼力的标准色设计有利于企业产品的销售促进，打开市场,与消费者的心理相吻合.如日本第一劝业银行,以心的形象为中心,公司的各种标识,统一使用标准色红色,象征着热情周到的服务.而美国的TCBY连锁店,以经营各种酸奶为特色,所有的连锁分号一律以绿和灰黄相间隔,搭配装饰.TCBY选择这两种颜色的原因是它们象征着天然和健康,十分有利于吸引顾客前来饮用.

又如日本大阪煤气公司选用蓝色作为标准色.煤气是火的根源,是危险的.出售危险商品的企业都渴望安全,为人信任.蓝色是水色,有灭火的形象,同时蓝色的形象镇定、平静,这样大阪煤气公司以蓝色为标准色显示着安全可靠,能博得人们的好感.

标准色的设计不仅以体现着企业文化,体现着美为原则,还应迎合国际化的潮流.因当为人们普遍接受的,顺应时代的自然就是美的.据认为,现在世界上企业的色彩正在由红色系逐渐转为蓝色系.追求着一种体现理智和高技术精密度的色彩象征.

企业是靠产品生存的,对企业来说,一切宣传都围绕产品,使产品销得出去,为社会所接受.从一定意义上讲,产品形象就代表了企业形象.因此产品形象设计同样要追求美感,给人以艺术的享受.

且来看更虚、更软的"产品命名的艺术".

众所周知,企业及企业产品的"牌子"对消费者的选购是有直接影响的.企业产品命名的好坏,与产品销售之间有极大关系.命名恰当,可以扩大影响,增加销售.命名不当,则可能减少销售量.

现在销售商品的手段是什么?按行家的经验,一是命名,二是宣传,三是经营,四是"技术".一个能够表明制品的特征和使用方法、性能的命名,往往能够左右该商品是否畅销的大局.

产品的命名要考虑时代美、节奏美,要适应时代经济生活的明快节奏,提高响亮度.

产品的命名要易于传播,又不致被混淆.前者指的通俗之美.后者在于使这一产品与另一产品区别开来,即某种奇异之美,使消费者容易认准牌号购买.

产品的命名要讲究新颖美.新颖才能振聋发聩给人留下深刻的印象,不落俗套,不与人雷同.

产品的命名要能给人以艺术的美感,让人在欣赏文学式夸饰巧喻的愉悦中,达到记忆产品的目的.

产品的命名应具备内涵美,不仅名字响亮,还能告诉或暗示消费者产品的特征所能给消费者带来的好处.

产品的命名要有伸缩性，即弹性美，避免僵化，品牌应可适用于本企业任何新产品. 某些产品的命名具有过强的产品偏向. 如“北冰洋”的名字很适合冷气机，可用于微波炉就不合宜了. 怎么解决？企业必须给产品命一个通用的名字. 如“海尔”开始是用于冰箱，后来被广泛地用于系列家电产品上. “旺旺”也是最先为饼干命的名，其后用于饮料、奶品等一系列食品.

产品的命名还要追求字音和谐美，讲究韵味悠长、琅琅上口.

产品的命名也要考究寓意美，并研究消费者的喜好和禁忌. 一部动感十足的跑车，我们可以叫它“猎豹”，但若取名“老牛”那可就煞风景了！

总之一种产品要打开销路占领市场，不仅要求质量高，而且不能忽视名牌的作用. 取一个美妙的既符合产品性能特征，又符合消费者心理需求的名字，无疑会提高产品的知名度和竞争力.

在我们企业的CI设计与产品设计中更能强烈地感受到美学与营销学、心理学、管理学的密不可分的联系. 脱离美学思想指导的营销企划都是呆板、生硬的，没有生命力.

30.3 不应忽略技术美

以上讲的主要是艺术美和社会美. 其实，广告也好，整体上布署的CI或CIS也好，其表现手段至全部的构思，又处处和时时贯穿着技术美的因素. CI本身是一种“无形的资产”“潜在的业绩”. 在“买方市场”已经形成的条件下，企业要追求的“消费者满意”，就是要进一步顺应顾客的物质和精神欲求. 技术美保证了货真和质优(包括服务质量的出色)以及形美. 物美加上价廉，让顾客得到实惠，才有真正的满意度. 至于“视觉识别设计”问题，指企业形象对受众(顾客)视觉的冲击力，企业光有一厢情愿的热情是不够的. 这里更需要科学和技术手段，以加强对受众的调查研究，特别是如何运用心理科学和信息技术的成果，以及依靠管理科学进行研究的导向. 例如互联网上的广告，起初常见的有旗帜广告(Banner)、图标广告(Logo)、文字链接(Text)、电子邮件广告(Mailing List)、新闻组广告(Newsgroup)、网上问卷调查(Qustionnaire)和关键词广告(Key word-triggered banner advertising)等，它们附丽于网络，又以独特的美学效果使人心动甚至悸动. 这里面有很多高深的科学技术问题，并与科学技术的美学相辅相成.

货币与金融工程也有科学技术

第31章

货币是充当一般等价物的特殊商品.自从人类有了第一件一般等价物以来,我们可以说货币就出现了.在货币的历史进化中有许多变动与革新,甚至货币到现时某些重要功能已退化.如:足值的功能.但自从货币诞生之日起,美就与货币紧密结合在一起.

人类最初的货币是贝壳、精致的动物骨头等,并不是其他一些稀有但并不美丽的东西.这时的货币中的美,是由人们的审美观外在地选定加进去的.很难想象,当时我们的祖先们会用一些丑陋的石头而不选外观美的石头,这时的美也只是单纯的、朴素的货币的美.

31.1 货币技术美的建造和功能

随着生产力的发展,货币相应进行转化,人们开始使用贵重金属来充当货币.一方面是贵重金属本身的稀有性使其价值有内在的稳定性;但另一方面,我们当时使用的货币是金与银,一些具有柔和色彩的贵金属,而非一些钨等黑金属,尽管钨等同样具有贵重性,这是人们的美的选择.更重要的是,人们将这些贵金属美化,铸成一定美的外观,像金条、银圆等.人们这时不限于选美地选择货币,更进一步地,人们开始美化货币.

后来纸币出现了，这时对货币的美化更进一步达到了高潮．但是另一种美——结构美、功能美也得到了升华．人们可以用纸币代表贵金属行使各种功能，并扩展这些功能，增加另外一些的功能，晚近的信用货币与电子货币，更是体现了人们的智慧美（也包括科学美和技术美）．

钞票是由综合性印刷技术生产的，钞票的防假技术又是多方面的，世界各国印刷的钞票都力求以当代最新、最完善、最可靠的印刷技术用于钞票上，以保证在流通中能够长期使用和不被人们轻易仿制．一个国家钞票的设计、制版、印刷以及使用的纸张、油墨都是由钞票的印刷部门专门制作的．大多数伪造者还缺少这方面专业技术知识，他也不会付出大量经费购买高级印刷设备，不能自己伪造钞纸，所以假钞一般都是采用普通的印刷方法制作的，所用的纸张和油墨也是在市场上能够买到的普通货物．真钞的印刷与假钞的仿制是完全不同的，两者有根本的区别，因此反映出来的印刷特征是不同的，这些不同的地方就是鉴别真伪钞的依据．鉴别真伪钞一般使用比较法．有比较才能鉴别，首先我们要熟悉真钞的特点，另外也要了解假钞的一般特点．比较就是对比纸张、水印、图案、颜色、凹印线纹、油墨的凸起感、防伪标志等．

硬币的鉴别方法：

(1)从币面图案文字检查．铸币正反面图案清晰，文字规矩，牙边线纹间距相等，币面光亮无损．假币一般无抛光程序，币面粗糙．

(2)从铸币的金属成分上检查．现在大多数国家的铸币用镍和铜合金制作．伪造铸币一般用铅锌加铁的熔液制作．在检查时一般是从重量、声音、颜色上进行比较．更科学的鉴定要使用化学的分析方法来完成．

古稀币收藏的诀窍：

一般收藏，大部分是个体收藏者，他们往往把已经停止流通的旧钞(图 1)留存起来，积累成套，装订成册，以备欣赏．也有的人为进行买卖交易而收藏．有的国家为了满足博物馆需要，收藏世界各国古今货币．收藏货币有的出于学术上的需要，但更多的是出于艺术欣赏的需要．目前越来越着重于纸币的艺术价值：钞票人物像的精雕细刻，别致典雅的花纹图案，具有民族风格的建筑图案，各国珍奇的花鸟图形等，使人从中得到美的享受．

图 1　旧式货币(民国时期地方割据各自为政,中央财政也纵容恶性通货膨胀,印制了无数种货币)

31.2　金融工程学对美学原则的运用

金融工程学(图 2)是人类为了社会经济的稳定快速的发展所创造出的一门工程型的新兴学科.它将工程思维引入金融领域,综合地采用各种工程技术方法(主要有数学建模、数值计算、网络图解、仿真模拟等),设计、开发和实施新型的金融产品,创造性地解决各种金融问题.

图 2　山西大学金融工程实验室

从这一定义中我们不难发现,“创新”乃是金融工程学的核心所在,这不正体现了人类求真向善,不断开拓人的意识领域的创造力量吗?这不正是人类为了解决金融问题,发展社会经济的积极的本质力量吗?

金融工程是金融科学的产品化和工程化.任何一门科学学科成果,只有经过产品化和工程化,才能产生大规模的经济和社会的效益.因此,金融工程的产生可以说已把金融科学推进到一个崭新的阶段.这正好反映了人的本质力量的核心所在.

金融工程学充分展现了金融领域中的思想跃进与发展.如第一份期权合约的产生就是金融界的一大发明.面对已有观念做重新理解与运用,如在商品交易所推出金融期货作为新品种,以及对已有的金融产品进行分解和重新组合,都体现了人类思想观念的创新与进步.下面我们看两个具体的例子.

整齐反映了一种和谐,反映了一种平和、稳定的审美特性.金融工程中的远期外汇交易就反映了整齐这一美感.

例如,有一家美国公司因进口货物将在3个月后支付一笔德国马克.由于德国马克3个月后的实际价格难以确定,所以给这家美国公司带来了价格风险.通过运用远期外汇交易,即在现在以固定的价格购买一笔3个月后实际交割的德国马克,美国公司就避免了可能的价格风险.不论在3个月内汇率如何变化,该公司已经以已知的固定价格购买了德国马克,从而不会受到3个月后的市场汇率高低的影响.体现在图形上就是一条具有美感的水平的直线.可以说,远期外汇交易不光给公司带来了稳定,避免了风险,同时也产生了整齐的美.

对称(collar)期权则是金融工程中一个很好说明对称美的特性的例证.所谓期权,就是给予买者在未来规定的时间点以约定价格购买(看涨)或出售(看跌)某项资产的权利.买者有权利但并无义务执行期权.对称期权的对称性就体现在:买入一种类型的期权的同时,卖出一种类型相反的期权.这一买一卖正好相反,把风险固定在一定区间内,实现了企业的防范风险的目标.我们通过具体数字和图形来展现这种对称美.德国公司需要在三个月后支付1万美元,于是先买入一个标的为100万美元,执行价格为1美元等于1.8德国马克的看涨期权,再卖出一个标的也为100万美元,执行价格为1美元等于1.6德国马克的看跌期权,从而构造了一个对称期权.

作图的实线说明,不管三个月后美元/马克的即期汇率如何变动,德国公司最大的现流量不超过1 800 000马克,最少不低于1 600 000马克.这条实线在小于1.6,大于1.8时均为水平直线,表现了对称期权的均衡状态.

由于对称期权是一买一卖,买期权要支付期权费,卖期权要得到期权费.只要我们合理安排买卖期权的执行价格就可以使期权费的收入与支出相抵为零.这又反映了一种对称美.

几年前的亚洲金融风暴(危机)给予日本、“四小龙”“四小虎”以及更多国家、地区造成极大危害,人们至今谈虎色变、心有余悸.吃一堑,长一智,加强金融风险防范不但涉及国家和地区，也成了企业甚至个人自觉关心的问题. 上文展示的金融工程学以及其中所包含的美学因素，再一次揭示了很多看似人文社会科学领域的问题，也需要借鉴和运用工程技术领域的思想和手段，科学技术美学的规律在其中也发挥了作用. 这是值得我们深深玩味的. 这本书所揭示的借助美学激活科学技术创新，让科学精神更高、更广地宏扬，正方兴未艾，未有穷期！

参考文献

1. 阿拉伯斯 D J PaulHalmos，一位标新立异的数学理论家[J]. 江嘉禾，译. 数学译林. 1984，5(3).

2. 北大哲学系美学研究室. 西方美学家论美和美感[M]. 北京：商务印书馆，1982.

3. 贝弗里奇 W I B. 科学研究的艺术[M]. 陈捷，译. 北京：科学出版社，1979.

4. 曹南燕. 狄拉克的科学思想[J]. 自然辩证法通讯，1982，4(2).

5. 陈沛霖. 美国的空调技术新动向[S]. 暖通空调，1997，20(3).

6. 陈望衡. 技术理性与技术美[J]. 自然辩证法研究，1999，15(7).

7. 陈望衡. 科技美学原理[M]. 上海：上海科技出版社，1992.

8. 甘霖，杨辛. 什么是美学[J]. 美育，1985，6(1).

9. 古雪加 A B. 科学发现的美学[J]. 周昌忠，译. 科学与哲学，1980，3(3).

10. 哈代 H G. 一位数学家的自白[J]. 戴宗铎，译. 数学译林，1984，3(3-4).

11. 海森堡. 精密科学中美的含义[J]. 曹南燕，译. 自然科学哲学问题丛刊，1982，4(1).

12. 何均发. 生态与文化的交融——四川成都府南河活水公园评介[J]. 时代建筑，1999，3.

13. 何人可. 工业设计史[M]. 北京：北京理工大学出版社，1991.

14. 侯幼彬. 中国建筑美学[M]. 哈尔滨：黑龙江科技出版社，1996.

15. 怀特海. 数学与善[J]. 自然科学哲学问题丛刊，1983，5(1).

16. 黄德志. 美学读本[M]. 北京：中国社会科学出版社，1990.

17. 黄健敏. 贝聿铭的艺术世界[M]. 北京：中国出版社，1996.

18. 黄健敏. 阅读贝聿铭[M]. 北京：中国计划出版社，1997.

19. 黄时达. 人工湿地系统处理技术在成都市活水公园中的应用[J]. 四川环境保护，1998.

20. 姜维超. 广告创作艺术[M]. 西安：陕西人民教育出版社，1995.

21. 克莱因 F. 古今数学思想[M]. 北大数学系，译. 上海：上海科技出版社，1979.

22. 李特伍德 J E. 数学家的工作艺术[J]. 周柳贞，译. 数学译林，1983，2(4).

23. 李醒民. 庞加莱科学方法论的特色[J]. 哲学研究,1984,24(5).

24. 刘致平. 中国建筑类型及结构[M]. 北京:中国建筑工业出版社,1995.

25. 柳冠中. 设计的美学特征及评价方法[S]. 装饰,1996,16(2).

26. 卢锷. 数学美学概论[M]. 沈阳:辽宁人民出版社,1994.

27. 洛伦兹·格利茨. 金融工程学[M]. 北京:经济科学出版社,1998.

28. 马克思. 1844 年哲学、经济学手稿[M]. 北京:人民出版社,1979.

29. 茅以升. 中国古桥技术史[M]. 北京:北京出版社,1986.

30. 米克 J W. 即将来临的联合:艺术、科学和技术之间的新联系[J]. 夏文,译. 科学与哲学,1981,4(2).

31. 南建工. 外国近现代建筑史[M]. 北京:中国建筑工业出版社,1982.

32. 彦启森. 空调设计[M]. 北京:建筑工业出版社,1995.

33. 纽曼 J R. 关于 Hermann Wayl 的评注[J]. 倪焯群,译. 数学译林,1982,1(4).

34. 钱德拉萨克 S. 美与科学对美的探求[J]. 谢怡成,译. 科学与哲学,1983,3(4).

35. 钱荣孙. 浙江省现代水工业战略设想[S]. 给水排水,1999,25(5).

36. 钱学森. 座谈科学思维和文艺问题[J]. 文艺研究,1985,7(1).

37. 山本宏. 桥梁美学[M]. 北京:人民交通出版社,1995.

38. 盛洪飞. 桥梁建筑美学[M]. 北京:人民交通出版社,1999.

39. 施帕拉 T E. 技术美学和艺术设计基础[M]. 李荫成,译. 北京:机械工业出版社,1986.

40. 斯蒂恩 L. 今日数学[M]. 马继芳,译. 上海:上海科技出版社,1982.

41. 同济大学,清华大学,南京工学院,天津大学. 外国近现代建筑史[M]. 北京:中国建筑工业出版社,1988.

42. 涂途. 信息论控制论系统论与美学[M]. 北京:世界知识出版社,1990.

43. 徐纪敏. 科学美学思想史[M]. 长沙:湖南人民出版社,1987.

44. 许康. 中国古籍数学化研究论集[M]. 长沙:湖南大学出版社,1990.

45. 许康. 数学与美[M]. 成都:四川教育出版社,1991.

46. 许康. 数学美的追求与自然科学发现[M]. 北京:科技出版社,1988.

47. 俞汝勤. 现代分析化学的信息理论基础[M]. 长沙:湖南大学出版社,1997.

48. 张帆. 当代美学新葩——技术美学与技术艺术[M]. 北京:中国人民大学出版社,1990.

49. 张鸿雁. 企业形象设计新概念[M]. 南京:江苏美术出版社,1998.

50. 朱海滨. 面向对象技术——原理与设计[M]. 长沙:国防科技大学出版社,1992.

51. OSBORNE H. Mathematical: Beauty and Physical Science[j]. British Journal of Aestetics. 1984,24(4).

哈尔滨工业大学出版社刘培杰数学工作室已出版(即将出版)图书目录

书　名	出版时间	定　价	编号
新编中学数学解题方法全书(高中版)上卷	2007－09	38.00	7
新编中学数学解题方法全书(高中版)中卷	2007－09	48.00	8
新编中学数学解题方法全书(高中版)下卷(一)	2007－09	42.00	17
新编中学数学解题方法全书(高中版)下卷(二)	2007－09	38.00	18
新编中学数学解题方法全书(高中版)下卷(三)	2010－06	58.00	73
新编中学数学解题方法全书(初中版)上卷	2008－01	28.00	29
新编中学数学解题方法全书(初中版)中卷	2010－07	38.00	75
新编中学数学解题方法全书(高考复习卷)	2010－01	48.00	67
新编中学数学解题方法全书(高考真题卷)	2010－01	38.00	62
新编中学数学解题方法全书(高考精华卷)	2011－03	68.00	118
新编平面解析几何解题方法全书(专题讲座卷)	2010－01	18.00	61
新编中学数学解题方法全书(自主招生卷)	2013－08	88.00	261
数学眼光透视	2008－01	38.00	24
数学思想领悟	2008－01	38.00	25
数学应用展观	2008－01	38.00	26
数学建模导引	2008－01	28.00	23
数学方法溯源	2008－01	38.00	27
数学史话览胜	2008－01	28.00	28
数学思维技术	2013－09	38.00	260
从毕达哥拉斯到怀尔斯	2007－10	48.00	9
从迪利克雷到维斯卡尔迪	2008－01	48.00	21
从哥德巴赫到陈景润	2008－05	98.00	35
从庞加莱到佩雷尔曼	2011－08	138.00	136
数学奥林匹克与数学文化(第一辑)	2006－05	48.00	4
数学奥林匹克与数学文化(第二辑)(竞赛卷)	2008－01	48.00	19
数学奥林匹克与数学文化(第二辑)(文化卷)	2008－07	58.00	36′
数学奥林匹克与数学文化(第三辑)(竞赛卷)	2010－01	48.00	59
数学奥林匹克与数学文化(第四辑)(竞赛卷)	2011－08	58.00	87
数学奥林匹克与数学文化(第五辑)	2015－06	98.00	370

哈尔滨工业大学出版社刘培杰数学工作室已出版(即将出版)图书目录

书　名	出版时间	定　价	编号
世界著名平面几何经典著作钩沉——几何作图专题卷(上)	2009－06	48.00	49
世界著名平面几何经典著作钩沉——几何作图专题卷(下)	2011－01	88.00	80
世界著名平面几何经典著作钩沉(民国平面几何老课本)	2011－03	38.00	113
世界著名平面几何经典著作钩沉(建国初期平面三角老课本)	2015－08	38.00	507
世界著名解析几何经典著作钩沉——平面解析几何卷	2014－01	38.00	264
世界著名数论经典著作钩沉(算术卷)	2012－01	28.00	125
世界著名数学经典著作钩沉——立体几何卷	2011－02	28.00	88
世界著名三角学经典著作钩沉(平面三角卷Ⅰ)	2010－06	28.00	69
世界著名三角学经典著作钩沉(平面三角卷Ⅱ)	2011－01	38.00	78
世界著名初等数论经典著作钩沉(理论和实用算术卷)	2011－07	38.00	126
发展空间想象力	2010－01	38.00	57
走向国际数学奥林匹克的平面几何试题诠释(上、下)(第1版)	2007－01	68.00	11,12
走向国际数学奥林匹克的平面几何试题诠释(上、下)(第2版)	2010－02	98.00	63,64
平面几何证明方法全书	2007－08	35.00	1
平面几何证明方法全书习题解答(第1版)	2005－10	18.00	2
平面几何证明方法全书习题解答(第2版)	2006－12	18.00	10
平面几何天天练上卷·基础篇(直线型)	2013－01	58.00	208
平面几何天天练中卷·基础篇(涉及圆)	2013－01	28.00	234
平面几何天天练下卷·提高篇	2013－01	58.00	237
平面几何专题研究	2013－07	98.00	258
最新世界各国数学奥林匹克中的平面几何试题	2007－09	38.00	14
数学竞赛平面几何典型题及新颖解	2010－07	48.00	74
初等数学复习及研究(平面几何)	2008－09	58.00	38
初等数学复习及研究(立体几何)	2010－06	38.00	71
初等数学复习及研究(平面几何)习题解答	2009－01	48.00	42
几何学教程(平面几何卷)	2011－03	68.00	90
几何学教程(立体几何卷)	2011－07	68.00	130
几何变换与几何证题	2010－06	88.00	70
计算方法与几何证题	2011－06	28.00	129
立体几何技巧与方法	2014－04	88.00	293
几何瑰宝——平面几何500名题暨1000条定理(上、下)	2010－07	138.00	76,77
三角形的解法与应用	2012－07	18.00	183
近代的三角形几何学	2012－07	48.00	184
一般折线几何学	2015－08	48.00	203
三角形的五心	2009－06	28.00	51
三角形的六心及其应用	2015－10	68.00	542
三角形趣谈	2012－08	28.00	212
解三角形	2014－01	28.00	265
三角学专门教程	2014－09	28.00	387

哈尔滨工业大学出版社刘培杰数学工作室已出版(即将出版)图书目录

书　　名	出版时间	定　价	编号
距离几何分析导引	2015－02	68.00	446
圆锥曲线习题集(上册)	2013－06	68.00	255
圆锥曲线习题集(中册)	2015－01	78.00	434
圆锥曲线习题集(下册)	即将出版		
近代欧氏几何学	2012－03	48.00	162
罗巴切夫斯基几何学及几何基础概要	2012－07	28.00	188
罗巴切夫斯基几何学初步	2015－06	28.00	474
用三角、解析几何、复数、向量计算解数学竞赛几何题	2015－03	48.00	455
美国中学几何教程	2015－04	88.00	458
三线坐标与三角形特征点	2015－04	98.00	460
平面解析几何方法与研究(第1卷)	2015－05	18.00	471
平面解析几何方法与研究(第2卷)	2015－06	18.00	472
平面解析几何方法与研究(第3卷)	2015－07	18.00	473
解析几何研究	2015－01	38.00	425
解析几何学教程.上	2016－01	38.00	574
解析几何学教程.下	2016－01	38.00	575
几何学基础	2016－01	58.00	581
初等几何研究	2015－02	58.00	444
俄罗斯平面几何问题集	2009－08	88.00	55
俄罗斯立体几何问题集	2014－03	58.00	283
俄罗斯几何大师——沙雷金论数学及其他	2014－01	48.00	271
来自俄罗斯的5000道几何习题及解答	2011－03	58.00	89
俄罗斯初等数学问题集	2012－05	38.00	177
俄罗斯函数问题集	2011－03	38.00	103
俄罗斯组合分析问题集	2011－01	48.00	79
俄罗斯初等数学万题选——三角卷	2012－11	38.00	222
俄罗斯初等数学万题选——代数卷	2013－08	68.00	225
俄罗斯初等数学万题选——几何卷	2014－01	68.00	226
463个俄罗斯几何老问题	2012－01	28.00	152
超越吉米多维奇.数列的极限	2009－11	48.00	58
超越普里瓦洛夫.留数卷	2015－01	28.00	437
超越普里瓦洛夫.无穷乘积与它对解析函数的应用卷	2015－05	28.00	477
超越普里瓦洛夫.积分卷	2015－06	18.00	481
超越普里瓦洛夫.基础知识卷	2015－06	28.00	482
超越普里瓦洛夫.数项级数卷	2015－07	38.00	489
初等数论难题集(第一卷)	2009－05	68.00	44
初等数论难题集(第二卷)(上、下)	2011－02	128.00	82,83
数论概貌	2011－03	18.00	93
代数数论(第二版)	2013－08	58.00	94
代数多项式	2014－06	38.00	289
初等数论的知识与问题	2011－02	28.00	95
超越数论基础	2011－03	28.00	96
数论初等教程	2011－03	28.00	97
数论基础	2011－03	18.00	98
数论基础与维诺格拉多夫	2014－03	18.00	292

哈尔滨工业大学出版社刘培杰数学工作室已出版(即将出版)图书目录

书　名	出版时间	定　价	编号
解析数论基础	2012-08	28.00	216
解析数论基础(第二版)	2014-01	48.00	287
解析数论问题集(第二版)	2014-05	88.00	343
数论入门	2011-03	38.00	99
代数数论入门	2015-03	38.00	448
数论开篇	2012-07	28.00	194
解析数论引论	2011-03	48.00	100
Barban Davenport Halberstam 均值和	2009-01	40.00	33
基础数论	2011-03	28.00	101
初等数论 100 例	2011-05	18.00	122
初等数论经典例题	2012-07	18.00	204
最新世界各国数学奥林匹克中的初等数论试题(上、下)	2012-01	138.00	144,145
初等数论(Ⅰ)	2012-01	18.00	156
初等数论(Ⅱ)	2012-01	18.00	157
初等数论(Ⅲ)	2012-01	28.00	158
平面几何与数论中未解决的新老问题	2013-01	68.00	229
代数数论简史	2014-11	28.00	408
代数数论	2015-09	88.00	532
数论导引提要及习题解答	2016-01	48.00	559
谈谈素数	2011-03	18.00	91
平方和	2011-03	18.00	92
复变函数引论	2013-10	68.00	269
伸缩变换与抛物旋转	2015-01	38.00	449
无穷分析引论(上)	2013-04	88.00	247
无穷分析引论(下)	2013-04	98.00	245
数学分析	2014-04	28.00	338
数学分析中的一个新方法及其应用	2013-01	38.00	231
数学分析例选:通过范例学技巧	2013-01	88.00	243
高等代数例选:通过范例学技巧	2015-06	88.00	475
三角级数论(上册)(陈建功)	2013-01	38.00	232
三角级数论(下册)(陈建功)	2013-01	48.00	233
三角级数论(哈代)	2013-06	48.00	254
三角级数	2015-07	28.00	263
超越数	2011-03	18.00	109
三角和方法	2011-03	18.00	112
整数论	2011-05	38.00	120
从整数谈起	2015-10	28.00	538
随机过程(Ⅰ)	2014-01	78.00	224
随机过程(Ⅱ)	2014-01	68.00	235
算术探索	2011-12	158.00	148
组合数学	2012-04	28.00	178
组合数学浅谈	2012-03	28.00	159
丢番图方程引论	2012-03	48.00	172
拉普拉斯变换及其应用	2015-02	38.00	447
高等代数.上	2016-01	38.00	548
高等代数.下	2016-01	38.00	549
高等代数教程	2016-01	58.00	579

哈尔滨工业大学出版社刘培杰数学工作室已出版(即将出版)图书目录

书　　名	出版时间	定　价	编号
数学解析教程.上卷.1	2016－01	58.00	546
数学解析教程.上卷.2	2016－01	38.00	553
函数构造论.上	2016－01	38.00	554
函数构造论.下	即将出版		555
数与多项式	2016－01	38.00	558
概周期函数	2016－01	48.00	572
变叙的项的极限分布律	2016－01	18.00	573
整函数	2012－08	18.00	161
近代拓扑学研究	2013－04	38.00	239
多项式和无理数	2008－01	68.00	22
模糊数据统计学	2008－03	48.00	31
模糊分析学与特殊泛函空间	2013－01	68.00	241
谈谈不定方程	2011－05	28.00	119
常微分方程	2016－01	58.00	586
平稳随机函数导论	2016－03	48.00	587
量子力学原理·上	2016－01	38.00	588
受控理论与解析不等式	2012－05	78.00	165
解析不等式新论	2009－06	68.00	48
建立不等式的方法	2011－03	98.00	104
数学奥林匹克不等式研究	2009－08	68.00	56
不等式研究(第二辑)	2012－02	68.00	153
不等式的秘密(第一卷)	2012－02	28.00	154
不等式的秘密(第一卷)(第2版)	2014－02	38.00	286
不等式的秘密(第二卷)	2014－01	38.00	268
初等不等式的证明方法	2010－06	38.00	123
初等不等式的证明方法(第二版)	2014－11	38.00	407
不等式·理论·方法(基础卷)	2015－07	38.00	496
不等式·理论·方法(经典不等式卷)	2015－07	38.00	497
不等式·理论·方法(特殊类型不等式卷)	2015－07	48.00	498
不等式的分拆降维降幂方法与可读证明	2016－01	68.00	591
不等式探究	2016－03	38.00	582
同余理论	2012－05	38.00	163
[x]与{x}	2015－04	48.00	476
极值与最值.上卷	2015－06	28.00	486
极值与最值.中卷	2015－06	38.00	487
极值与最值.下卷	2015－06	28.00	488
整数的性质	2012－11	38.00	192
完全平方数及其应用	2015－08	78.00	506
多项式理论	2015－10	88.00	541
历届美国中学生数学竞赛试题及解答(第一卷)1950－1954	2014－07	18.00	277
历届美国中学生数学竞赛试题及解答(第二卷)1955－1959	2014－04	18.00	278
历届美国中学生数学竞赛试题及解答(第三卷)1960－1964	2014－06	18.00	279
历届美国中学生数学竞赛试题及解答(第四卷)1965－1969	2014－04	28.00	280
历届美国中学生数学竞赛试题及解答(第五卷)1970－1972	2014－06	18.00	281
历届美国中学生数学竞赛试题及解答(第七卷)1981－1986	2015－01	18.00	424

哈尔滨工业大学出版社刘培杰数学工作室已出版(即将出版)图书目录

书　　名	出版时间	定　价	编号
历届 IMO 试题集(1959—2005)	2006－05	58.00	5
历届 CMO 试题集	2008－09	28.00	40
历届中国数学奥林匹克试题集	2014－10	38.00	394
历届加拿大数学奥林匹克试题集	2012－08	38.00	215
历届美国数学奥林匹克试题集:多解推广加强	2012－08	38.00	209
历届美国数学奥林匹克试题集:多解推广加强(第 2 版)	2016－03	48.00	592
历届波兰数学竞赛试题集.第 1 卷,1949～1963	2015－03	18.00	453
历届波兰数学竞赛试题集.第 2 卷,1964～1976	2015－03	18.00	454
历届巴尔干数学奥林匹克试题集	2015－05	38.00	466
保加利亚数学奥林匹克	2014－10	38.00	393
圣彼得堡数学奥林匹克试题集	2015－01	38.00	429
匈牙利奥林匹克数学竞赛题解.第 1 卷	2016－01	28.00	593
匈牙利奥林匹克数学竞赛题解.第 2 卷	即将出版		594
历届国际大学生数学竞赛试题集(1994－2010)	2012－01	28.00	143
全国大学生数学夏令营数学竞赛试题及解答	2007－03	28.00	15
全国大学生数学竞赛辅导教程	2012－07	28.00	189
全国大学生数学竞赛复习全书	2014－04	48.00	340
历届美国大学生数学竞赛试题集	2009－03	88.00	43
前苏联大学生数学奥林匹克竞赛题解(上编)	2012－04	28.00	169
前苏联大学生数学奥林匹克竞赛题解(下编)	2012－04	38.00	170
历届美国数学邀请赛试题集	2014－01	48.00	270
全国高中数学竞赛试题及解答.第 1 卷	2014－07	38.00	331
大学生数学竞赛讲义	2014－09	28.00	371
亚太地区数学奥林匹克竞赛题	2015－07	18.00	492

书　　名	出版时间	定　价	编号
高考数学临门一脚(含密押三套卷)(理科版)	2015－01	24.80	421
高考数学临门一脚(含密押三套卷)(文科版)	2015－01	24.80	422
新课标高考数学题型全归纳(文科版)	2015－05	72.00	467
新课标高考数学题型全归纳(理科版)	2015－05	82.00	468
王连笑教你怎样学数学:高考选择题解题策略与客观题实用训练	2014－01	48.00	262
王连笑教你怎样学数学:高考数学高层次讲座	2015－02	48.00	432
高考数学的理论与实践	2009－08	38.00	53
高考数学核心题型解题方法与技巧	2010－01	28.00	86
高考思维新平台	2014－03	38.00	259
30 分钟拿下高考数学选择题、填空题(第二版)	2012－01	28.00	146
高考数学压轴题解题诀窍(上)	2012－02	78.00	166
高考数学压轴题解题诀窍(下)	2012－03	28.00	167
北京市五区文科数学三年高考模拟题详解:2013～2015	2015－08	48.00	500
北京市五区理科数学三年高考模拟题详解:2013～2015	2015－09	68.00	505
向量法巧解数学高考题	2009－08	28.00	54
高考数学万能解题法	2015－09	28.00	534
高考物理万能解题法	2015－09	28.00	537
高考化学万能解题法	2015－11	25.00	557
我一定要赚分:高中物理	2016－01	38.00	580
数学高考参考	2016－01	78.00	589
2011～2015 年全国及各省市高考数学文科精品试题审题要津与解法研究	2015－10	68.00	539
2011～2015 年全国及各省市高考数学理科精品试题审题要津与解法研究	2015－10	88.00	540
最新全国及各省市高考数学试卷解法研究及点拨评析	2009－02	38.00	41
2011 年全国及各省市高考数学试题审题要津与解法研究	2011－10	48.00	139

哈尔滨工业大学出版社刘培杰数学工作室已出版(即将出版)图书目录

书　　名	出版时间	定　价	编号
2013年全国及各省市高考数学试题解析与点评	2014－01	48.00	282
全国及各省市高考数学试题审题要津与解法研究	2015－02	48.00	450
新课标高考数学——五年试题分章详解(2007～2011)(上、下)	2011－10	78.00	140,141
全国中考数学压轴题审题要津与解法研究	2013－04	78.00	248
新编全国及各省市中考数学压轴题审题要津与解法研究	2014－05	58.00	342
全国及各省市5年中考数学压轴题审题要津与解法研究	2015－04	58.00	462
中考数学专题总复习	2007－04	28.00	6
中考数学较难题、难题常考题型解题方法与技巧.上	2016－01	48.00	584
中考数学较难题、难题常考题型解题方法与技巧.下	2016－01	58.00	585
助你高考成功的数学解题智慧:知识是智慧的基础	2016－01	58.00	596
数学奥林匹克在中国	2014－06	98.00	344
数学奥林匹克问题集	2014－01	38.00	267
数学奥林匹克不等式散论	2010－06	38.00	124
数学奥林匹克不等式欣赏	2011－09	38.00	138
数学奥林匹克超级题库(初中卷上)	2010－01	58.00	66
数学奥林匹克不等式证明方法和技巧(上、下)	2011－08	158.00	134,135
新编640个世界著名数学智力趣题	2014－01	88.00	242
500个最新世界著名数学智力趣题	2008－06	48.00	3
400个最新世界著名数学最值问题	2008－09	48.00	36
500个世界著名数学征解问题	2009－06	48.00	52
400个中国最佳初等数学征解老问题	2010－01	48.00	60
500个俄罗斯数学经典老题	2011－01	28.00	81
1000个国外中学物理好题	2012－04	48.00	174
300个日本高考数学题	2012－05	38.00	142
500个前苏联早期高考数学试题及解答	2012－05	28.00	185
546个早期俄罗斯大学生数学竞赛题	2014－03	38.00	285
548个来自美苏的数学好问题	2014－11	28.00	396
20所苏联著名大学早期入学试题	2015－02	18.00	452
161道德国工科大学生必做的微分方程习题	2015－05	28.00	469
500个德国工科大学生必做的高数习题	2015－06	28.00	478
德国讲义日本考题.微积分卷	2015－04	48.00	456
德国讲义日本考题.微分方程卷	2015－04	38.00	457
几何变换(Ⅰ)	2014－07	28.00	353
几何变换(Ⅱ)	2015－06	28.00	354
几何变换(Ⅲ)	2015－01	38.00	355
几何变换(Ⅳ)	2015－12	38.00	356
中国初等数学研究　2009卷(第1辑)	2009－05	20.00	45
中国初等数学研究　2010卷(第2辑)	2010－05	30.00	68
中国初等数学研究　2011卷(第3辑)	2011－07	60.00	127
中国初等数学研究　2012卷(第4辑)	2012－07	48.00	190
中国初等数学研究　2014卷(第5辑)	2014－02	48.00	288
中国初等数学研究　2015卷(第6辑)	2015－06	68.00	493
博弈论精粹	2008－03	58.00	30
博弈论精粹.第二版(精装)	2015－01	88.00	461
数学 我爱你	2008－01	28.00	20

哈尔滨工业大学出版社刘培杰数学工作室
已出版(即将出版)图书目录

书　名	出版时间	定　价	编号
精神的圣徒　别样的人生——60位中国数学家成长的历程	2008-09	48.00	39
数学史概论	2009-06	78.00	50
数学史概论(精装)	2013-03	158.00	272
数学史选讲	2016-01	48.00	544
斐波那契数列	2010-02	28.00	65
数学拼盘和斐波那契魔方	2010-07	38.00	72
斐波那契数列欣赏	2011-01	28.00	160
数学的创造	2011-02	48.00	85
数学美与创造力	2016-01	48.00	595
数海拾贝	2016-01	48.00	590
数学中的美	2011-02	38.00	84
数论中的美学	2014-12	38.00	351
数学王者　科学巨人——高斯	2015-01	28.00	428
振兴祖国数学的圆梦之旅:中国初等数学研究史话	2015-06	78.00	490
二十世纪中国数学史料研究	2015-10	48.00	536
数字谜、数阵图与棋盘覆盖	2016-01	58.00	298
时间的形状	2016-01	38.00	556
数学解题——靠数学思想给力(上)	2011-07	38.00	131
数学解题——靠数学思想给力(中)	2011-07	48.00	132
数学解题——靠数学思想给力(下)	2011-07	38.00	133
我怎样解题	2013-01	48.00	227
数学解题中的物理方法	2011-06	28.00	114
数学解题的特殊方法	2011-06	48.00	115
中学数学计算技巧	2012-01	48.00	116
中学数学证明方法	2012-01	58.00	117
数学趣题巧解	2012-03	28.00	128
高中数学教学通鉴	2015-05	58.00	479
和高中生漫谈:数学与哲学的故事	2014-08	28.00	369
自主招生考试中的参数方程问题	2015-01	28.00	435
自主招生考试中的极坐标问题	2015-04	28.00	463
近年全国重点大学自主招生数学试题全解及研究.华约卷	2015-02	38.00	441
近年全国重点大学自主招生数学试题全解及研究.北约卷	即将出版		
自主招生数学解证宝典	2015-09	48.00	535
格点和面积	2012-07	18.00	191
射影几何趣谈	2012-04	28.00	175
斯潘纳尔引理——从一道加拿大数学奥林匹克试题谈起	2014-01	28.00	228
李普希兹条件——从几道近年高考数学试题谈起	2012-10	18.00	221
拉格朗日中值定理——从一道北京高考试题的解法谈起	2015-10	18.00	197
闵科夫斯基定理——从一道清华大学自主招生试题谈起	2014-01	28.00	198
哈尔测度——从一道冬令营试题的背景谈起	2012-08	28.00	202
切比雪夫逼近问题——从一道中国台北数学奥林匹克试题谈起	2013-04	38.00	238
伯恩斯坦多项式与贝齐尔曲面——从一道全国高中数学联赛试题谈起	2013-03	38.00	236
卡塔兰猜想——从一道普特南竞赛试题谈起	2013-06	18.00	256

哈尔滨工业大学出版社刘培杰数学工作室已出版(即将出版)图书目录

书　名	出版时间	定　价	编号
麦卡锡函数和阿克曼函数——从一道前南斯拉夫数学奥林匹克试题谈起	2012－08	18.00	201
贝蒂定理与拉姆贝克莫斯尔定理——从一个拣石子游戏谈起	2012－08	18.00	217
皮亚诺曲线和豪斯道夫分球定理——从无限集谈起	2012－08	18.00	211
平面凸图形与凸多面体	2012－10	28.00	218
斯坦因豪斯问题——从一道二十五省市自治区中学数学竞赛试题谈起	2012－07	18.00	196
纽结理论中的亚历山大多项式与琼斯多项式——从一道北京市高一数学竞赛试题谈起	2012－07	28.00	195
原则与策略——从波利亚"解题表"谈起	2013－04	38.00	244
转化与化归——从三大尺规作图不能问题谈起	2012－08	28.00	214
代数几何中的贝祖定理(第一版)——从一道 IMO 试题的解法谈起	2013－08	18.00	193
成功连贯理论与约当块理论——从一道比利时数学竞赛试题谈起	2012－04	18.00	180
磨光变换与范·德·瓦尔登猜想——从一道环球城市竞赛试题谈起	即将出版		
素数判定与大数分解	2014－08	18.00	199
置换多项式及其应用	2012－10	18.00	220
椭圆函数与模函数——从一道美国加州大学洛杉矶分校(UCLA)博士资格考题谈起	2012－10	28.00	219
差分方程的拉格朗日方法——从一道 2011 年全国高考理科试题的解法谈起	2012－08	28.00	200
力学在几何中的一些应用	2013－01	38.00	240
高斯散度定理、斯托克斯定理和平面格林定理——从一道国际大学生数学竞赛试题谈起	即将出版		
康托洛维奇不等式——从一道全国高中联赛试题谈起	2013－03	28.00	337
西格尔引理——从一道第 18 届 IMO 试题的解法谈起	即将出版		
罗斯定理——从一道前苏联数学竞赛试题谈起	即将出版		
拉克斯定理和阿廷定理——从一道 IMO 试题的解法谈起	2014－01	58.00	246
毕卡大定理——从一道美国大学数学竞赛试题谈起	2014－07	18.00	350
贝齐尔曲线——从一道全国高中联赛试题谈起	即将出版		
拉格朗日乘子定理——从一道 2005 年全国高中联赛试题的高等数学解法谈起	2015－05	28.00	480
雅可比定理——从一道日本数学奥林匹克试题谈起	2013－04	48.00	249
李天岩一约克定理——从一道波兰数学竞赛试题谈起	2014－06	28.00	349
整系数多项式因式分解的一般方法——从克朗耐克算法谈起	即将出版		
布劳维不动点定理——从一道前苏联数学奥林匹克试题谈起	2014－01	38.00	273
压缩不动点定理——从一道高考数学试题的解法谈起	即将出版		
伯恩赛德定理——从一道英国数学奥林匹克试题谈起	即将出版		
布查特一莫斯特定理——从一道上海市初中竞赛试题谈起	即将出版		
数论中的同余数问题——从一道普特南竞赛试题谈起	即将出版		
范·德蒙行列式——从一道美国数学奥林匹克试题谈起	即将出版		
中国剩余定理:总数法构建中国历史年表	2015－01	28.00	430
牛顿程序与方程求根——从一道全国高考试题解法谈起	即将出版		
库默尔定理——从一道 IMO 预选试题谈起	即将出版		

哈尔滨工业大学出版社刘培杰数学工作室已出版(即将出版)图书目录

书　名	出版时间	定　价	编号
卢丁定理——从一道冬令营试题的解法谈起	即将出版		
沃斯滕霍姆定理——从一道 IMO 预选试题谈起	即将出版		
卡尔松不等式——从一道莫斯科数学奥林匹克试题谈起	即将出版		
信息论中的香农熵——从一道近年高考压轴题谈起	即将出版		
约当不等式——从一道希望杯竞赛试题谈起	即将出版		
拉比诺维奇定理	即将出版		
刘维尔定理——从一道《美国数学月刊》征解问题的解法谈起	即将出版		
卡塔兰恒等式与级数求和——从一道 IMO 试题的解法谈起	即将出版		
勒让德猜想与素数分布——从一道爱尔兰竞赛试题谈起	即将出版		
天平称重与信息论——从一道基辅市数学奥林匹克试题谈起	即将出版		
哈密尔顿一凯莱定理:从一道高中数学联赛试题的解法谈起	2014－09	18.00	376
艾思特曼定理——从一道 CMO 试题的解法谈起	即将出版		
一个爱尔特希问题——从一道西德数学奥林匹克试题谈起	即将出版		
有限群中的爱丁格尔问题——从一道北京市初中二年级数学竞赛试题谈起	即将出版		
贝克码与编码理论——从一道全国高中联赛试题谈起	即将出版		
帕斯卡三角形	2014－03	18.00	294
蒲丰投针问题——从 2009 年清华大学的一道自主招生试题谈起	2014－01	38.00	295
斯图姆定理——从一道"华约"自主招生试题的解法谈起	2014－01	18.00	296
许瓦兹引理——从一道加利福尼亚大学伯克利分校数学系博士生试题谈起	2014－08	18.00	297
拉姆塞定理——从王诗宬院士的一个问题谈起	2014－01		299
坐标法	2013－12	28.00	332
数论三角形	2014－04	38.00	341
毕克定理	2014－07	18.00	352
数林掠影	2014－09	48.00	389
我们周围的概率	2014－10	38.00	390
凸函数最值定理:从一道华约自主招生题的解法谈起	2014－10	28.00	391
易学与数学奥林匹克	2014－10	38.00	392
生物数学趣谈	2015－01	18.00	409
反演	2015－01		420
因式分解与圆锥曲线	2015－01	18.00	426
轨迹	2015－01	28.00	427
面积原理:从常庚哲命的一道 CMO 试题的积分解法谈起	2015－01	48.00	431
形形色色的不动点定理:从一道 28 届 IMO 试题谈起	2015－01	38.00	439
柯西函数方程:从一道上海交大自主招生的试题谈起	2015－02	28.00	440
三角恒等式	2015－02	28.00	442
无理性判定:从一道 2014 年"北约"自主招生试题谈起	2015－01	38.00	443
数学归纳法	2015－03	18.00	451
极端原理与解题	2015－04	28.00	464
法雷级数	2014－08	18.00	367
摆线族	2015－01	38.00	438
函数方程及其解法	2015－05	38.00	470
含参数的方程和不等式	2012－09	28.00	213
希尔伯特第十问题	2016－01	38.00	543
无穷小量的求和	2016－01	28.00	545
切比雪夫多项式:从一道清华大学金秋营试题谈起	2016－01	38.00	583

哈尔滨工业大学出版社刘培杰数学工作室 已出版(即将出版)图书目录

书　名	出版时间	定　价	编号
中等数学英语阅读文选	2006－12	38.00	13
统计学专业英语	2007－03	28.00	16
统计学专业英语(第二版)	2012－07	48.00	176
统计学专业英语(第三版)	2015－04	68.00	465
幻方和魔方(第一卷)	2012－05	68.00	173
尘封的经典——初等数学经典文献选读(第一卷)	2012－07	48.00	205
尘封的经典——初等数学经典文献选读(第二卷)	2012－07	38.00	206
代换分析:英文	2015－07	38.00	499
实变函数论	2012－06	78.00	181
复变函数论	2015－08	38.00	504
非光滑优化及其变分分析	2014－01	48.00	230
疏散的马尔科夫链	2014－01	58.00	266
马尔科夫过程论基础	2015－01	28.00	433
初等微分拓扑学	2012－07	18.00	182
方程式论	2011－03	38.00	105
初级方程式论	2011－03	28.00	106
Galois 理论	2011－03	18.00	107
古典数学难题与伽罗瓦理论	2012－11	58.00	223
伽罗华与群论	2014－01	28.00	290
代数方程的根式解及伽罗瓦理论	2011－03	28.00	108
代数方程的根式解及伽罗瓦理论(第二版)	2015－01	28.00	423
线性偏微分方程讲义	2011－03	18.00	110
几类微分方程数值方法的研究	2015－05	38.00	485
N 体问题的周期解	2011－03	28.00	111
代数方程式论	2011－05	18.00	121
动力系统的不变量与函数方程	2011－07	48.00	137
基于短语评价的翻译知识获取	2012－02	48.00	168
应用随机过程	2012－04	48.00	187
概率论导引	2012－04	18.00	179
矩阵论(上)	2013－06	58.00	250
矩阵论(下)	2013－06	48.00	251
对称锥互补问题的内点法:理论分析与算法实现	2014－08	68.00	368
抽象代数:方法导引	2013－06	38.00	257
集论	2016－01	48.00	576
多项式理论研究综述	2016－01	38.00	577
函数论	2014－11	78.00	395
反问题的计算方法及应用	2011－11	28.00	147
初等数学研究(Ⅰ)	2008－09	68.00	37
初等数学研究(Ⅱ)(上、下)	2009－05	118.00	46,47
数阵及其应用	2012－02	28.00	164
绝对值方程一折边与组合图形的解析研究	2012－07	48.00	186
代数函数论(上)	2015－07	38.00	494
代数函数论(下)	2015－07	38.00	495
偏微分方程论:法文	2015－10	48.00	533
闵嗣鹤文集	2011－03	98.00	102
吴从炘数学活动三十年(1951～1980)	2010－07	99.00	32
吴从炘数学活动又三十年(1981～2010)	2015－07	98.00	491

哈尔滨工业大学出版社刘培杰数学工作室 已出版(即将出版)图书目录

书　　名	出版时间	定　价	编号
趣味初等方程妙题集锦	2014－09	48.00	388
趣味初等数论选美与欣赏	2015－02	48.00	445
耕读笔记(上卷):一位农民数学爱好者的初数探索	2015－04	28.00	459
耕读笔记(中卷):一位农民数学爱好者的初数探索	2015－05	28.00	483
耕读笔记(下卷):一位农民数学爱好者的初数探索	2015－05	28.00	484
几何不等式研究与欣赏.上卷	2016－01	88.00	547
几何不等式研究与欣赏.下卷	2016－01	48.00	552
初等数列研究与欣赏・上	2016－01	48.00	570
初等数列研究与欣赏・下	2016－01	48.00	571
数贝偶拾——高考数学题研究	2014－04	28.00	274
数贝偶拾——初等数学研究	2014－04	38.00	275
数贝偶拾——奥数题研究	2014－04	48.00	276
集合、函数与方程	2014－01	28.00	300
数列与不等式	2014－01	38.00	301
三角与平面向量	2014－01	28.00	302
平面解析几何	2014－01	38.00	303
立体几何与组合	2014－01	28.00	304
极限与导数、数学归纳法	2014－01	38.00	305
趣味数学	2014－03	28.00	306
教材教法	2014－04	68.00	307
自主招生	2014－05	58.00	308
高考压轴题(上)	2015－01	48.00	309
高考压轴题(下)	2014－10	68.00	310
从费马到怀尔斯——费马大定理的历史	2013－10	198.00	Ⅰ
从庞加莱到佩雷尔曼——庞加莱猜想的历史	2013－10	298.00	Ⅱ
从切比雪夫到爱尔特希(上)——素数定理的初等证明	2013－07	48.00	Ⅲ
从切比雪夫到爱尔特希(下)——素数定理 100 年	2012－12	98.00	Ⅲ
从高斯到盖尔方特——二次域的高斯猜想	2013－10	198.00	Ⅳ
从库默尔到朗兰兹——朗兰兹猜想的历史	2014－01	98.00	Ⅴ
从比勃巴赫到德布朗斯——比勃巴赫猜想的历史	2014－02	298.00	Ⅵ
从麦比乌斯到陈省身——麦比乌斯变换与麦比乌斯带	2014－02	298.00	Ⅶ
从布尔到豪斯道夫——布尔方程与格论漫谈	2013－10	198.00	Ⅷ
从开普勒到阿诺德——三体问题的历史	2014－05	298.00	Ⅸ
从华林到华罗庚——华林问题的历史	2013－10	298.00	Ⅹ
第 19～23 届"希望杯"全国数学邀请赛试题审题要津详细评注(初一版)	2014－03	28.00	333
第 19～23 届"希望杯"全国数学邀请赛试题审题要津详细评注(初二、初三版)	2014－03	38.00	334
第 19～23 届"希望杯"全国数学邀请赛试题审题要津详细评注(高一版)	2014－03	28.00	335
第 19～23 届"希望杯"全国数学邀请赛试题审题要津详细评注(高二版)	2014－03	38.00	336
第 19～25 届"希望杯"全国数学邀请赛试题审题要津详细评注(初一版)	2015－01	38.00	416
第 19～25 届"希望杯"全国数学邀请赛试题审题要津详细评注(初二、初三版)	2015－01	58.00	417
第 19～25 届"希望杯"全国数学邀请赛试题审题要津详细评注(高一版)	2015－01	48.00	418
第 19～25 届"希望杯"全国数学邀请赛试题审题要津详细评注(高二版)	2015－01	48.00	419

哈尔滨工业大学出版社刘培杰数学工作室 已出版(即将出版)图书目录

书　名	出版时间	定　价	编号
吴振奎高等数学解题真经(概率统计卷)	2012－01	38.00	149
吴振奎高等数学解题真经(微积分卷)	2012－01	68.00	150
吴振奎高等数学解题真经(线性代数卷)	2012－01	58.00	151
钱昌本教你快乐学数学(上)	2011－12	48.00	155
钱昌本教你快乐学数学(下)	2012－03	58.00	171
高等数学解题全攻略(上卷)	2013－06	58.00	252
高等数学解题全攻略(下卷)	2013－06	58.00	253
高等数学复习纲要	2014－01	18.00	384
三角函数	2014－01	38.00	311
不等式	2014－01	38.00	312
数列	2014－01	38.00	313
方程	2014－01	28.00	314
排列和组合	2014－01	28.00	315
极限与导数	2014－01	28.00	316
向量	2014－09	38.00	317
复数及其应用	2014－08	28.00	318
函数	2014－01	38.00	319
集合	即将出版		320
直线与平面	2014－01	28.00	321
立体几何	2014－04	28.00	322
解三角形	即将出版		323
直线与圆	2014－01	28.00	324
圆锥曲线	2014－01	38.00	325
解题通法(一)	2014－07	38.00	326
解题通法(二)	2014－07	38.00	327
解题通法(三)	2014－05	38.00	328
概率与统计	2014－01	28.00	329
信息迁移与算法	即将出版		330
物理奥林匹克竞赛大题典——力学卷	2014－11	48.00	405
物理奥林匹克竞赛大题典——热学卷	2014－04	28.00	339
物理奥林匹克竞赛大题典——电磁学卷	2015－07	48.00	406
物理奥林匹克竞赛大题典——光学与近代物理卷	2014－06	28.00	345
历届中国东南地区数学奥林匹克试题集(2004～2012)	2014－06	18.00	346
历届中国西部地区数学奥林匹克试题集(2001～2012)	2014－07	18.00	347
历届中国女子数学奥林匹克试题集(2002～2012)	2014－08	18.00	348
美国高中数学竞赛五十讲.第1卷(英文)	2014－08	28.00	357
美国高中数学竞赛五十讲.第2卷(英文)	2014－08	28.00	358
美国高中数学竞赛五十讲.第3卷(英文)	2014－09	28.00	359
美国高中数学竞赛五十讲.第4卷(英文)	2014－09	28.00	360
美国高中数学竞赛五十讲.第5卷(英文)	2014－10	28.00	361
美国高中数学竞赛五十讲.第6卷(英文)	2014－11	28.00	362
美国高中数学竞赛五十讲.第7卷(英文)	2014－12	28.00	363
美国高中数学竞赛五十讲.第8卷(英文)	2015－01	28.00	364
美国高中数学竞赛五十讲.第9卷(英文)	2015－01	28.00	365
美国高中数学竞赛五十讲.第10卷(英文)	2015－02	38.00	366

哈尔滨工业大学出版社刘培杰数学工作室 已出版(即将出版)图书目录

书 名	出版时间	定 价	编号
IMO 50 年.第 1 卷(1959－1963)	2014－11	28.00	377
IMO 50 年.第 2 卷(1964－1968)	2014－11	28.00	378
IMO 50 年.第 3 卷(1969－1973)	2014－09	28.00	379
IMO 50 年.第 4 卷(1974－1978)	2016－04	38.00	380
IMO 50 年.第 5 卷(1979－1984)	2015－04	38.00	381
IMO 50 年.第 6 卷(1985－1989)	2015－04	58.00	382
IMO 50 年.第 7 卷(1990－1994)	2016－01	48.00	383
IMO 50 年.第 8 卷(1995－1999)	即将出版		384
IMO 50 年.第 9 卷(2000－2004)	2015－04	58.00	385
IMO 50 年.第 10 卷(2005－2009)	2016－01	48.00	386
历届美国大学生数学竞赛试题集.第一卷(1938—1949)	2015－01	28.00	397
历届美国大学生数学竞赛试题集.第二卷(1950—1959)	2015－01	28.00	398
历届美国大学生数学竞赛试题集.第三卷(1960—1969)	2015－01	28.00	399
历届美国大学生数学竞赛试题集.第四卷(1970—1979)	2015－01	18.00	400
历届美国大学生数学竞赛试题集.第五卷(1980—1989)	2015－01	28.00	401
历届美国大学生数学竞赛试题集.第六卷(1990—1999)	2015－01	28.00	402
历届美国大学生数学竞赛试题集.第七卷(2000—2009)	2015－08	18.00	403
历届美国大学生数学竞赛试题集.第八卷(2010—2012)	2015－01	18.00	404
新课标高考数学创新题解题诀窍:总论	2014－09	28.00	372
新课标高考数学创新题解题诀窍:必修 1～5 分册	2014－08	38.00	373
新课标高考数学创新题解题诀窍:选修 2－1,2－2,1－1,1－2分册	2014－09	38.00	374
新课标高考数学创新题解题诀窍:选修 2－3,4－4,4－5 分册	2014－09	18.00	375
全国重点大学自主招生英文数学试题全攻略:词汇卷	2015－07	48.00	410
全国重点大学自主招生英文数学试题全攻略:概念卷	2015－01	28.00	411
全国重点大学自主招生英文数学试题全攻略:文章选读卷(上)	即将出版		412
全国重点大学自主招生英文数学试题全攻略:文章选读卷(下)	即将出版		413
全国重点大学自主招生英文数学试题全攻略:试题卷	2015－07	38.00	414
全国重点大学自主招生英文数学试题全攻略:名著欣赏卷	即将出版		415
数学物理大百科全书.第 1 卷	2016－01	418.00	508
数学物理大百科全书.第 2 卷	2016－01	408.00	509
数学物理大百科全书.第 3 卷	2016－01	396.00	510
数学物理大百科全书.第 4 卷	2016－01	408.00	511
数学物理大百科全书.第 5 卷	2016－01	368.00	512
劳埃德数学趣题大全.题目卷.1:英文	2016－01	18.00	516
劳埃德数学趣题大全.题目卷.2:英文	2016－01	18.00	517
劳埃德数学趣题大全.题目卷.3:英文	2016－01	18.00	518
劳埃德数学趣题大全.题目卷.4:英文	2016－01	18.00	519
劳埃德数学趣题大全.题目卷.5:英文	2016－01	18.00	520
劳埃德数学趣题大全.答案卷:英文	2016－01	18.00	521

哈尔滨工业大学出版社刘培杰数学工作室已出版(即将出版)图书目录

书　　名	出版时间	定　价	编号
李成章教练奥数笔记.第1卷	2016－01	48.00	522
李成章教练奥数笔记.第2卷	2016－01	48.00	523
李成章教练奥数笔记.第3卷	2016－01	38.00	524
李成章教练奥数笔记.第4卷	2016－01	38.00	525
李成章教练奥数笔记.第5卷	2016－01	38.00	526
李成章教练奥数笔记.第6卷	2016－01	38.00	527
李成章教练奥数笔记.第7卷	2016－01	38.00	528
李成章教练奥数笔记.第8卷	2016－01	48.00	529
李成章教练奥数笔记.第9卷	2016－01	28.00	530
zeta函数,q-zeta函数,相伴级数与积分	2015－08	88.00	513
微分形式:理论与练习	2015－08	58.00	514
离散与微分包含的逼近和优化	2015－08	58.00	515
艾伦·图灵:他的工作与影响	2016－01	98.00	560
测度理论概率导论,第2版	2016－01	88.00	561
带有潜在故障恢复系统的半马尔柯夫模型控制	2016－01	98.00	562
数学分析原理	2016－01	88.00	563
随机偏微分方程的有效动力学	2016－01	88.00	564
图的谱半径	2016－01	58.00	565
量子机器学习中数据挖掘的量子计算方法	2016－01	98.00	566
量子物理的非常规方法	2016－01	118.00	567
运输过程的统一非局部理论:广义波尔兹曼物理动力学,第2版	2016－01	198.00	568
量子力学与经典力学之间的联系在原子、分子及电动力学系统建模中的应用	2016－01	58.00	569

联系地址:哈尔滨市南岗区复华四道街10号　哈尔滨工业大学出版社刘培杰数学工作室

网　　址:http://lpj.hit.edu.cn/

邮　　编:150006

联系电话:0451－86281378　　13904613167

E-mail:lpj1378@163.com